产业园区规划环境影响评价理论与实践

郑　娟　孙路英　王彬蔚　主编

中国环境出版集团·北京

图书在版编目（CIP）数据

产业园区规划环境影响评价理论与实践 / 郑娟，孙路英，
王彬蔚主编. —北京：中国环境出版集团，2023.11
ISBN 978-7-5111-5670-9

Ⅰ．①产⋯　Ⅱ．①郑⋯　②孙⋯　③王⋯　Ⅲ．①工业
园区—区域规划—环境影响—研究—陕西　Ⅳ．①X826

中国国家版本馆 CIP 数据核字（2023）第 213026 号

出 版 人　武德凯
责任编辑　孔　锦
封面设计　岳　帅

出版发行　**中国环境出版集团**
　　　　　（100062　北京市东城区广渠门内大街 16 号）
　　　　　网　　　址：http://www.cesp.com.cn
　　　　　电子邮箱：bjgl@cesp.com.cn
　　　　　联系电话：010-67112765（编辑管理部）
　　　　　发行热线：010-67125803，010-67113405（传真）
印　　刷　北京鑫益晖印刷有限公司
经　　销　各地新华书店
版　　次　2023 年 11 月第 1 版
印　　次　2023 年 11 月第 1 次印刷
开　　本　787×1092　1/16
印　　张　21.25
字　　数　520 千字
定　　价　178.00 元

《产业园区规划环境影响评价理论与实践》
编写委员会

主　编　　郑　娟　　孙路英　　王彬蔚

副主编　　吕欣芸　　杨　林　　胥鹏海　　薛旭东

编　委　　叶凌枫　　王蓓蕾　　郝　静　　王　菲　　贾生元　　王伯铎　　王　玮

　　　　　曹国良　　王　珍　　牛瑞文　　胡琼之　　徐　浩　　辛　亮　　史谊飞

　　　　　王　彤　　吕　伟　　田艳丽　　秦娜娜　　黄　磊　　张佳音　　曹　巍

　　　　　李宇宸　　刘小波　　雷海燕　　他维媛　　李　响　　李　魁　　李　娟

　　　　　荆晓生　　韩　梅　　杨利芳　　王福琨　　杜　妍　　雷　芬　　陈　东

　　　　　张子鹃　　侯彦辉　　薛　耀　　李　博　　范启娟　　赵　亮　　郭宝林

　　　　　李荣一（四川大学马克思主义学院）　　李　欢　　杨　幸　　张媛媛

　　　　　赵　杰　　戚　茜　　王二小　　李悦悦　　孙维矫　　张　蓓

前 言

2002 年，《中华人民共和国环境影响评价法》的颁布确立了规划环境影响评价制度在我国环境保护工作中的地位；2009 年，《规划环境影响评价条例》的颁布又将规划环境影响评价引入一个新的发展时期；2018 年，《中华人民共和国环境影响评价法》的修订，对规划环境影响评价提出了高质量发展的要求。目前，我国的规划环境影响评价工作稳步推进，相关研究成果逐步增多，规划环境影响评价制度已初见成效。

综观我国规划环境影响评价的发展历程和实施情况，规划环境影响评价在环境保护对经济发展的引导和调控方面发挥了积极作用，一定程度上避免单一建设项目的无序建设。但是，规划环境影响评价开展过程中仍存在诸多问题（如基础理论研究不足、方法针对性不强、评价类别和层次不明、监管机制缺失和实施作用有限等），使规划环境影响评价实施效果差强人意，削弱了其在环境保护中应有的作用。

当前，陕西省正处于转型发展的关键时期，资源环境约束日益凸显，环境问题日益复杂，仅依靠处于决策链低端的建设项目环境影响评价已难以解决问题，必须充分发挥规划环境影响评价的引导和调控作用。编者结合长期规划环境影响评价工作经验，从产业园区规划的基本概念、规划环境影响评价法律体系构建等角度出发，梳理分析产业园区规划环境影响评价管理及评价方法，并通过对陕西省不同类型产业园区典型案例的分析，从产业定位和环境准入、环境敏感目标影响、规划与规划环评互动、资源与环境承载力评估等多个角度开展了规划环境影响评价案例实证研究，对核心理论、关键方法和管理机制进行适用性检验和经验总结，同时从完善法律体系、构建管理新机制等方面提出思考与建议。

本书由郑娟、孙路英、王彬蔚担任主编，吕欣芸、杨林、胥鹏海、薛旭东作为副主编参与部分章节的编制和统稿工作，叶凌枫、王蓓蕾、郝静、王菲负责统稿校对。贾生元、王伯铎、王玮、曹国良为本书的指导老师。参与本书编写工作的人员（排名不分先后）还包括王珍、牛瑞文、胡琼之、徐浩、辛亮、史谊飞、王彤、吕伟、田艳丽、秦娜娜、黄磊、张佳音、曹巍、李宇宸、刘小波、雷海燕、他维媛、李响、李魁、李娟、荆晓生、韩梅、杨利芳、王福琨、杜妍、雷芬、陈东、张子鹃、侯彦辉、薛耀、李博、范启娟、赵亮、郭宝林、李荣一（四川大学马克思主义学院）、李欢、杨幸、张媛媛、赵杰、戚茜、王二小、李悦悦、孙维矫、张蓓等。在本书编写过程中，陕西省生态环境厅、北京中环智云生态环境科技有限公司、北京中环博宏环境资源科技有限公司、汉中市环境工程规划设计集团有限公司、北京中地泓科环境科技有限公司、核工业二〇三研究所、中圣环境科技发展有限公司提供了相应的基础资料，并给予了大力支持和悉心指导。在此，对所有为本书付出努力的人员表示衷心感谢。

本书在编写过程中参考了不少相关领域的文献，引用了国内外许多专家和学者的成果和图表资料，谨此向有关作者致以谢忱。鉴于我们的知识水平和工作经验有限，本书难免存在一些不足和不当之处，恳请专家、学者及广大读者批评指正！

编者

2023 年 5 月

目　录

第1章

总 论

产业园区是指由政府经各级人民政府依法批准设立，具有统一管理机构及产业集群特征的特定规划区域，主要目的是引导产业集中布局、集聚发展，优化配置各种生产要素，并配套建设公共基础设施。产业园区是产业发展的重要载体，是区域经济的增长点，也是环境污染集中区和环境风险凸显区，但产业园区在发展过程中不确定性因素较多，环境影响因子复杂，产业园区开展规划环境影响评价旨在提出有针对性的优化调整建议或缓解不良环境影响的对策措施，从环保角度为规划审批部门提供指导，确保规划实施合法、科学，可操作性强，力争从源头预防产业园区环境污染和生态破坏，实现规划实施的经济效益、社会效益与环境效益之间，以及当前利益与长远利益之间的协调。

本章介绍了产业园区及产业园区规划的概念，通过研究产业园区规划的框架、原则、结构等特点，回顾了产业园区规划环境影响评价的发展历程，从而提出产业园区规划环境影响评价的重要意义。

1.1 产业园区基本概念及规划特点

1.1.1 产业园区基本概念

产业是社会分工现象，是国民经济活动在某一特定区域、部门或行业的展开，也是构成国民经济的重要子系统，作为经济单位，产业属于中观经济范畴，它在继承中观经济集散性、独立性、综合性、交叉性、灵活性等特点的同时，也是市场经济运行的关键，既是国民经济的组成部分，又是同类企业的集合。

我国产业园区类型众多，不同的产业园区分别承担着聚集创新资源、培育新兴产业、推动城市化建设等一系列重要使命。产业园区的类型包括高新技术开发区、经济技术开发区、科技园、工业区、物流产业园区、文化创意产业园区等，近年来各地陆续提出了产业新城、科技新城等概念。随着产业集聚发展，产业园区也成为招商引资、管理创新、推动产业转型、污染协同治理的重要抓手和平台。

陕西省在《陕西省实施〈中华人民共和国环境影响评价法〉办法》（2020 年修正）文件中明确了产业园区的概念，是指国务院和省人民政府批准设立的新区、自由贸易试验区、农业高新技术产业示范区、高新技术开发区、经济技术开发区、保税区、出口加工区、边境经济合作区和文化产业示范区等开发区以及设区的市、县（市、区）人民政府批准设立的各类产业集聚区、工业园区等。

《规划环境影响评价技术导则　产业园区》（HJ 131—2021）中产业园区的定义是："指经各级人民政府依法批准设立，具有统一管理机构及产业集群特征的特定规划区域，主要目的是引导产业集中布局、集聚发展，优化配置各种生产要素，并配套建设公共基础设施。"

1.1.2　产业园区的发展趋势

按照产业园区的发展模式，我国产业园区大体可以分为自然发展模式、政府主导模式、大学管理模式、公司管理模式和基金会管理模式等类别。陕西省的产业园区多属于自然发展模式和政府主导模式。

目前，我国政府规划、专项规划、总体规划、土地利用规划、产业园区规划等，正在逐步实现"多规合一"，各类规划之间的衔接将更加紧凑和流畅，各类规划的跨部门协调将更加有效、规范。在新时代背景下，各级政府更加注重规范规划编制程序，依法合规编制规划，依法有序开发。因此，产业园区作为国民经济建设和国土空间开发的重要环节，其发展趋势主要体现在以下几个方面。

一是行业市场化。随着我国政策体系的完善和法律法规的健全，产业园区招商引资的优惠政策将逐步取消，未来产业园区将在政府规划和产业政策的窗口引导下，通过市场化的模式与手段、运行机制和分享体制的持续构建，实现多赢互利基础上的行业聚集和产业转型。

二是主体多元化。未来几年，我国各地产业园区的运作方式将由政府主导逐步变革为政府引导、政策驱动、专业化公司参与、各方共同投资等多种模式共生共存。同时，社会化的 PPP 融资和委托代理等模式也将成为产业园区新的运营方向。

三是产业垂直化。当前，我国各地产业园区运营还不规范，多数园区以自行发展为主，政府引导、市场驱动和战略协同的作用还不明显。在未来一段时期内，我国产业园区的发展方向将由零散的、无序的单个项目和单个企业的被动聚集，逐步向基于主导产业和行业价值链的利益分享、优势互补的产业链上下游延伸、垂直化战略合作的方向发展。传统产业转型升级将成为各类产业园区推动产业垂直化发展的重要模式之一。物流商贸企业可通过提供系统的解决方案延伸到产业上游。营销企业可通过大数据电商的应用、冷链仓库物流的导入，发展产业链上游的产品制造和农业种植，进而构建垂直管理和产业合作的产业链。"十四五"时期，战略性新兴产业、高新技术推广企业和园区骨干企业将围绕产业价值链的适度延伸、优化与构建，可能呈现爆发式、规模化、可持续的聚集发展。大型投资机构、行业龙头企业等可以选择和聚焦高端装备制造或文化创意等新兴产业领域，全方位运营文化创意产业集聚区、高端装备制造产业园区等载体。优秀实体企业和资本运作机构通过聚焦特定新兴产业，自行或联合运作产业园区，探索新的产业园区发展模式，逐步构建我国领先的文化创意产业或高端装备制造产业发展服务商，进而推动各地区产业园区发展模式的垂直化、专业化、协同化。

四是分工专业化。随着我国产业园区市场的逐步规范、成熟和演变，参与其中的各类市场运作主体越来越注重提高自身专业能力，产业园区参与者之间呈现专业分工及战略协同。全能型、综合化的企业集团运作模式受到各种因素的冲击和挑战，产业园区投资、产业园区开发及产业园区运营三者分离的趋势明显，产业资本的大量出现、产业资本和金融资本的深度融合，以及专业运营商的迅速崛起，将成为我国未来产业园区发展的新趋势。

五是布局中心化。近几年，一线省会城市出让的工业用地面积与均价远远领先于二线、三线省会城市，布局中心化是产业园区发展的主要趋势，近期出现了新兴产业的生态化和向中西部方向逐步分散的趋势。

六是产品标准化。总体来看，我国产业园区呈现产业新城（镇）模式、产业基地模式、产业综合体模式、产业办公模式 4 种典型的产品解决方案。随着产业园区扶持政策的规范、开发模式的创新，以及专业团队的增加，未来产品、服务和运营模式标准化将成为产业园区发展的新常态。

七是收益服务化。随着政府发展模式的改变和经济环境透明化、公开化，各地区产业园区的盈利模式将由传统的"配套物业销售＋园区服务收入"模式，逐步变革为依托长周期回报，注重收益的可持续性，由过去过度依赖物业产权性收益，向产品服务化收益转型提升。产业园区运营的公司和产业园区企业通过提升项目产业招商、项目物业设施管理、企业服务、项目孵化创新、项目产业投资等服务，获取收益。

八是运营资本化。产业园区的聚集发展需要大量资本投入。产业园区内主导产业和企业的市场化运作，需要通过资本手段予以实现。产业园区中各企业制定了各自的发展目标，拓展资源和重大项目，通过资本运营来提高竞争力和投资回报。

经过多年发展，我国产业园区经历了四代产品迭代，以适应不同阶段的产业发展需要（表 1-1）。

表 1-1　我国产业园区四代产品迭代

园区 1.0	园区 2.0	园区 3.0	园区 4.0
第一代园区产品：主要是单纯的物理空间，建筑产品单一，功能相对单一，缺乏适用性与组合性，主要为粗放产业服务	第二代园区产品：形成了"产业集聚型"，逐渐注重产品功能，增加了办公楼、宿舍、食堂等服务设施，但缺乏空间品质和氛围，配套功能不完善	第三代园区产品：开始注重配套，设置交流空间，关注建筑产品的适用性与组合性，发展为"产业链型"园区	第四代园区产品：考虑产业需要，倾向于现代服务业。产品具有主题突出的核心交流空间，配套空间氛围较强，形成了多功能、全方位的产业综合体

1.1.3　产业园区规划特点

1.1.3.1　产业园区及规划分类

（1）产业园区分类

产业园区是指由政府规划建设的，供水、供电、供气、通信、道路、仓储及其他配套设施齐全、布局合理且能够满足从事某种特定行业生产和科学实验需要的标准性建筑物或建筑物群体。作为招商局集团全资开发的中国第一个外向型经济开发区，1979 年 1 月 31 日蛇口工业区正式成立，实现了多项制度革新与观念革新。40 多年来，产业园区随着国内经济建设稳健快速发展，成为经济增长的重要引擎与创新引领。

① 以主要建筑物类型和功能分类。根据产业园区内主要建筑的类型和功能，产业园区分为生产制造型园区、物流仓储型园区、商办型园区以及综合型园区。

生产制造型园区是以生产制造为主体的园区，建筑多以车间、厂房为主，其信息化主要面向生产管理和生产过程自动化的需求。

物流仓储型园区建筑多以仓库为主，主要面向仓储、运输、口岸的信息化管理和服务的需求，其行业涵盖现代物流和交通运输二类生产性服务行业。

商办型园区建筑类型包括商务办公、宾馆、商场、会展等，其信息化主要面向安全、便捷、智能办公环境管理，多样化的通信服务以及专业领域的信息化服务需求。

综合型园区指包括生产制造型园区、物流仓储型园区和商办型园区 3 种形态在内的大型综合性的园区。

② 以产业园区主导产业分类。该类别比较多，有软件园、物流园、文化创意产业园、2.5 产业园、高新技术产业园、影视产业园、化工产业园、医疗产业园和动漫产业园等。

软件园：1992 年，为了促进我国软件行业快速、健康发展，国家相关部门率先命名了我国最早的北京软件园基地、上海浦东软件园基地和位于珠海的南方软件园基地三大软件基地。2001 年 7 月，国家相关部门在原有软件园的基础上，确定北京、上海、西安、南京、济南、成都、广州、杭州、长沙、大连和珠海为国家重点建设的 11 个国家级软件产业基地。如今，软件园遍布全国，成为我国软件产业的中坚力量。

物流园：是指在物流作业集中、几种运输方式衔接的地区，将多种物流设施和不同类型的物流企业在空间上集中布局场所，也是一个有一定规模的、多种服务功能的物流企业的集结点。

文化创意产业园：是指一系列与文化产业关联的、产业规模集聚的特定地理区域，具有鲜明文化形象并对外界产生一定吸引力的集生产、交易、休闲、居住于一体的多功能园区。

2.5 产业园：是指介于第二产业和第三产业之间，既有服务、贸易、结算等第三产业管理中心的职能，又具备独特的研发中心、公司核心技术产品的生产中心和现代物流运行服务等第二产业运营的职能的产业园。

高新技术产业园：是指由各级政府批准成立的科技工业园，它是以发展高新技术为目的而设置的特定区域。高新技术产业园是主要依托智力密集、技术密集和开放环境，依靠科技和经济实力，吸引和借鉴国外先进的科技资源、资金和管理方式，通过实行税收和贷款方面的优惠政策和各项改革措施，实行软硬环境的局部优化，最大限度地把科技成果转化为现实生产力而建立起来的，促进科研、教育和生产结合的综合性基地。

影视产业园：是指以影视制作为核心，打造的影视制作工业体系，具体建设影视传媒、数字内容、创意设计等产业规模集聚的特定地理区域，具有鲜明文化形象，对外界产生一定吸引力，体现在文化影视、商、学、研、住等方面的高度融合，并形成创意、产业和活动等高度集聚的多功能园区。

化工产业园：又称为化学工业园。化学产业一直是国家和区域经济的主导和支柱。近年来，化学工业园已成为中国化工发展方向的主流模式。化学工业园是主要以煤炭、石油、天然气为基础原料形成的化工产业集群或以化工原料为基础发展的精细化工产业集群。

医疗产业园：是指以医药医疗器械产业作为功能定位的园区，它致力于发展医药医疗器械生产研发中心、科研成果转化基地和物流集散中心。

动漫产业园：是指以引进动漫图书、报刊、电影、电视、音像制品、舞台剧和基于现代信息传播技术手段的动漫新品种等动漫直接产品的开发、生产、出版、播出、演出和销售，以及与动漫形象有关的服装、玩具、电子游戏等衍生产品的生产和经营为主的产业企业，促使这些企业在产业园内实现上下游企业的无缝对接，达到节约成本、提高效率、提升竞争力等效果的园区。

产业园区分类示意如图 1-1 所示。

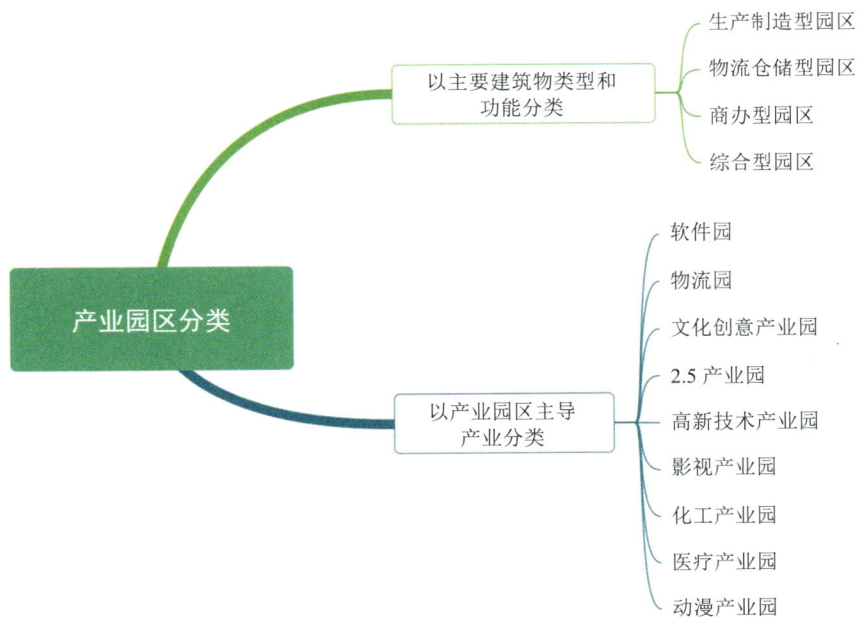

图 1-1　产业园区分类示意图

（2）产业园区规划分类

产业园区规划体系主要包括总体规划（以下简称总规）、控制性详细规划（以下简称控规）、修建性详细规划（以下简称修规）、发展规划、概念性规划、专项规划等。

① 总规是在开发、建设产业园区之前编制，依据国民经济和社会发展规划以及当地的自然环境、资源条件、历史情况、现状特点等统筹兼顾、综合部署，为确定园区发展规模和发展方向，实现经济和社会目标的综合部署。

② 控规是指以产业园区总体规划为依据，确定详细的土地使用性质和使用强度的控制指标、道路和工程管线控制性位置以及空间环境控制的规划要求。

③ 修规是指以总体规划或控制性详细规划为依据，指导各项建筑和工程设施的设计和施工的规划设计，属于详细规划的一种。

④ 发展规划是对产业园区发展、空间布局、土地开发、招商引资、运营管理等基本性问题的分析研究，是指导园区产业发展的纲领性规划。

⑤ 概念性规划是对产业园区发展方向性、战略性重大问题的集中研究，注重长远效益和整体效益，从经济、社会、环境的角度提出产业园区发展的综合目标和发展战略。

⑥ 专项规划是总体规划以国民经济和社会发展为特定领域的细化，是对产业园区特定产业的细化。

1.1.3.2　产业园区规划框架

产业园区规划包括产业发展现状和特征的分析、发展战略、发展定位、产业布局、发展目标、产业重点、产业空间引导和产业发展政策等模块。它们之间环环相扣，具有较强的内在逻辑关系。产业园区规划框架一般分为以下 8 个部分（图 1-2）：

① 产业园区规划的背景。主要包括产业园区规划的目的、规划意义以及发展的竞争优势、有利条件分析等。

② 产业园区产业发展能力分析。主要对产业园区发展产业的环境条件进行分析。

③ 产业园区的发展定位。主要为产业园区的功能定位及产业定位分析。产业园区的功能定位为产业园区在区域经济体系中的功能分工，即根据产业园区的地理区位、资源禀赋情况、经济发展水平等，确定利用要素资源和市场空间的行业和企业作为产业园区主导产业的行为。产业定位应根据产业园区所在区域的综合优势和产业园区独特优势、所处的经济发展阶段以及发展产业的运行特点，合理地进行产业发展规划和布局。

④ 产业园区产业链搭建。主要包括产业园区内产业链条的设计情况。产业园区在原有产业的基础上，发展壮大相关产业，延伸产业链，针对原有产业进行产业招商，并且围绕原有产业进行上下游配套产业的招商，形成产业集聚。

⑤ 产业园区的规划布局。主要包括产业园区的总体用地布局介绍、各功能区建设规模、产业布局分析等。产业规划根据产业定位的不同，充分考虑资源禀赋、区位优势、产业基础和区域分工协作等因素，同时要注重产业升级和产业转移。

⑥ 产业园区的投资成本与收益估算。主要包括产业园区投资、成本估算、产值估算、社会效益及生态效益评估等。

⑦ 产业园区适应性评价指标体系。主要包括经济指标、社会效益指标及目标适应性指标。产业园区经济指标包括园区项目的技术经济指标和园区经营指标。其中园区经营指标

包括园区进驻企业数量、企业投资密度、入驻园区企业总产值、园区就业人数、人均产值等。社会效益指标包括对环境的影响、对产业聚集的作用、对同行业的引导作用等方面。目标适应性指标包括产业园区发展目标合理分析以及目标可达性分析。

⑧ 产业园区保障体系。主要包括产业园区规划实施所需的法律法规政策支持体系、公共服务平台搭建设计、运营模式设计等。分析产业园区规划实施是否满足相关法律法规、相关政策要求。公共服务平台是为入园企业搭建的综合服务平台（如政策扶持、技术认证、实验检测、人才培育、融资贷款、项目申报等）。产业园区常见的运营模式包括政府运营模式（由政府投资开发，产业园区为入驻企业提供税务代理、行政事务代理的服务）、投资运营模式（政府投资建设产业园区，通过收取房租、固定资产等作为合作资产，孵化有发展潜力的企业）、服务运营模式（产业园区为入驻企业提供人才派遣、信息服务等，强化园区与企业的合作）、土地盈利模式（产业园区在初步开发后对园区进行地产开发或土地使用权转让）、产业运营模式（在产业园区投资初期进行招商引资，对有实力的入驻企业进行投资，搭建产业链）。

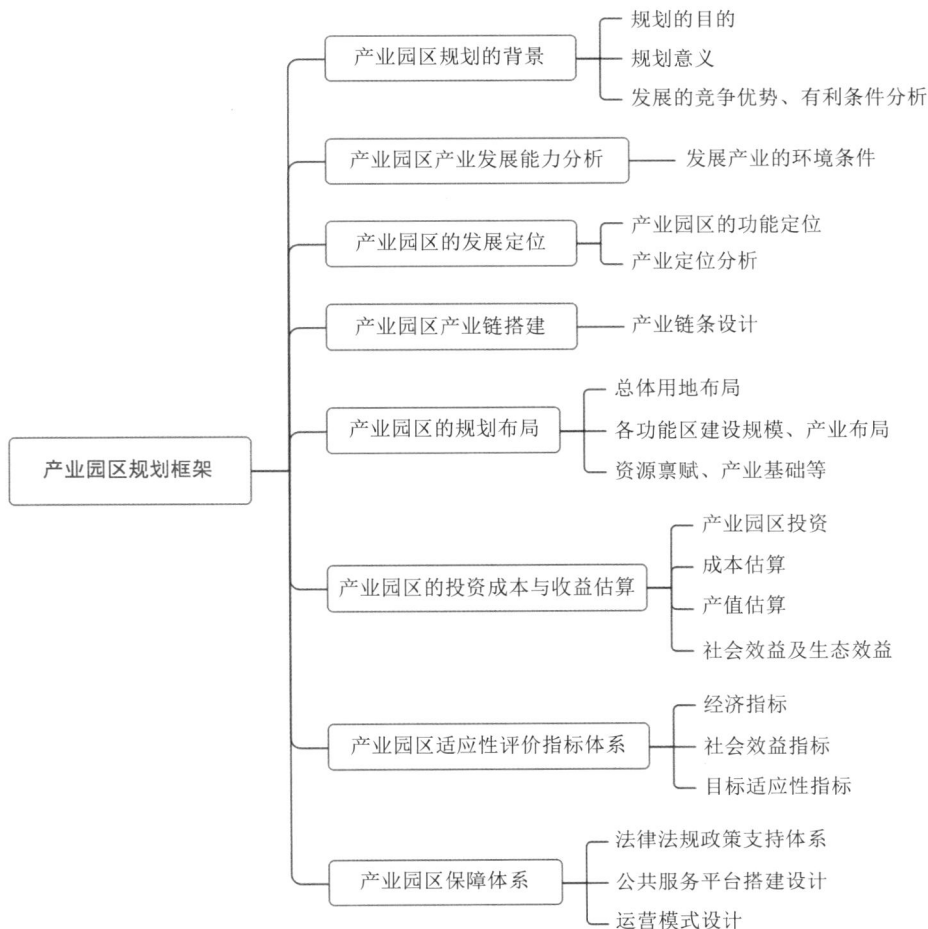

图 1-2 产业园区规划框架示意图

1.1.3.3　产业园区规划原则

（1）关联发展

应围绕区域主导产业展开产业园区（产业集中发展区）规划布局，发挥优势产业、优势企业的关联带动作用，推进龙头企业加强标准化建设和实施产品、技术扩散，提高产业协作配套水平，推动产业、企业形成配套发展、错位发展、互补发展的良性格局。

（2）成链发展

产业园区规划应坚持把培育完善优势产业链作为产业发展的重要路径，构建深化产业链整合发展的机制，推进企业、项目之间在产业链延伸方向上建立相互配套、分工协作关系，形成相互关联、相互促进的发展格局。

（3）集聚发展

产业园区规划应强化产业配套能力、公共基础设施和政策市场环境建设，加快发展生产性服务业，集成提升行政效能和服务水平，推动产业关联的企业合理流动、入园发展，推动形成既竞争又合作的集聚发展态势，增强对产业园区之外产业的吸纳、集聚和辐射带动力。

（4）集约发展

产业园区规划应通过优势产业集中布局、集聚发展，推动企业有效保护环境，实现资源节约利用、综合利用、循环利用，推进产业发展方式转变。强化集约节约用地，严格生产用地和生产辅助用地的比例，严格执行工业建设项目投资强度、建筑密度、容积率等控制性指标，努力提高工业用地综合利用效率。

1.1.3.4　产业园区规划结构

产业园区规划一般包括产业园区规划背景、发展定位、规划布局、招商策略、园区运营管理，不同产业园区的规划报告结构可能根据管理需要和地方特征，存在各自的特点与差异。产业园区总体规划思路的关键在于对产业的定位分析，产业定位的准确可有效促进后续的空间布局、招商策略和增值服务的科学设计。同时，在进行产业定位之前，需要对外部环境和内部环境进行全面有效梳理，奠定产业定位基础。产业园区规划主要包括以下结构：

（1）产业园区规划外部环境分析

通过外部宏观环境的分析，可以掌握未来经济社会变化趋势，了解未来产业变化规律及发展趋势，了解未来的状况是怎样的。当我们较好地了解了未来发展状况时，我们就可以抓住出现的战略机会或规避出现的战略威胁，作出相应的战略选择，促使企业快速、健康、持续地发展。

① 外部环境分析首先是为了弄清楚园区内企业所在领域、相关领域及向往领域目前现状是什么，包括它们的行业发展基本状况、行业供需状况及细分行业状况、区域状况、产品状况、客户状况、竞争对手类型及主要竞争对手状况、消费者或客户状况及需求偏好、行业价值链主要参与者状况、行业关键成功因素等现状。

② 外部环境分析是为了找出影响企业所在领域、相关领域及向往领域的影响因素，重

要的影响因素有哪些，他们会怎样影响这些领域的发展。

③ 外部环境分析最重要的是为了了解园区内企业所在领域、相关领域及相关领域未来状况，包括未来行业发展基本状况、行业供需状况及细分行业状况、区域状况、产品状况、客户状况、竞争对手类型及主要竞争对手状况、消费者或客户状况及需求偏好、行业价值链主要参与者状况、行业关键成功因素等。对这些领域的未来状况预测非常重要，它关系到企业战略选择的科学性和正确性，直接决定着战略选择的成败。能更好预测未来，就能更好地作出战略选择及抓住现在，更好地拥有未来。

（2）园区内部资源分析

内部资源分析是对园区内部与战略有重要关联的因素进行分析，是园区经营的基础，是制定战略的出发点、依据和条件，是竞争取胜的根本。

园区内部环境或条件分析目的在于掌握园区的历史和现状，明确园区所具有的优势和劣势。它有助于企业制定有针对性的战略，有效地利用自身资源，发挥企业的优势；同时避免企业的劣势，或采取积极的态度改进企业劣势。扬长避短，更有助于企业百战不殆。

园区内部资源能力主要是指自然资源、政策环境、人力资源、产业基础和产业配套、市场辐射能力、市场环境和法制环境等。

（3）园区规划产业定位分析

在完成了外部环境和内部资源的分析后，应先确定园区的总体功能定位和产业发展的总体目标，据此来进行产业定位的分析。

产业定位是指某一区域根据自身具有的综合优势和独特优势、所处的经济发展阶段以及各产业的运行特点，合理地进行产业发展规划和布局，确定主导产业、支柱产业以及基础产业。

产业定位分析是产业园区规划中极为重要的一环，它关系到园区后期的建设和配套体系的构建。如果产业定位做得不好，园区的建设很可能是要失败的。笔者认为，产业定位分析分为主导产业的选择、产业细化与产业组合和产业补充等步骤。

（4）园区规划确定主导产业

在进行产业定位时，最重要的是确定主导产业，因为其他产业的定位均是围绕主导产业展开的。

主导产业是指在某一经济发展阶段中，对产业结构和经济发展有着较强带动作用以及广泛、直接影响或间接影响的产业部门，它能迅速有效地利用先进技术和科技成果满足不断增长的市场需求，具有持续的高增长率和良好的发展潜力，处于生产链条中的关键环节，是区域经济发展的核心力量。

主导产业具有5个显著特征：一是具有较强的创新能力，获得与新技术相关联的新生产函数，能够实现"产业突破"；二是具有持续的部门增长率，并高于整个经济增长率；三是具有很强的扩散效应，能广泛地采取多种手段带动或启动其他产业的增长，对其他产业的增长产生广泛的直接影响和间接影响；四是具有显著的产业规模和良好的发展潜力，是区域经济发展的支柱和主导；五是在时间上具有阶段性，依经济发展的不同阶段而不断转换。

（5）园区规划确定辅助产业

当确定好产业组合方案后，应围绕主导产业去选取恰当的辅助产业作为支撑，以便更好地发挥主导产业的引导作用。辅助产业是在产业结构系统中为主导产业和支柱产业的发展提供基本条件的产业。由于它是主导产业和支柱产业发展的基础，因而，辅助产业一般要求得到先行的发展，否则，它将可能成为整个地区经济发展的"瓶颈"，辅助产业的产品一般是主导产业和支柱产业的投入。

（6）园区规划空间布局分析

根据确定的产业发展策略，制订园区的产业空间布局规划。空间布局是产业发展在空间的具体落实。产业空间规划要根据全国和各地区产业布局现状，结合产业发展和布局的理论，发挥各产业的特点和优势，按照市场经济规律与政府宏观调控相结合的方式，以最大限度地利用空间资源、促进产业协调和持续发展为目标，在空间上合理配置和引导产业发展。产业或企业的区位选择主要依靠市场来调节，能够最大限度地利用各种资源和生产要素，并可获得最大利益的空间是产业或企业最佳的投资空间。

规划要引导产业在获得最大利益的基础上，尽量避免产业发展和布局造成地区土地、水、矿产等资源的浪费，减少产业发展对生态和环境的压力，形成产业空间配置相对平衡，促进地区经济发展和增加就业的良好发展态势。要根据不同地区的发展条件、发展背景和区域的功能定位，通过产业政策建立行业准入机制，引导不同类型的产业在相应的区域发展和布局。例如，在大区域中，主要发挥生态服务功能的区域，其产业引导方向就要限制污染类、对资源消耗大的重化工产业的发展，重点是鼓励发展一些生态和环境友好的产业（如旅游业等）。

产业在空间的发展不会均衡展开，在一些区位条件优越的城市（或地点）、交通干线两侧等会形成不同规模、等级的产业集聚点和集聚轴（带），这些产业集聚点（轴、带）是不同层次区域经济发展的重要依托和支撑，也是各类产业发展的核心区。因此，按照市场经济规律，最大限度地利用不同层次区域的各种资源优势，促进不同类型、规模的产业集聚点（轴、带）的形成和发展是产业空间规划的重要研究内容。

产业在空间上的发展要充分考虑到生态与环境约束和人居环境发展的要求。针对重要的生态和环境保护区、居民区、文物保护区、风景名胜区等区域或轴线应制定严格限制产业发展和布局的政策，形成不同层次的产业管制区。根据产业管制区类型特征，按照强制性、指导性、引导性等政策手段进行分类指导，目标是促进产业发展与生态建设和环境保护相协调。

产业园区规划报告的结构包括规划文本、说明书、规划主要图纸等，不同产业园区的规划报告结构可能根据管理需要和地方特征，存在各自的特点与差异（图1-3）。

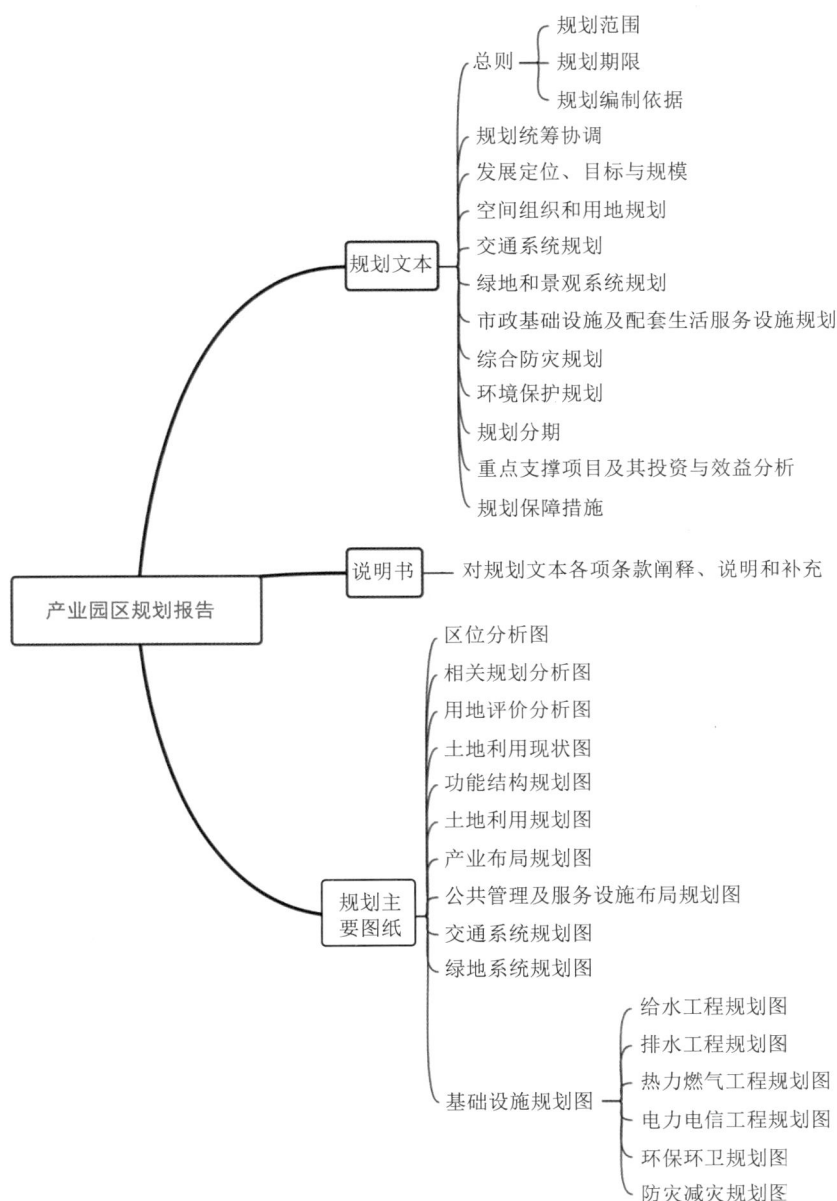

图 1-3　产业园区规划报告结构示意图

1）总则

主要包括规划背景、规划意义、规划的依据、规划原则、规划范围、规划期限、强制性内容说明等。

①规划范围。明确产业园区规划的边界范围，并根据园区与外界区域的关系以及对环境的影响范围，提出规划的控制区范围。规划范围的土地利用性质应与上位规划相一致。

②规划期限。明确产业园区规划的基准年，提出规划近期和中远期发展目标的具体年

限，通常近期年限为 5 年，中远期年限为 10 年。

③规划编制依据。对园区发展规划和建设具有指导和支撑作用的各项政策、标准和规划逐一进行描述。主要的规划依据包括：国家和地方相关产业政策规划；国家和地方环境保护、清洁生产和循环经济方面的相关法律法规；园区所在地区的国民经济和社会发展规划、相关产业发展规划；园区所在地区的城市总体、环境保护、国土空间等规划；园区所在地区的供水、排水、交通、电力、消防等基础设施规划；其他相关法律法规、标准规范等。

2）规划统筹协调

园区发展规划应在功能定位、土地利用、产业布局、生态环境等方面符合上位规划，并与同级规划在功能定位、土地利用、产业空间布局、生态环境保护等方面相协调。

3）发展定位、目标与规模

根据园区资源、环境特点，明确园区主导产业类型及产业发展定位。根据园区发展现状及发展趋势，提出园区近期和中远期的建设目标和具体指标。指标应符合园区发展特点，体现园区的产业结构、经济指标、环境影响、人文特色等。发展规模包括产业规模、用地规模和人口规模等。

4）空间组织和用地规划

根据《城市用地分类与规划建设用地标准》，从用地结构、基础设施、景观、生态建设与环境保护等角度确定园区的空间结构，明确功能分区和用地布局。

5）交通系统规划

立足产业园区经济社会发展以及资源、环境特点，以"以人为本"和"低碳发展"为引领，指导思想明确，理念先进，注重交通与城市用地的互动关系，对园区交通发展模式进行深入剖析，提出具有针对性和可操作性的交通发展模式和目标、交通体系、交通设施布局。

6）绿地和景观系统规划

根据产业园区现有的格局及自然地形，确定园区绿地系统的布局结构和规划目标，形成点、线、面相结合的景观体系。园区绿地系统一般包括园区公共绿地、附属绿地、防护绿地等，严格保护规划确定的公共绿地和防护绿地等。有污染和安全风险的园区周边应设置相应的防护绿地。

7）市政基础设施及配套生活服务设施规划

阐述产业园区为了满足日常生产生活需求，所建设的相应组织、结构、服务、系统以及基础设施等，主要包括给水、排水、供电、通信、燃气、供热设施、管线综合等，其采用标准、负荷预测、占地等应根据园区产业类别及工艺要求，并结合城市基础设施建设情况综合确定。

8）综合防灾规划

建立完善的综合防灾减灾体系，提高规划区公共安全水平、减轻灾害损失。综合防灾减灾体系包括消防规划、防震减灾规划、防洪规划、人防规划、公共安全规划等，涉及危险化学品的还需危险化学品安全规划。

9）环境保护规划

产业园区环境保护规划应确定环境保护规划目标及区域环境质量标准，明确水环境保护、大气环境保护、声环境保护、固体废物污染控制、环境监测和管理等内容。

10）规划分期

本着尊重现实与立足长远的原则，注重区域带动作用，强调区域的动态协调发展，整体规划，近远结合，分期实施，滚动发展。

11）重点支撑项目及其投资与效益分析

研究产业园区入驻的重点支撑项目，分析园区的经济效益、社会效益、环境效益、生态效益。

12）规划保障措施

提出规划实施相关各项保障措施，包括政策保障措施、组织机构建设、技术保障体系、环境管理工具、公众参与、宣传教育与交流以及保障园区建设顺利开展的其他措施。

13）说明书

规划说明书为对规划文本各项条款的阐释、说明和补充。

14）规划主要图纸

一般包括区位分析图、相关规划分析图、用地评价分析图、土地利用现状图、功能结构规划图、土地利用规划图、产业布局规划图、公共管理及服务设施布局规划图、交通系统规划图、绿地系统规划图、基础设施规划图（给水工程规划图、排水工程规划图、热力燃气工程规划图、电力电信工程规划图、环保环卫规划图、防灾减灾规划图）等。

1.1.4 产业园区规划的内容

（1）研究要素

产业园区规划的编制依据主要有国家政策、法律法规、各类政府规划、上级产业园区规划、控制性详细规划、专项规划等。

从各类规划背景来看，主要依据全球经济一体化趋势和国内外政治、经济环境与产业特征、国家有关政策与法律法规、地区性政策和产业环境、政府经济与社会统计数据、基础报表资料、行业统计数据、重点企业和重大工程经济指标（数据），各类政府规划与文件、上级及本级政府各类已有的经济规划与文件、主体功能区规划、土地利用规划，以及市场供需方和其他利益相关者的各类调研、政府机构和专家学者的实地访谈、二手资料与有关数据等。

行业背景、政策背景等对于规划编制的影响很大。例如，《中华人民共和国国民经济和社会发展第十四个五年规划和 2035 年远景目标纲要》中对于发展壮大战略性新兴产业作出了方向性的说明。

着眼于抢占未来产业发展先机，培育先导性和支柱性产业，推动战略性新兴产业融合化、集群化、生态化发展，战略性新兴产业增加值占 GDP 比重超过 17%。

一是构筑产业体系新支柱。"聚焦新一代信息技术、生物技术、新能源、新材料、高端装备、新能源汽车、绿色环保以及航空航天、海洋装备等战略性新兴产业，加快关键核心技术创新应用，增强要素保障能力，培育壮大产业发展新动能。推动生物技术和信息技术融合创新，加快发展生物医药、生物育种、生物材料、生物能源等产业，做大做强生物经济。深化北斗系统推广应用，推动北斗产业高质量发展。深入推进国家战略性新兴产业集群发展工程，健全产业集群组织管理和专业化推进机制，建设创新和公共服务综合体，构建一批各具特色、优势互补、结构合理的战略性新兴产业增长引擎。鼓励技术创新和企业兼并重组，防止低水平重复建设。发挥产业投资基金引导作用，加大融资担保和风险补偿力度。"

二是前瞻谋划未来产业。"在类脑智能、量子信息、基因技术、未来网络、深海空天开发、氢能与储能等前沿科技和产业变革领域，组织实施未来产业孵化与加速计划，谋划布局一批未来产业。在科教资源优势突出、产业基础雄厚的地区，布局一批国家未来产业技术研究院，加强前沿技术多路径探索、交叉融合和颠覆性技术供给。实施产业跨界融合示范工程，打造未来技术应用场景，加速形成若干未来产业。"

根据国家新时期产业升级和培育新增长点的工作重点，地方政府结合各自的区位优势与主要特征，进行产业升级、行业选择，以及招商引资策略调整等前瞻性的规划与决策。

（2）理论依据

产业园区规划的理论依据主要有制度经济学、城市经济学、市场经济理论等。

制度是指人际交往中的规则及社会组织的结构和机制。制度经济学是把制度作为研究对象的一门经济学分支，它研究制度对于经济行为和经济发展的影响，以及经济发展如何影响制度的演变。制度学派分为旧制度经济学和新制度经济学，新制度经济学认为制度就是规则。

城市经济学是一门研究城市范围内的各种经济现象的学科。一般而言，研究城市经济的路径主要有：一是侧重微观经济理论的研究；二是侧重从宏观层面来研究。其理论流派主要为"主流城市经济学"与"保守主义城市经济学"。

围绕市场经济存在以下两种理论传统：

① 强调市场机制绝对合理的传统。由 Adam Smith、Jean Baptiste Say 到 Alfred Marshal、Friedrich August Hayek 为代表的经济自由主义或新古典经济学的传统。认为资本主义市场经济是内在完满，具备自我均衡机制的完善体系，市场机制本质上没有缺陷，市场本身的均衡调整机制足以保证经济长期均衡运行，可以实现资源的最佳配置。周期性危机是非必然的，是可以避免的。

② 认为市场机制有缺陷的传统。以马克思和凯恩斯为代表。马克思认为，近代资本主义的历史是由小市场经济走向大市场经济，即由民族市场走向世界市场经济的进程。这就是"全球化"。马克思认为这个进程不可阻挡，在世界市场经济统治全世界时，周期性的世界经济危机最终会产生破坏世界市场的力量，从而撕毁这一体制。他把这种全面危及世界统一市场的危机，称为"普遍危机"或"总危机"。

政府规划的编制依据与研究背景，基于各种制度对于经济发展的外部制约和强制性，以及与宏观经济、微观经济的关联性，市场经济的内在规律等，开展有关制度研究、环境分析和产业布局等。

关于宏观环境分析，可以重点跟踪全球经济形势与产业趋势，分析国家战略，研究国务院最新政策，研究国家发展和改革委员会（以下简称国家发展改革委）、科学技术部等产业政策与行业导向，评估确定未来几年的主导行业与产业选择等。例如，在全球石油价格持续下滑的大环境下，分析石油加工行业、煤炭行业、天然气行业发展趋势等，据此可以作出下一年度产业园区有关行业的进出口形势、国际贸易等基本判断与重大决策。

（3）产业发展趋势

在经济发展新时期，关于产业园区的发展趋势主要是围绕主体功能定位和发展方向，把握不同区域的资源禀赋与发展优势，实施差别化的区域产业政策，出台重点产业布局和产业转移指导意见，合理引导产业有序转移，优化产业空间布局。探索制定主体功能区产业项目负面清单，明确不同主体功能区限制和禁止类产业。建立主体功能适应性评价制度，编制区域规划、布局重大项目必须符合各区域的主体功能定位。严格市场准入制度，对不同主体功能区的产业项目实行不同的占地、耗能、耗水、资源综合利用和污染物排放等强制性标准。建立市场退出机制，对限制开发区域严格制定和执行产业准入门槛，又符合主体功能定位的现有产业和项目，通过设备折旧补贴、迁移补贴、土地置换等手段，促进跨区域转移或关闭；对重点开发区域增强产业配套能力，引导产业集群发展；对优化开发区域引导弱势产业有序外迁，加快产业转型升级。

（4）宏观形势分析

国际、国内政治经济形势分析是产业园区规划中的"外部环境分析"的工作重点。在全球化的经济环境下，国际形势与我国各地产业园区发展紧密相连。国际政治、经济形势发生了变化，具有外贸业务和主导产业的产业园区定位、对外贸易等将会受到较大影响。国内制度变化和经济政策调整，对产业园区的直接影响更加明显。如国家限制或禁止某一产能过剩行业，可能对产业园区中该类产业的融资、生产、销售等都产生巨大的影响。因此，跟踪分析国际、国内宏观形势，对于产业园区规划和主导产业选择、调整具有极强的现实意义和应用价值。

当前，我国经济发展存在的问题和风险主要表现在：一是结构优化升级进展缓慢。高增长主要靠固定资产投资超常增长支撑，相当部分投资集中在基础设施、房地产和部分产能过剩领域，积累了较大债务风险。二是产业优化升级进展缓慢。钢铁、水泥、电解铝、平板玻璃和船舶等行业产能过剩严重。三是技术进步和人力资本对经济增长的贡献不高。城乡分割、区域分割的体制机制尚未根本破除。四是环境污染形势严峻。环境风险日益突出，突发环境事件处于高发期，环境应急能力不足，环境质量改善与人民群众的期待差距较大。五是财政金融风险增大。地方政府性债务扩张较快、财政金融风险加大等，部分地区政府性债务规模过大。大量债务集中在收益水平低且回收期长的基础设施、产能严重过剩产业和房地产领域，资金周转速度和使用效率下降。

1.2   产业园区规划环境影响评价制度

1.2.1   产业园区规划环境影响评价的实施背景

由于人类活动决策具有层次性，因此完善的环境影响评价体系也具有层次性。按照人类决策行为由高到低，相应的环境影响评价可分为法律法规、政策、规划、项目等层次。

规划环境影响评价是指在规划编制阶段，对规划实施后可能造成的环境影响进行分析、预测和评价，提出预防或者减轻不良环境影响的对策和措施的过程。开展规划环境影响评价有利于在人类活动的源头预防和减轻社会经济活动对环境产生的不利影响，是实现人类社会可持续发展的一个重要手段。

2002 年颁布的《中华人民共和国环境影响评价法》（以下简称《环境影响评价法》）确立了规划环境影响评价制度在我国环境保护工作中的地位。2009 年颁布的《规划环境影响评价条例》又将规划环评引入一个新的发展时期。

当前，我国经济社会正处于转型发展的关键时期，资源环境要素的约束日益凸显，环境问题日益复杂，污染特征从单一型、点源污染向复合型、区域污染转变，环境污染事故处于易发、多发期，环保公共需求进入快速增长期。要破解经济发展与资源、环境之间的难题，实现以生态环境优化经济发展、促进发展模式的根本转变，贯彻"绿水青山就是金山银山"的理念，必须从上层决策综合考虑、从上下游产业链系统考虑、从区域流域整体考虑，积极探讨构建经济发展与环境保护的长效协调机制。规划环境影响评价作为实施可持续发展战略的重要工具，是破解这一发展难题的有效手段。

1.2.2   产业园区规划环境影响评价的意义

环境影响评价（以下简称环评）在生态环境保护体系中发挥了重要的源头预防作用，是环境治理现代化体系中的基础性制度，经过多年发展形成了由区域战略环评（"三线一单"生态环境分区管控）、规划环评、建设项目环评构成的全链条无缝衔接预防体系。规划环评在这个体系中处于承上启下的位置，在推动环境保护参与综合决策、预防和减缓不良环境影响等方面发挥了重要的作用。产业园区规划环评是各类规划环评中数量最多、空间范围界定最清晰、污染和风险防控成效最明显的一类，已成为加强产业园区污染防控和环境管理的重要抓手。

从承上来看：目前陕西省省级及市级的"三线一单"生态环境分区管控成果均已发布，产业园区总体上都被纳入了重点管控单元，对产业园区提出了有针对性的环境准入和管控要求。产业园区规划环评则主要聚焦在对规划产业定位、布局、规模的优化，以及预防或减轻不良环境影响的对策和措施等方面。两者在内容和评价方法上均有一定程度的重合。《关于进一步加强产业园区规划环境影响评价工作的意见》（环环评〔2020〕65 号）、《陕西省规划环境影响评价管理规程（试行）》（陕环发〔2020〕23 号）、《规划环境影响评价技

导则 产业园区》等政策及标准均明确将衔接落实区域生态环境分区管控成果作为规划环评工作的重点，在管理制度和技术保障等方面明确规划环评衔接落实区域生态环境分区管控成果，确保区域生态环境质量改善。

从启下来看：一是在现行政策及标准中提出了产业园区规划环评是建设项目入园的重要依据，即入园建设项目环评须符合产业园区规划环评结论及审查意见的要求。二是在规划环评高质量完成的前提下，入园建设项目环评部分内容可适当简化。为此，全国各地积极推动产业园区入园建设项目环评试点改革工作。目前，陕西省生态环境厅已联合陕西省科学技术厅、陕西省商务厅分两批次共推动了 6 个产业园区实施规划环评与建设项目环评联动试点工作。包括试点区域填报登记表类建设项目可实施环评豁免管理；试点区域涉及编制环境影响报告书（表）的建设项目可实施告知承诺制审批，对报批环评文件不经评估、审查可直接作出审批决定；试点区域同一建设单位规划的多个同一类型建设项目，符合"三线一单"生态环境分区管控、规划环评等要求且均编制环境影响报告表的，环评审批部门可打捆审批，并在批复中明确各建设单位的主体责任，审批后建设单位可在批复文件有效期内实施；试点区域入园建设项目环评可适当简化。产业园区规划环评与建设项目环评联动工作是深化环评"放管服"改革、强化产业园区规划环评对建设项目环评的指导和约束作用的具体举措，为进一步优化营商环境、地方招引高质量项目提供有力保障。

1.2.3 产业园区规划环境影响评价要点

产业园区在开展规划环境影响评价工作时，应衔接"三线一单"成果，不触碰"生态保护红线"，把握"资源利用上线、环境质量底线"，通过分析规划布局、结构、建设规模、建设时序，论述规划实施的环境合理性，提出预防或减缓规划实施带来的不良环境影响的对策措施，以及规划文本的优化调整建议。

对产业园区规划环境影响评价工作的要求如下：

（1）梳理规划内容，摸清本底情况

产业园区规划环境影响评价工作的基础即对规划内容的理解、分析，包括分析规划目标和定位、法律法规、产业政策、有关资源利用、国土空间规划、"三线一单"以及上层战略环评的符合性、与同层位规划的协调性。《规划环境影响评价技术导则 产业园区》强调了评价时应梳理规划环境目标、环境污染治理要求以及基础设施建设等方面内容。在产业园区规划实施过程中，污染物排放是对环境的主要影响方式，应重点关注园区的环境质量底线、资源利用上线以及生态功能状况，落实到规划环境影响评价工作中即对环境质量现状、资源利用现状、污染物产生及处理处置情况、环境基础设施建设运行情况的调查。对于修编规划的园区，开展规划环境影响评价时，还应重点分析上一轮规划环境影响报告书及审查意见提出的生态环境保护措施、优化调整建议的落实情况。

（2）明确环境目标，开展多情景预测

从区域现状分析入手，通过识别规划方案与环境存在的矛盾、冲突，提出规划实施的资源、生态、环境制约因素，根据制约因素的影响性质、范围和程度确定环境目标，建立规划环境影响评价指标体系。

根据产业园区环境影响的特点，在园区符合空间管制要求的前提下，规划实施对区域资源和环境的影响相对较大，且有一定程度的不可预见性，因此科学设置预测情景至关重要。第一，区域资源和环境承载力对产业规模具有制约，评价情景设置应考虑规划方案发展模式、资源利用效率方案、环境质量方案以及资源环境平衡方案等；第二，不同的布局方案需配套对应的污染防治和生态保护措施，因此预测情景设置应考虑最优环境保护布局方案、实施成本和环境保护中间平衡方案等；第三，园区的结构主要包括产业结构、能源结构、资源利用结构等，对环境污染因子种类和排放量的影响较大，应主要考虑区域能源和资源的特点，从原规划方案、清洁能源利用方案、资源循环利用方案或中间平衡方案等方面进行分析；第四，因地制宜、综合考虑，设置最优建设时序。通过分析产业园区布局、结构、规模和建设时序等方面的综合因素，最终设定具有代表性的多种预测情景，估算在不同情景下污染物产生量及排放量，对水环境、大气环境、声环境、土壤环境、环境敏感区进行环境影响预测。

（3）评估区域承载能力

根据所在区域环境管控单元的管控要求，分析产业园区剩余可利用资源量和污染物允许排放量，评估产业园区剩余资源量的占用情况和排放量的承载状态。

（4）提出生态环境准入要求

从区域环境质量、资源利用、环境风险等方面，论证规划实施的环境合理性，依据环境空间管控要求，从空间布局约束、污染物排放管控、环境风险防控、资源开发利用等方面，制定产业园区的生态环境准入清单。

根据《规划环境影响评价技术导则　产业园区》，梳理出产业园区规划环境影响评价的评价要点（表1-2）。

表1-2　产业园区规划环境影响评价的评价要点

	规划环境影响评价主要内容	产业园区规划环境影响评价要点
基本要求	规划分析	位置、规划环境目标、产业定位、功能分区、结构布局、产业规模、基础设施建设等
	规划协调性分析	分析规划目标和定位、法律法规、产业政策、有关资源利用、国土空间规划、"三线一单"以及上层战略环评的符合性，与同层位规划的协调性
	现状调查与评价	环境质量达标情况和改善目标、污染物排放现状、区域自然环境概况、重点资源能源的利用现状、固体废物处置方式及处置利用设施情况、环境基础设施建设运营情况、上一轮规划环评及审查意见落实情况、环境保护投诉情况、环境管控单元的防控和管制要求
确定原则	制约因素及评价指标	区域环境敏感区制约、土地资源利用开发制约、区域水资源和能源开发总量限制、区域环境容量及污染物排放总量的限制、区域管控单元环境管理要求

规划环境影响评价主要内容		产业园区规划环境影响评价要点
评价基准	预测情景设置	综合考虑园区布局、结构、规模及建设时序等
	环境压力分析	污染物产生量及排放量、主要生态因子变化量、能源资源需求量
	环境影响预测评价	规划实施对地表水、地下水、大气、声、土壤环境的影响，对环境敏感区的影响，环境风险分析，人群健康风险等
	资源环境承载力	可利用资源量、污染物允许排放量、资源环境承载状态
落实目标	规划方案综合论证和优化调整建议	分析规划目标和定位是否符合上层规划；布局选址是否符合生态保护红线、环境敏感区和重点生态功能区要求；规划产业及入园项目是否满足区域生态环境准入清单要求；资源和环境能否承载园区规划实施；规划实施过程是否存在显著的环境风险和人群健康风险。 从规划布局、规模、结构、建设时序等角度提出规划方案优化调整建议
	不良生态环境影响减缓措施	针对规划实施带来的生态环境问题提出解决方案和生态环境保护措施
	生态环境准入清单	空间布局约束、污染物排放管控、环境风险防控和资源开发利用
	规划包含建设项目环境影响评价的要求	建设项目环评的评价重点和简化内容

1.2.4　规划环境影响评价的发展历程

我国的战略环境影响评价主要在规划层面，《环境影响评价法》中也只是规定了规划环境影响评价制度。因此，我国战略环境影响评价的发展历程主要是指规划环境影响评价的发展历程。

我国规划环境影响评价的研究和实践始于 20 世纪 80 年代的区域环境影响评价，主要是区域开发项目、少数旧城改造和流域开发项目。这种区域环境影响评价是一种介于项目和规划层次之间的环境影响评价，可以将其视为战略环境影响评价的雏形。90 年代初，研究人员意识到战略环境影响评价的重要性，将其概念从国外引入我国，开始启动与战略、规划环境影响评价有关的研究，着手从概念的引入、国外理论成果与实践经验的介绍、符合我国实际的理论与尝试性案例研究，到立法与制度体系的建立等一系列工作。

1.2.4.1　规划环境影响评价制度发展历程

经过 30 多年的发展，我国规划环境影响评价的发展可分为 4 个阶段：规划环境影响评价形成阶段（20 世纪 80 年代末至 2002 年）、规划环境影响评价初步发展阶段（2002—2009 年）、规划环境影响评价快速发展阶段（2009—2015 年）及规划环境影响评价成效显著阶段（2016 年至今）（图 1-4）。

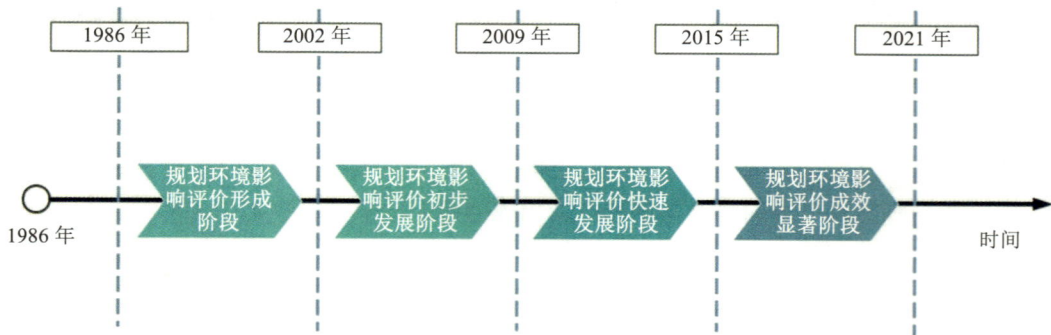

图 1-4   规划环境影响评价制度发展历程

（1）规划环境影响评价形成阶段

1986 年，国家环境保护局制定的《对外经济开放地区环境管理暂行规定》中第四条规定："对外经济开放地区进行新区建设必须作出环境影响评价，全面规划，合理布局"。这是我国最早制定的有关区域环境影响评价的规定。

1990 年，《中共中央关于制定国民经济和社会发展十年规划和"八五"计划的建议》中提出"建立科学的经济决策体系和制度。对重大的政策措施和建设项目，都要广泛征求社会各界，包括有关方面专家、学者和企业的意见，认真进行可行性研究和科学论证"。

1993 年，国家环境保护局在《关于进一步做好建设项目环境保护管理工作的几点意见》中要求，"必须对开发区进行区域环境影响评价"。以部门规章的形式提出了区域环境影响评价的基本原则和管理程序，但未上升到强制性高度。

1994 年，国务院颁布的《90 年代国家产业政策纲要》中提出，各项产业政策草案在批准以前，须由"产业界、学术界和消费者群体进行科学论证和民主审议"，这是中国产业政策环境影响评价最早的要求。

1996 年，《国务院关于环境保护若干问题的决定》中指出："在制定区域和资源开发、城市发展和行业发展规划，调整产业结构和生产力布局等经济建设和社会发展重大决策时，必须综合考虑经济、社会和环境效益，进行环境影响论证。"

1996 年，《国家环境保护"九五"计划和 2010 年远景目标》中提出，要"完善环境影响评价制度，从对单个建设项目的环境影响进行评价向对各项资源开发活动、经济开发区建设和重大经济决策的环境影响评价拓展"。同时，建议"根据全国民主法制建设的整体进程，逐步建立公众参与环境保护的机制"。

1998 年，国务院颁布的《建设项目环境保护管理条例》中规定："流域开发、开发区建设、城市新区建设和旧区改建等区域性开发，编制建设规划时，应当进行环境影响评价。"这是我国第一次以法规的形式对区域环境影响评价作出明确的规定，从而在行政管理上明确了规划环境影响评价的重要性。

2002 年，国家环境保护总局发布《关于加强开发区区域环境影响评价有关问题的通知》

（环发〔2002〕174 号，自 2010 年 12 月 22 日起废止）中提出了开发区区域环境影响评价及入区建设项目环境保护管理的有关问题。

（2）规划环境影响评价初步发展阶段

2002 年，全国人民代表大会常务委员会修订通过了《环境影响评价法》，它的颁布和实施在立法上确立了规划环境影响评价的法律效力，标志着具有中国特色的规划环境影响评价制度进入新阶段。

2003 年，国家环境保护总局发布了《规划环境影响评价技术导则（试行）》（HJ/T 130—2003，目前已废止）、《开发区区域环境影响评价技术导则》（HJ/T 131—2003，自 2021 年 12 月 1 日废止），为规范行业规划环境影响评价和各类开发区的区域环境影响评价提供了技术指南。

2004 年，国家环境保护总局会同有关部门发布了《关于印发〈编制环境影响报告书的规划的具体范围（试行）〉和〈编制环境影响篇章或说明的规划的具体范围（试行）〉的通知》，从而规定了需要开展环境影响评价的具体的规划类型，以及需要编制环境影响报告书或环境影响篇章、说明的规划范畴。

2005 年，国务院发布的《国务院关于落实科学发展观加强环境保护的决定》（国发〔2005〕39 号）强调"必须依照国家规定对各类开发建设规划进行环境影响评价。对环境有重大影响的决策，应当进行环境影响论证"，要求各类开发建设规划必须依据国家规定进行环境影响评价，各级生态环境主管部门负责召集有关部门代表和专家对各类开发建设规划的环境影响评价文件进行审查，进一步强化了规划环境影响评价在政府决策中的地位和作用。

2005 年，国家环境保护总局开始在全国范围内启动典型行政区、重点行业和重要专项规划三种类型的规划环境影响评价试点。开展规划环境影响评价试点的典型行政区包括内蒙古、山东、广西、新疆、江苏、大连、武汉、临汾等 10 个省（市）级行政区。

2006 年，国家环境保护总局颁布了《环境影响评价公众参与暂行办法》，明确了公众参与专项规划环境影响评价的权利、范围和程序，并建议土地利用的有关规划单位，区域、流域、海域的建设、开发利用规划的编制机关开展公众参与活动。

2007 年，国家环境保护总局启动了《规划环境影响评价技术导则（试行）》的修订工作，同时加快推进 9 个专门领域（煤炭矿区、土地利用、流域建设及开发利用、矿产资源开发等）的规划环境影响评价技术导则制定工作，为规划环境影响评价提供技术支持。

2009 年，环境保护部组织开展了五大区域战略环境影响评价，包括环渤海沿海地区重点产业发展战略环境影响评价、北部湾经济区沿海重点产业发展战略环境影响评价、海峡西岸经济区重点产业发展战略环境影响评价、黄河中上游能源化工区重点产业发展战略环境影响评价和成渝经济区重点产业发展战略环境影响评价。拓展了环境保护参与综合决策的深度和广度，探索了破解区域资源环境约束的有效途径。

（3）规划环境影响评价快速发展阶段

2009 年，《规划环境影响评价条例》正式实施，条例强化了规划编制机关和审批机关的责任，明确了规划环境影响评价工作的程序、内容、依据和形式等，标志着我国规划环境影响评价走上了一个新的台阶。随着条例的实施，各地规划环境影响评价工作得到了进一步的发展，开展环境影响评价的规划数量日益增加，类别也愈加丰富。

《规划环境影响评价条例》实施后，相关部门加快了各行业规划环境影响评价工作的推进力度。环境保护部先后发布了《关于做好"十二五"时期规划环境影响评价工作的通知》（环发〔2011〕43 号）、《关于进一步加强规划环境影响评价工作的通知》（环发〔2011〕99 号）、《关于加强产业园区规划环境影响评价有关工作的通知》（环发〔2011〕14 号）、《关于加强规划环境影响评价与建设项目环境影响评价联动工作的意见》（环发〔2015〕178 号）、《关于开展规划环境影响评价会商的指导意见（试行）》（环发〔2015〕179 号）、《关于进一步加强产业园区规划环境影响评价工作的意见》（环环评〔2020〕65 号）等文件，并联合交通运输部、水利部发布了《关于进一步加强公路水路交通运输规划环境影响评价工作的通知》（环发〔2012〕49 号）、《关于进一步加强水利规划环境影响评价工作的通知》（环发〔2014〕43 号），联合国土资源部发布了《关于做好矿产资源规划环境影响评价工作的通知》（环发〔2015〕158 号）等，以推动规划环境影响评价深入实施。

为规范和促进规划环境影响评价工作开展，环境保护部先后出台了一批规划环境影响评价技术导则规范，如《规划环境影响评价技术导则　煤炭工业矿区总体规划》（HJ 463—2009）、《公路网规划环境影响评价技术要点（试行）》、《规划环境影响评价技术导则　总纲》（HJ 130—2019）、《规划环境影响评价技术导则　产业园区》（HJ 131—2021），而土地利用规划、城市总体规划、林业规划等规划环境影响评价技术导则尚处于编制和征求意见阶段。

2015 年，环境保护部启动了京津冀、长三角、珠三角三大地区战略环境影响评价工作。通过开展我国经济总量最大的三大地区战略环境影响评价工作，协同推进区域新型工业化、信息化、城镇化、农业现代化和绿色化，建设资源节约型和环境友好型的世界级城市群，为我国后发地区经济发展和环境保护提供经验借鉴。

（4）规划环境影响评价成效显著阶段

2016 年 1 月，为从规划决策的源头预防和减缓跨界不利环境影响，深入推进实施《大气污染防治行动计划》和《水污染防治行动计划》，在环境问题较为突出的区域、流域推进联防联控，推动环境质量改善，按照《关于加快推进生态文明建设的指导意见》《生态文明体制改革总体方案》的部署要求和《中华人民共和国大气污染防治法》的有关规定，环境保护部发布了《关于开展规划环境影响评价会商的指导意见（试行）》。

2016 年 2 月，为充分发挥规划环评优化空间开发布局、推进区域（流域）环境质量改善以及推动产业转型升级的作用，环境保护部发布了《关于规划环境影响评价加强空间管制、总量管控和环境准入的指导意见（试行）》。

2017 年 5 月，为规范和指导城际铁路网规划环境影响评价工作，提高城际铁路网规划环境影响报告书质量，促进城际铁路与生态环境保护协调可持续发展，环境保护部组织制定了《城际铁路网规划环境影响评价技术要点（试行）》。

2019 年 2 月，为贯彻落实《规划环境影响评价条例》，规范和指导临空经济区规划环境影响评价工作，促进临空经济区生态环境保护协调可持续发展，生态环境部组织制定了《临空经济区规划环境影响评价技术要点（试行）》。

2019 年 3 月，为贯彻落实《环境影响评价法》和《规划环境影响评价条例》，规范并指导规划环境影响跟踪评价工作，生态环境部出台《规划环境影响跟踪评价技术指南（试行）》，以改善区域环境质量和保障区域生态安全为目标，要求规划编制机关结合区域生态环境质量变化情况、国家和地方最新的生态环境管理要求和公众对规划实施产生的生态环境影响的意见，对已经和正在产生的环境影响进行监测、调查和评价，分析规划实施的实际环境影响，评估规划采取的预防或者减轻不良生态环境影响的对策和措施的有效性，研判规划实施是否对生态环境产生了重大影响，对规划已实施部分造成的生态环境问题提出解决方案，对规划后续实施内容提出优化调整建议或减轻不良生态环境影响的对策和措施。

2019 年 12 月，为适应环境保护工作新要求，推进规划环评工作有序衔接、提升技术可操作性，生态环境部修订印发了《规划环境影响评价技术导则　总纲》（以下简称《总纲》）。修订后《总纲》具有以下特点：一是更具指导性和可操作性，可有力指导规划编制机关更好地开展规划环评工作。二是明确了全过程衔接"三线一单"制度、技术、成果等要求，为规划实施与区域生态环境质量目标、管理要求的动态衔接提供了技术保障。三是落实环评"放管服"改革精神，进一步强化宏观层面技术指导，为简化建设项目环评内容提供支撑。

2020 年 12 月，为适应新形势、新要求，推进规划环评与生态环境分区管控体系衔接、指导入园建设项目环评改革，解决目前部分产业园区管理机构主体责任不落实、规划环评质量参差不齐等问题，进一步加强规划环评监管，切实提升产业园区规划环评效力，生态环境部印发《关于进一步加强产业园区规划环境影响评价工作的意见》。一是坚持"简"的原则，全面落实"放管服"要求。简化了开展规划环评的产业园区类型，探索提出了规划环评审查与生态环境分区管控衔接的途径，明确了入园建设项目简化条件、简化原则、内容和改革试点要求。二是把握"联"的思路，统筹"三线一单"、规划环评、项目环评和排污许可工作。把规划环评衔接落实区域生态环境分区管控成果作为重点，保障区域"三线一单"成果落地；把规划环评结论及审查意见采纳落实作为入园建设项目环评简化和审批的重要依据；依托产业园区规划环评工作，强化落实排污许可证全覆盖总体部署，优化园区内共用污染治理措施等的管理方式。三是突出"实"的效果，夯实责任、强化监管，保障规划环评效力发挥。以改善环境质量为核心，突出规划环评工作重点，进一步明确产业园区管理机构、规划环评技术机构的责任，提出加强后续管理、监管和指导的具体措施，有力保障规划环评见实效。

2021 年 9 月，为适应新形势下生态文明建设和环境保护新要求，生态环境部发布了《规划环境影响评价技术导则 产业园区》，以提高导则的针对性和可操作性，并为进一步规范产业园区规划环评管理提供技术支撑。修订后的 HJ 131—2021 是产业园区规划环境影响评价工作的重要技术性指导文件，较 2003 版导则，主要有以下 3 个方面突出特点：一是 HJ 131—2021 兼顾技术标准统一性和差异性的关系，明确了产业园区规划环评最基本、最普适的技术规定，突出了对各类产业园区的指导性，对涉及易燃易爆和有毒有害危险物质、以重点碳排放行业为主导等类型园区提出了差异化技术要求，强调了导则的实用性和可操作性。二是 HJ 131—2021 准确把握技术标准与法规、政策的关系，落实生态文明建设和"放管服"改革要求、衔接区域生态环境分区管控体系、强化规划和项目环评联动、推动减污降碳协同共治，新增简化入园建设项目环境影响评价建议，以及园区环境准入、园区碳减排等技术要求，并将生态文明、高质量发展的目标导向转化成技术要求，为实现园区高质量发展和环境高水平保护提供了技术方法。三是 HJ 131—2021 精准把控在环评技术导则体系、环境管理体系中的定位，纵向上承接《总纲》、"三线一单"要求，横向上与环境要素及专项环境影响评价技术导则相协调，着力解决技术标准体系、环境管理体系的传导、协调、衔接等关键问题。完善了上下贯通、左右衔接的技术标准体系构建，促进了各环评导则的协同发力。

2021 年 12 月，为适应新形势下生态文明建设和生态环境保护新要求，填补流域综合规划环评相关技术规范的空白，进一步规范流域综合规划环评工作，生态环境部发布了《规划环境影响评价技术导则 流域综合规划》（HJ 1218—2021）。流域综合规划是统筹研究流域范围内与水相关的各项开发、保护、治理与管理任务的水利规划，规划实施可能对流域水资源、水生态和水环境带来一定影响，做好流域综合规划环评工作对推动流域生态保护和高质量发展具有重要意义。

1.2.4.2 规划环境影响评价法律法规发展历程

我国规划环境影响评价制度起步较晚。1989 年发布的《中华人民共和国环境保护法》（以下简称《环境保护法》）并未提到规划环境影响评价的相关内容。1998 年国务院颁布了《建设项目环境保护管理条例》，其中第三十一条的规定首次在法规层面上提出对一些区域性建设规划进行环境影响评价的要求。2003 年 9 月 1 日开始实施的《环境影响评价法》，首次在法律层面上对规划环境影响评价作出了相关规定。

进入 21 世纪以来，我国规划环境影响评价制度的发展速度逐渐加快。从 2003 年的《环境影响评价法》到 2009 年的《规划环境影响评价条例》，再到 2014 年新修订的《环境保护法》，我国规划环境影响评价立法实现了质的飞跃。在此之前的环境保护法律规范重点关注的是污染物末端治理与控制范畴。环境保护，重在预防，这 3 部法律法规的出台或修订体现了环境法预防为主的基本原则，表明了我国环境保护立法的方向开始转变，更加注重环境资源的可持续发展，并努力构建能够实现生态环境可持续发展的法律体系。

《环境影响评价法》是我国多年来规划环境影响评价立法的重要成果，其目的在于从决策的源头预防规划实施产生的环境问题，促进经济、社会和环境的协调发展。但由于《环境影响评价法》中涉及规划环境影响评价的内容多为原则性、框架性条款，在实际运用过程中对规划环境影响评价具体工作的指导性较弱。

为了弥补《环境影响评价法》在规划环境影响评价具体规定上的空白，提高规划环境影响评价的可操作性，2009 年 8 月 12 日，国务院第 76 次常务会议上通过了《规划环境影响评价条例》，并于 2009 年 10 月 1 日起实施。《规划环境影响评价条例》对规划环境影响评价的审查部门、程序和内容等方面作了具体规定，对公众参与等方面的规定进行了细化，增加了跟踪评价与法律责任的相关内容，进一步完善了我国规划环境影响评价制度，实现了对我国规划环境影响评价工作的全方面指导。

2014 年 4 月，《环境保护法》经第十二届全国人民代表大会常务委员会第八次会议修订后，新增了关于规划环境影响评价的规定。至此，《环境保护法》与已经实施的《环境影响评价法》《规划环境影响评价条例》形成了关于规划环境影响评价的基本制度框架，对规划环境影响评价工作的规定也更加具体，要求也更严格，在实践中也更具有指导意义。

1.2.4.3 陕西省产业园区规划环境影响评价管理发展历程

陕西省人民政府在 2005 年印发了《关于进一步做好规划环境影响评价工作的通知》（陕政办发〔2005〕78 号），从程序、内容和方法等方面对陕西省的规划环评工作予以规范，提高各级政府及其相关部门对规划环评的认识；2006 年，陕西省人民代表大会颁布的《陕西省实施〈中华人民共和国环境影响评价法〉办法》，对规划环境影响评价的开展时段、经费来源、主要内容、审查机制等问题作出了明确规定；2007 年，发布《关于进一步做好开发区和工业园区规划环境影响评价工作的通知》（陕环发〔2007〕4 号），明确提出"凡开发区、工业园区未开展环境影响评价的，各级生态环境部门原则上不得受理其单个建设项目的环境影响报告书、报告表、登记表"。通过"倒逼"方式促使全省 79 个开发区、工业园区开展了规划环境影响评价；2009 年，陕西省环境保护厅向各县域工业园区管委会下发《关于开展县域工业园区规划环评的函》（陕环函〔2009〕119 号），明确了"工业园区建设应当开展环境影响评价。工业园区管委会（或具有相应职能的机构）应当在工业园区规划报批前，向省环境保护厅提交工业园区规划环境影响报告书"的要求，督促指导县域工业园区全面开展园区规划的环境影响评价。

在《规划环境影响评价条例》出台后，陕西省环境保护厅印发了《关于进一步做好我省规划环境影响评价工作的通知》（陕环函〔2011〕533 号），就强化规划环评审查、严格规划环评现状监测、建立健全规划环评的长效机制等方面作出严格规定。

2018 年后，随着《环境影响评价法》的实施，陕西省人民代表大会常务委员会修正了《陕西省实施〈中华人民共和国环境影响评价法〉办法》，陕西省生态环境厅发布了《关于印发〈陕西省规划环境影响评价管理规程（试行）〉的通知》（陕环发〔2020〕23 号），一方面形成了较完善的关于规划环境影响评价的法律法规政策体系，另一方面也为规划环评与项目环评联动工作奠定了工作基础。

1.3　规划环境影响评价的研究进展及存在的问题

1.3.1　规划环境影响评价的研究进展

1.3.1.1　研究进展总体情况

《环境影响评价法》实施后，我国研究人员积极开展了大量规划环境影响评价的理论研究工作，并取得了一定的成果。通过对 2002—2015 年涉及规划环境影响评价领域的1 500 余篇主要期刊文献进行统计分析，发现规划环境影响评价领域的研究成果逐年增加，2006—2008 年论文数量有大幅增加。《规划环境影响评价条例》实施后，规划环境影响评价领域的研究成果数量出现一个高峰（2009 年），之后一直保持较稳定的研究态势。

近年来，为更好地推动规划环境影响评价工作有效开展，规划环境影响评价案例研究的论文主要从规划环境影响评价指标体系的构建、评价重点内容的梳理、评价方法的应用、审查执行有效性等方面进行了分析。如孟伟庆等（2009）以天津中新生态城总体规划环境影响评价项目为例进行分析，并对提高规划环境影响评价的有效性提出了建议。马蔚纯等（2015）以"上海高桥镇区域规划环境影响评价"（2005 年）和"上海浦东新区国民经济与社会发展规划战略环境影响评价"（2010 年）为例，进一步研究了空间尺度效应与显著环境因子识别和评价指标体系以及与环境影响预测的关系。

1.3.1.2　基础理论研究进展

根据相关文献统计，《环境影响评价法》实施后，规划环境影响评价的基础理论研究比重较大。主要侧重于规划环境影响评价的意义、程序框架、规划环境影响评价与建设项目环境影响评价和可持续发展之间的关联等方面。

李巍等（1998）讨论了规划环境影响评价对于可持续发展的作用，认为实现可持续发展的一个首要关键就是要制定可持续发展的战略和政策，要使制定和实施的每一项战略决策都体现可持续性；朱坦等（2003）讨论了在中国开展规划环境影响评价应考虑的一些基本原则，提出了我国开展规划环境影响评价的管理程序和技术路线；毛文锋等（2004）对实施规划环境影响评价的意义进行了分析，并提出规划环境影响评价应遵循的原则、方法和基本程序，分析了规划环境影响评价和可持续发展之间的内在联系，重点讨论了以规划环境影响评价实施可持续发展的理论依据和方法；潘岳（2005）认为缺少环境考虑的规划与决策势必会带来深刻的环境教训，战略环境影响评价的制度必须付诸实践，才能真正贯彻可持续发展战略，并建议现阶段我国战略环境影响评价的切入点是规划环境影响评价；朱坦等（2005）讨论了我国规划环境影响评价面临的人才培养和队伍建设、评价理论和实践方面等存在的发展困境，并从规划环境影响评价培训、应用基础理论研究、合作与交流等方面提出了相应的对策和建议；王亚男等（2006）借鉴战略环境影响评价思路，提出空间规划编制必须从需求导向转向资源环境导向，将可持续发展原则真正融入空间规划编制；舒廷飞等（2006）对规划和规划环境影响评价的关系深入研究，将规划环境影响评价分为融合型和调整型两种，并提出了二者融合的基本框架和思路；蔡春玲（2008）从评价性质、目的和决策作用、评价范围、评价工作的主体、介入时机、评价方法、评价指标体系、评价内容等多个方面对规划环境影响评价和建设项目环境影响评价进行了比较，并讨论了规划环境影响评价改进的一些方法；郑子航等（2010）探讨了规划环境影响评价与建设项目环境影响评价之间的区别和联系，并讨论了规划环境影响评价对建设项目环境影响评价的指导作用。

1.3.1.3 评价方法研究进展

从 20 世纪 90 年代中期开始，我国一些学者就规划环境影响评价的理论方法开始了一系列研究，总结了微观层次上的规划环境影响评价方法。《环境影响评价法》实施后，方法学研究在规划环境影响评价研究领域中仍占有重要的地位，《规划环境影响评价技术导则（试行）》中也推荐了一些规划环境影响评价方法。目前，我国的规划环境影响评价的方法学研究主要基于建设项目环境影响评价方法的提升和改进，以及规划环境影响评价方法应用等方面。

李明光等（2003）认为我国规划环境影响评价方法研究的缺陷在于评价思路沿袭建设项目环境影响评价，使得方法复杂化，不利于规划环境影响评价的推广，故其在划分评价层次的基础上，对层次间的相互作用、效益及条件进行了分析，探讨了评价层次与评价方法间的关系；蒋宏国等（2004）探讨了对规划环境影响评价中的替代方案进行比较的动态方法和原则；张静等（2010）针对当前我国规划及战略环境影响评价指标体系中缺乏直接反映生态功能指标的问题，提出可通过系统研究区域景观生态结构与景观功能变化间的关系，由斑块面积指数计算生物生产力、由景观香农多样性指数和景观香农均匀度指数反映生态质量，以此表征景观生态功能；聂新艳等（2012）在总结国内外主流框架成果、经验及存在问题的基础上，在规划环境影响评价中提出了由风险问题形成、"压力-状态-响应"分析、区域风险综合评价、风险管理 4 部分组成的适合我国国情的生态风险评价框架；张秀红等（2012）以江苏省宿迁市城市总体规划为研究对象，引入生态承载力评价方法对城市的人口规模、绿化和能源进行预测，通过生态用地分析、碳氧平衡分析和生态足迹等方法进行研究，最终确定规划人口规模是否在生态承载容量范围内；何璇等（2013）将情景分析的方法和理念应用到城市环境规划中，通过假设未来发展情景的方式，应对未来环境变化的不确定性，以《太仓市城市环境规划》（2011—2030）为例，详细探讨了关键不确定因子（人口总量、产业结构、科技水平、政府管制）的筛选过程，提出 4 种典型情景（规划情景、BAU 情景、最坏情景、优化情景），并以水资源为例简要论证其应用的必要性；王海伟等（2013）以水利枢纽工程为例，应用推荐的方法进行了累积影响示例研究，最后提出了推进累积环境影响评价和研究的建议；张小平等（2014）研究了在高铁区域内进行开发活动对生态环境的累积影响，综合利用了情景分析法、层次分析法等方法定性与定量相结合来评价累积环境影响；李珀松等（2014）在贯彻可持续能源战略的背景下，针对当前城市规划环境影响评价实践中存在的问题，构建了能源"脱钩"理论融入城市规划环境影响评价的内容框架。

1.3.1.4　管理机制研究进展

随着《环境影响评价法》的实施，我国规划环境影响评价工作在取得很大进展的同时，不断深化的管理实践也迫切要求对规划环境影响评价的整体定位、法律问题、管理模式和制度、评估标准、公众参与等一系列问题作出明确回答。

王灿发（2004）对规划环境影响评价的法律问题进行研究，涉及适用的对象、范围、规划环境影响评价的责任人和评价单位、规划环境影响评价的审查、违反规划环境影响评价要求的责任追究等问题；潘岳（2004）阐释了环境保护与公众参与之间的关系，并对如何推进环保公众参与提出了建议；包存宽等（2004）认为规划环境影响评价的管理模式主要包括内部评价、外部评价、混合评价3种模式，其中，内部评价模式是指由规划编制机关自己承担所编制规划的环境影响评价工作，外部评价模式是指由规划编制机关以外的其他独立机构承担规划环境影响评价工作，混合评价模式是指由规划编制机关与外部的研究或咨询机构承担该专项的规划环境影响评价；汪劲（2007）对欧美战略环境影响评价法律制度中的主体进行了比较研究，并对战略环境影响评价的审查、监督以及战略环境影响评价的保密和透明问题进行了探讨，为我国规划环境影响评价的立法、建立和完善规划环境影响评价制度起到了指导作用；李天威等（2007）从规划环境影响评价与规划管理、战略环境影响评价、区域环境影响评价和建设项目环境影响评价这四者的关系入手，初步研究了规划环境影响评价在规划管理体系和环境管理体系中的基本定位；宋国军（2008）将规划环境影响评价管理制度划分为信息管理、实施管理、监督管理和资金管理4个方面；朱香娥（2008）提出了通过市场调节、公众参与和政府干预的协作，形成"三位一体"的管理模式，加强各阶层、集团和社群之间的交流和沟通，促进环境合作；徐美玲等（2010）认为影响规划环境影响评价制度实施有效性的关键在于评价模式、过程监督和问责体系，如果缺乏有效的公众参与机制和严格的法律问责体系，规划环境影响评价的有效性就很难得到提高；黄爱兵等（2010）对环境影响跟踪评价在国内外的理论成果进行回顾和总结，认为跟踪评价的主要驱动力来自立法、决策方自身利益和公众压力3个方面，提出了加强我国规划环境影响跟踪评价的理论研究、建立相关的跟踪评价制度和开展跟踪评价试点等建议；徐鹤（2012）对我国当前规划环境影响评价有效性评估标准、评估方法和框架进行了分析，总结出6种评估标准，包括背景有效性标准、目标有效性标准、执行过程有效性标准、绩效标准、直接有效性标准和规划环境影响评价标准。

1.3.2　产业园区规划环境影响评价存在的问题

作为区域经济发展和产业升级的重要空间聚集区，产业园区已逐步成为产业发展的导向区、经济发展的引领区、城市化发展的扩展区，成为经济快速增长的载体。《关于进一步做好规划环境影响评价工作的通知》（环发〔2006〕109号）对各类园区规划环境影响评价文件的编制和审查提出了具体要求，《关于加强产业园区规划环境影响评价有关工作的通知》的实施进一步推进产业园区规划环境影响评价工作，从引导园区产业布局、优化园区产业结构、强化园区环境管理的角度完善产业园区规划环境影响评价工作。综观产业园区规划环境影响评价工作发展历程，可以看出产业园区规划环境影响评价工作日臻成熟，但由于园区类型日趋多样化，且我国产业园区规划环境影响评价工作开展较晚、不够深入，导致产业园区规划环境影响评价工作在制度、执行、管理过程中仍存在问题，具体如下所述。

1.3.2.1　评价制度存在的问题

（1）法律制度问题

1995 年《开发区规划管理办法》明确提出园区要按城市总体规划要求编制规划，但2010 年该办法废止后，产业园区规划未在我国现行法定规划体系中得到体现，也没有明确法定的规划审批部门。"十四五"时期，我国将进行"多规合一"改革，重构国土空间规划体系，但最新发布的国土空间规划也未对产业园区规划定位进行独立表述。现行的法律中，仅《关于进一步做好规划环境影响评价工作的通知》提出"开发区及工业园区开发规划的环境影响报告书由批准设立该开发区及工业园区人民政府所属的环保部门负责组织审查"，将产业园区规划环评纳入环评管理，《环境影响评价法》《规划环境影响评价条例》均未明确产业园区规划环评的法律地位。

（2）审查制度问题

由于产业园区规划环境影响评价法律地位不明确，导致规划环境影响评价的审查也存在一些问题。首先，《规划环境影响评价条例》仅提出了专项规划的审查要求，对产业园区规划审查部门未提出相关要求。有些省份根据日常监管的需求出台了地方性法规，明确要求产业园区规划审批前应进行规划环评，并对产业园区规划环评提出了编制、审查程序、审查内容等具体要求，但国内大部分省份尚未针对产业园区规划环评出台地方性法规，明确审查要求，也没有明确配套的、行之有效的操作流程，产业园区规划环境影响报告书的审查工作只能根据主管部门要求进行，这样势必不能对产业园区规划进行全面的环境影响评价。

此外，《环境影响评价法》中规定生态环境主管部门对于规划环评行使的是"审查权"而非"审批权"，生态环境主管部门依法组织相关职能部门召开审查会，提出审查意见，法律效力不高，无法更好地约束规划审批部门的生态环境责任。部分产业园区规划取得批复后，在实施过程中受制于城市发展规划、土地利用规划等上位规划，导致园区发展实施无法落实规划环评要求，制约了产业园区规划环境影响评价工作的有效落实。

当前，我国对各类园区规划及审查主体没有具体规定，实际工作中规划审批主体呈多样化现象。对于国家级园区的规划审批主体，从纵向来看，既有国家审批的，也有省级、市级、县级审批的；从横向来看，既有发改部门审批的，也有规划、工信等部门审批的，还有园区管理机构审批的；一些园区规划甚至未获审批。规划审批主体不清，造成规划环评审查主体不清。尽管《关于进一步做好规划环境影响评价工作的通知》和《关于加强产业园区规划环境影响评价有关工作的通知》均要求报生态环境部组织审查，但截至 2023 年，实际审查量不足国家级园区总数的 1/4，一些省份的园区规划环评文件甚至未报生态环境部审查，部分上报审查的或多是因为环保督查要求。规划审批和规划环评审查主体的凌乱，造成部分规划环评成果无依托载体，规划与规划环评成了"两张皮"，规划环评成效自然大打折扣。

（3）追责制度问题

缺少对产业园区规划编制、审批机关的责任追究制度，处罚力度不够。《规划环境影响评价条例》只针对规划编制机关组织环评时的弄虚作假、失职行为作出了处分要求，对规划编制机关不作为的行为没有作出处分规定，并且对不同的规划环境影响评价实施主体责任的规定也不对等。由委托评价机构开展的产业园区规划环境影响评价，实施主体的法律责任有明确规定，而对于规划编制机关自行开展规划环境影响评价工作，却未明确规定实施主体的法律责任，且对于评价机构目前采取的处罚方式为罚款，可能造成"守法成本高，违法成本低"的现象。在现行的法律法规中，没有明确对政府相关责任人员的行政处罚依据和处罚标准，在对相关部门追责时也因缺少制度而执行困难。

（4）公众参与制度问题

我国环评制度引入较早，但公众参与制度起步较晚，1996 年《中华人民共和国水污染防治法》首次提出征求项目附近居民意见。2003 年《环境影响评价法》正式将公众参与制度纳入其中，提出规划草案报送审批前规划编制机关应采取论证会、听证会等形式征求公众对于规划报告书草案的意见，在报送审查的环境影响报告书中附具对意见采纳或不采纳的说明。2006 年《环境影响评价公众参与暂行办法》出台，详细规定了建设项目环评公参工作的形式和内容，但对规划环境影响评价公参制度涉及较少。2009 年《规划环境影响评价条例》对公众参与制度提出了规定，但与《环境影响评价法》一样提出的主要为原则性规定，无具体内容及工作程序。2019 年 1 月 1 日实施的《环境影响评价公众参与办法》适用范围包括"可能造成不良环境影响并直接涉及公众环境权益的工业、农业、畜牧业、林业、能源、水利、交通、城市建设、旅游、自然资源开发的有关专项规划的环境影响评价公众参与"，该办法明确了规划环境影响评价公参的责任主体，对建设项目公参的工作程序、时间要求、向公众公开的内容作出了具体规定，而对于专项规划环境影响评价的公众参与未作规定的内容，仅提出"依照《环境影响评价法》《规划环境影响评价条例》的相关规定执行"。规划环境影响评价公众参与具体执行内容不清产生的问题具体表现在：

① 公众了解程度问题。产业园区内企业类型多种多样，因此产业园区规划环境影响评价是一个综合性较强的工作。现行的公参办法中未提出具体的信息公开内容，规划编制机关仅公布了产业园区的位置、建设内容等基本情况。产业园区规划实施过程较漫长，公众可以接触到规划内容的时间规定为"不得少于 10 个工作日"，时限较短，目前公众对产业园区规划环境影响评价工作的了解不够，对于产业园区情况及规划实施带来的环境影响无法掌握，很多人都无法真正参与到产业园区规划环境影响评价之中。

② 参与形式单一。按照《环境影响评价法》《环境影响评价公众参与办法》，规划环境影响评价公众参与的形式包括举行论证会、听证会，或者采取其他形式，征求有关单位、专家和公众对环境影响报告书草案的意见。目前专项规划编制机关主要采取的公众参与形式为调查问卷的方式及征求有关单位、专家的意见，很少有规划编制机关召开包括专家在

内的论证会、听证会、座谈会。很难调查收集到有价值的意见，也不能有效减少规划实施后可能带来的环境问题。

③ 问卷问题针对性不足。除了参与形式单一，不少调查问卷问题单一，未能针对公众、专家、相关部门设计不同的调查问卷，公众参与的积极性不高，专家和部门也无法发挥自己的专长提出有效的意见和建议。在公众调查结果分析时，一般是对不同群体反馈的意见进行简单的统计，缺少辩证分析。

（5）产业园区规划环评与建设项目环评联动制度存在的问题

① 联动试点改革顶层设计思路需进一步完善。"十三五"时期以来，我国不断深化环评领域"放管服"改革，提出强化宏观指导，简化微观管理，着力构建涵盖"区域环评—规划环评—项目环评"的环评管理体系。但目前，"三线一单"、规划环评、项目环评三者之间衔接和联动措施不完善，"三线一单"数据更新和对区域空间动态管控措施更新体系尚不完备，尚未形成以区域生态空间管控为主体，区域重大环境问题协同治理、区域产业协同绿色发展、区域资源环境合理配置等体系，园区规划环评与项目环评简化管理的措施衔接尚未理顺，削弱了源头预防、环境准入功能，影响了联动试点改革的效能。

② 园区管理机构对如何开展试点工作尚不明晰。随着试点工作的推进，园区管理机构和地方生态环境主管部门开展了一系列的实践和探索工作，取得了一定成效，但也暴露出了不少问题，如园区管理机构在申请享受到政策红利后不知该如何开展下一步工作，或工作推进中遇到的问题无法得到及时有效的技术指导等，从而导致"政策不会用，政策用不活"的问题，使得试点工作推进较慢，优化营商环境成效不显著。

③ "放管服"职能转变需进一步的探索。环评联动试点是推动建设项目环境管理由重事前审批向重事后监管服务转变，服务经济高质量发展的重要举措。试点园区在简化事前审批上作出了一定的优化和简化，但仅限于审批程序，仍然需要在"管"和"服"上做文章。权限下放给了地方管理部门，但是如何管好、服务好，如何汲取东部发达省份在产业园区管理中的先进经验，使企业从被动接受监管转变为主动承担生态环境保护社会责任，让管理部门的服务成为企业优化产业升级、提升环境治理能力的"助推剂"是在下一步试点工作中需要进一步探索的。

④ 强化规划环评及审查意见的落实。落实规划环评文件及审查意见中优化调整建议、环境保护相关要求是发挥规划环评效力的重要途径。试点园区只有较好地落实了规划环评及其审查意见，才能较好地将"三线一单"分区管控要求进行应用，如果在实施过程中，出现"选择性"落实、滞后性落实等现象，规划环评将失去刚性约束，无法支撑园区环境管理，从而出现产业布局偏差、优化营商环境措施不足，引入企业环境约束不到位等问题。因此规划环评文件及其审查意见提出的基础设施建设（如污水集中处理、中水回用等）、区域性减排措施制定、环境监测网络建设等的落实尤为关键。

（6）规划环评与"三线一单"联动制度存在的问题

一是作为空间和产业特征明显的园区，其规划环评与区域"三线一单"的关系还不够明确，如涉及园区的生态环境准入与规划环评中的准入之间的关系，如何指导下一轮规划和规划环评编制。二是尽管园区规划环评相关法律法规和技术规范均对规划内项目环评提出了简化要求，但从总体来看，简化内容多是原则性的要求，在实际工作中难以操作。三是在"放管服"背景下，一些地方探索开展了项目环评简化审批甚至豁免的管理改革，但多未提出项目环评简化的具体内容，且缺乏对内容简化、评价等级降低的项目环评质量和豁免后环境影响的跟踪评估，项目环评简化存在一定的风险。四是中国共产党十九届四中全会明确了排污许可制在固定污染源监管制度体系中的核心地位，对于一些专业园区或包含近期具体建设项目的园区，其规划环评与排污许可之间的衔接关系尚属空白，亟须研究和实践。

全国各地的"三线一单"已编制完成，初步建立了"三线一单"生态环境分区管控体系，但目前"三线一单"与产业园区规划环评、建设项目环评尚未很好衔接。一方面，现阶段规划环评与"三线一单"的具体衔接方法仍处于探索阶段；另一方面，园区规划环评是基于环境质量目标的承载力分析，确定的是园区范围内的污染物排放总量控制上限，建设项目环评及后续排污许可分配给企业的排放量并未与产业园区规划环评的污染物排放总量有效衔接，园区污染物排放量与环境质量之间未建立起有机联系。

1.3.2.2　规划类型与规划环评管理问题

目前，已发布的各地市开发区条例中对于产业园区应编制规划的类型有不同的要求，如《贵州省开发区条例》《山西省开发区条例》中均明确开发区应编制总体规划和控制性详细规划；《山东省经济开发区条例》中提出园区编制经济开发区经济和社会发展规划、年度计划和有关专项规划；《江苏省开发区条例》《辽宁省开发区条例》《江西省开发区条例》均明确要求园区编制产业发展规划。还有较多地市未明确产业园区应编制的规划类型。现行的规划环评管理体系中缺乏与产业园区规划相匹配的规划环评分类管理要求，园区编制的总体规划、产业发展规划、控制性详细规划是否都需要编制规划环评不明确，哪些需要编制规划环境影响篇章或说明、哪些需要编制环境影响报告书界定不清。从而使规划环评日常管理无据可依，不利于规划环境影响评价成果落地。

1.3.2.3　评价技术体系存在的问题

（1）评价方法需不断完善

我国环境影响评价的发展时间较短，对于产业园区环境影响评价的研究处于初级阶段，目前实际操作经验不够丰富，相关技术还存在一些问题，例如累积环评技术发展滞后、区域资源环境承载力评价适用技术匮乏、区域层面环境风险评价技术方法不完善、循环经济评价分析方法不成熟等问题。

我国自 1989 年《环境保护法》出台至今 30 余年的时间，陆续出台和颁布了近 40 条与环境保护相关的法律法规，而与之相适应的规划环境影响评价方法更新较慢。一些产业园区开展规划环境影响评价时，直接沿用项目环评的技术方法；一些产业园区在进行规划环境影响评价时，直接将规划中所包含建设项目的环境影响评价结果叠加起来作为规划环境影响评价结果。但实际上建设项目环评的技术方法针对的是一个具体的项目，将它们适用于一个区域、一座城市乃至跨越多个行政区域的规划环评中，很容易造成评价内容的单一，不能达到规划环境影响评价的效果。

此外，由于规划在实施过程中存在很高的不确定性，但是规划环评又要求"早期介入"和"同步开展"，在这种情况下，若无法对规划实施情况深入了解，也就不能获取精确的信息，很难完成准确的环境影响评价。所以，只有不断完善规划环境影响评价的相关技术，才能确保评价的客观、科学、公正。

（2）评价时区域叠加影响考虑不足

集中式的区域开发活动不可避免地会引发一系列的环境问题，使得区域内水、大气、固体废物等环境污染趋于复杂。自《环境影响评价法》颁布以来，国务院及地方生态环境主管部门均加强了对产业园区开发建设环境影响评价工作的重视，并取得了一定成效。但在过去的工作中，往往只是对一个单独的产业园区进行预测和评价，而当前，各种大大小小的工业区如雨后春笋般涌现出来，如深圳市龙华镇在短短的几年内就兴建了 18 个工业园区，苏州市辖区内的工业园区共有近百个。就规划环境影响评价结论而言，单个园区对区域生态环境影响在可接受范围内，但由于未考虑多个园区的叠加影响，区域实际生态环境质量与环评结论相差甚远。

（3）评价范围问题

产业园区的选址需要综合考虑开发部门经济实力、技术、资金，根据人力资源、生态环境、社会环境、自然条件、文化等因素，同时还需要参照其他同类型园区实际建设经验确定。选址确定后，当地政府以产业发展为依据，结合具体生产项目或已确定入驻企业占地规模，再根据周边地形地貌、区域开发情况、园区拟发展情况等确定园区边界。在产业园区主管部门取得园区设立批复时，应明确园区面积及四至范围，后期规划建设范围应与设立批复面积一致。

通过对陕西省产业园区调研，发现个别产业园区批准设立文件与园区规划批复文件对规划范围的界定不统一，有些设立批复无四至范围及面积。例如，政府确定设立某高新区时，仅给出规划面积，未明确四至范围。再如，某高新技术产业开发区申报升级高新区时规划范围 17.8 km^2，最终批准设立的建设范围为 3.59 km^2（仅为建设用地范围）。产生这两个问题的原因较多，如规划时城镇总体规划（国土空间规划）等正在修编，规划范围与其土地资源等尚未充分衔接，无法给出具体实施范围，评价尺度不好掌握；或者给出了规划范围，但是由于土地利用等问题，只能以建设用地批复，评价范围和批复范围不一致，同时也导致园区批完即无发展空间。还有一些因招商引资困难、"规划跟着项目走、频繁修编，边规划边调整"、评价范围变化频繁等问题。

此外，由于城市化、工业化进程明显，个别园区范围扩张导致规划频繁进行调整，一些原本无关或距离较远的园区合并，于是出现了"园中园"的现象，国家级园区中包含省级、市级园区，省级园区包含省级、市级园区。这类"园中园"往往不是一个管理机构，范围的重叠造成了管理的混乱，也给环评单位和审查机关带来了困扰，不清楚这类园区是严格按照最高级别批复的范围开展规划环境影响评价工作，还是按各园区实际管理范围开展评价工作，多个园区重叠区域管理职责如何划分。此外，一些海关监管区"嵌套"在经开区、高新区内，对于这种情况应该单独开展规划环境影响评价还是由后者统一开展，目前也尚无定论。园区发展面积的调整使申报前期开展的规划环境影响评价工作中提出的优化调整建议无法实施，且已批准的建设范围编制的规划不再审批，导致重新编制的规划环境影响报告和审查意见提出的优化调整建议在规划中是否采纳情况不明晰，规划环境影响评价源头预防和宏观指导生态环境保护及区域发展的作用无法发挥。

1.3.2.4　评价实施存在的问题

（1）规划环境影响评价执行率问题

"双碳"背景下，产业园区绿色、低碳、循环发展成为关键。规划环境影响评价制度作为全链条环境管理制度中重要一环，从产业园区规划实施早期介入，成为决策链的前端，对产业园区规划实施进行源头污染控制和提前风险防范。产业园区作为防治环境污染和防范环境风险的重点区域，开展规划环境影响评价工作势在必行。《环境影响评价法》第二条指出"本法所称环境影响评价，是指对规划和建设项目实施后可能造成的环境影响进行分析、预测和评估，提出预防或者减轻不良环境影响的对策和措施，进行跟踪监测的方法与制度。"第七条明确规定："国务院有关部门、设区的市级以上地方人民政府及其有关部门，对其组织编制的土地利用的有关规划，区域、流域、海域的建设、开发利用规划，应当在规划编制过程中组织进行环境影响评价，编写该规划有关环境影响的篇章或者说明""未编写有关环境影响的篇章或者说明的规划草案，审批机关不予审批"。落实规划环境影响评价是助力产业园区生态文明建设的具体实践。

截至 2020 年年底，全国 586 个国家级产业园区中，规划环境影响评价已通过各级生态环境主管部门审查的共计 360 余个，总体执行率约为 61%；通过国务院生态环境主管部门审查的 130 余个，部审率约为 22%。从国家级产业园区类型来看，全国 386 个经开区和高新区中，通过各级生态环境主管部门审查的共计 305 个，总体执行率约为 79%；通过国务院生态环境主管部门审查的共计 102 个（部分为跟踪评价），部审率约为 26%。此外，由于综保区、出口加工区、边境/跨境经济合作区等其他类型国家产业园区面积小、产业类型单一、环境影响较小，各省（区、市）基本均未开展规划环评工作。目前陕西省 225 家产业园区中，46 家产业园区未开展规划环评工作，但规划已通过审查。部分规划产业园区发展过程中实施范围、适用期限、规模、结构和布局等方面进行重大调整或者修订，未重新或者补充进行规划环评。根据《环境影响评价法》第二十九条规定"规划编制机关违反本法规定，未组织环境影响评价，或者组织环境影响评价时弄虚作假或者有失职行为，造成环境影响评价严重失实的，对直接负责的主管人员和其他直接负责人员，由上级机关或者监察机关依法给予行政处分"，由此可见，园区未落实环境影响评价制度需承担相应法律责任。造成这一现象的原因包括部分产业园区处于初期建设阶段，园区主管部门将工作重点放在了园区建设、企业引进上，无暇顾及环境影响评价，致使环境影响评价制度没有落实；部分园区引进企业较少，园区资金不足，因此没有资金再开展规划环境影响评价工作；规划环评从产业园区结构、空间布局、产业规模、建设项目准入、环境保护措施建设等方面均提出了严格要求，使得园区引进企业看似更加困难，因此部分产业园区未开展规划环境影响评价工作。

产业园区规划环境影响评价执行率低，规划环评未评规划先批等现象，在一定程度上引起产业园区布局混乱、产能过剩、开发无序，造成了环境污染、生态破坏和突发环境事件。

（2）评价时序问题

《环境影响评价法》规定"应当在该专项规划草案报审批前，组织进行环境影响评价，并向审批该专项规划的机关提出环境影响报告书"，提出"早期介入"原则的规定是考虑规划环境影响评价工作在规划编制过程中开展才能发挥实际作用，若没有形成规划初步方案就开始进行环境影响评价，则缺少评价对象，环境影响评价工作无法抓住评价重点；如果在规划草案形成之后再进行环境影响评价，则规划环境影响评价中提出的优化调整建议将难以落实。对于产业园区，规划环境影响评价早期介入可以对园区的环境合理性、产业定位、产业规模等进行合理分析，使产业园区规划实施可能带来的环境问题得到及时有效的调整与控制，这样才能真正从源头考虑产业园区规划决策的环境因素，从宏观上促进产业园区可持续发展。例如《××高新技术产业开发区总体规划（2021—2035）》初期规划范围涉及陕西汉江湿地省级自然保护区，规划环境影响评价工作提出对涉及保护区的区域进行调整的建议，规划编制机关采纳建议对规划范围进行了调整，避开了生态保护红线——陕西汉江湿地省级自然保护区。《陕西省 SM 农业高新技术产业示范区建设发展规划》编制启动阶段规划环境影响评价即介入，规划环评编制单位提出了规划区科技创新研究、办公服务板块和畜禽养殖等污染型企业布局在同一区块，存在产业结构布局不合理问题，规划编制单位采纳规划环境影响评价建议进行了产业布局调整，实现了早期介入，先期预防的作用。

目前有较大一部分是在园区规划即将报送审查前，甚至在规划实施后才开展环境影响评价工作，并非在规划编制初期介入，这样难以将环境保护的理念融入规划内容，在规划环境影响评价文件编制阶段发现园区规划布局、结构需要调整，或园区规划实施存在环境问题时，规划已经基本成形，或者规划已经实施，难以进行优化调整，规划环境影响评价中提出的预防或减缓不良环境影响的对策措施也难以落实，最终产业园区规划环境影响评价工作只能流于形式，规划环境影响评价对产业园区规划实施的指导作用无法充分发挥。

（3）编制质量问题

产业园区对生态的影响主要体现在对生态敏感区、居住区、人文景观等的影响，造成的环境污染包括大气污染、地表水污染、地下水污染、土壤污染以及区域环境累积影响等，规划环境影响评价文件编制人员主要根据《总纲》编制规划环境影响评价文件。2021 年，生态环境部发布了《规划环境影响评价技术导则 产业园区》，进一步规范和指导产业园区的规划环境影响评价工作。但由于产业园区类型较多、环境污染和影响特征不同、区域环境特征不同，因此产业园区规划环境影响评价编制工作较为复杂。

通过对全国各省（区、市）规划环境影响评价文件技术复核结果的研究，发现产业园区规划环境影响评价文件编制质量问题主要包括以下几点：① 未能全面分析与规划编制时期的法律法规、政策及上层位规划的符合性以及与有关同层位规划的协调性。② 主要环境保护目标调查不清楚。③ 对上一轮规划或开发已产生的环境影响未全面阐述清楚，重大资源环境制约因素识别不准确。④ 环境影响识别不全面，评价指标体系不全面、不合理。⑤ 预测评价方法选择不合理。⑥ 规划方案的环境合理性论证不充分，未能针对存在的问题提出合理的优化调整建议及预防或者减轻不良环境影响的对策和措施。特别是一些园区布局分散、结构混乱，规划环境影响评价文件未能结合园区特征，从土地集约利用、污染集中治理、环境风险防控角度提出针对性的优化布局调整建议。⑦ 个别产业污染风险较高的园区，规划环境影响评价文件对于产业链设置的环境合理性分析、高风险产业设置环境合理性分析不全面。⑧ 还有一些产业园区所在区域敏感，但规划环境影响报告未能提出针对性措施要求，可能会导致敏感区产生环境风险。

产业园区规划环境影响评价文件质量问题将影响产业园区规划环境影响评价工作的有效性和指导性，在一定程度上削弱了规划环境影响评价工作在空间布局合理性论证、产业定位和准入把关、污染管控措施要求等方面对产业园区的指导。分析产生编制质量问题的原因如下：

① 基础资料不足。大多数产业园区规划都是当地政府相关部门或委托咨询单位编制，对于编制单位没有资质要求，因此一些规划内容不全面，缺少同一地区不同的规划方案即替代方案。另外，规划环境影响评价文件编制所需的资料由政府部门或其他职能部门掌握，编制单位无法有效收集，导致在开展具体工作时，基础的支撑性资料不足。

② 缺乏全面考虑。园区内各类产业纷繁，因此规划环境影响评价的综合性较强，开展产业园区规划环境影响评价工作时应全面分析园区规划内容，贯穿园区建设、运营全过程，分析园区规划对环境影响的各方面，综合考虑整个园区产业及区域环境特征，因为需要评价的内容较多，加之环评单位在和多部门沟通时并不十分通畅，导致环评技术人员往往缺乏全面考虑，不太注意对规划环境影响评价内容的完整性把握，可能会导致评价工作达不到预期效果。

③ 评价深度不够。技术人员编制评价报告时，由于采用的标准、技术方法、生态环境评价指导原则等因素未能全面掌握，使得产业园区规划环境影响评价文件分析不足，评价深度不够。

④ 缺少专业技术人员。由于我国规划环境影响评价文件编制工作尚在探索中，目前针对产业园区规划环境影响评价的工作人员的培训较少，规划环境影响评价编制人员多数为原来从事建设项目环境影响评价的技术人员，往往容易拘泥于建设项目环评的编制思维模式，对规划环境影响评价文件的编制工作不能完全掌握。

（4）优化调整建议落实难的问题

对规划方案提出具有针对性、可操作性的，能够对完善、修改规划草案起到一定科学指导作用的优化调整建议，是规划环境影响评价工作的重要目标，也是进一步发挥规划环境影响评价作用的重要途径。但部分产业园区规划环境影响评价介入过晚，还有部分园区已取得规划批复，为了完善手续补充环境影响评价。这些没有遵循早期介入原则的产业园区规划环境影响评价的优化调整建议无法全面落实，无法对规划草案起到较好的指导修改作用。第一，由于错过了"预防"的关键时段，规划方案未能充分考虑区域环境、资源承载及空间管控的要求，可能出现规划方案功能结构不合理、规划范围涉及生态红线、不符合生态管控单元要求等问题，然而此时规划方案已经批复，规划环境影响评价报告中提出的优化调整建议难以再被规划编制单位采纳，给规划环境影响评价工作带来较大的困难。第二，由于评价队伍专业性不足，导致评价成果质量存在问题，提出的优化调整建议不准确，缺乏对规划实施的指导性。第三，不少园区规划实施后，存在招商引资困难的问题，因此园区管理部门受到引进企业、园区经济发展等因素限制，园区规划编制机构未落实或选择性落实规划环境影响评价提出的优化调整建议，使得优化调整建议未能发挥其源头预防作用，规划环境影响评价工作流于形式，对规划布局结构、发展规模、产业定位等起不到实质性优化调整效果。

（5）跟踪评价的执行问题

各类产业园区规划的实施给生态环境带来了巨大压力，为了减少规划实施对环境的影响，产业园区的跟踪评价应运而生。作为规划环境影响评价与建设项目环境影响评价实施过程之间的桥梁，产业园区跟踪评价是在产业园区规划实施过程中，通过评估规划环境影响评价决策，对产业园区产生的环境影响进行监督、评价，并采取相应的生态、环境保护措施。根据《规划环境影响评价条例》，跟踪评价内容包括分析评价规划环境影响预测的准确性、环保措施的有效性、公众对规划实施的意见。开展产业园区规划环境影响跟踪评价有助于评估产业园区设立、建设带来的环境影响，采取合理的保护措施、园区开发建设方案，减少规划实施对区域生态环境的破坏，平衡开发建设与环境保护的关系。

2003 年《环境影响评价法》首次提出"对环境有重大影响的规划实施后，编制机关应当及时组织环境影响的跟踪评价，并将评价结果报告审批机关；发现有明显不良环境影响的，应当及时提出改进措施"。同年实行的《规划环境影响评价技术导则（试行）》（HJ/T 130—2003）定义了跟踪评价的概念，明确了跟踪评价的重点工作，初步构建跟踪评价工作内容的框架。2009 年实施的《规划环境影响评价条例》对跟踪评价的实施主体、具体内容、公众参与内容以及规划审批的反馈等方面深入补充说明。2011 年，环境保护部《关于加强产业园区规划环境影响评价有关工作的通知》中对跟踪评价的工作内容、开展时间、审核部门等内容进行了补充，提出"实施 5 年以上的产业园区规划，规划编制部门应组织开展环境影响的跟踪评价，编制规划的跟踪环境影响报告书，由相应的环境保护行政主管部门组织审核。对规划实施过程中产生重大不良环境影响的，环境保护行政主管部门应当及时进行核查，并向规划审批机关提出采取改进措施和修订规划的建议"。2012 年《关于加强化工园区环境保护工作的意见》（环发〔2012〕54 号）明确环境保护主管部门对环境影响跟踪评价报告书审核后，督促园区管理机构对评价中发现的环境问题进行整改，强调了园区主管部门的职责。2016 年以来，我国逐渐形成了以改善环境质量为核心，推动形成绿色发展方式和生活方式的生态环境保护制度。《"十三五"环境影响评价改革实施方案》（环环评〔2016〕95 号）和《关于规划环境影响评价加强空间管制、总量管控和环境准入的指导意见（试行）》（环办环评〔2016〕14 号）等文件，将跟踪评价与区域承载力、污染物排放总量结合，不断完善总量管控要求。2019 年，生态环境部先后印发了《规划环境影响跟踪评价技术指南（试行）》（环办环评〔2019〕20 号）、《规划环境影响评价技术导则　总纲》，明确了跟踪评价的目的、评价内容及工作流程，对于系统性指导规划编制机关开展跟踪评价工作具有重要意义。由此可以看出，我国跟踪评价制度、工作框架在不断完善、不断进步。

2017 年，网络公示的开展跟踪评价的产业园区约为 50 个，2018 年、2019 年、2020 年网络公示的开展产业园区跟踪评价园区数量则分别达到 98 个、145 个和 158 个。目前，陕西省已有商洛市商丹循环工业经济园区、富平县庄里工业园区等园区开展了环境影响跟踪评价，对规划实施后的环境影响、优化规划调整落实情况，以及生态环境保护对策措施的效果进行了科学评估，指导园区后续健康安全发展。

近年来，越来越多的产业园区开展了环境影响跟踪评价工作，但目前仍然存在部分园区规划和规划环境影响评价执行时间超过 5 年但未开展跟踪评价，部分开展跟踪评价的人员对评价具体内容、工作重点尚不熟悉，跟踪评价体制建立尚不完善等问题，使得跟踪评价无法发挥其真正的作用。

（6）园区主体责任落实的问题

一些园区管理机构不清楚园区环境保护的责任主体，认为环境管理工作属于当地生态环境主管部门的责任，和其他部门之间没有联系，园区管理机构的主要职责是招商引资，其下设环境管理部门的职责是配合当地生态环境主管部门完善环保手续，企业的环境保护工作由企业业主负责。园区环境管理设施差、技术参差不齐，对于强制要求的环境管理工作履行了职责，但疏于对一些日常的弹性管理工作，较少开展日常的环境保护宣传工作，也没有制定配套的环境管理体系，缺少对部门间的协调和责任制度划分，导致各部门工作范围不明确，存在工作范围交叉或空白等现象，部分园区为了招商引资，只重视入园企业的经济指标而忽略环境指标，引进了一些污染严重、工艺落后的项目。部分产业园区规划实施后未落实规划环境影响报告书结论及审查意见要求，但由于园区未制定监督与考评制度，导致规划实施造成的生态环境损害没有相应的追责机制，规划环境影响评价无法有效发挥刚性约束作用。

第2章

规划环境影响评价法律
法规体系

规划环境影响评价法律制度将环境因素置于重大宏观经济决策链的前端，是从决策源头对规划实施过程进行生态保护和污染控制的重要抓手。我国规划环境影响评价法律法规从无到有经历了漫长且艰难的发展历程。2003 年 9 月 1 日《环境影响评价法》首次在法律层面上对规划环境影响评价作出了相关规定，因此，基础差、起步晚、发展慢是我国规划环境影响评价立法的基本国情。从 2009 年的《规划环境影响评价条例》，到 2014 年新修订的《环境保护法》，我国规划环境影响评价立法实现了质的飞跃。从多年的实践来看，虽然我国对规划环境影响评价有了初步的法律规定，但受各种因素的制约，在实施过程中遇到了不少障碍。

2.1 国外规划环境影响评价法律法规

2.1.1 美国规划环境影响评价法律法规

第二次世界大战以后，"忽略生态环境，重视经济高速发展"的模式给美国带来了严重的环境后果。意识到环境危机后，相关学者和民众强烈呼吁建立规划环境影响评价制度。因此，"自下而上"建立起来的美国规划环境影响评价制度基础好，起步早，发展速度快，美国也是世界上第一个创设规划环境影响评价法律制度并成功将其实施的国家。

1969 年，美国《国家环境政策法》（NEPA）第一百零二条规定："任何对人类环境产生重要影响的立法、建议、政策及联邦机构所要确定的重要行动都要进行环境影响评价。"其中，就对规划环境影响评价提出了要求。虽然，当时该法的起草者们根本没有以司法强制的方法来执行这部法律的想法，但是自从法律通过以后，司法机关（法院）积极介入其实施过程。此时美国的规划环境影响评价只是一个模糊的政策，《国家环境政策法》对各方面具体内容都未曾进行详细规定，但是美国是一个判例法国家，在司法实践中，法官按照该法的立法目的丰富了美国规划环境影响评价制度的内容。到 20 世纪 70 年代末，美国绝大多数州相继建立了各种形式的环境影响评价制度。

随着判例的不断丰富，1978 年，美国为完善《国家环境政策法》对环境影响评价的具体规定，出台了《国家环境政策法实施条例》。这部条例对《国家环境政策法》的目标、政策以及实施程序进行了说明，增加了美国环境影响评价制度的可操作性。其中，最为突出的内容是将可供选择的替代方案作为环境影响评价的核心内容以及保障公众全程参与程序的规定，提高了环评制度实施的科学性和民主性。

立法伊始，美国环境影响评价制度就将项目、规划、政策等所有可能对环境造成不利影响的活动都纳入评价范围。这一规定体现了美国立法理念的优越性。美国的政治体制本就是"三权分立"的制度，注重权力的相互制约，在其立法过程中，政府的作用主要是沟通和协调不同利益集团的矛盾，使他们都能够充分反映自己的利益诉求。在环境影响评价立法时，立法目的是保障环境利益，将社会效益、经济效益与环境效益统筹结合，保证政府能够作出科学、正确的决策，避免政府部门为了眼前利益而忽视更为长远的环境利益。

在规划环境影响评价的监督方面，为了防止违反规划环境影响评价制度的现象发生，美国的普通法院审理包括行政案件和公益诉讼案件在内的所有案件，通过司法审查的方式实现对行政权的监督。美国政府部门具有较高的规划环境影响评价意识，而且相关法律制度完善，机制健全，社会公众监督力量大，因此美国的规划环境影响评价采取"自我评价"模式，并能够有效实行。此外，美国国家环境保护局（以下简称美国环保局）负责对其他机构编制的环境影响报告书进行审查，独立性较强。

在介入时机方面，《国家环境政策法实施条例》要求环境影响评价在介入过程中，不仅要对经济和技术数据进行分析并制成文件，还要将此文件与规划方案同时作为一个整体供公众查阅并提出建议，这样有效地保证了环评的早期介入，促进了规划与环评的协调。在规划环境影响评价过程中，首先由规划编制单位将规划中的基本方案交给社会相关组织和公众并征求他们的建议，然后对他们的建议进行审查，决定是否采纳，从而对方案中可能造成不利环境影响的内容进行优化，形成备选方案，并将基本方案与备选方案明显区别的部分进行重点评价。

在公众参与方面，美国《国家环境政策法实施条例》对规划环境影响评价信息公开进行了明确的规定。在采取的公开方式上，确保其能够与环境影响的范围相对应，影响范围越大，公开方式越全面广泛。如果一个规划可能影响全国的环境，美国环评法规对其信息公开的要求是，在《联邦公报》上告知公众，而且要在美国环保局网站上将环评文件全文公布。信息公开之后，采用听证会、研讨会的方式征集公众意见，确保公众参与。在收集到公众意见后，规划编制部门对其认为合理的部分予以采纳，而对于其认为不合理的部分则应当给出不予采纳的理由，这些理由作为环评文件的附件也是重要内容。充分的信息公开和广泛的公众参与加大了美国规划环境影响评价的工作量。如《克利尔克里克管理区资源管理规划》环境影响评价共举行了 3 次公众参与讨论会和一次专题研讨会，共有 1 000

多名公众提出了口头或书面意见。最后通过各种途径提交的书面意见多达 5 614 份，报告书共使用了 500 多页的篇幅来说明公众意见的处理情况。

提到美国的规划环境影响评价制度，美国环境质量委员会（以下简称委员会）的作用不可忽视。委员会是由总统设立的，负责对联邦政府的计划和活动进行评价，为环境质量的改善提出各项国家政策。在规划环境影响评价过程中，委员会独立行使其职能，对收集到的关于当前和未来环境质量状况以及发展趋势的正确信息进行分析和解释，从而判断这种状况和发展趋势是否超出了对环境资源合理开发利用的范围。然后委员会基于这种状况和发展趋势编制研究报告，向总统提出建议。按照《国家环境政策法》的规定，委员会对各项计划进行审查、评价，从而判定这些计划是否满足该法的要求，最后根据结果向总统提出建议。

在美国的规划环境影响评价中，委员会的协调作用使各部门的利益矛盾能得到妥善解决。当国家环保局与规划编制部门发生利益冲突时，委员会负责居中调解进行裁决。委员会只对总统负责，确保其调解的中立性和权威性。委员会的设置，十分有利于规划环境影响评价工作的开展。

2.1.2　欧盟规划环境影响评价法律法规

欧盟的环境影响评价制度发展全面，2004 年 7 月开始在各成员国实施的《规划与项目的环境影响评价指令》（以下简称《规划环评指令》）为了彻底从源头上预防不利的环境影响发生，规定了以规划和更上端的国家发展政策、策略为对象的战略环评。《规划环评指令》经过各成员国的充分讨论达成了一致，并且有先进的技术和充足的信息支持，在颁布实施后，得到了欧盟各国的积极响应。《规划环评指令》在寻求建立一套强制的框架政策的同时，又给每个成员国实施所涉及的"范围和方法"的自由，毫无疑问，该指令成为欧盟最具实效的规划环境影响评价实施办法。目前，在对规划环境影响评价的认知程度、规划环境影响评价的技术方法及规划环境影响评价开展深度方面，欧盟各国都有很多值得我国学习借鉴的地方。

英国（2020 年 1 月 31 日正式"脱欧"）是首个为执行规划环评指令制定具体细则的成员国。英国战略环评制度经过了一段由规划环境影响评价制度成功过渡到更高层次的环境影响评价的历程。20 世纪 90 年代初，英国政府要求各级政府部门对其制定的规划进行环境影响评估；到 90 年代末，政府明确了实行规划环境影响评价的目的，即实现环境资源的可持续发展；21 世纪初，在执行《规划环评指令》时，英国根据其国情，出台了一系列实施细则，最终进入战略环评阶段。前两个阶段是规划环境影响评价制度完善的重要阶段。评价内容不断扩大，从单纯地强调环境问题，发展到寻求环境、经济和社会三者的有机统一。政府对规划环境影响评价的认识不断加深，关于评价的程序以及规划编制、审查机构的责任等的法律规定都得到了完善。为了落实《规划环评指令》，意大利国家和地方立法都对实施规划环境影响评价作出了明确规定。此外，意大利在实行规划环境影响评价制度时，和美国一样，专门设立了一个"战略环评处"，负责制定包括规划环境影响评价在内的战略环评实施细则，同时对全国各大区、各省（市）环境影响评价工作进行监督。很多国家的规划环境影响评价都是从零开始，规划环境影响评价是一个新事物，虽然之前有项目环评的实践经验，但是并不能完全沿用，其他国家规划环境影响评价发展的成功经验只能提供参考，不能照抄照搬，需要根据本国国情探索合适的发展路径。欧盟的各个成员国，在《规划环评指令》的指导下，根据自己国家的情况，制订和实施了规划环境影响评价制度。在不断实践中，各国的规划环境影响评价制度在内容、程序、方法等方面被赋予了鲜明的本国特色，得到了丰富和完善。

2.2   我国规划环境影响评价法律法规

作为我国一项重要的环境管理制度，1979 年《环境保护法（试行）》中环境影响评价制度在从源头预防环境污染和生态破坏方面发挥了积极作用。2002 年《环境影响评价法》中第七条规定："国务院有关部门、设区的市级以上地方人民政府及其有关部门，对其组织编制的土地利用的有关规划，区域、流域、海域的建设、开发利用规划，应当在规划编制过程中组织进行环境影响评价，编写该规划有关环境影响的篇章或者说明。规划有关环境影响的篇章或者说明，应当对规划实施后可能造成的环境影响作出分析、预测和评估，提出预防或者减轻不良环境影响的对策和措施，作为规划草案的组成部分一并报送规划审批机关。未编写有关环境影响的篇章或者说明的规划草案，审批机关不予审批。"第十三条规定："设区的市级以上人民政府在审批专项规划草案作出决策前，应当先由人民政府指定的环境保护行政主管部门或者其他部门召集有关部门代表和专家组成审查小组，对环境影响报告书进行审查。审查小组应当提出书面审查意见。……由省级以上人民政府有关部门负责审批的专项规划，其环境影响报告书的审查办法，由国务院环境保护行政主管部门会同国务院有关部门制定。"第十四条规定："设区的市级以上人民政府或者省级以上人民政府有关部门在审批专项规划草案时，应当将环境影响报告书结论以及审查意见作为决策的重要依据。在审批中未采纳环境影响报告书结论以及审查意见的，应当作出说明，并存档备查。"第十五条规定："对环境有重大影响的规划实施后，编制机关应当及时组织环境影响的跟踪评价，并将评价结果报告审批机关；发现有明显不良环境影响的，应当及时提出改进措施。"由此可见，《环境影响评价法》对我国规划环评法律制度作了较为完整的原则性规定，规划环境影响评价文件审查制度首次有了法律文件支撑。《环境影响评价法》的实施将环境影响评价制度从微观层次的建设项目环境影响评价延伸至中观层面的规划环境影响评价，促使审查制度框架真正完整形成，激发了全国各地相关部门开展规划环境影响评价工作的积极性。《环境影响评价法》对规划环境影响评价提出了原则性规范要求，支撑各地区出台规划环境影响评价工作的办法、意见等。

2003 年，国家环境保护总局实施《专项规划环境影响报告书审查办法》，进一步明确专项规划环境影响报告书的审查原则、审查小组、审查程序、审查意见等内容。

2004 年，国家环境保护总局根据《环境影响评价法》的规定，印发了《编制环境影响报告书的规划的具体范围（试行）》和《编制环境影响篇章或说明的规划的具体范围（试行）》（环发〔2004〕98 号），明确开展环境影响评价的具体规划目录，以及编制类型。

为进一步完善规划环境影响评价程序，明确实施主体及相关方的责任和权利，2009 年10 月 1 日，国务院正式颁布《规划环境影响评价条例》，标志着我国规划环境影响文件审查制度开始进入成熟阶段。首先，《规划环境影响评价条例》明确了审查意见，强化了审查意见的效力，从立法理念、内容上对我国规划环评法律制度进行了重大突破。《规划环境影响评价条例》将"从源头预防环境污染和生态破坏"列为立法目的，突出源头预防原则，彰显了环境保护立法的本质在于"源头预防"作用。其次，《规划环境影响评价条例》在法律制度细节上，完善和细化了规划环评文件编制和审查的相关规定，补充了规划跟踪评价的相关规定，如第八条规定："对规划进行环境影响评价，应当分析、预测和评估以下内容：（一）规划实施可能对相关区域、流域、海域生态系统产生的整体影响；（二）规划实施可能对环境和人群健康产生的长远影响；（三）规划实施的经济效益、社会效益与环境效益之间以及当前利益与长远利益之间的关系。"第二十一条规定："有下列情形之一的，审查小组应当提出不予通过环境影响报告书的意见：（一）依据现有知识水平和技术条件，对规划实施可能产生的不良环境影响的程度或者范围不能作出科学判断的；（二）规划实施可能造成重大不良环境影响，并且无法提出切实可行的预防或者减轻对策和措施的。"这在环境影响评价制度中还是初次规定何种情形下审批机关应明确不予审查通过。第二十五条规定："规划环境影响的跟踪评价应当包括下列内容：（一）规划实施后实际产生的环境影响与环境影响评价文件预测可能产生的环境影响之间的比较分析和评估；（二）规划实施中所采取的预防或者减轻不良环境影响的对策和措施有效性的分析和评估；（三）公众对规划实施所产生的环境影响的意见；（四）跟踪评价的结论。"

2011 年 3 月，为了从源头预防产业园区的环境污染和生态破坏，贯彻《规划环境影响评价条例》，进一步加强和规范产业园区的规划环境影响评价工作，环境保护部出台了《关于加强产业园区规划环境影响评价有关工作的通知》，提出"国务院及省、自治区、直辖市人民政府批准设立的经济技术开发区、高新技术开发区、保税区、出口加工区、边境经济合作区等开发区以及设区的市级以上地方人民政府批准设立的各类产业集聚区、工业园区等产业园区，在新建、改造、升级时均应依法开展规划环境影响评价工作，编制开发建设规划的环境影响报告书。产业园区定位、范围、布局、结构、规模等发生重大调整或者修订的，应当及时重新开展规划环境影响评价工作"。明确需要开展规划环境影响评价工作的园区类型，提出"产业园区开发建设规划的环境影响报告书由批准设立该产业园区人民政府所属的环境保护行政主管部门负责组织审查"，并提出了规划环境影响评价工作的重点内容。

2011 年 5 月随着《国民经济和社会发展第十二个五年规划纲要》的出台，环境保护部出台了《关于做好"十二五"时期规划环境影响评价工作的通知》，提出了"十二五"时期规划环评工作的重要意义、工作的总体内容、主要任务和总体要求，以提高规划环境影响评价的有效性，以从决策源头防止环境污染和生态破坏为目标，不断完善规划环境影响评价机制，努力构建较为完善的规划环境影响评价基础支撑体系。

2011 年 8 月，为加强规划环境影响评价工作，加强国民经济和社会发展规划编制工作，贯彻落实《规划环境影响评价条例》，进一步规范和严格规划环境影响评价，在规划编制和审批决策过程中更加充分考虑环境因素，提高规划的科学性，环境保护部发布了《关于进一步加强规划环境影响评价工作的通知》。

2011 年 10 月国家发展改革委、环境保护部发布《河流水电规划报告及规划环境影响报告书审查暂行办法》，明确河流水电规划报告及规划环境影响报告书审查工作的审查原则、审查程序和组织形式，对审查工作提出了规范要求，保障审查的客观性、公正性和科学性，有利于促进水电建设健康有序的发展。

2012 年 5 月，环境保护部为深入贯彻落实《规划环境影响评价条例》，进一步规范和指导公路水路交通运输规划环境影响评价工作，发布了《关于进一步加强公路水路交通运输规划环境影响评价的通知》（环发〔2012〕29 号），细化开展公路水路交通运输规划环境影响评价的范围，提出评价的基本要求，规范审查程序、审查意见内容，并详细附具了《港口总体规划环境影响评价技术要点》及《内河高等级航道建设规划环境影响评价技术要点》。

2014 年 3 月，环境保护部与水利部联合印发了《关于进一步加强水利规划环境影响评价工作的通知 》，提出"水行政主管部门在组织编制有关水利规划时，应根据法律法规的要求，严格执行规划环境影响评价制度，同步组织开展规划环境影响评价工作"。该通知中对水利规划环境影响评价的范围进行了规定，提出了评价的基本要求，规范审查程序、审查意见内容，进一步规范和指导了水利规划环境影响评价工作。

2014 年修订的《环境保护法》第十九条规定"编制有关开发利用规划，建设对环境有影响的项目，应当依法进行环境影响评价。未依法进行环境影响评价的开发利用规划，不得组织实施。"再次强化了规划环境影响评价的效力。

自 2015 年开始，国家出台了一系列文件，标志着审查活动进入了新模式，审查制度在制定和完善的时候可以得到较好的法律支撑。2015 年 12 月，环境保护部出台《关于开展规划环境影响评价会商的指导意见（试行）》，推动着规划环境影响评价文件审查体系的转型与创新。同年，环境保护部、商务部、科技部联合印发了《国家生态工业示范园区管理办法》，提出开展示范园区创建工作的工业园区应提交规划环境影响评价完成情况证明，包括符合工业园区规划范围的规划环境影响报告书结论和审查意见。对于申请时规划范围的规划环评已经超过 5 年的，园区应提交跟踪评价的相关文件。

2015 年 12 月，按照国务院简政放权、放管结合的总体部署，落实《环境保护法》、《环境影响评价法》和《规划环境影响评价条例》有关规定，加强规划环境影响评价对建设项目环境影响评价工作的指导和约束，推动在建设项目环境影响评价审批及事中事后监督管理中落实规划环境影响评价，实现强化宏观指导、简化微观管理的目标，环境保护部印发《关于加强规划环境影响评价与建设项目环境影响评价联动工作的意见》，提出了规划环境影响评价与项目环境影响评价联动工作的概念，包括联动工作的总体要求、重点领域规划环评的主要工作任务等。《关于加强规划环境影响评价与建设项目环境影响评价联动工作的意见》提出"加强规划环评与项目环评联动，是指进一步强化规划环评对项目环评的指导和约束作用，并在建设项目环境保护管理中落实规划环评的成果，切实发挥规划和项目环评预防环境污染和生态破坏的作用"。以及"（十）重点领域的规划环境影响报告书，应结合具体规划特征和环评工作成果，在环评结论中提出对规划所包含的项目环评的指导意见。对于项目环评可以简化的内容，应提出合理的简化清单；对于需在项目环评阶段深入论证的，应提出论证的重点内容"。

2015 年 12 月，环境保护部、国土资源部联合发布了《关于做好矿产资源规划环境影响评价工作的通知》。

2016 年《关于开展产业园区规划环境影响评价清单式管理试点工作的通知》（环办环评〔2016〕61 号）和《关于以改善环境质量为核心加强环境影响评价管理的通知》（环环评〔2016〕150 号）的发布，以"资源利用上线、环境质量底线、生态保护红线和产业准入负面清单"为抓手，强化空间、总量、准入环境管理要求，对于提升规划环境影响评价质量具有积极意义。

2020 年 11 月，生态环境部印发《关于进一步加强产业园区规划环境影响评价有关工作的通知》，从进一步夯实园区主体责任、衔接碳排放等方面提出了充分发挥规划环评效力的工作要求。

2023 年 1 月，生态环境部办公厅、自然资源部办公厅联合印发了《关于做好国土空间总体规划环境影响评价工作的通知》（环办环评函〔2023〕34 号），明确要求"各地在组织编制省级、市级（包括副省级和地级城市）国土空间总体规划过程中，应依法开展规划环评，编写环境影响说明，作为国土空间总体规划成果的组成部分一并报送规划审批机关，缺少环境影响说明的，不得报批"，并给出了可参考的具体技术要求及审查要求。

2.3　我国规划环境影响评价法律法规出台意义

规划环境影响评价的法律法规制度为规划环境影响评价（以下简称规划环评）提供了可操作的各维度依据，为生态环境部门参与政府宏观决策提供了各项制度保障，对于实现从源头预防环境污染及生态破坏，真正推进科学发展观落实具有重要的意义。

（1）规划环评制度是我国环境法制建设的重要组成部分

环境影响评价制度自产生之初就成为我国环境法制建设的重要组成部分，其中规划环评作为环境影响评价制度的重要组成部分更是重中之重。制定规划的目的是通过最大可能地利用社会有限资源的方式扩大人们的福利，因此规划环评制度属于我国行政类规划制定中的重要环节。制定规划是行政机关统筹安排行政事务的重要方式，在决策制定之初就充分考虑规划实施对周围环境的影响程度，便是对可持续发展战略最好的贯彻和实施，把环境污染的可能性消除在规划实施的初始阶段，防患于未然。因此规划环评制度是我国环境法制建设的重要组成部分，从某种意义上说，规划环评制度是在现有制度安排和管理体制下，寻求经济发展部门与生态环境部门之间利益的结合点和平衡点。

（2）规划环评制度是政府依法行政的重要体现

《规划环境影响评价条例》提出"国务院有关部门、设区的市级以上地方人民政府及其有关部门，对其组织编制的土地利用的有关规划和区域、流域、海域的建设、开发利用规划（即称综合性规划），以及工业、农业、畜牧业、林业、能源、水利、交通、城市建设、旅游、自然资源开发的有关专项规划（即专项规划），应当进行环境影响评价"。由此可见，规划工作的主要实施单位为政府及相关部门，规划环评制度即对政府事关环境的行政行为的事前制约，政府各部门在作出相应行政行为之前，按照法律法规的要求进行环境影响评价，是依法行政的重要体现。

国务院颁布实施的《关于加强法治政府建设的意见》在"坚持依法科学民主决策"部分明确要求，"凡是有关经济社会发展和人民群众切身利益的重大政策、重大项目等决策事项，都要进行合法性、合理性、可行性和可控性评估，重点是进行社会稳定、环境、经济等方面的风险评估。建立完善部门论证、专家咨询、公众参与、专业机构测评相结合的风险评估工作机制，通过舆情跟踪、抽样调查、重点走访、会商分析等方式，对决策可能引发的各种风险进行科学预测、综合研判、确定风险等级并制定相应的化解处置预案。要把风险评估结果作为决策的重要依据，未经风险评估的，一律不得作出决策"。由此可以看出，规划环评制度的施行，将有力促进我国政府的依法行政和科学决策。

（3）规划环评制度是环境与发展综合决策机制的重要体现

在环境与发展问题作出统筹兼顾和综合决策的过程中，环境法律法规制度的构建是重中之重，而制度运作的主线是权力的运行。因此规划环评制度的构建和存在就显得尤为重要。2002 年可持续发展世界首脑会议提出了环境与发展综合决策机制，该机制已逐渐被大多数国家认可和采纳。环境与发展综合决策机制是将发展过程中带来的环境问题考虑到法律法规的范畴内，以法律法规的规范方法、调整手段和作用程序等独特的内质，保障和实现对环境与发展综合考量以后的科学决策。

（4）规划环评制度在决策源头上防止环境问题的产生

随着社会经济发展，环境污染问题不断涌现出来，已经严重制约了我国经济的快速增长。环境影响评价制度逐渐完善至今，靠牺牲环境和过度消耗自然资源的经济增长方式已经被彻底否定。政府在制订行政规划和经济决策的过程中，充分考虑规划中所涉及的开发项目对区域环境生态的综合影响，已成为当今政府决策之必要。规划环评一系列法律法规中明确了规划编制机关和环境影响评价机构的职责，对于不能严格依照相关法律法规规定进行规划审批、规划实施的负责人将追究法律责任，这就在规划编制的前期阶段对政府的行政规划行为进行了制约，成了对政府有关环境行政行为事前制约和监督的重要保障。因此，规划环评制度在推行环境与发展综合决策机制中的重要作用不容小觑，通过规划环评相关法律法规、政策制度的推行，可以在决策源头上有效防止环境问题的产生。

（5）规划环评制度促进环境影响评价机制改革

规划环评法律法规的出台，严格规定了规划环评程序，规范规划环评审查流程，从管理角度上对不落实规划环评工作的行为加大了惩罚力度，并在规划环评与项目环评之间构建了联动机制，促进了我国当前环评机制的改革完善。在改革完善过程中，规划环评法律法规的出台能够确保各部门在各司其职的同时相互配合，突出规划环评在审查过程中的地位，确保规划审批程序有条不紊地落到实处，增强规划环评的实效，全面深入地开展规划环评。此外，各项法律法规提出规划编制机关应当做好跟踪评价工作，审批机关以及生态环境部门要加强对规划实施情况的监督，明确规划编制和审批机关的法律责任，对规划环评工作中的违法行为进行追究，并依法追究相关主管人员的责任。

（6）规划环评制度是促进政府环境决策科学化、民主化的重要保障

环境影响评价制度本身具有科学技术性、前瞻性等优点，因此已逐渐成为贯彻预防性原则的最主要措施，是环境行政决策的主要科学依据。而环境影响评价中公众参与要求又充分体现了环境管理制度的民主精神。因此，环境影响评价制度的意义主要体现在决策的科学化和民主化两个方面。

科学技术性是环境影响评价制度的基本特征之一。由于环境影响评价相关法律法规制度包括大量的技术规范、操作规程、环境标准、控制污染的各种工艺技术要求等，从而使制定的环境影响评价相关法律法规具有极强的科学技术性。规划环评是位于高层次的环境影响评价制度，通过采用技术手段对规划实施后可能产生的环境影响进行分析、预测、评估，提出预防或者减轻不良环境影响的对策和措施，其目的就在于在规划编制、审批和实施的决策过程中充分考虑环境因素，促进政府的决策科学化。具体来说就是在规划编制过程中开展规划环评工作，从而切实增强规划的环境合理性和可行性。在规划审批过程中通过组织规划环评审查，从环境合理性、资源承载力可行性等角度为规划审批决策提供科学的参考依据，并在规划后期实施过程中通过开展环境影响跟踪评价，促进规划的适时调整、改进和完善。规划环评制度将规划环评的若干技术条款予以法律上的界定，将规划环评的内容、程序和标准用法律法规的形式确定下来，从而可以保障科学决策渗透于规划环评的整个过程。

政府环境决策的民主化主要体现在规划环评的公众参与内容。公众参与原则又称"依靠群众保护环境原则"或称"环境保护民主原则"，其基本目的在于通过广泛听取公众意见和建议，使政府在规划实施或项目建设的审批等决策过程中，能够充分考虑到生态环境效益，尽量采取有效措施来避免或减轻环境破坏。随着环境问题的日益突出，公众对于规划实施或项目建设过程中产生的环境问题也越来越关注。因此产生哪类环境问题，通过何种途径解决环境问题，避免或减轻不良环境影响措施的有效性等就成了公众关注的焦点。决策的民主化就是要保证所有受规划实施影响的群体、个体具有充分的机会参与决策过程。由于很多规划实施涉及公众的切身利益，在这种情况下让公众有机会对那些影响他们自身利益的规划表达自己的看法，并以合适的形式反映到这些规划的编制过程之中，从而使规划的实施能够更加充分地反映民意，以法制保障规划环评的实施。广泛的公众参与还为政府提供了更多的信息和可供选择的替代方案，提高了将民众价值与政府政策相融合的机会，在制定决策过程中融合公众意见，从而使政府对公众的意愿更加了解，政府的决策

变得更加透明、合理、民主。

（7）规划环评制度是优化产业及布局结构的重要手段

我国经济高速发展前期过度依赖于片面牺牲当地的环境和过度开发自然资源，为了追求 GDP 的增长，园区管理机构在引进投资时没有全面考虑，使用了不合理的招商引资手段，企业入驻时各类手续不齐全等更是造成了园区产业结构、布局结构不合理，从而对区域环境造成了一定的影响。规划环评制度便是从源头预防解决园区前期招商引资时的问题。规划环评制度若能得到很好的实施，便可以在很大限度上改善我国园区的产业及布局结构不合理问题。如果政府在实施规划前以及事关环境和生态的行政类规划从制定之初就实施环境影响评价制度，便可从根源上杜绝规划实施过程中产业、布局不合理问题，合理招商引资，控制规划实施过程中的环境污染问题，杜绝环境风险事件。

（8）规划环评制度可以有效服务于我国的宏观经济战略

《规划环境影响评价条例》颁布实施后，我国出台了一系列带有全局意义、战略意义的规划，并组织开展了对应的规划环境影响评价工作，为国家审批规划提供了重要的决策参考依据。自生态环境部强化环评服务保障、深化环评领域改革工作开展以来，全国范围内相继进行了典型行政区、重点行业和重要专项规划 3 种类型的 23 个规划环境影响评价试点，在探索改革机制、推动组织建设、加强改革保障等方面取得了明显成效，通过"典型引路"有力地推动了全国规划环评工作实施，继而保证了我国宏观经济的可持续发展。规划环评相关法律法规、政策的施行，促进了规划环评制度化、规范化、程序化，消除了环境政策实施的软效力缺陷，更有效地服务于我国宏观经济战略，起到了"源头预防"的作用。

（9）规划环评制度是实现我国可持续发展的有效手段

1992 年在巴西里约热内卢召开的联合国"环境与发展大会"，通过了《里约热内卢宣言》和《21 世纪议程》两个纲领性文件，它标志着可持续发展观被全球持不同发展理念的各类国家所普遍认同，将可持续发展思想确定为未来人类社会、经济发展的方向。可持续发展观在其提出之初，指出了实现可持续发展的决策条件是改进传统的决策方式、实行环境和发展综合决策。规划环评便是在政府规划草案编制初期，通过全面地分析、预测、评价规划实施带来的不良的环境影响，提出优化调整建议及减轻不良环境影响的对策措施，使决策者选择最佳发展方案。在开展规划环评的过程中，环境因素与经济、社会因素得到同等程度的考虑，并在决策结果中得到体现。当前我国经济社会发展与环境资源约束的矛盾依旧存在，环境形势依然严峻，不少地区江河受到污染，环境空气污染严重，自然生态遭到破坏，并且呈现区域性和流域性特点。造成这种状况的一个重要原因就是这些地区未能从宏观决策和整体规划层面上考虑环境与资源因素。推行规划环评制度是在可持续发展理念指导下，从源头上约束实施带来的区域性、流域性的环境污染和生态破坏，贯彻落实"保护环境"的基本国策，促进经济、社会与环境的可持续发展。

2.4 产业园区规划环境影响评价管理定位

《关于全面开展国土空间规划工作的通知》（自然资发〔2019〕87 号）提出"各地不再新编和报批主体功能区规划、土地利用总体规划、城镇体系规划、城市（镇）总体规划、海洋功能区划等。已批准的规划期至 2020 年后的省级国土规划、城镇体系规划、主体功能区规划，城市（镇）总体规划，以及原省级空间规划试点和市县'多规合一'试点等，要按照新的规划编制要求，将既有规划成果融入新编制的同级国土空间规划中"。明确国土空间规划将替代土地利用总体规划、城镇体系规划、城市（镇）总体规划等。全省、全市产业园区规划体系在现行规划体系中，定位为对应国土空间规划和区域规划层面。因此，产业园区用地性质、功能与布局要符合国土空间规划的相关要求，产业发展导向和具体布局要符合区域规划相关要求，产业园区规划兼具国土空间规划和区域规划的属性和要求。单个产业园区规划则属于下一级层面，上承全市产业园区发展规划，下启单个产业园区详细规划和专项规划。产业园区规划体系及其在相关规划体系中的定位如图 2-1 所示。

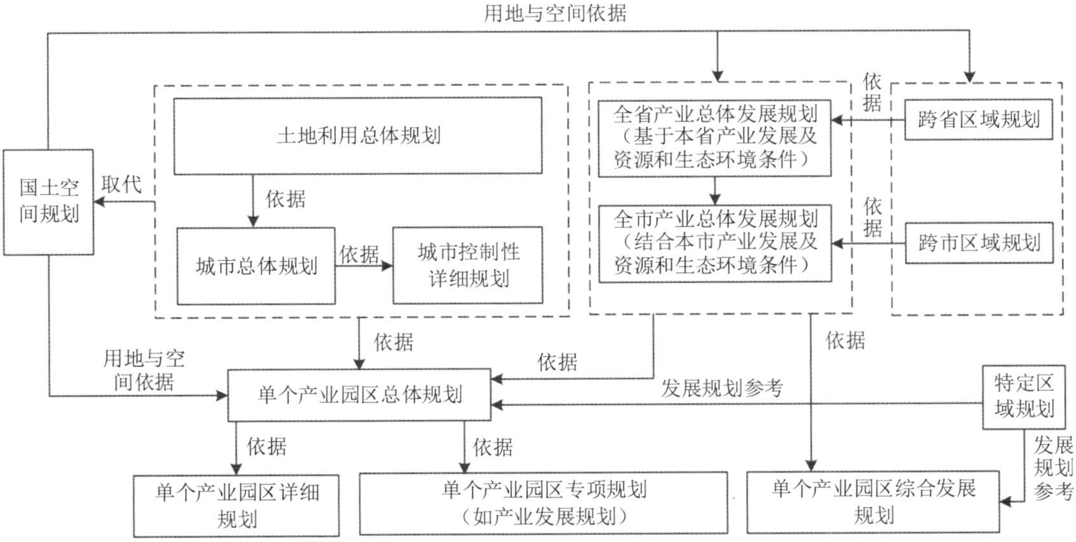

图 2-1 产业园区规划体系及其在相关规划体系中的定位

在当前"1（发展规划）+3（国土空间规划、专项规划、区域规划）"规划体系下，考虑产业园区规划的主要内容、作用以及在规划体系中的定位，全市产业园区总体发展规划环境影响评价在规划环评体系中的定位属于市级国土空间规划环评和跨市区域规划环评层面，单个产业园区规划环评定位属于下一级层面，应落实上一级规划及规划环评要求。对于新出现的产业园区国土空间规划，考虑其规划属性和内容特点，其规划环评应统一纳入产业园区规划环评体系（图 2-2）。

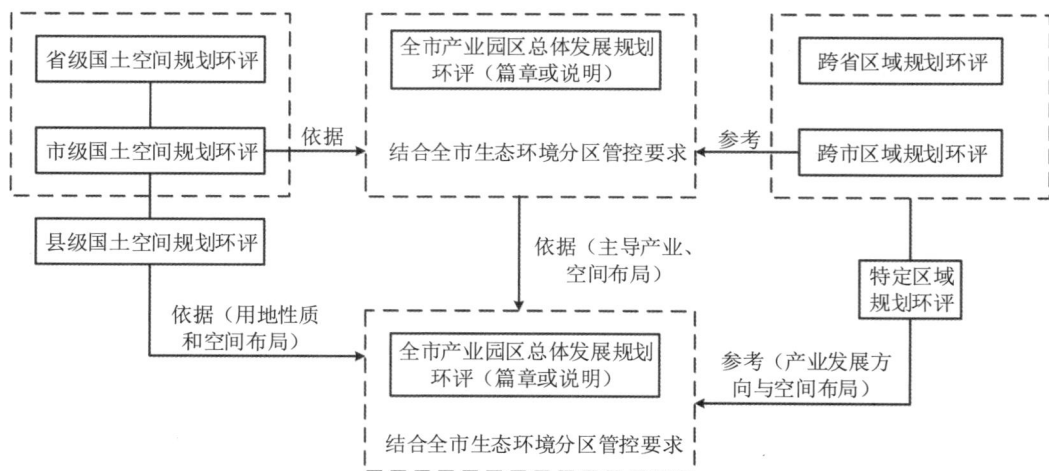

图 2-2　产业园区规划环评在规划环评体系中的定位

2.5　陕西省规划环境影响评价法规

为贯彻落实《环境影响评价法》，2006 年 12 月，陕西省人民代表大会常务委员会颁布的《陕西省实施〈中华人民共和国环境影响评价法〉办法》，设置专章对规划环境影响评价的适用范围、工作内容、审查主体、审查成果等作出了规定。《陕西省实施〈中华人民共和国环境影响评价法〉办法》进一步完善了陕西省内规划环境影响评价程序，明确了实施主体及相关方的责任和权利，强化了陕西省规划环境影响评价审查意见的效力。2018 年陕西省人民代表大会常务委员会对《陕西省实施〈中华人民共和国环境影响评价法〉办法》进行了修正，删除第十七条"在审批中未采纳环境影响报告书结论以及审查意见的，应当作出说明，并存档备查"，并增加第一款："审查小组提出修改意见的，专项规划的编制机关应当根据环境影响报告书结论和审查意见对规划草案进行修改完善，并对环境影响报告书结论和审查意见的采纳情况作出说明；不采纳的，应当说明理由。"将第二十条修改为："已经进行了环境影响评价的专项规划和开发区区域开发规划所包含的建设项目，其性质、规模、地点或者采用的生产工艺符合区域功能和规划要求的，规划的环境影响评价结论应当作为建设项目环境影响评价的重要依据，建设项目环境影响评价内容应当根据规划的环境影响评价审查意见予以简化。"2020 年陕西省人民代表大会常务委员会再次对《陕西省实施〈中华人民共和国环境影响评价法〉办法》进行了修正，对编制环境影响篇章或者说明、编制环境影响报告书的规划范围进行了修改，将第九条修改为"产业园区的管理机构应当对其区域开发规划进行环境影响评价，编制环境影响报告书。"并明确了产业园区的概念。将第十二条修改为"县级以上人民政府审批的专项规划，在审批前由其生态环境行政主管部门组织审查规划的环境影响报告书；省、设区的市人民政府有关部门审批的专项规划，在审批前由同级生态环境行政主管部门会同专项规划审批部门组织审查规划的环境影响报告书。省人民政府批准设立的产业园区区域开发规划的环境影响报告书，由省生态环境行政主管部门组织审查；设区的市、县（市、区）人民政府批准设立的产业园区区域开发规划的环境影响报告书，由市生态环境行政主管部门组织审查。"

2020 年陕西省生态环境厅印发《陕西省规划环境影响评价管理规程（试行）》。该规程明确了规划环境影响评价审查程序和要点，其制定和实施填补了陕西省在规划环境影响评价管理方面的空白，使陕西省规划环境影响评价审查有章可循、规范开展。

第 3 章

陕西省产业园区规划环境
影响评价管理制度

作为一项政策评价工具，产业园区规划环境影响评价具有引导和约束产业园区规划决策生态性和可持续性的作用。2006 年 12 月，陕西省人民代表大会常务委员会颁布了《陕西省实施〈中华人民共和国环境影响评价法〉办法》，明确了规划环境影响评价适用范围、工作内容、审查主体、审查成果等事项。2018 年、2020 年，陕西省人民代表大会常务委员会先后对其进行了两次修正，完善了规划环境影响评价工作程序及实施主体和相关方的责任与权利，强化了规划环境影响评价审查意见效力。2020 年，陕西省生态环境厅印发《陕西省规划环境影响评价管理规程（试行）》，进一步明确规划环境影响评价审查程序和要点，规范和指导陕西省规划环境影响评价工作。本章主要介绍了陕西省产业园区规划环境影响评价工作流程及产业园区规划环境影响评价文件编制要求，从审查主体、审查程序、审查要求 3 个方面分解《陕西省规划环境影响评价管理规程（试行）》对于全省规划环境影响评价的审查和后期管理工作的规范、指导作用，提出产业园区规划环境影响评价文件后期管理与支持的 3 个工作重点：跟踪评价、质量核查、联动机制。

3.1 产业园区规划环境影响评价原则

根据《规划环境影响评价技术导则 产业园区》，产业园区规划环境影响评价总体原则包括全程互动、统筹协调、协同联动、突出重点。

（1）全程互动

产业园区规划环境影响评价工作在规划编制早期介入，与规划编制、论证及审定等关键环节和过程全程充分互动，在规划环境影响评价工作开展过程中确定公众参与及会商对象，吸纳各方意见从而对规划方案进行优化。

（2）统筹协调

规划环境影响评价工作应统筹产业园区减污降碳、资源集约节约及循环化利用、环境风险防控等重大事项，协调好产业发展与区域、产业园区生态环境保护的关系，引导产业园区向生态化、低碳化、绿色化发展。

（3）协同联动

规划环境影响评价应衔接区域生态环境分区管控成果，细化产业园区环境准入要求，对入园建设项目环境准入及其环境影响评价内容进行指导，从而实现区域、产业园区、建设项目环境影响评价的系统衔接和协同管理。

（4）突出重点

产业园区规划环境影响评价工作应立足规划方案重点、特点及区域资源生态环境特征，并充分利用区域空间生态环境评价数据资料、成果，对规划实施的主要影响开展分析评价，评价时需重点关注制约区域生态环境改善的主要生态环境影响因子及重大环境风险因子。

3.2　产业园区规划环境影响评价工作流程

产业园区规划环境影响评价工作流程主要包括准备阶段、文件编制阶段、文件审查阶段和后期管理与支持阶段 4 个阶段（图 3-1）。

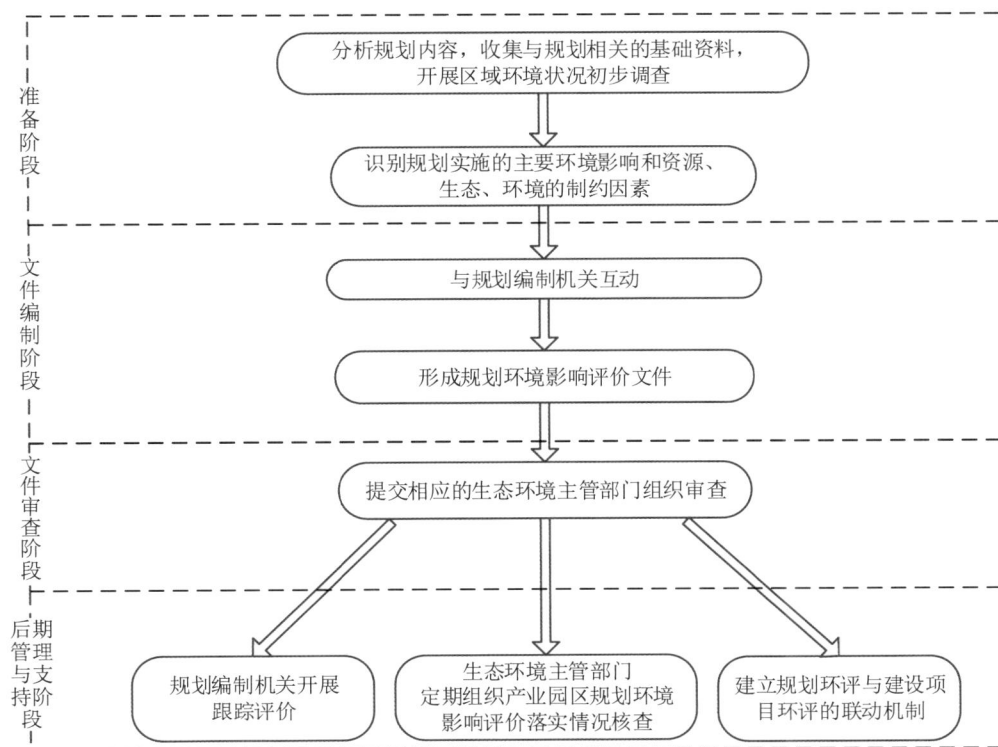

图 3-1　产业园区规划环境影响评价工作流程

3.2.1 准备阶段

通过分析规划内容，收集与规划相关的基础资料，包括法律法规、环境政策，上层位、同层位规划，产业园区所在区域"三线一单"生态环境分区管控成果；对产业园区规划区域及可能受影响的范围进行现场踏勘，收集相关的基础资料，初步调查环境敏感区的情况，识别规划实施的主要环境影响和资源、生态、环境的制约因素，将识别结果反馈给规划编制机关。

为了强化陕西省"三线一单"生态环境分区管控成果的落地应用，陕西省生态环境厅制定了《陕西省"三线一单"生态环境分区管控应用技术指南：环境影响评价（试行）》，用于指导规划环评与"三线一单"生态环境分区管控的符合性分析，主要工作流程如下所述：

（1）矢量文件准备

按照要求准备产业园区空间范围 Shapefile 格式矢量文件，包含主文件、索引文件、dBASE 表文件、空间参考文件、几何体的空间索引文件，矢量文件采用 2000 国家大地坐标系。

（2）提交对照

准备好的矢量文件提交生态环境主管部门与"三线一单"成果进行对照，形成对照图和准入清单。

（3）符合性分析

产业园区规划环境影响报告书编制单位根据对照内容进行符合性分析，最终在规划环评文本中以"一图、一表、一说明"的形式表述。

3.2.2 文件编制阶段

产业园区规划环境影响评价文件的编制内容和技术流程主要包括规划分析、现状调查与评价、环境影响识别与评价指标体系构建、环境影响预测与评价、规划方案综合论证和优化调整建议、不良环境影响减缓对策措施与协同降碳建议、环境影响跟踪评价与规划所含建设项目环境影响评价要求及产业园区环境管理与环境准入、公众参与和会商意见处理等部分。经过多次规划环评与规划的互动，最终形成规划环境影响报告书。

公众参与工作贯穿整个文件编制阶段，按照《环境影响评价公众参与办法》开展公众参与，并说明公众意见和采纳情况。

3.2.3 文件审查阶段

产业园区规划环境影响报告书编制完成后，规划编制机关在规划（草案）报送规划审批机关审批前，须提交相应的生态环境主管部门组织审查。

生态环境主管部门负责成立由有关部门代表和专家组成的审查小组对报告书进行审查，现场形成审查小组意见，规划编制机关会同规划环评编制单位根据审查小组意见修改完善后，形成规划环境影响报告书（审查稿）、审查意见修改清单、规划优化调整建议采纳及不采纳说明、规划（草案）文本等资料报送生态环境主管部门，由生态环境主管部门出具该规划环境影响报告书的审查意见。

经审查后的规划环境影响报告书及其审查意见方可一并递交规划编制机关进行下一步规划报批工作。

3.2.4　后期管理与支持阶段

后期管理与支持阶段主要包括跟踪评价、质量核查和联动机制 3 部分。实施 5 年以上的产业园区规划，规划编制机关应参照《规划环境影响跟踪评价技术指南》开展跟踪评价，报组织审查该规划环境影响评价报告的生态环境主管部门，并将评价结果报告规划审批机关；省级及地市级生态环境主管部门定期组织产业园区规划环境影响评价落实情况核查，同步倒查报告书是否存在严重失实等质量问题；建立规划环评与建设项目环评的联动机制，将规划环评结论作为建设项目环评的重要依据。

3.3　产业园区规划环境影响评价文件编制

产业园区规划环境影响报告书由产业园区规划编制机关编制或者组织规划环境影响评价技术机构编制，编制主持人应当为取得环境影响评价职业资格的人员。产业园区规划编制机关对环境影响报告书的质量负责。产业园区规划环境影响报告书应符合《规划环境影响评价导则　总纲》和《规划环境影响评价技术导则　产业园区》等技术规范要求。

3.3.1　产业园区规划环境影响评价文件编制适用范围

《环境影响评价法》及《规划环境影响评价条例》均明确了"国务院有关部门、设区的市级以上地方人民政府及其有关部门，对其组织编制的土地利用的有关规划和区域、流域、海域的建设、开发利用规划（以下简称综合性规划），以及工业、农业、畜牧业、林业、能源、水利、交通、城市建设、旅游、自然资源开发的有关专项规划（以下简称专项规划），应当进行环境影响评价"，生态环境部《关于进一步加强产业园区规划环境影响评价工作的意见》提出"国务院及其有关部门、省级人民政府批准设立的经济技术开发区、高新技术产业开发区、旅游度假区等产业园区以及设区的市级人民政府批准设立的各类产业园区，在编制开发建设有关规划时，应依法开展规划环评工作，编制环境影响报告书"。

根据国家环境影响评价相关法律法规要求，只有市级以上人民政府及其相关部门组织编制的产业园区规划须开展环境影响评价。然而在实际工作中，县级人民政府批准设立的工业园区、产业集聚区存在产业定位不清晰、布局不合理、环保基础设施建设滞后等问题，具有较大的环境风险和隐患，因此，2020 年修正的《陕西省实施〈中华人民共和国环境影响评价法〉办法》扩大了开展规划环境影响评价的产业园区范围，提出"产业园区的管理机构应当对其区域开发规划进行环境影响评价，编制环境影响报告书"。同时也明确了产业园区的类型，是指"国务院和省人民政府批准设立的新区、自由贸易试验区、农业高新技术产业示范区、高新技术开发区、经济技术开发区、保税区、出口加工区、边境经济合作区和文化产业示范区等开发区以及设区的市、县（市、区）人民政府批准设立的各类产业集聚区、工业园区等产业园区"。

3.3.2　产业园区规划环境影响评价文件编制要求

按照《规划环境影响评价技术导则　总纲》和《规划环境影响评价技术导则　产业园区》，产业园区规划环境影响评价文件应图文并茂、数据翔实、论据充分、结构完整、重点突出、结论和建议明确。

产业园区规划环境影响报告书的内容主要包括规划分析、现状调查与评价、环境影响识别与评价指标体系构建、环境影响预测与评价、规划方案综合论证和优化调整建议、不良环境影响减缓对策措施与协同降碳建议、环境影响跟踪评价与规划所含建设项目环境影响评价要求、产业园区环境管理与环境准入、公众参与和会商意见处理、评价结论等。环境影响评价文件编制时可根据产业园区实际情况，对报告书章节设置、主要内容、图件进行适当增减。

为贯彻落实生态环境部《关于实施"三线一单"生态环境分区管控的指导意见（试行）》（环环评〔2021〕108号）和陕西省人民政府《关于加快实施"三线一单"生态环境分区管控的意见》（陕政发〔2020〕11号），依据《规划环境影响评价技术导则　总纲》和《建设项目环境影响评价技术导则　总纲》，结合陕西省产业园区规划环境影响评价的实际情况，对于产业园区规划环境影响评价文件中与"三线一单"生态环境分区管控衔接的内容，2022年7月陕西省生态环境厅印发《陕西省"三线一单"生态环境分区管控应用技术指南：环境影响评价》，按照该指南，在进行产业园区规划环境影响评价时，可分别对产业园区规划空间范围与辖区内各类保护地、饮用水水源保护区等生态环境敏感区，生态环境分区管控方案中环境管控单元，划定的土壤环境风险管控分区、高污染燃料禁燃区、江河湖库岸线管控分区等其他要素分区矢量文件进行叠图，用于分析产业园区规划与各类生态环境敏感区的位置关系、涉及面积（或长度）、涉及功能分区，与优先保护单元、重点管控单元和一般管控单元的位置关系、涉及要素分区类型、涉及面积（或长度）等，与未纳入环境管控单元要素分区的位置关系、涉及面积（或长度）等。根据对照分析结果，从空间布局、污染物排放、环境风险、资源开发利用4个方面，明确生态环境管控单元准入清单，给出产业园区规划范围涉及的环境管控单元管控要求。

3.4　产业园区规划环境影响评价文件审查

依据相关法律法规和政策文件，2020年，陕西省生态环境厅印发《陕西省规划环境影响评价管理规程（试行）》，用于规范和指导全省规划环境影响评价的审查和后期管理工作。该规程明确了规划环境影响评价审查程序和要点，其制定和实施填补了陕西省在规划环境影响评价管理方面的空白，使陕西省规划环境影响评价审查有章可循、规范开展。

3.4.1　审查范围

《陕西省规划环境影响评价管理规程（试行）》明确规定"产业园区管理机构编制（修编）区域开发规划时应当在规划编制过程中组织进行环境影响评价，编制环境影响报告书"。具体范围包括"国务院和省人民政府批准设立的新区、自由贸易试验区、农业高新技术产业示范区、高新技术产业开发区、经济技术开发区、保税区、出口加工区、边境经济合作区和文化产业示范区等开发区以及设区的市、县（市、区）人民政府批准设立的各类产业集聚区、工业园区等产业园区"。

3.4.2　审查主体

《陕西省规划环境影响评价管理规程（试行）》明确了产业园区规划环境影响报告书的审查主体为"地市级以上政府批准设立的产业园区区域开发规划环境影响报告书，由其生态环境主管部门组织审查；县级政府批准设立的产业园区区域开发规划环境影响报告书，由市生态环境主管部门组织审查"。

3.4.3　审查程序

生态环境主管部门会同产业园区规划审批部门，召集相关部门代表和专家对产业园区规划环境影响报告书进行审查。

（1）报审

规划编制机关在规划（草案）报送规划审批机关审批前，应将规划环评及相关材料报送至生态环境主管部门进行形式审查，符合要件要求则进入审查程序；材料不全或不符合相关规定，反馈规划编制机关补齐补正后再行报送。

（2）审查

生态环境主管部门受理规划环评申请后组织召开由相关部门、设区市生态环境主管部门、专家、规划编制机关、环评技术机构等参加的规划环境影响评价审查会议。成立由有关部门代表和专家组成的审查小组，审查小组中的专家从依法设立的专家库内相关专业的专家名单中随机抽取，参加环境影响报告书编制的专家不能作为审查小组专家，专家人数不得少于审查小组总人数的 1/2，少于 1/2 的审查无效。

审查小组中部门代表结合本部门职能提出意见、专家参照《陕西省规划环评审查参考要点》提出评审意见并分别填写审查意见及质量考核表，审查小组成员经讨论后，现场形成审查小组意见，意见须经审查小组 3/4 以上成员签字同意。审查小组根据不同情形给出规划环境影响报告书予以通过、进行修改并重新审查和不予通过的意见。

（3）审查意见

产业园区规划环境影响报告书通过审查小组审查后，规划编制机关会同规划环评编制单位根据审查小组意见修改完善后，将规划环境影响报告书（审查稿）、审查意见修改清单、规划优化调整建议采纳及不采纳说明、规划（草案）文本等产业园区规划环境影响评价相关资料报送生态环境主管部门。生态环境主管部门收到相关资料后出具该产业园区规划环境影响评价审查意见，并抄送规划编制机关及其他相关单位。

陕西省产业园区规划环境影响评价文件审查工作流程如图 3-2 所示。

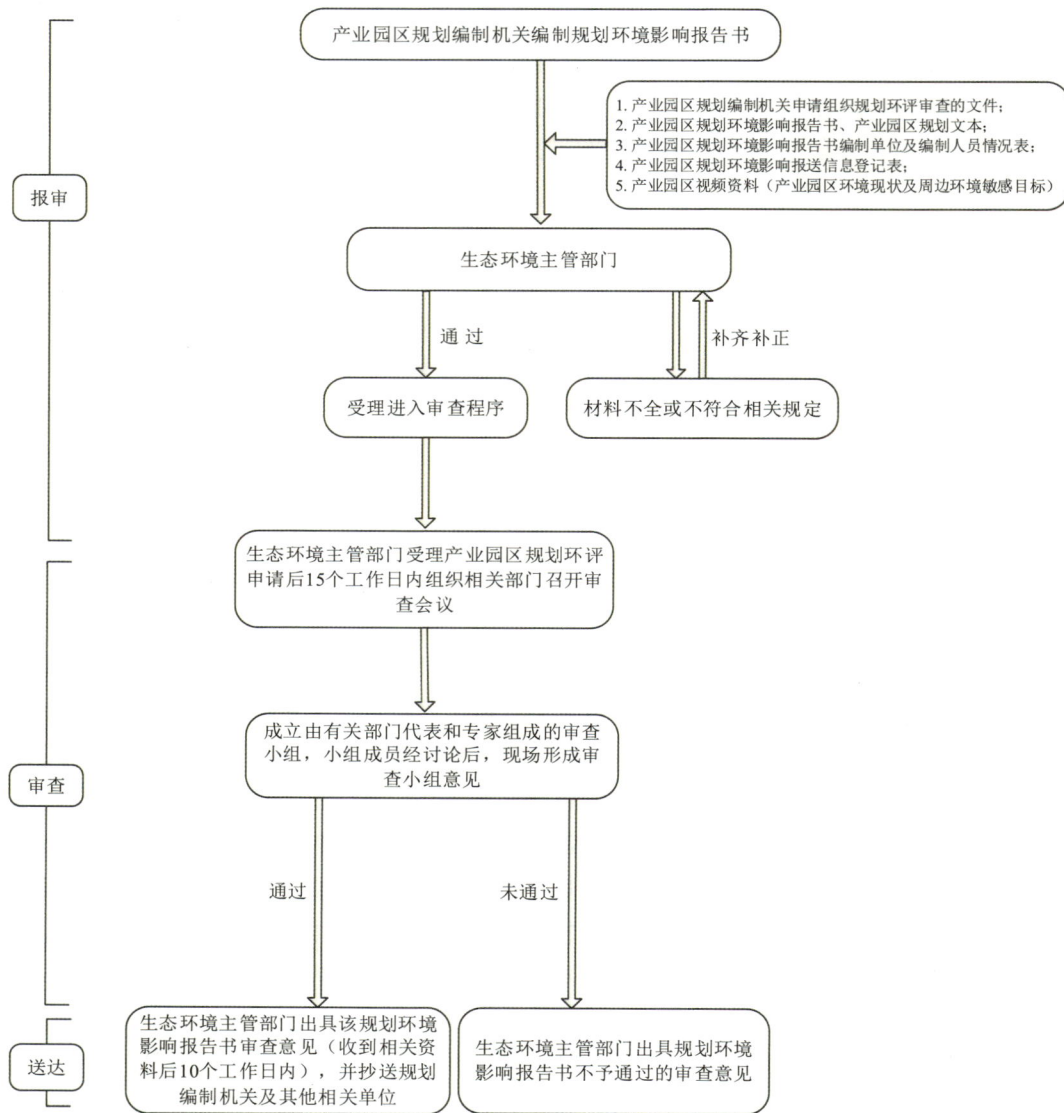

产业园区规划编制机关编制规划环境影响报告书

1. 产业园区规划编制机关申请组织规划环评审查的文件；
2. 产业园区规划环境影响报告书、产业园区规划文本；
3. 产业园区规划环境影响报告书编制单位及编制人员情况表；
4. 产业园区规划环境影响报送信息登记表；
5. 产业园区视频资料（产业园区环境现状及周边环境敏感目标）

报审

生态环境主管部门

通过 　　　　补齐补正

受理进入审查程序 　　　材料不全或不符合相关规定

生态环境主管部门受理产业园区规划环评申请后15个工作日内组织相关部门召开审查会议

审查

成立由有关部门代表和专家组成的审查小组，小组成员经讨论后，现场形成审查小组意见

通过 　　　　未通过

送达

生态环境主管部门出具该规划环境影响报告书审查意见（收到相关资料后10个工作日内），并抄送规划编制机关及其他相关单位

生态环境主管部门出具规划环境影响报告书不予通过的审查意见

图 3-2　陕西省产业园区规划环境影响评价文件审查工作流程

3.4.4　审查要求

（1）报审资料要求

申报材料包括：产业园区规划编制机关申请组织产业园区规划环评审查的公函；产业

园区规划环境影响报告书（涉密内容除外）纸质版（送审稿）和电子版、规划文本（草案）纸质版和电子版；产业园区规划环境影响报告书编制单位及编制人员情况表；产业园区规划环境影响报送信息登记表；产业园区视频资料（产业园区环境现状及周边环境敏感目标）。

（2）产业园区规划环境影响报告书审查要点

根据规划环境影响评价相关法律法规要求以及陕西省实际情况，产业园区规划环境影响报告书的审查要点梳理如表 3-1 所示。

表 3-1　产业园区规划环境影响报告书审查要点

（一）总则说明	审查规划环评的任务由来、评价依据、评价目的与原则、评价范围、评价重点等是否全面、正确；规划区环境功能区划及执行的环境标准是否正确；是否准确给出了规划及其影响区域的环境敏感目标的基本情况和保护要求，及其与规划区域的位置关系；评价工作流程制定是否按照规划情况进行。规划基础图件是否完整、清晰
（二）规划概述与规划协调性分析	① 规划概述。审查规划环评对规划编制背景、规划层次和属性，规划不同阶段发展目标、定位、规模、布局、结构、时序及配套基础设施建设规划等可能对生态环境造成影响的规划内容和规划的环境目标、环境污染治理要求、环保设施建设、生态保护与建设等内容的介绍是否全面、完整，是否对规划的实施情况进行介绍。是否分析上轮规划与规划的衔接内容，图件是否完整、清晰。 ② 规划协调性分析。是否分析了规划与相关法律、法规、政策及上位规划的符合性以及与有关同层位规划的协调性，特别是与国土空间规划、环境保护规划等以及区域"三线一单"管控的符合性和协调性；是否重点明确了与相关规划之间的冲突和矛盾，并提出初步的优化调整方案。采用的规划分析方式方法是否科学、合理
（三）区域现状调查与已开发区域回顾性评价	① 区域现状调查。审查规划环境影响报告书的调查范围、方法是否符合有关标准与技术规范的要求，获取的基础资料是否真实有效，是否可以反映规划区域的特点；对评价区域资源分布、利用状况、变化趋势等评价是否客观；是否评价了区域生态环境状况和敏感性，是否分析了区域生态系统结构与功能演变趋势和存在的问题；对环境质量状况评价采用的环境要素是否全面、客观，监测点位是否具有代表性，是否分析了历史变化状况和存在的主要生态环境问题及成因；对涉及易生物蓄积、长期接触对人群和生物产生危害作用的无机和有机污染、放射性污染、微生物等影响的规划是否分析评价区域风险防范和人群健康状况。 ② 已开发区域回顾性评价。是否对上一轮规划实施情况及已开发区域情况进行了客观的环境影响回顾性评价，对污染源调查是否全面；是否分析了区域生态环境演变趋势和生态环境现状与上一轮规划实施的关系，上一轮规划环评及审查意见的落实情况，指出本轮规划应关注的生态环境问题及解决途径是否准确可行。是否明确提出规划实施的资源、生态、环境制约因素。规划基础图件是否完整、清晰
（四）环境影响识别和评价指标	根据规划及其环境影响的特点，审查环境影响识别是否全面，是否体现特征因子；确定的评价指标体系是否全面、合理，是否符合评价区生态环境特征，是否体现环境质量和生态环境功能不断改善的要求，是否体现规划的属性特点及主要环境影响特征；评价指标是否符合相关产业政策、生态环境保护政策、相关标准等要求；是否明确不同规划时段的环境目标、评价指标体系、具体的评价指标值

（五）环境影响预测评价和资源与环境承载力分析	① 环境影响预测与评价。审查规划环评设置的预测情景是否合理，是否估算了不同发展情景下规划实施生态环境压力，预测与评价不同情景下区域环境质量能否满足相应功能区的要求，对主要敏感区和重要环境保护目标的影响程度；是否分析了规划实施可能对环境造成的间接影响、累积影响等；明确规划实施后能否满足环境目标的要求。是否根据规划的环境影响特点开展了人群健康风险分析及环境风险评价。报告书采用的环境影响分析方法和预测模式、各项参数选取是否得当，预测结果、评价采用评判标准（或要求）是否正确，结论是否可信（分水、大气、土壤、生态、声环境、固体废物及环境风险等要素及专题进行评述）。图件是否完整、清晰。 ② 资源与环境承载力分析。审查规划区域开发的水资源、土地资源、能源等资源承载力分析是否客观，是否分析区域的水环境、大气环境容量；是否明确规划开发的资源供给和污染物排放总量符合有关政策的要求；资源制约因素的解决措施是否符合有关资源规划的要求；环境质量现状超标时，环境整治以及污染物排放总量削减的措施是否可行
（六）规划方案综合论证和规划优化调整建议	① 规划方案综合论证。审查规划环评是否从环境目标、"三线一单"要求和评价指标可达性、规划实施后的环境影响情况和资源环境承载能力、对环境敏感区的影响等方面综合论述了规划目标、规模、布局（及选址、选线）、结构等的环境合理性，给出评价推荐的规划方案是否合理可行。 ② 规划方案的环境效益论证。审查规划环评是否根据规划的特点分析了规划实施的环境效益。 ③ 规划优化调整建议。是否对规划环评与规划编制的互动情况进行了说明，是否针对规划中不符合环境保护要求及相关规划的内容提出优化调整建议，提出的优化调整建议是否可行。 ④ 关注的重点。审查规划环评是否从环境保护角度综合论述选址、产业定位、布局、结构和规模以及环境保护方案的合理性，提出优化调整建议
（七）环境影响预防或减缓措施	① 环境影响预防或减缓措施。审查规划环评提出的主要环境影响减缓对策和措施是否具有针对性、可操作性及时间衔接性；是否能够解决规划所在地区已存在的主要环境问题，是否根据规划的特点提出生态恢复或补偿措施，是否能够预防或减轻因规划实施带来的环境影响；能否满足规划区域能源可持续开发利用、环境质量改善等目标；提出的生态环境准入清单是否全面、合理；是否提出规划区环境管理要求。 ② 关注的重点。审查规划环评是否明确统一规划建设水源、气源、热源等供给，是否充分考虑中水回用等提高资源能源环境利用效率。审查规划环评提出的环境保护基础设施，包括污水集中处理、固体废物集中处置、集中供热、集中供气、风险应急、中水回用等设施，是否要求与园区同步规划、同步建设；污水集中处理和固体废物集中处理设施暂时滞后的，在加快环保设施建设的同时，是否要求采取临时性措施，确保入区建设项目污染物排放符合国家和地方规定的标准要求
（八）规划所包含建设项目环评要求	审查规划环评所提出的建设项目环境影响评价重点和要求是否全面、准确地体现了建设项目所属行业特点和环境影响特征；是否依据本规划环评的主要评价结论提出了合理的建设项目生态环境准入要求、污染防治措施建设要求等
（九）跟踪评价计划	审查报告书提出的跟踪评价计划内容是否完善、具有可操作性；是否可以验证不良生态环境影响减缓措施及优化调整建议、环境管控要求和生态环境准入清单等对策措施的实施效果，并为完善生态环境管理方案和加强相关建设项目环境管理提供依据
（十）公众参与	审查规划环评公众参与开展的情况，公众参与的形式、调查范围、样本代表性是否合理；对公众反对意见采纳与不采纳情况的说明是否合理
（十一）评价结论	审查规划环评结论是否归纳总结了整个工作成果，重点明确规划实施的制约因素、环境承载力、规划优化调整建议、减缓不良环境影响的生态环境保护方案和管控要求以及规划方案的环境目标可达性、环境合理性

3.5　产业园区规划环境影响评价文件后期管理与支持

3.5.1　跟踪评价

实施 5 年以上且未发生重大调整的产业园区规划，规划编制机关应按照《规划环境影响跟踪评价技术指南（试行）》开展规划环境影响的跟踪评价，报组织审查该规划环境影响评价的生态环境主管部门，并将评价结果报告规划审批机关。

3.5.2　质量核查

为提升规划环境影响评价文件的编制质量，落实《关于进一步加强产业园区规划环境影响评价工作的意见》（环环评〔2020〕65 号）、《环评与排污许可监管行动计划（2021—2023 年）》等文件要求，依据《环境保护法》《环境影响评价法》《规划环境影响评价条例》《陕西省规划环境影响评价管理规程（试行）》等有关法律法规、规范性文件要求，设区的市级以上生态环境主管部门根据实际情况，每年抽查本级和下级生态环境主管部门组织审查的产业园区规划环境影响评价文件落实情况，主要检查规划环境影响报告书结论及审查意见提出的准入要求、避让敏感区等优化调整建议及环保对策措施等落实情况，并对实施中已产生重大不良环境影响的规划依法进行核查，同步倒查报告书是否存在严重失实等质量问题。

3.5.3　联动机制

3.5.3.1　产业园区规划环评与建设项目环评联动

近年来，在国务院全力推进简政放权的背景下，生态环境部以《生态文明体制改革总体方案》为指导，通过修订《环境保护部审批环境影响评价文件的建设项目目录》《建设项目环境影响评价分类管理名录》《环境影响评价法》等法律法规及相关文件，大力推行环评机制改革。《规划环境影响评价条例》要求"已经进行环境影响评价的规划包含具体建设项目的，规划的环境影响评价结论应当作为建设项目环境影响评价的重要依据，建设项目环境影响评价的内容可以根据规划环境影响评价的分析论证情况予以简化"，《关于进一步加强产业园区规划环境影响评价工作的意见》中也提出了做好规划环评与项目环评联动的要求。2015 年环境保护部印发《关于加强规划环境影响评价与建设项目环境影响评价联动工作的意见》，提出按照国务院简政放权、放管结合的总体部署，各省（区、市）要加强规划环评与项目环评联动工作，对于符合规划环评结论和审查意见的建设项目，其环评可在内容上进行简化。

在深化"放管服"改革和优化营商环境、推行行政审批体制改革的大背景下，陕西省也积极加强规划环境影响评价对建设项目环境影响评价工作的指导和约束，推动在项目环评审批及事中事后监督管理中落实规划环评成果，将"环评改革"和优化营商环境有机融合，积极探索在强化宏观管控的同时简化环评审批。

2019 年 8 月，陕西省生态环境厅印发《关于提升全省生态环境治理能力助推高质量发展的若干措施》（陕环发〔2019〕37 号），提出"对于编制规划环境影响报告书且已通过生态环境部门审查的产业园区，支持符合要求的建设项目简化环境影响评价内容。对不涉及有毒有害及危险品的仓储、物流配送等一批基本不产生生态环境影响的项目，统一不再进行环评管理"。

2020 年 12 月，陕西省生态环境厅印发《关于开展产业园区规划环评与建设项目环评联动试点的通知》（陕环环评函〔2020〕75 号），提出"按照'试点先行、有序推进、总结经验、复制推广'的原则，在全省开展产业园区规划环评与建设项目环评联动试点"。纳入联动试点范围的园区，可实施以下环评政策措施：

（1）对保税区、保税港区、综合保税区、出口加工区等海关特殊监管区，可不用单独开展规划环评

（2）豁免入园项目环评

① 产业园区范围内不涉及环境保护敏感目标的配套城市道路、管网及管廊建设项目。

② 产业园区内建设的属于《建设项目环境影响评价分类管理名录》（2021 版）中四十三大类、95 小类和四十八大类、106 小类涉及的登记表项目 [污水处理及再生利用，其他（不含提标改造项目；不含化粪池及化粪池处理后中水处理回用；不含仅建设沉淀池处理的）；生活垃圾（含餐厨废弃物）集中处置（生活垃圾发电除外），其他处置方式日处置能力 10 t 以下 1 t 及以上的]。

③ 脱硫、脱硝、除尘、VOCs 治理等大气污染治理工程项目；

④ 对符合产业园区环境准入清单的，实施排污许可登记管理的建设项目，不再填报环境影响登记表。

（3）简化环境影响评价形式

① 产业园区内同一建设单位规划发展的多个同一类型建设项目，符合"三线一单"生态环境分区、规划环评等要求且均编制环境影响报告表的，可进行打捆编制项目环评文件，由负责审批环评文件的部门进行打捆审批，并在批复中明确建设单位的主体责任，审批后建设单位可在批复文件有效期内实施。

② 符合"三线一单"生态环境分区、规划环评、产业园区准入清单等相关要求的园区内建设项目环境影响报告书（表）降低一个评价级别。

（4）继续推行告知承诺制审批

试点区域继续推行《陕西省环境影响评价审批正面清单》中原需编制环境影响报告书（表）的畜牧业、农副产品加工业等二十二大类 54 小类行业项目告知承诺制。

（5）除政策发展调整、环境承载力呈下降趋势以外，试点区域可简化项目环评文件内容

① 对符合规划环评环境管控要求和满足生态环境准入条件的建设项目，其环境影响评价中可不单独开展政策符合性分析、环境承载力分析；

②入园建设项目依托集中供热、污水集中处理、固体废物集中处置的，主要进行项目达标分析、可依托性分析等，可简化相应影响预测内容；

③当产业园区规划环境影响报告书中环境质量现状调查与评价结果仍具有时效性时，入园建设项目环评中可简化分析或引用结论。

2021 年 5 月，陕西省生态环境厅、陕西省科学技术厅、陕西省商务厅 3 部门联合印发《关于确定我省产业园区规划环评与建设项目环评联动试点园区（第一批）的通知》（陕环函〔2021〕150 号），确定姜谭经济技术开发区、凤翔高新技术产业开发区西凤酒城（柳林工业园片区）和科技生态新城片区为陕西省第一批产业园区规划环评与建设项目环评联动试点园区。2022 年 2 月，陕西省生态环境厅、科学技术厅、商务厅 3 部门联合印发《关于确定我省产业园区规划环评与建设项目环评联动试点园区（第二批）的通知》（陕环函〔2022〕16 号），确定陕西澄城经济技术开发区、延安高新技术产业开发区、陕西石泉经济技术开发区、旬阳高新技术产业开发区为陕西省第二批产业园区规划环评与建设项目环评联动试点园区。目前，第一批产业园区联动试点工作已完成中期效果评估，第二批产业园区联动试点工作正在开展中，陕西省产业园区规划环评与建设项目环评联动试点工作已取得初步成效，为后期联动试点机制推广至全陕西省产业园区奠定了基础。

产业园区规划环评与建设项目环评联动机制对依法完成规划环评审查、基础条件完善、有效落实规划环评结论和审查意见、满足"三线一单"等相关要求的合法园区，入园建设项目环评按规定简化，提供了有力支持，同时也是推动建设项目环境管理由重事前审批向重事后监管服务转变，服务经济高质量发展的重要举措。

3.5.3.2　"三线一单"与产业园区规划环评联动

为贯彻落实《陕西省人民政府关于加快实施"三线一单"生态环境分区管控的实施意见》（陕政发〔2020〕11 号），促进"三线一单"—规划环评—项目环评等环境源头预防制度相互衔接，2020—2021 年，由陕西省生态环境厅牵头，陕西省环境调查评估中心开展了为期两年的陕西省产业园区环境管理调研工作。利用"三线一单"完成陕西省产业园区与生态保护红线、自然保护地、环境管控单元等的比对工作，并向陕西省各地市政府提出了优化产业布局，升级削减"两高"企业、推进园区绿色循环，提高园区环境管理等的问题建议和意见。

在推进环境影响评价制度改革的过程中，陕西省将"三线一单"成果应用到产业园区规划环评与建设项目环评联动改革上，试点园区在结合前期"三线一单"衔接成果的基础上编制了园区产业准入清单，从空间布局约束、污染物排放管控、环境风险防控、资源开发效率 4 个方面制定了具体的生态环境准入清单管控要求。

另外，陕西省还将"三线一单"成果应用到产业园区前期规划选址。通过与"三线一单"比对分析，产业园区可以将与自然保护地、生态保护红线、优先管控单元重叠区域调整出园区范围，提前规避重大环境风险，有效避免了产业园区规划出现硬伤无法落地实施。并且，根据"三线一单"比对结果，提出调整产业结构、优化产业布局等建议以及减缓不良环境影响的对策措施，从而减轻产业园区规划实施对生态环境的影响。

3.6 陕西省产业园区环境管理现状

3.6.1 基本情况

3.6.1.1 产业园区设立级别和区域分布情况分析

（1）设立级别

陕西省 225 个产业园区中有国家级产业园区 15 个（12 个园区取得设立批复，占比 80.00%），占比 6.67%；首先是西安市 4 个，占比 1.78%；其次是榆林市 3 个，占比 1.33%；宝鸡市 2 个，占比 0.89%，渭南市、咸阳市、铜川市、汉中市、安康市和杨凌示范区各 1 个，占比均为 0.44%，延安市、商洛市和韩城市无国家级产业园区。

省级产业园区 55 个（有 50 个取得设立批复，占比 90.91%），占比 24.44%；分布最多的是宝鸡市 9 个，占比 4.00%；其次是西安市和渭南市均为 7 个，占比 3.11%；最后是咸阳市、榆林市、汉中市、安康市和商洛市均为 5 个；占比 2.22%。

市县级产业园区 155 个（有 119 个取得设立批复，占比 76.77%），占比 68.89%。总计产业园区数量分布最多的是榆林市 31 个，占比 13.78%；其次是咸阳市 22 个，占比 9.78%；最后是西安市 19 个，占比 8.44%。

陕西省产业园级别分布情况见表 3-2、表 3-3、图 3-3、图 3-4。

表 3-2　陕西省产业园区级别分布情况

序号	地市	国家级/个	占比/%	省级/个	占比/%	市县级/个	占比/%	小计/个	占比/%
1	西安市	4	1.78	7	3.11	19	8.44	30	13.33
2	宝鸡市	2	0.89	9	4.00	13	5.78	24	10.67
3	咸阳市	1	0.44	5	2.22	22	9.78	28	12.44
4	铜川市	1	0.44	1	0.44	10	4.44	12	5.33
5	渭南市	1	0.44	7	3.11	11	4.89	19	8.44
6	延安市	0	0.00	4	1.78	17	7.56	21	9.33
7	榆林市	3	1.33	5	2.22	31	13.78	39	17.33
8	汉中市	1	0.44	5	2.22	12	5.33	18	80.00
9	安康市	1	0.44	5	2.22	11	4.89	17	7.56
10	商洛市	0	0.00	5	2.22	9	4.00	14	6.22
11	杨凌示范区	1	0.44	0	0.00	0	0.00	1	0.44
12	韩城市	0	0.00	2	0.89	0	0.00	2	0.89
	总计	15	6.67	55	24.44	155	68.89	225	100.00

表 3-3　各地区产业园区级别分布情况

区域	国家级/个	占比/%	省级/个	占比/%	市县级/个	占比/%	小计/个	占比/%
关中	10	4.44	31	13.78	75	33.33	116	51.56
陕北	3	1.33	9	4.00	48	21.33	60	26.67
陕南	2	0.89	15	6.67	32	14.22	49	21.77
总计	15	6.67	55	24.44	155	68.89	225	100.00

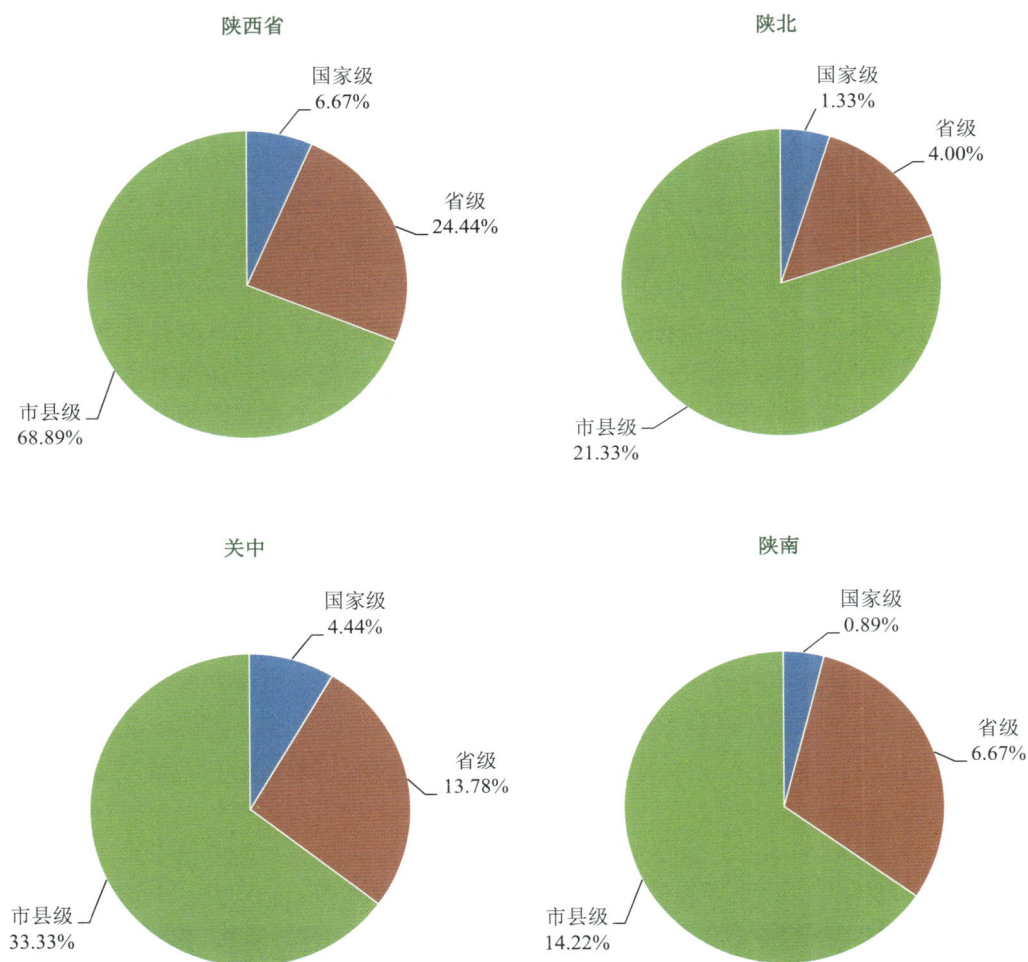

图 3-3　陕西省产业园区级别分布情况

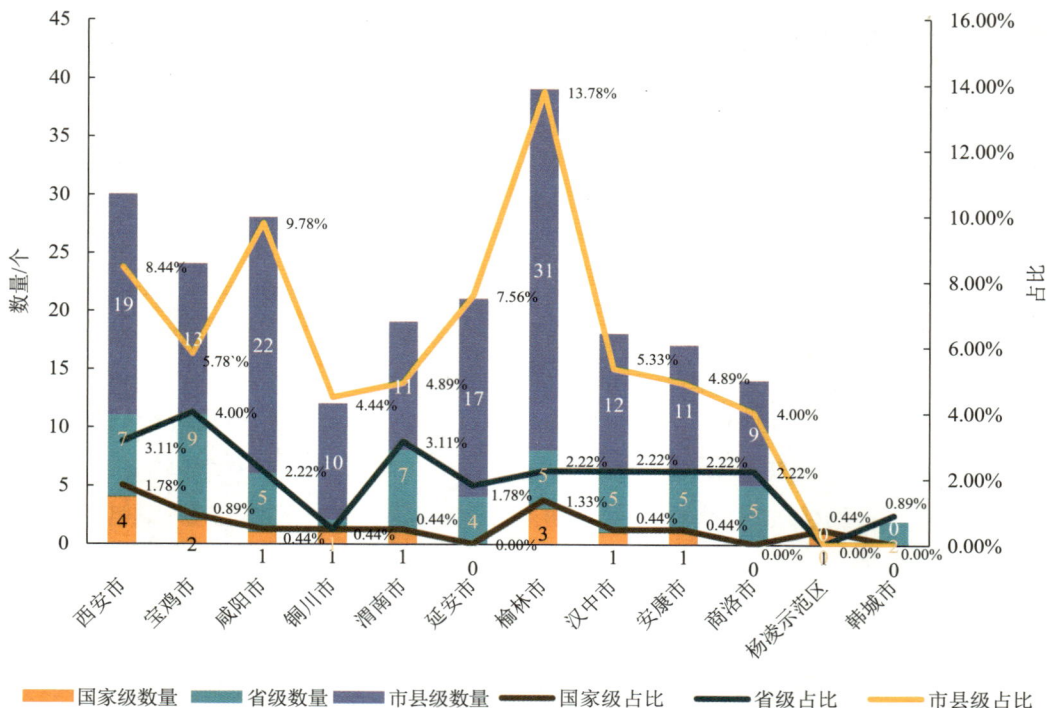

图 3-4　各地市产业园区级别分布情况

（2）区域分布情况

按区域分，陕西省 225 个产业园区中，关中分布 116 个、陕北 60 个、陕南 49 个。

在 13 个市（区）中，分布数量最多的是榆林市 39 个，占比 17.33%；其次是西安市 30 个，占比 13.33%；最后是咸阳市 28 个，占比 12.44%；数量较少是杨凌示范区、韩城市、铜川市，分别占比为 0.44%、0.89% 和 5.33%。陕西省产业园区分布情况见表 3-4、表 3-5、图 3-6。

表 3-4　陕西省产业园区分布情况

序号	地市	数量/个	占比/%
1	西安市	30	13.33
2	宝鸡市	24	10.67
3	咸阳市	28	12.44
4	铜川市	12	5.33
5	渭南市	19	8.44
6	延安市	21	9.33
7	榆林市	39	17.33
8	汉中市	18	8.00

序号	地市	数量/个	占比/%
9	安康市	17	7.56
10	商洛市	14	6.22
11	杨凌示范区	1	0.44
12	韩城市	2	0.89
	总计	225	100.00

表 3-5 各地区产业园区分布情况

区域	数量/个	占比/%
关中	116	51.56
陕北	60	26.67
陕南	49	21.78
总计	225	100.00

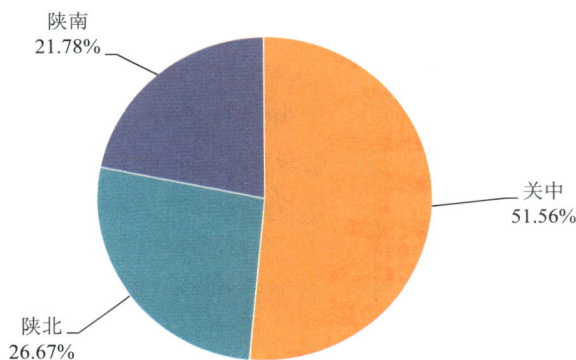

图 3-5 陕西省产业园区分布情况

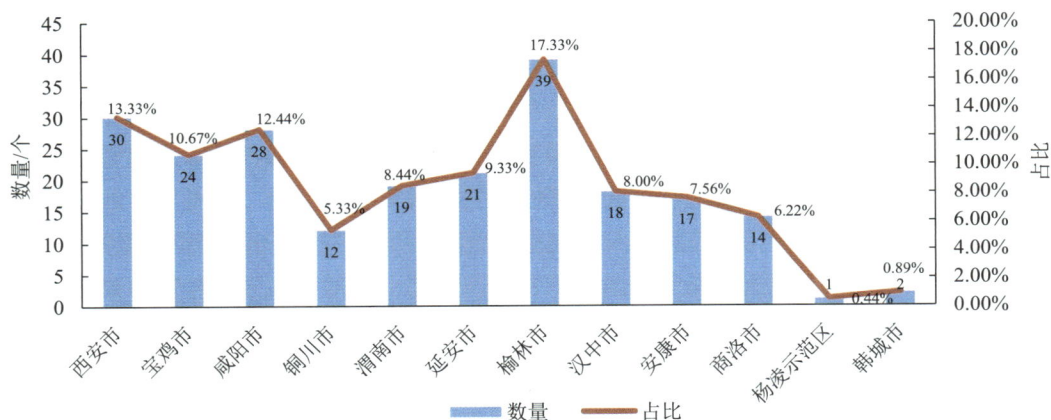

图 3-6 各地市产业园区分布情况

3.6.1.2　产业园区类型分析

陕西省产业园区按类型可分为高新技术开发区、经济技术开发区、工业园区、农业园区、物流园区及其他园区（包括保税区、港务区、新区、文化产业）。其中工业园区分布最多有 159 个，占比 70.67%；其次是高新技术开发区 27 个，占比 12.00%；最后是经济技术开发区 22 个，占比 9.78%；农业园区 9 个，占比 4.00%，分布最少的是物流园区和其他类型园区各 4 个，占比 1.78%（表 3-6）。

表 3-6　陕西省产业园区类型分布情况　　　　　　　　单位：个

序号	地市	工业园区	高新技术开发区	经济技术开发区	农业园区	其他园区	物流园区	总计	化工园区
1	西安市	25	2	2	—	1	—	30	—
2	宝鸡市	16	4	3	1	—	—	24	1
3	咸阳市	21	2	1	2	1	1	28	3
4	铜川市	9	1	1	1	—	—	12	—
5	渭南市	9	5	4	1	—	—	19	4
6	延安市	16	2	1	1	1	—	21	6
7	榆林市	25	4	4	3	1	2	39	12
8	汉中市	14	1	2	—	—	1	18	—
9	安康市	12	2	3	—	—	—	17	—
10	商洛市	12	2	—	—	—	—	14	—
11	韩城市	—	1	1	—	—	—	2	1
12	杨凌示范区	—	1	—	—	—	—	1	—
	总计	159	27	22	9	4	4	225	27

从分布区域来看，关中和陕北地区产业园区涉及类型较多，陕南产业园区类型相对较少。

工业园区分布数量最多的是榆林和西安市，均为 25 个，其次是咸阳市 21 个，最后是宝鸡市和延安市，均为 16 个；高新技术开发区分布最多的是渭南市 5 个、其次是榆林市 4 个；经济技术开发区分布最多的是榆林市和渭南市，均为 4 个、其次是西安市 4 个；其他园区西安市、咸阳市、延安市、榆林市各 1 个；物流园区最多的是榆林市 2 个，其次是咸阳市和安康市，均为 1 个；农业园区分布最多的是榆林市 3 个，其次是咸阳市 2 个，宝鸡市、铜川市、渭南市、延安市各 1 个（表 3-7）。

依据《陕西省安全生产委员会关于全省化工园区安全风险评估情况的通报》（陕安委〔2020〕6 号）中明确的全省化工园区名单（30 个），陕西省 225 个产业园区中有 27 个同时属于化工园区（其中 3 个涉及一园多区）。

陕西省产业园区类型分布情况如图 3-7、图 3-8 所示。

表 3-7　各地区类型分布情况　　　　　　　　　　　单位：个

区域	工业园区	高新技术开发区	经济技术开发区	农业园区	其他园区	物流园区	总计	化工园区
关中	80	16	12	5	2	1	116	9
陕北	41	6	5	4	2	2	60	18
陕南	38	5	5	—	—	1	49	—
总计	159	27	22	9	4	4	225	27

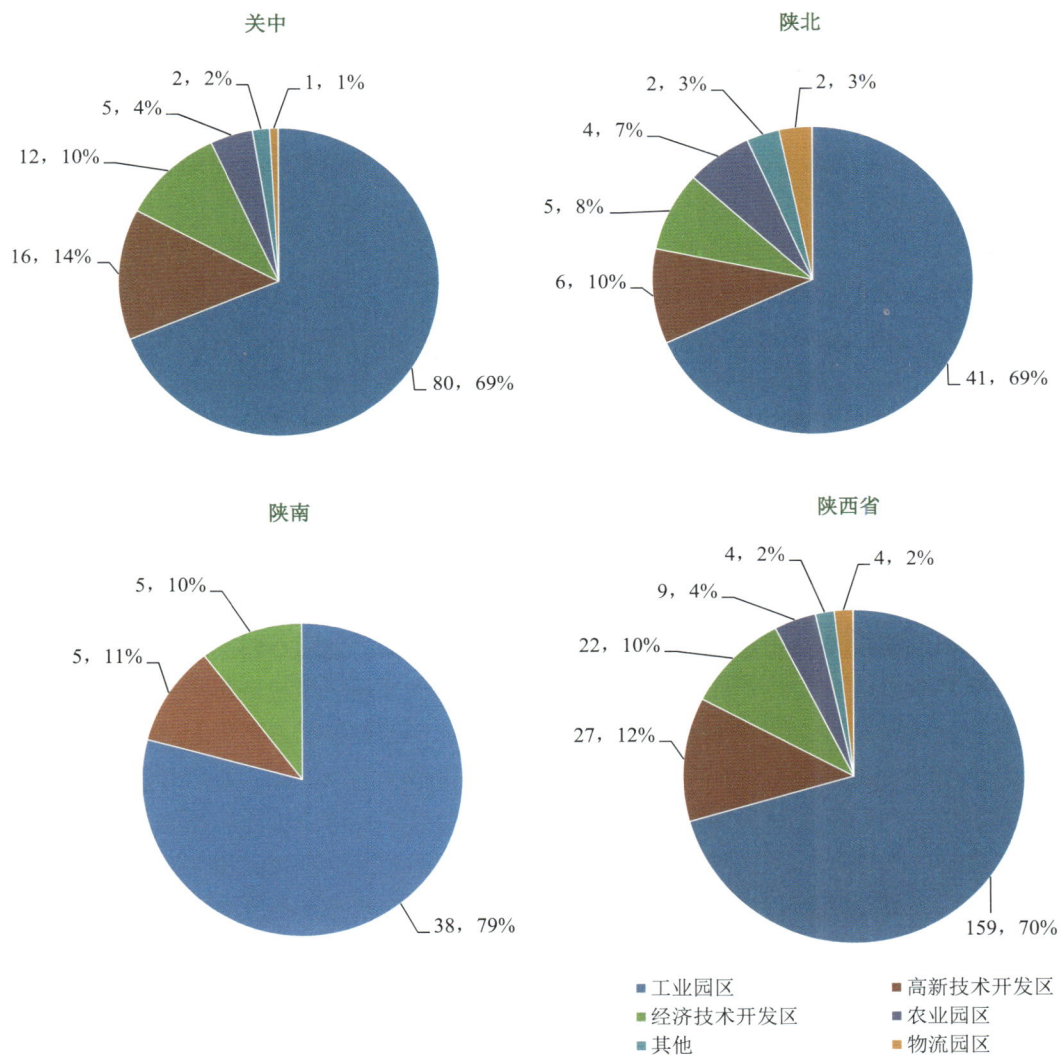

图 3-7　陕西省产业园区类型分布情况

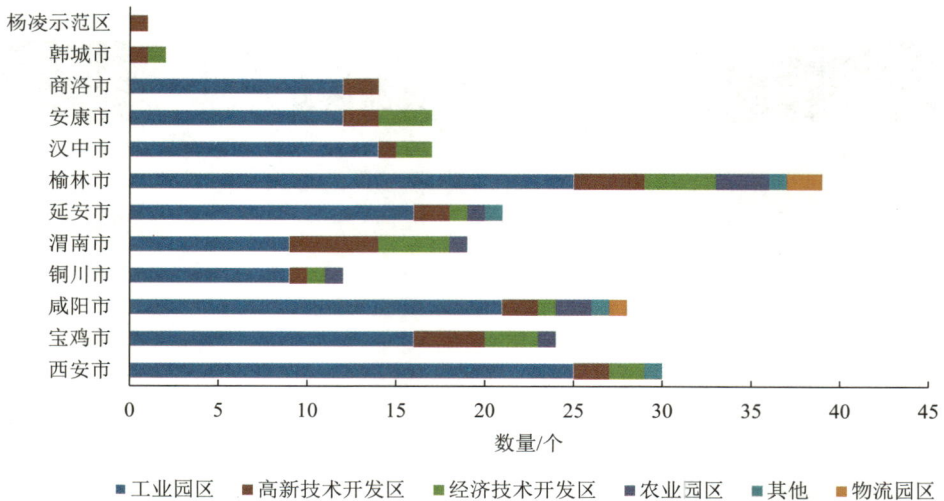

图 3-8 各地市产业园区类型分布情况

3.6.1.3 产业园区合规性分析

（1）产业园区设立批复情况

陕西省 225 个产业园区中取得国务院、省、市人民政府及有关部门设立或规划批复的有 181 个，占总园区数量的 80.44%，其余 19.56% 的园区无合法设立文件或园区规划批复（表 3-8）。关中、陕北、陕南取得设立批复的园区占比分别为 85.34%、70.00%、81.63%（表 3-9）。

表 3-8 陕西省产业园区设立批复情况

序号	地市	取得设立批复/个	占比/%	未取得设立批复/个	占比/%	小计/个
1	西安市	21	70.00	9	30.00	30
2	宝鸡市	21	87.50	3	12.50	24
3	咸阳市	26	92.86	2	7.14	28
4	铜川市	10	83.33	2	16.67	12
5	渭南市	18	94.74	1	5.26	19
6	延安市	18	85.71	3	14.29	21
7	榆林市	24	61.54	15	38.46	39
8	汉中市	15	83.33	3	16.67	18
9	安康市	13	76.47	4	23.53	17
10	商洛市	12	85.71	2	14.29	14
11	韩城市	2	100.00	0	0.00	2
12	杨凌示范区	1	100.00	0	0.00	1
	总计	181	80.44	44	19.56	225

设立批复或规划批复率达到 100%的地市是韩城市、杨凌示范区；其次是渭南市、咸阳市，批复率分别为 94.74%和 92.86%；批复率最低的是榆林市、西安市、安康市，分别为 61.54%、70.00%、76.47%。

表 3-9　各地区产业园区设立批复情况

地区	取得设立批复/个	占比/%	未取得设立批复/个	占比/%	小计/个
关中	99	85.34	17	14.66	116
陕北	42	70.00	18	30.00	60
陕南	40	81.63	9	18.37	49
总计	181	80.44	44	19.56	225

陕西省产业园区设立批复情况见图 3-9、图 3-10。

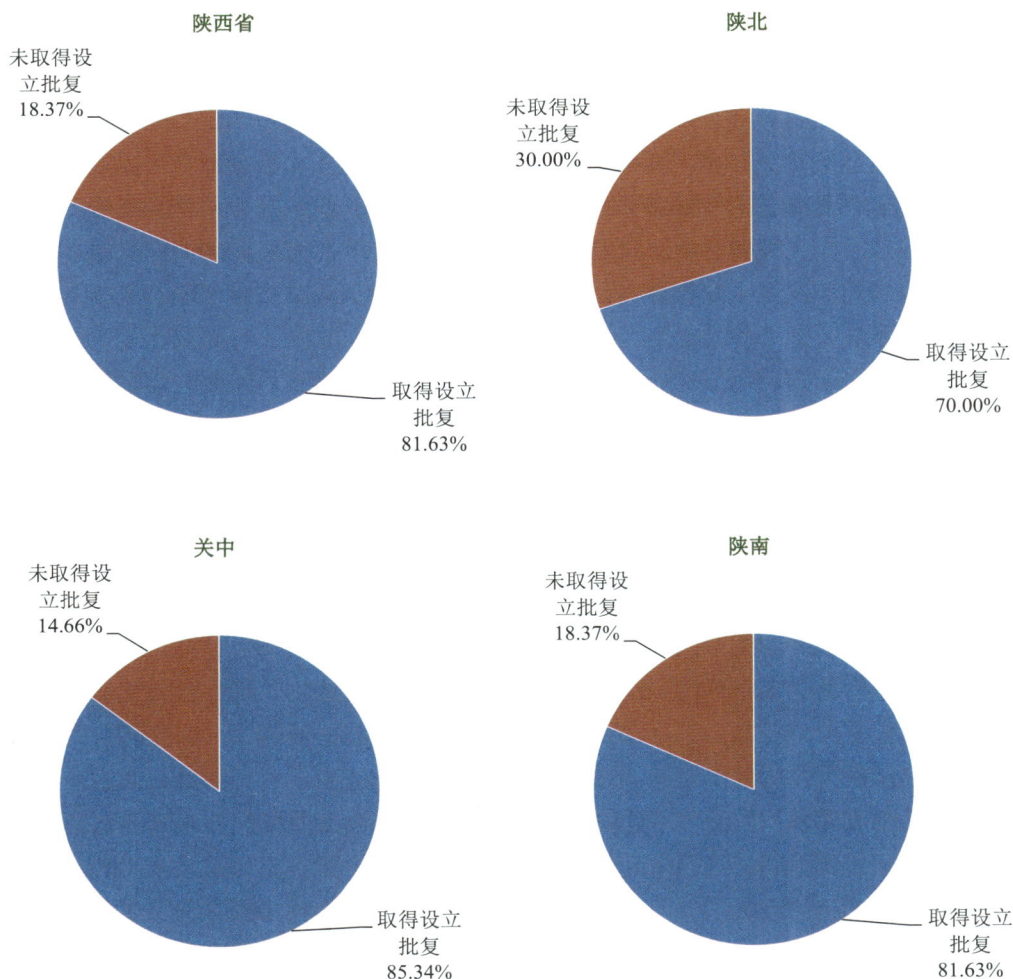

图 3-9　陕西省产业园区批复设立情况

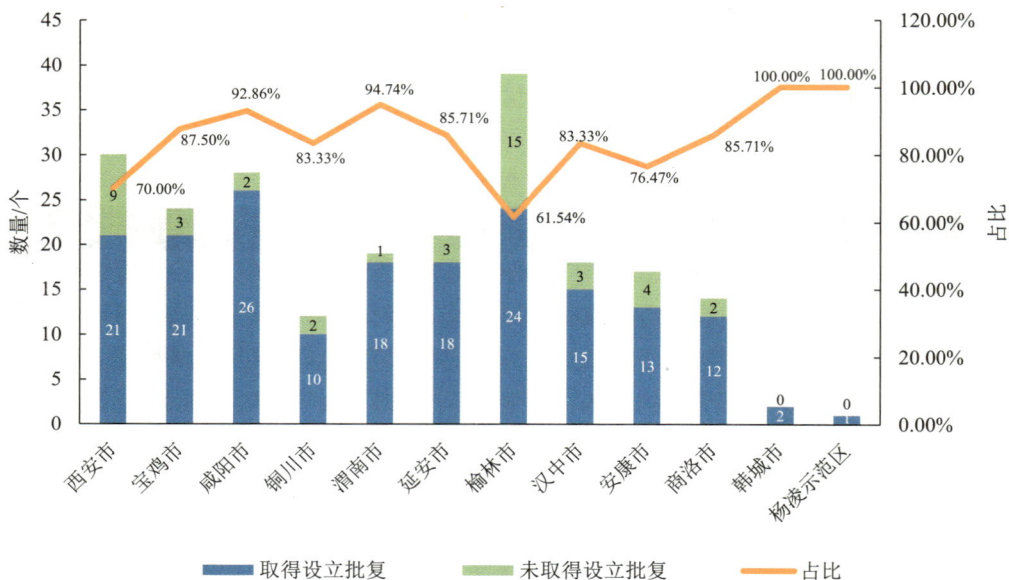

图 3-10 陕西省各地市产业园区设立批复情况

（2）产业园区规划环评执行情况

陕西省 225 个产业园区中，取得生态环境主管部门规划环评审查意见的园区为 179 个，占全省产业园区总数的 79.56%（表 3-10）；取得产业园区设立批复及生态环境主管部门审查意见的园区为 161 个，占全省产业园区总数的 71.56%。

表 3-10 陕西省产业园区规划环评审查情况

序号	地市	取得规划环评审查意见/个	占比/%	未取得规划环评审查意见/个	占比/%	小计/个
1	韩城市	2	100.00	0	0.00	2
2	汉中市	18	100.00	0	0.00	18
3	商洛市	12	85.71	2	14.29	14
4	延安市	15	71.43	6	28.57	21
5	安康市	13	76.47	4	23.53	17
6	渭南市	17	89.47	2	10.53	19
7	宝鸡市	18	75.00	6	25.00	24
8	咸阳市	24	85.71	4	14.29	28
9	西安市	27	90.00	3	10.00	30
10	铜川市	8	66.67	4	33.33	12
11	榆林市	25	64.10	14	35.90	39
12	杨凌示范区	0	0.00	1	100.00	1
	总计	179	79.56	46	20.44	225

关中、陕北、陕南产业园区规划环评审查率分别为 82.76%、66.67%、87.76%（表 3-11）。

陕西省规划环评审查率前三的为韩城市、汉中市和西安市，分别占比 100.00%、100.00% 和 90.00%；审查率较低的地市为杨凌示范区、榆林市、铜川市，分别占比 0%、64.10%、66.67%。

陕西省产业园区规划环评审查情况见图 3-11、图 3-12。

表 3-11　陕西省各地区产业园区规划环评审查情况

区域	取得规划环评审查意见/个	占比/%	未取得规划环评审查意见/个	占比/%	小计/个
关中	96	82.76	20	17.24	116
陕北	40	66.67	20	33.33	60
陕南	43	87.76	6	12.24	49
总计	179	79.56	46	20.44	225

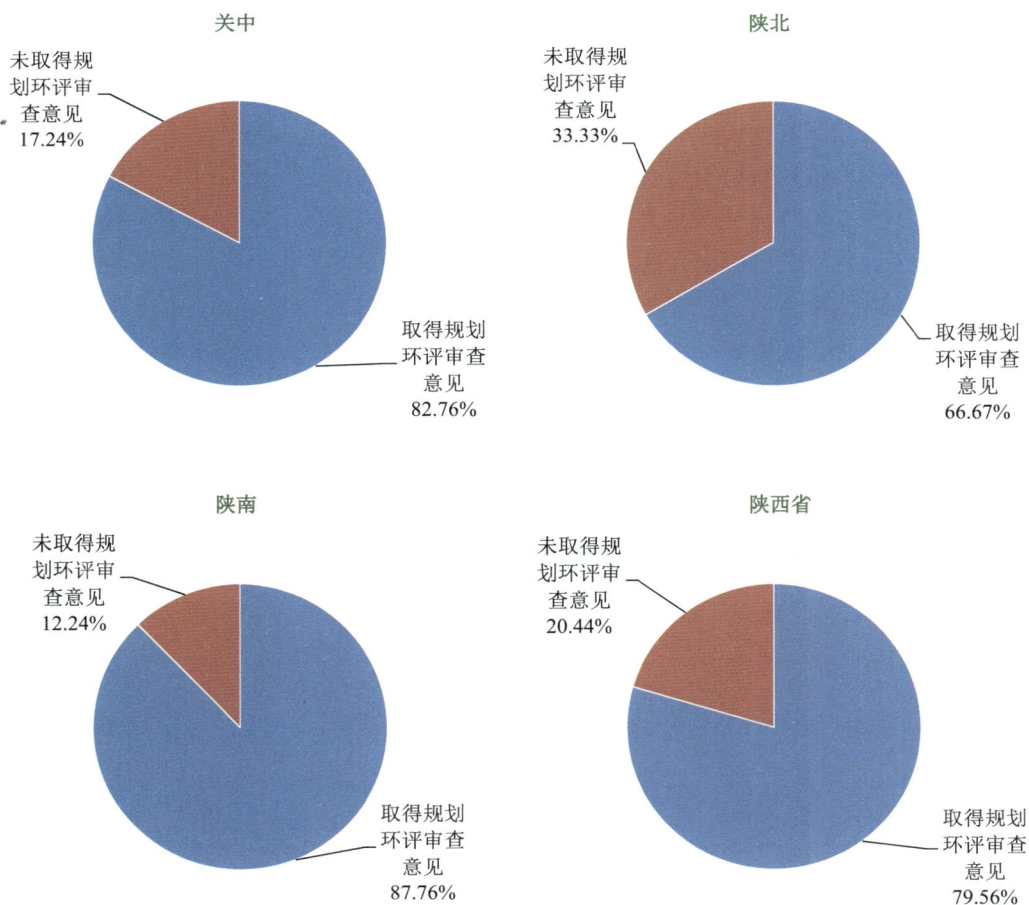

图 3-11　陕西省产业园区规划环评执行情况

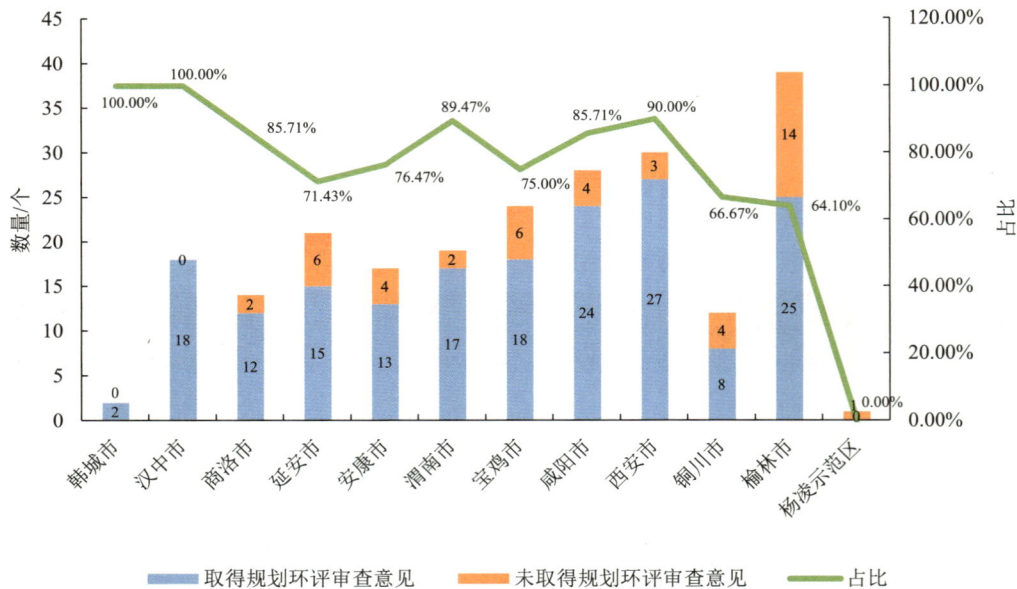

图 3-12　陕西省各地市产业园区规划环评执行情况

（3）其他管理现状

1）园区设立或审批部门情况

陕西省 181 个取得设立或规划批复的园区中，国家级园区 13 个，其中 11 个为《中国开发区审核公告目录》（2018 年版，以下简称《目录》）园区，2 个为科技部审批；省级园区 49 个，其中 29 个为《目录》园区，19 个由各级人民政府审批，1 个由发改部门审批；市县级园区 119 个，其中 6 个为《目录》园区，95 个由各级人民政府审批，9 个由发改部门审批，4 个由中小企业促进局审批，5 个由住房和城乡规划建设局审批（表 3-12）。

表 3-12　陕西省不同级别产业园区设立/规划审批部门　　　　　　单位：个

园区级别	《目录》	科技部	各级人民政府	发改部门	中小企业促进局	住房和城乡规划建设局	小计
国家级	11	2	—	—	—	—	13
省级	29	—	19	1	—	—	49
市县级	6	—	95	9	4	5	119
合计	46	2	114	10	4	5	181

2）同类型园区设立或审批部门现状

陕西省 181 个取得设立批复的园区中，有 23 个高新技术开发区，其中 17 个属于《目录》园区，6 个由各级人民政府审批；有 20 个经济技术开发区，其中 12 个属于《目录》园区，7 个由各级人民政府审批，1 个由住房和城乡规划建设局审批；有 128 个工业园区，其中 17 个属于《目录》园区，96 个由各级人民政府审批，7 个由发改部门审批，4 个由省中小企业促进局审批，4 个由住房和城乡规划建设局审批；有 5 个农业园区，其中 2 个由科技部审批，1 个由各级人民政府审批，2 个由发改部门审批；有 4 个物流园区，其中 3 个由各级人民政府审批，1 个由发改部门审批；有 1 个其他园区，由各级人民政府审批（表 3-13）。

表 3-13　陕西省不同类型产业园区设立/规划审批部门　　　　单位：个

园区类型	《目录》	科技部	各级人民政府	发改部门	省中小企业促进局	住房和城乡规划建设局	小计
高新技术开发区	17	—	6	—	—	—	23
经济技术开发区	12	—	7	—	—	1	20
工业园区	17	—	96	7	4	4	128
农业园区	—	2	1	2	—	—	5
物流园区	—	—	3	1	—	—	4
其他园区	—	—	1	—	—	—	1
合计	46	2	114	10	4	5	181

3）产业园区集约化现状

陕西省 225 个产业园区中，大部分园区集约化程度较高，有 33 个园区集约化程度低，主要表现为园区由多个区块组成，各个区块相距较远，无法实现集约发展（表 3-14）。

表 3-14　陕西省产业园中集约化程度较低的园区现状

序号	地市	园区	现状
1	西安市	西户高新技术产业开发区	包括电子信息板块、生物技术板块、智能制造板块、整合提升板块及现代物流板块，各片区相距较远
2	宝鸡市	陇县新型建材产业园	包括建筑商砼产业区、石材及木材加工产业区、玻璃制品产业区、陶瓷制品产业区，各片区相距较远
3		陕西省凤翔县高新技术产业开发区	包括长青工业园、科技生态新城、西凤酒城，片区相距较远
4	咸阳市	兴平市工业园	包括 3 个片区，各片区相距较远
5		三原高新技术产业开发区	涉及 4 个片区，各片区相距较远
6		长武县煤电工业园区	园区分 2 个片区，相距较远
7	铜川市	顺金工业园区	分为顺金、纸坊、西塬片区，各片区相距较远
8		王家河工业园区	分为水泥厂组团、炭科沟组团、荔枝苑小区组团、二号信箱组团
9		铜川市黄堡工业园区	包括 2 个片区，相距较远
10	渭南市	富平县庄里工业园区	以庄里镇与觅子乡形成南部工业组团，以梅坪镇形成北部工业组团和东干渠以北形成飞地工业组团，相距较远
11		陕西澄城经济技术开发区	包括北部产业融合示范区、南部工业集中承载园，各片区相距较远

序号	地市	园区	现状
12	渭南市	华县工业园区	包括 2 个片区，相距较远
13		合阳经济技术开发区	包括合阳县轻工业产业园及甘井循环经济产业园，相距较远
14		延川县工业园区	包括马家河农副产品加工园、文安驿工业园、贾家坪工业园、永坪工业园 4 个片区，各片区相距较远
15		子长县工业园区	包括煤炭综合利用产业园、绿色低碳循环产业园、天然气资源综合利用产业园区
16		宜川县工业园区	包括秋林核心区、交里天然气加工区、集义物流园区、宜南矿区、范湾产业聚集区
17	延安市	富县工业园区	包括洛阳化工及煤炭物流片区、张村驿工业集中片区、吉子现电力工业片区、吉子湾工业及现代综合物流片区 4 个片区，相距较远
18		延长工业园区	延长工业园区东区包括烈子上、白家川、料籽塬、芝王川、董家河。延长工业园区西区包括黑家堡镇盖头坪、周家湾、泥河口、李家湾、何吉坪、桃李坪、杨家湾
19		洛川工业园区	石化板块、新能源板块、中国洛川现代苹果产业园区 3 个区块，各片区相距较远
20		略阳工业集中发展区	共包含 3 个园区 6 个片区，集约化程度低
21		城固县三合循环经济产业园区	"一环串六园"的总体空间结构，6 个区块相距较远
22	汉中市	南郑县工业园区	包括机电工业集中区、绿色食品工业集中区、梁山工业园区，各片区相距较远
23		镇巴县绿色产业园	富硒有机农林产品加工产业集群区、综合工业产业集群区、旅游产业集群区 3 个片区，相距较远
24		勉县循环经济产业园区	包括钢铁产业区（南区）、锌产业区（东区）、农业产业区和加工产业区（北区）4 个片区
25		汉中经济技术开发区	包括南区、北区 2 个片区，相距较远
26		白河县两河工业集中区	涉及白河县 7 个乡镇，每个乡镇 3～7 个小区块
27		石泉县工业园区	包括古堰工业聚集区、池河工业园区，相距较远
28		平利经济技术开发区	包括老县、陈家坝和长安三大片区
29	安康市	中国紫阳硒谷生态工业园区	包括富硒食饮品、综合服务区、茶园生态产业区、天然资源加工区 4 个片区，相距较远
30		宁陕秦岭旅游产品工业园区	沿 210 国道由北向南分别为配套服务区、无污染工业区、健康食品生产区、生态平衡区、健康食品生产区
31		旬阳高新技术产业开发区	包括生态工业集中区、吕河片区，相距较远
32		山阳高新技术产业开发区	包括东部、西部 2 个片区，相距较远
33	商洛市	洛南县东部产业园	分为陶岭产业园、陶川产业园、樊湾产业园 3 个区块，相距较远

（4）环境影响跟踪评价执行现状

陕西省 225 个产业园区中有 179 个取得了规划环评审查意见，其余 46 个园区未开展规划环评工作。取得规划环评审查意见的园区中有 22 个在 2011 年之前取得规划环评审查意见，占比为 12.29%；41 个园区在 2011—2016 年取得规划环评审查意见，占比为 22.91%；116 个园区在 2016 年之后取得规划环评审查意见，占比为 64.80%。取得规划环评审查意见 5 年以上的 63 个产业园区依规应开展跟踪评价（表 3-15、表 3-16）。

表 3-15　各地市园区规划环评审查时间统计

序号	地市	小计	2011 年前		2011—2016 年		2016 年后	
			个数/个	占比/%	个数/个	占比/%	个数/个	占比/%
1	西安市	27	7	25.93	11	40.74	9	33.33
2	宝鸡市	18	3	16.67	6	33.33	9	50.00
3	咸阳市	24	0	0.00	5	20.83	19	79.17
4	铜川市	8	0	0.00	2	25.00	6	75.00
5	渭南市	17	3	17.65	3	17.65	11	64.70
6	延安市	15	3	20.00	0	0.00	12	80.00
7	榆林市	25	0	0.00	5	20.00	20	80.00
8	汉中市	18	2	11.11	2	11.11	14	77.78
9	安康市	13	2	15.38	0	0.009	11	84.62
10	商洛市	12	2	20.00	7	30.00	3	50.00
11	韩城市	2	0	0.00	0	0.00	2	100.00
12	杨凌示范区	0	0	0.00	0	0.00	0	0.00
	合计	179	22	12.29	41	22.91	116	64.80

表 3-16　各地区园区规划环评审查时间统计

地区	小计	2011 年前		2011—2016 年		2016 年后	
		个数/个	占比/%	个数/个	占比/%	个数/个	占比/%
关中	96	13	13.54	27	28.13	56	58.33
陕北	40	3	7.50	5	12.50	32	80.00
陕南	43	6	13.95	9	20.93	28	65.12
合计	179	22	12.29	41	22.91	116	64.80

为科学评估规划实施后的环境影响、优化规划调整落实情况，以及生态环境保护对策措施的效果，确保规划环评成果应用落地，2019 年 6 月陕西省生态环境厅确定对 6 个专项规划开展环境影响跟踪评价，目前该项工作正在进行。

此外，据不完全统计，商（州）丹（凤）循环工业经济园区、富平县庄里工业园区等园区已经开展了环境影响跟踪评价。

3.6.1.4　产业园区区位环境适宜性分析

通过 GIS 手段叠图比对"三线一单"生态环境分区管控成果，对陕西省 225 个产业园区中有矢量边界的 218 个园区进行区位环境适宜性分析。其中有 108 个园区涉及优先管控单元，175 个园区涉及重点管控单元，83 个园区涉及一般管控单元。产业园区与"三线一单"分区管控成果比对不同单元占比情况见表 3-17。

表 3-17　陕西省产业园区与"三线一单"分区管控成果比对不同单元占比情况

序号	地市	优先管控单元		重点管控单元		一般管控单元	
		数量/个	占比/%	数量/个	占比/%	数量/个	占比/%
1	西安市	5	2.29	24	11.01	16	7.34
2	宝鸡市	16	7.34	21	9.63	18	8.26
3	咸阳市	8	3.67	26	11.93	6	2.75
4	铜川市	4	1.83	11	5.05	3	1.38
5	渭南市	10	4.59	17	7.80	8	3.67
6	延安市	14	6.42	17	7.80	9	4.13
7	榆林市	23	10.55	15	6.88	4	1.83
8	汉中市	12	5.50	13	5.96	9	4.13
9	安康市	7	3.21	16	7.34	5	2.29
10	商洛市	8	3.67	12	5.50	5	2.29
11	韩城市	1	0.46	2	0.92	/	/
12	杨凌示范区	0	0.00	1	0.46	/	/
合计		108	49.54	175	80.28	83	38.07

注：①陕西省产业园区总数 225 个，其中有 7 个园区四至范围不清尚未进行比对。
　　②由于部分园区存在"一园多区"，不同区块位于不同的环境管控单元，故存在同一个园区涉及多个管控单元的情况。

将陕西省产业园区中 218 个有矢量范围的园区与"三线一单"生态保护红线、保护地成果进行对照分析，涉及生态保护红线的园区有 84 个，占比为 38.53%；涉及保护地的园区为 70 个，占比为 32.11%。陕西省产业园区与生态保护红线、保护地位置关系比情况见表 3-18。

表 3-18　陕西省产业园区与生态保护红线、保护地位置关系比

序号	地市	涉及生态保护红线的园区		涉及保护地的园区	
		数量/个	占比/%	数量/个	占比/%
1	西安市	4	1.83	6	2.75
2	宝鸡市	12	5.50	8	3.67
3	咸阳市	5	2.29	5	2.29
4	铜川市	3	1.38	2	0.92
5	渭南市	6	2.75	8	3.67

序号	地市	涉及生态保护红线的园区		涉及保护地的园区	
		数量/个	占比/%	数量/个	占比/%
6	延安市	10	4.59	7	3.21
7	榆林市	22	10.09	8	3.67
8	汉中市	8	3.67	11	5.05
9	安康市	9	4.13	8	3.67
10	商洛市	5	2.29	6	2.75
11	韩城市	—	—	1	0.46
12	杨凌示范区	—	—	—	—
	合计	84	38.53	70	32.11

涉及生态保护红线类型为水土保持的园区有 26 个，占比为 11.93%；涉及生态保护类型为水土流失的园区有 28 个，占比为 12.84%；涉及生态保护类型为生物多样性维护与水源涵养的园区为 11 个，占比为 5.05%；涉及的其他类型包括防风固沙、水源涵养，占比分别为 5.50%、4.13%。陕西省产业园区涉及生态保护红线类型见表 3-19。

表 3-19　陕西省产业园区涉及生态保护红线类型

序号	地市	涉及生态保护红线的园区									
		防风固沙		生物多样性维护与水源涵养		水土保持		水土流失		水源涵养	
		数量/个	占比/%	数量/个	占比/%	数量/个	占比/%	数量/个	占比/%	数量/个	占比/%
1	西安市			1	0.56	4	1.83				
2	宝鸡市			1	0.56	11	5.05				
3	咸阳市					5	2.29				
4	铜川市			2	0.92	1	0.46				
5	渭南市			1	0.46	5	2.29				
6	延安市	1	0.46					3	1.38	6	2.75
7	榆林市	11	5.05					12	5.50		
8	汉中市			1	0.46			6	2.75	1	0.46
9	安康市							7	3.21	2	0.92
10	商洛市			5	2.29						
11	韩城市										
12	杨凌示范区										
	合计	12	5.50	11	5.05	26	11.93	28	12.84	9	4.13

注：涉及生态保护红线的园区中有 1 个园区涉及 2 种类型的红线。

涉及饮用水水源地保护区的园区有 15 个，占比为 6.88%；涉及自然保护地类型为湿地公园的园区有 17 个，占比为 7.79%；涉及自然保护地类型为自然保护区的园区为 14 个，占比为 6.42%。涉及的其他自然保护地类型包括水产种质资源保护区、地质公园、风景名胜区、森林公园、重要湿地、重要水库。陕西省产业园区涉及自然保护地类型见表 3-20。

表 3-20　陕西省产业园区涉及自然保护地类型

单元序号	地市	涉及自然保护地的类型																
		地质公园		风景名胜区		森林公园		湿地公园		水产种质资源保护区		饮用水水源地保护区		重要湿地		重要水库		自然保护区	
		数量/个	占比/%	数量/个	占比/%	数量/个	占比/%	数量/个	占比/%	数量/个	占比/%	数量/个	占比/%	数量/个	占比/%	数量/个	占比/%	数量/个	占比/%
1	西安市											3	1.38					3	1.38
2	宝鸡市							5	2.29	3	1.38								
3	咸阳市							2	0.92			3	1.38						
4	铜川市							1	0.46									1	0.46
5	渭南市							3	1.38			2	0.92	2	0.92	1	0.46		
6	延安市	1	0.46	1	0.46	2	0.92	1	0.46			2	0.92						
7	榆林市			1	0.46	1	0.46					3	1.38					3	1.38
8	汉中市			1	0.46	1	0.46	2	0.92									7	3.21
9	安康市					1	0.46	1	0.46			1	0.46	5	2.29				
10	商洛市	1	0.46					2	0.92			1	0.46	2	0.92				
11	韩城市									1	0.46								
12	杨凌示范区																		
	合计	2	0.92	3	1.38	5	2.29	17	7.79	4	1.83	15	6.88	9	4.13	1	0.46	14	6.42

注：涉及保护地的园区中有部分园区涉及 2 个以上保护地。

3.6.1.5　涉及高污染、高耗能行业产业园区情况分析

将陕西省内涉及火力发电（含热电）、石化、化工、焦化、有色金属冶炼、黑色金属冶炼（炼钢、炼铁、铁合金冶炼）、建材（水泥熟料、平板玻璃、陶瓷制品）等行业的产业园区作为涉高污染、高耗能行业产业园区进行统计分析。可知，全省涉高污染、高耗能行业的产业园区有 83 个，陕北、关中、陕南分别占比 43.37%、36.14%、20.48%。其中最多分布在榆林市 24 个，占比为 28.92%；其次为延安市 12 个，占比为 14.46%；最后为商洛市，占比为 10.84%；西安市和杨凌示范区不涉及（表 3-21、图 3-13）。

表 3-21　陕西省涉高污染、高耗能行业的产业园区分布情况

区域/地市	高污染、高耗能行业的产业园区数量/个	占比/%
榆林市	24	28.92
延安市	12	14.46
陕北汇总	36	43.37
西安市	0	0.00

区域/地市	高污染、高耗能行业的产业园区数量/个	占比/%
宝鸡市	8	9.64
咸阳市	8	9.64
铜川市	6	7.23
渭南市	7	8.43
韩城市	1	1.20
杨凌示范区	0	0.00
关中汇总	30	36.14
汉中市	4	4.82
安康市	4	4.82
商洛市	9	10.84
陕南汇总	17	20.48
总计	83	100.00

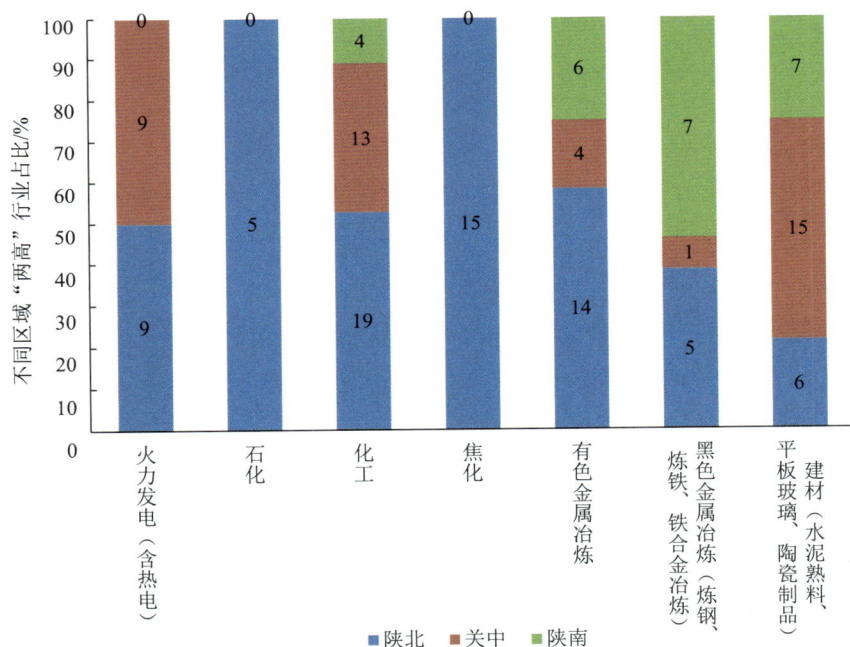

图3-13　陕西省涉及高污染、高能耗行业的产业园区分布情况

从行业来看，关中地区涉及的高污染、高耗能行业以建材（水泥熟料、平板玻璃、陶瓷制品）为主，其次为化工；陕北地区涉及的高污染、高耗能行业以化工为主，其次为焦化；陕南地区涉及的高污染、高耗能行业以建材（水泥熟料、平板玻璃、陶瓷制品）、黑色金属冶炼为主，其次为有色金属冶炼（表3-22）。

表 3-22　园区涉及的高污染、高耗能行业分布情况　　　　　单位：个

行业	陕北	关中	陕南	合计
火力发电（含热电）	9	9	—	18
占比/%	50.00	50.00	—	100
石化	5	—	—	5
占比/%	100.00	—	—	100.00
化工	19	13	4	36
占比/%	52.78	36.11	11.11	100.00
焦化	15	—	—	15
占比/%	100.00	—	—	100.00
有色金属冶炼	14	4	6	24
占比/%	58.33	16.67	25.00	100.00
黑色金属冶炼（炼钢、炼铁、铁合金冶炼）	5	1	7	13
占比/%	38.46	7.69	53.85	100.00
建材（水泥熟料、平板玻璃、陶瓷制品）	6	15	7	28
占比/%	21.43	53.57	25.00	100.00

注：① 部分园区涉及多个高污染、高耗能行业，在涉及行业中均计数。
　　② 陕西省共 58 个园区涉及高污染、高能耗行业，其中 16 个园区涉及 2 类行业，3 个园区行业涉及 3 类行业，1 个园区涉及 5 类行业，共计 84 个。

3.6.1.6　园区绿色、低碳、循环发展情况分析

为了更好地发挥园区建设提升地区经济和改善环境的作用，全面贯彻落实科学发展观，2003 年，国家环境保护总局提出国家生态工业示范园区概念，2007 年，国家环境保护总局、商务部和科技部联合开展国家生态工业示范园区建设工作，推动国家级开发区（国家级经济技术开发区、国家级高新技术产业开发区）建设资源节约型和环境友好型的生态工业园区。截至目前全国共创建国家生态工业示范园区 93 个，陕西省仅西安高新技术产业开发区 1 个，占比为 1.08%（表 3-23）。

表 3-23　陕西省生态工业示范园区对比情况　　　　　单位：个

类别	国家级经济技术开发区	国家级高新技术产业开发区	国家级生态工业示范园区	生态工业示范园区与国家级开发区占比/%
全国	219	156	93	24.80
陕西省	5	7	1	8.33
占比/%	2.28	4.49	1.08	—

为贯彻落实《循环经济促进法》，推进园区绿色低碳循环发展，提升产业园区综合竞争力和可持续发展能力，2012 年，国家发展改革委和财政部提出推进园区循环化改造意见。

目前全国循环化改造园区共 129 个，陕西省 2 个，占比 1.55%，分别是神府经济开发区（神木县锦界工业园区）、陕西省铜川经济技术开发区（董家河循环经济产业示范园）。

为贯彻落实《国务院关于印发"十二五"控制温室气体排放工作方案的通知》和《工业领域应对气候变化行动方案（2012—2020 年）》，2013 年，工业和信息化部、国家发展改革委决定选择一批基础好、有特色、代表性强、依法设立的工业园区，组织开展低碳工业园区试点工作。截至目前公布的全国低碳工业园区共 67 个，陕西省仅西安高新技术产业开发区 1 个，占比为 1.49%。

2015 年，国务院《中国制造 2025》首次提出绿色制造体系，强调"发展绿色园区，推进工业园区产业耦合，实现近零排放"。到 2020 年，建成百家绿色示范园区。2016 年，工业和信息化部（以下简称工信部）《工业绿色发展规划（2016—2020 年）》提出以企业集聚化发展、产业生态链接、服务平台建设为重点，推进绿色工业园区建设。工信部、国家发展改革委、科技部、财政部联合发布《绿色制造工程实施指南（2016—2020 年）》提出选择一批基础条件好、代表性强的工业园区，推进绿色工业园区创建示范。工信部发布《关于开展绿色制造体系建设的通知》，规定了绿色园区评价要求。工信部、国家标准委联合印发《绿色制造标准体系建设指南》指出加快绿色园区等重点领域标准制修订，促进园区转型升级。目前，工信部公布的绿色制造绿色园区名单共 118 个，陕西省 2 个（陕西航天经济技术开发区和榆林经济技术开发区），占比为 1.69%（表 3-24）。

表 3-24　陕西省绿色、低碳、循环产业园区对比情况　　　　单位：个

类型	全国	陕西省	相关管理部门
国家生态工业示范园区	93	1	生态环境部、商务部、科技部
循环化改造园区	129	2	国家发展改革委、财政部
国家低碳工业园区	67	1	工信部、国家发展改革委
绿色园区	118	2	工信部

3.6.2　存在的主要问题

3.6.2.1　产业园区设立审批程序问题

（1）设立形式多样，呈现园中园，多头管理

陕西省产业园区存在同一规划区域内，分设两个不同管理部门的园区的情况，在日常管理中重叠范围新老规划交叉执行，两个园区管委会共同管理，多头管理会导致产业园区发展规划延续性和接续性不好，且环境管理措施落实不到位。

（2）设立审批与审批程序问题

陕西省部分产业园区存在无设立批复或总体规划未审批、未开展规划环境影响评价工作等问题。陕西省 225 个产业园区中取得设立或规划批复的 181 个，占比为 80.44%，无设立或规划批复的产业园区 44 个，占比为 19.56%，突出表现在市县级园区中的工业园区、

农业园区、物流园区、经济技术开发区、高新技术开发区及其他园区。

从审查主体来看，陕西省 225 个产业园区中国家级、省级园区由国务院、省/市人民政府、科技部、发改部门批准设立。市县级园区中，各级人民政府审批的有 95 个，发改部门审批的有 9 个，省中小企业促进局审批的有 4 个，住房和城乡规划建设局审批的有 5 个。以工业园区为例，取得设立批复的 128 个工业园区中 113 个由人民政府审批，占比为 88.28%，7 个由发改部门审批，占比为 6.19%，4 个由省中小企业促进局审批，占比为 3.54%，4 个由住房和城乡建设部门审批，占比为 3.54%。由此可见，市县级园区中相同类型的园区批准设立的部门不同。

《经济技术开发区条例》中提出，"经济开发区编制的总体规划应经政府审批"，但陕西省内部分园区在实际审批中并未严格按照条例执行。

目前，陕西省产业园区申报的规范性文件发布了《陕西省高新区认定管理办法》《省经济技术开发区认定管理办法》，但也未明确规划审批主体。在实际工作中，例如，经济技术开发区总体规划仅由主管部门牵头审查出具审查意见后，随设立申请上报省市政府，省市政府仅批准开发区设立，并不审批规划。因此，规划环评及审查意见中提出的优化调整建议及污染防治措施无法落地，无法完全落实《环境影响评价法》《规划环境影响评价条例》相关要求。

（3）审批中对规划范围界定不统一

在产业园区时批准设立中，对规划范围的界定不统一，有些设立批复无四至范围及面积，造成申报前期开展的规划环境影响评价工作中提出的优化建议无法实施。且根据批准的建设范围编制的规划不再审批，导致重新编制的规划环评和审查意见提出的优化调整建议在规划的是否采纳情况不明晰，规划环评源头预防和宏观指导生态环境保护及区域发展的作用无法发挥。

3.6.2.2 产业园区规划环评制度落实问题

（1）规划环评执行率有待提高

陕西省 46 个产业园区未开展规划环评工作，规划已通过审查；13 个产业园区只有规划环评但无批准的规划；部分规划产业园区发展过程中实施范围、适用期限、规模、结构和布局等方面进行重大调整或者修订，未重新或者补充进行规划环评。

根据规划环评手续履行情况调查分析，陕西省 79.56% 的产业园区取得了环评审查意见。各地市中执行率较低的为杨凌示范区、榆林市、铜川市，分别占比 0、64.10%、66.67%。陕西省产业园区规划环评的执行率还有待提高。

（2）应增强规划环评的环境管控力

陕西省产业园区规划环评在促进区域生态环境质量改善、优化区域产业发展等方面发挥了积极作用，但部分产业园区存在管理机构主体责任落实不到位、规划环评编制质量参差不齐、规划环评效力发挥不够等问题。随着生态环境保护要求不断提升和地方改革实践推进，产业园区规划环评面临着与生态环境分区管控要求衔接、加强入园建设项目环评简化指导的迫切需求，各级生态环境主管部门的监管力度也亟须加大。

（3）提升跟踪评价执行率

陕西省取得规划环评审查意见的 179 个产业园区中，22 个在 2011 年之前取得规划环评审查意见，占比为 12.29%；41 个在 2011—2016 年，占比为 22.91%；116 个在 2016 年之后，占比为 64.80%。

陕西省 55 个园区取得规划环评审查意见的时间超过 5 年，园区相关部门应积极组织开展环境影响跟踪评价，目前陕西省产业园区环境影响跟踪评价执行率低。

3.6.2.3　园区区位环境适宜性仍有差距

（1）园区范围矢量化信息不足

陕西省产业园区总数 225 个，大部分园区目前未建立矢量化信息档案，缺少园区范围拐点坐标数据，园区范围矢量化信息不足。

（2）个别园区选址不合理

有矢量边界的 218 个园区中 80.28% 的园区涉及重点管控单元，38.07% 的园区涉及一般管控单元，这些园区的选址环境基本适宜。有 108 个园区涉及优先保护单元，占比为 49.54%；涉及保护地的园区为 70 个，占比为 32.11%，保护地范围内的规划地应列入园区禁止开发区，选址环境不适宜。此外有 7 个园区矢量边界不清未做比对，尚不清楚其是否涉及优先保护单元。

3.6.2.4　产业园区存在同质化现象

（1）部分产业园区引领程度不高

产业园区是区域经济发展的增长极和产业集聚发展的重要引擎，但与此同时，产业链低端、同质化成为陕西省诸多产业园区面临的一个突出问题，带来了产能过剩、低水平竞争、合作缺失等弊端。特色产业过于分散，无法聚焦发展导致园区低水平竞争，园区产业同质使得区域资源分散，难以有效集聚，既造成了资源浪费，也削弱了园区间相互合作。此外，同一地区不同园区趋向相互竞争，制约区域整体水平和发展潜力。

（2）部分产业园区集约化程度不高

陕西省内有 33 个园区集约化程度较低，其中陕南 14 个、关中 13 个、陕北 6 个，这种现象在陕南地区比较突出，主要是由于陕南多山地，地形因素对园区选址存在制约。主要表现在园区由多个区块组成，各个区块相距较远，无法实现"工业集聚发展、资源集约利用、污染集中治理"。

3.6.2.5　产业园区整体亟待提质增效

2018 年 3 月，国家发展改革委等 6 部门联合发布了《目录》（2018 年版），《目录》共包括 2 543 家开发区，其中国家级开发区 552 家和省级开发区 1 991 家，公告中陕西省国家级开发区 16 个，省级开发区 40 个，分别占 2.90% 和 2.00%。

2018 年陕西省地区生产总值占全国的 2.62%，国家级开发区占全国总数的 2.90%，省级开发区占全国总数的 2.00%。从陕西省经济水平发展角度出发省级以上开发区个数基本适宜（表 3-25）。

表 3-25   2018 年我国开发区审核公告目录（按地区生产总值排序）   单位：个

| 排名 | 省（区、市） | 地区生产总值/亿元 | 国家级 | | | | | | 省级开发区 | 总计 |
			经济技术开发区	高新技术产业开发区	海关特殊监管区域	边境/跨境经济合作区	其他类型开发区	小计		
1	广东	107 671.07	6	12	12			30	102	132
2	江苏	99 631.52	26	17	21		3	67	103	170
3	山东	71 067.53	15	13	9		1	38	136	174
4	浙江	62 351.74	21	8	8		1	38	82	120
5	河南	54 259.20	9	7	3			19	131	150
6	四川	46 615.82	8	8	2			18	116	134
7	湖北	45 828.31	7	9	3			19	84	103
8	福建	42 395.00	10	7	7		6	30	67	97
9	湖南	39 752.12	8	7	5			20	109	129
10	上海	38 155.32	6	2	10		2	20	39	59
11	安徽	37 113.98	12	5	4			21	96	117
12	北京	35 371.28	1	1	1			3	16	19
13	河北	35 104.52	6	5	4			15	138	153
14	陕西	25 793.17	5	7	4			16	40	56
15	辽宁	24 909.45	9	8	5	1	3	26	62	88
16	江西	24 757.50	10	7	4			21	78	99
17	重庆	23 605.77	3	2	3			8	41	49
18	云南	23 223.75	5	2	2	5	1	15	63	78
19	广西	21 237.14	4	4	4	2	1	15	50	65
20	内蒙古	17 212.53	3	3	3	2	1	12	69	81
21	山西	17 026.68	4	2	1			7	20	27
22	贵州	16 769.34	2	2	3			7	57	64
23	天津	14 104.28	6	1	5			12	21	33
24	黑龙江	13 612.68	8	3	2	2	1	16	74	90
25	新疆	13 597.11	9	3	4	5	2	23	61	84
26	吉林	11 726.82	5	5	2	2		14	48	62
27	甘肃	8 718.30	5	2	1			8	58	66
28	海南	5 308.93	1	1	2		1	5	2	7
29	宁夏	3 748.48	2	2				5	12	17
30	青海	2 965.95	2	1				3	12	15
31	西藏	1 697.82	1					1	4	5
总计		985 333.11	219	156	135	19	23	552	1 991	2 543
陕西省在全国占比/%		2.62	2.28	4.49	2.96	0.00	0.00	2.90	2.01	2.20

但与经济发展水平相当的省份相比，公布的河北省、辽宁省省级以上开发区分别为 153 个和 88 个，而陕西省省级以上开发区 56 个，相对较少。截至 2019 年 10 月，全国共有各类国家级开发区 628 家，陕西省仅占 3.18%；全国共有省级开发区 2 053 家，陕西省仅占 2.58%（表 3-26、表 3-27）。

表 3-26　产业园区数量对比　　　　　　　　　　　　　　单位：个

| 级别 | 《目录》（2018 年版） | | | | | 2019 年 10 月中国产业园区现状 | | |
| | 全国 | 河北 | 辽宁 | 陕西 | | 全国 | 陕西 | |
				数量	占比/%		数量	占比/%
国家级	552	15	26	16	2.90	628	20	3.18
省级	1 991	138	62	40	2.00	2 053	53	2.58
合计	2 543	153	88	56	4.90	2 681	73	5.76

表 3-27　产业园区类型对比（2018 年）　　　　　　　　　单位：个

类型	全国	平均	河北省	辽宁省	陕西省
（一）国家经济技术开发区	219	7	6	9	5
（二）国家高新技术产业开发区	156	5	5	8	7
（三）国家海关特殊监管区域	135	4	4	5	4
（四）边境/跨境经济合作区	19	1	1	1	0
（五）其他类型开发区	23	1	1	3	0
省级开发区	1 991	64	138	62	40
国家农业科技园区	213	7	—	—	4

注：除国家农业科技园区来自科技厅公告以外，其他数据均引自《中国开发区审核公告目录》（2018 年版）。

3.6.2.6　绿色、低碳、循环化程度有待提高

截至目前，全国共创建国家生态工业示范园区 55 个，陕西省仅西安高新技术产业开发区 1 个，占比为 1.8%。国家低碳工业园区共 67 个，陕西省仅西安高新技术产业开发区 1 个，占比为 1.5%。国家循环化改造园区共 129 个，其中陕西省有 4 个，占比为 3%。全国绿色园区共 118 个，陕西省仅榆林经济技术开发区（榆神工业区）、陕西航天经济技术开发区 2 个，占比为 1.7%。根据同比分析，陕西省产业园区绿色、低碳、循环化程度有待提高。

3.6.2.7　产业园区环境管理水平有待提高

陕西省部分产业园区设置有环境管理机构，并配备环保技术人员，但部分园区尚存在环境管理制度不完善的情况，个别园区职责分工应进一步明确，同时环境管理台账制度建立不全；部分园区环境监测体系不完善，监测计划未充分落实；环境风险应急响应体系不完善，缺少专业的应急救援队伍，应急救援能力需进一步提高。

第 4 章

产业园区规划环境影响评价
基本理论

产业园区是一个区域经济、社会、生态环境复合生态系统，规划的目的是在空间层面与时间层面进行产业布局，而产业园区规划环境影响评价则是以前瞻性、整体性和指导性的观点认识和解决环境影响问题，从中观层面评价区域发展规划与环境的一致性、合理性和协调性，最终实现区域经济、社会和生态环境综合的可持续发展。因此，产业园区规划环境影响评价的基本理论设计范围较广，各学科理论贯穿其中。可持续发展理论指导产业园区规划环境影响评价，生态学理论为重要基础理论，循环经济理论、低碳经济理论一方面为社会、经济、生态环境协调发展提供了理论支持；另一方面为产业园区规划环境影响评价提供了重要的方法学支撑，绿色发展理论是马克思思想在中国的创新发展，也是现阶段可持续发展的落脚点。

本章为本书的重点内容之一，在第 1~3 章基础上，通过分析产业园区规划环境影响评价的理论体系，从可持续发展理论、生态学理论、循环经济理论、低碳经济理论、绿色发展理论 5 个层面对产业园区规划环境影响评价基础理论进行研究，为后文评价方法作铺垫。

4.1　产业园区规划环境影响评价理论体系

产业园区规划包含了经济、社会、生态环境等方面的内容，理论基础涉及面广，且多学科交叉，形成了以可持续发展理论为指导，生态学理论为重要基础，循环经济理论、低碳经济理论、绿色发展理论等揭示环境与经济、社会协调发展的关系，同时也为规划环境影响评价的方法和程序设置提供方法学支撑的理论体系。产业园区规划环境影响评价理论体系架构如图 4-1 所示。

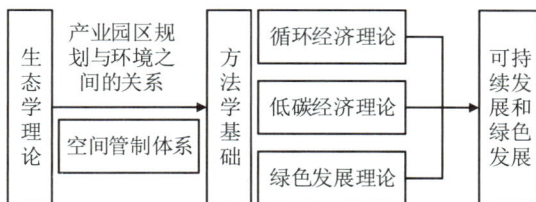

图 4-1　产业园区规划环境影响评价理论体系架构

4.2　产业园区规划环境影响评价基础理论

4.2.1　可持续发展理论

可持续发展的概念最早由 1962 年美国海洋生物学家 R. Carson 所著《寂静的春天》提出，至 1972 年，联合国在瑞典首都斯德哥尔摩举行的世界人类环境大会上，发表了《人类环境宣言》，提出了环境与发展问题的密切关系；1987 年世界环境与发展委员会（WCED）在发表的《我们共同的未来》中对可持续发展进行了定义，"既能满足当代人的需要，又不对后代人满足其需要的能力构成危害的发展"；1992 年，在巴西里约热内卢召开的联合国环境与发展大会通过和签署了《里约宣言》《21 世纪议程》等重要文件，会议明确提出了环境与发展不可分割的观点，标志着人类对环境与发展的认识进入了新的可持续发展的阶段；2002 年联合国在南非约翰内斯堡举行了可持续发展世界首脑会议，这次会议在保护全球生态环境、坚持人类可持续发展这一议题上达成共识，并形成《约翰内斯堡政治宣言》和《行动计划》，为后续可持续发展成为主流意识奠定了基础。

可持续发展理论的本质是从环境与自然资源角度出发，提出了关于人类长期发展的战略与模式，其内涵可归纳如下：

① 可持续发展的核心在于资源和环境的承载力都是有限的，经济和社会发展都不能超过这个极限，始终保持经济、社会发展与资源和环境的承载力协调有序的发展状态；

② 可持续发展追求公平性原则，主要体现在当代人的公平和代际之间的公平。一方面，在一定时期内，可持续发展必须要符合当前所有人的基本发展需求，使资源能够实现合理配置；另一方面，从长期考虑，在使用各种资源的时候必须考虑到后代人的需求，不能将资源耗尽，导致后代人无资源可用；

③ 经济发展的一个重要基础就是要有良好环境以及可利用的资源，良好的环境可以为经济发展提供适宜的发展空间，提高经济效益，而可利用的资源为经济发展提供了源源不竭的动力。

经济、社会发展与资源和环境承载力协调有序发展作为可持续发展的重要内涵，是产业园区规划环境影响评价的重要基础理论。承载力是可持续发展的重要因素之一，该概念最早起源于工程地质领域，原指地基对建筑物的负重能力，生态学最早将此概念转借至本学科领域，用于描述某一特定条件下，某种个体存在数量的最高极限，在之后的演变和发展中，提出了生态承载力即土地资源承载力、水资源承载力等概念，生态承载力主要表征生态系统自我维持、自我调节的能力；随着全球资源短缺和生态环境的恶化，人们对环境问题认识的逐渐深入，又相继出现了资源承载力、环境承载力等概念，资源环境承载力是生态系统中资源、能源和环境等因素对人类社会发展的支持能力，它不仅与自身结构相关，还与人类社会经济活动密切相关，是衡量社会、经济与环境协调程度的标尺，其量化与评估是产业园区规划环评的重要基础与关键步骤。

资源与环境承载力主要有以下特征：

① 客观性和主观性：在一定时期、一定状态下，资源与环境承载力的存在是客观的，可以度量和评价，因此可以采取衡量标准和量化方法对其进行主观角度的分析和评价；

② 区域性和时间性：在不同时期、不同状态下的资源与环境承载力不同，进行分析和评价所选用的指标和方法也不同；

③ 动态性和可调控性：随着时间、空间和生产力水平的变化，资源与环境承载力也是不断变化的，因此，可以通过采用特定技术方法，控制其向有利的方向发展。

发展与环境是一个有机整体，环境保护是可持续发展的目标之一，同时也反映了区域发展质量、水平和程度。从生态学角度来看，生态环境与经济发展之间的平衡、资源环境承载力与经济发展之间的平衡，是可持续发展的重要指标和基本原则。因此，可持续发展理论和原则作为指导产业园区规划环境影响评价的重要基础理论，指导整个评价的过程，同时也为资源与环境承载力、产业园区协调发展提供了重要基础理论。

4.2.2　生态学理论

生态学一词于 1866 年由德国生物学家恩斯特·海克尔（Ernst Heinrich Philipp August Haeckel）首次定义，即生态学为研究生物与其环境之间相互关系的一门科学，1935 年英国 Tansley 提出了生态系统的概念，其主旨为有机体与环境的统一，由此开始，生态学逐渐成为一门比较独立的学科。自 20 世纪 70 年代以来，随着人类对环境问题的重视，生态学逐步应用于描述人与环境间的相互作用，并提供了环境问题的生态途径，生态系统理论逐步应用于社会、经济和环境发展等领域，用于解决复杂性问题，为解决复合问题提供了新的方向。

生态学的基本原理是规划环境影响评价的重要理论基础，其研究方法就是将研究对象作为一个系统，研究这个系统与环境之间的相互关系。生态学的这种研究方法具有普遍意义，主要体现在以下 3 个方面：

① 生态学研究的对象是复杂系统。组成系统的元素或成员众多；系统内部元素或子系统总是发生交互作用，并且系统与环境之间相互影响，使得系统呈现复杂的功能或特性。

② 生态学研究的系统往往是非线性系统。系统内各部分之间的相互作用，使得系统的整体功能不能为各部分功能的简单加和；并且微小的作用在非线性系统中有可能被放大

成为巨大的影响。对于非线性系统的分析必须是在总体上才能表现出的综合功能特性的分析。

③ 生态学研究的系统规律往往具有不确定性。未来系统的运行方向基本上是基于系统过去演化轨迹和目前的系统状态，结合当前的环境条件和环境变化因素来调整系统演化方向。

基于此，生态学研究分支较多，与产业园区规划环境影响评价联系较紧密的生态学理论主要有复合生态系统理论、景观生态学理论、耗散结构理论。

（1）复合生态系统理论

复合生态系统的概念是 1979 年由我国生态学家马世骏在《现代生态学的发展趋势》一文中提出的，认为生态系统是生命系统与环境系统在特定空间的结合，它由社会、经济、自然三个子系统共同构成，各子系统相互作用、相互依赖，经济子系统是社会发展的基础，起到了联系社会和环境的作用，自然子系统是社会发展、经济发展的物质基础，经济发展和自然影响最终又会反馈到社会子系统，促进社会发展。

复合生态系统理论对于产业园区规划环境影响评价的意义主要体现在以下两方面：

① 从自然角度出发，通过分析产业园区所在区域特征和差异，以及自然资源的供给条件，通过规划环境影响评价可以反映当地实际条件，并针对其提出优化调整建议，使得当地区域环境状况得到实质性改善；

② 从社会、经济角度出发，稳定的经济发展需要自然资源的持续供给、技术的不断更新、高效的社会组织和合理的制度政策，作为反馈，又可以促进社会发展，同时为了保证自然资源的持续供给，促进人类对自然环境的保护和改善，因此，产业园区的产业布局、结构、管理体系与生态、环境承载力相互联系。

（2）景观生态学理论

景观生态学是以宏观尺度上的景观为研究对象，强调其一致性、尺度性和综合性的理论，此处的景观指广义上的景观，即从微观到宏观不同尺度上的，具有异质性或斑块性的空间单元。景观生态学属于生态学、地理学、管理科学等多学科交叉学科，重视空间结构和生态过程在多个尺度上的相互作用，包括人类活动对生态系统的影响，从空间系统和景观格局角度为产业园区规划环境影响评价提供了理论基础。

（3）耗散结构理论

耗散结构理论是 1969 年由普利高津提出，该理论主要研究远离平衡态的非线性开放系统，通过不断与外界交换能量流和物质流，当外界条件的变化达到一定阈值时，系统内部通过自组织功能可使系统由原来的无序状态在时间、空间或者功能上形成新的有序结构，要满足利用自组织功能形成耗散结构，需要满足 4 个条件：① 系统必须是开放系统，开放系统是与环境之间既有能量交换，又有物质交换的系统，只有与外界环境有充分的交换，才能使系统处于远离平衡状态；② 系统必须是远离平衡态，远离平衡态是指系统内部各个区域的物质和能量分布处于极不均匀的状态；③ 系统内部的扰动可以产生"涨落"使系统进入不稳定状态；④ 在不稳定状态下，系统各要素之间的相互作用可以建立同构联系，即形成自组织功能。

产业园区是一个典型的非线性开放系统，其系统内部各要素之间和外部环境之间均存在互动关系，耗散结构理论一方面阐述了产业园区必须保持其系统的开放性，不断从系统外部引入负熵流（包括人员、物质、能量、信息、技术和资金等），以保持系统内部的有序发展，在进行产业升级和产业链延续的过程中，开放度不断增大，又会促使产业园区向更高层次的有序发展；另一方面，基于阈值即临界值是耗散结构的主要特征之一，在进行产业园区规划环境影响评价的过程中，需要充分考虑系统承载力的问题，保持适度的发展，以满足可持续发展的要求。

4.2.3 循环经济理论

循环经济理念萌芽于 20 世纪 60 年代，是美国经济学家 Boulding 受到"宇宙飞船经济"的启发在 1966 年发表的"即将到来的宇宙飞船地球经济学"一文中提出，David 等于 1990 年提出了明确的定义，此后经过发展，逐步形成资源循环利用、避免废弃物产生的循环经济理论。我国是在 20 世纪末系统地引入了循环经济理论，在我国经济迅速发展阶段，我国学者吴季松总结了循环经济在国内发展经验，同时结合现今高科技产业化进程加快的实际情况，2005 年在阿拉伯联合酋长国首都阿布扎比举行的世界"思想者论坛"上提出了从"3R"向"5R"转变的新循环经济理念，得到了包括 10 位诺贝尔奖获得者在内的世界五大洲 28 位学者一致认同，规范了循环经济的理念，提出了新循环经济学。

不同于传统经济的"高开采、高投入、低利用、高排放"形成的"自然资源—产品—污染排放"的粗放线性模式，循环经济则是在社会、自然资源和科学技术大系统内，在资源投入、企业生产、产品消费及其废弃的全过程中，不断提高资源利用率，依靠生态型资源循环来发展的经济，其经济模式是"自然资源—产品和服务—再生资源"的环状反馈式循环模式，是物质闭环流动型经济，以"减量化、再利用、资源化"为根本原则，通过系统内部相互关联、彼此叠加的物质流转换和能量流循环中，得到最合理和最持久的利用，从而将经济增长对自然资源及环境的影响降到最低，达到"低开采、高利用、低排放"的可持续发展目标。

循环经济的本质是以生态学规律为指导，以工业循环为核心，通过生态经济综合规划，以环境友好的方式利用自然资源和环境容量，并在尽可能利用可再生自然资源的基础上，设计社会经济活动，使不同企业之间形成共享资源和互换副产品的产业共生组合，使上游生产过程产生的废弃物成为下游生产过程的原材料，实现废物综合利用，达到产业之间资源的最优化配置，使区域的物质和能源在经济循环中得到永续利用，从而实现产品清洁生产和资源可持续利用的环境和谐型经济模式。循环经济具有生态学、经济学等多学科理论基础，循环经济的本质内涵总体分为 3 个进程：将以转变增长方式为支撑的循环经济的实质归结为新型工业化；将其内容归为以结构生态重组转型为核心的产业生态化以及相应制度创新；以不断改进人类传统经济社会的生态功能质量，实现人类系统与生态环境的协调统一。

　　循环经济是系统性的产业变革，是从产品利润最大化的市场需求主宰向遵循生态可持续发展能力永续建设的根本转变。由循环经济的概念内涵归纳出了 3 个基本的原则，"减量化、再利用、再循环"，简称"3R"原则，新循环经济在"3R"原则基础上提出了"5R"原则，即"再思考、减量化、再利用、再循环、再修复"。

　　①"再思考"原则（Rethink），即改变旧经济理论，不仅要考虑资本循环、劳力循环，也要考虑研究资源循环，在创造社会新财富的情况下，生态系统也是一种财富，保护、维系生态系统也是创造财富。

　　②"减量化"原则（Reduce），以资源投入最小化为目标，最大限度地提高资源利用率，减少原料及能源投入。针对产业链的输入端——资源，通过产品清洁生产而非末端技术治理，最大限度地减少对不可再生资源的耗竭性开采与利用，以替代性的可再生资源为经济活动的投入主体，以期尽可能地减少进入生产、消费过程的物质流和能源流，对废弃物的产生排放实行总量控制。制造商（生产者）通过减少产品原料投入和优化制造工艺来以提高利用率和减少排放；消费群体（消费者）通过优先选购包装简易、循环耐用的产品，以减少废弃物的产生。从而提高资源物质循环的高效利用率和环境同化能力。同时在此基础上，还应树立"节水为主、调水为辅、以供定需"等观念，杜绝为满足工程需求为目的的无节制开采，从而避免对自然生态系统造成破坏，实现与当地自然环境和谐相处。

　　③"再利用"原则（Reuse），以废物利用最大化为目标。针对产业链的中间环节，对消费群体（消费者）采取过程延续方法最大可能地增加产品使用方式和次数，有效延长产品和服务的时间强度；对制造商（生产者）采取产业群体间的精密分工和高效协作，使产品——废弃物的转化周期加大，以经济系统物质能量流的高效运转，实现资源产品的使用效率最大化。同时要充分利用可再生资源，把对短缺和不可再生资源的依赖，逐步转化为对可再生资源（如风能、太阳能等）的依赖，这是最大、最有效、最根本的"再利用"，而不能长期依赖煤、石油、地下水等耗竭性的资源，将来随着科技进步，耗竭性资源将逐渐被可再生资源替代，做到可再生资源的持续供应和利用，为可持续发展提供保障。

　　④"再循环"原则（Recycle），以污染排放最小化为目标。针对产业链的输出端——废弃物，提升绿色工业技术水平，通过对废弃物的多次回收再造，实现废物多级资源化和资源的闭合式良性循环，实现废弃物的最少排放。同时还应考虑在产业内部、产业之间建立资源综合利用的循环体系。

　　⑤"再修复"原则（Repair），即要建立修复生态系统的新发展观。自然生态系统是社会财富的基础，是除社会财富以外的第二财富，因此在生产的同时，不断维系和修复被人类活动破坏的生态系统与自然和谐也是创造财富，最终目的是达到维系社会财富和自然财富的动平衡发展，达到人与自然的和谐。

　　循环经济理论一方面对于循环经济产业园的规划具有指导作用；另一方面，其理念也贯穿产业园区规划环境影响评价的整个过程，在规划分析中对产业链合理性分析、可再生能源利用、地表水资源的承载力、生态系统修复及高新技术的运用中，均提供了方法学支撑。

4.2.4 低碳经济理论

低碳经济思想的雏形来自美国学者莱斯特·R.布朗（Lester·R·Brown）提出的能源经济革命论（2003 年），英国政府在其能源白皮书《我们能源的未来：创建低碳经济》中首次提出了低碳经济的概念。低碳经济的提出与全球气候变暖的国际大背景密不可分，为了应对气候变化及其带来的一系列问题，推进低碳发展已经成为全球共识，国外很多国家和地区（如英国、日本、欧盟、美国等）采取了一系列行动向低碳经济转型（如制定国家战略、政策立法、经济调节、技术支持和资金投入等）。

低碳经济是指在科学发展观的指导下，通过技术创新、制度创新、产业转型、新能源开发等手段，尽可能地减少温室气体排放，包含了低碳发展、低碳产业、低碳技术、低碳生活等一系列经济形态的，达到经济社会发展和生态环境保护"双赢"的一种新型经济发展模式。

低碳经济的主要内涵包括：

（1）低碳经济是一种新的发展理念

低碳经济发展理念是科学发展观在经济发展方式转变中的具体体现，要求经济发展要坚持以人为本，全面协调可持续。这就需要在经济建设中深入贯彻落实科学发展观，重新对人与自然、人与社会、人与人之间的和谐发展进行理性思考，确保经济增长和社会福利增加相协调，经济发展与环境保护相统一，经济进步与社会和谐相同步。在以经济建设为中心的道路上，切实保护自然生态环境，转变生产和消费观念。

（2）低碳经济是一种新的发展模式

低碳经济将传统的高碳经济发展模式转变成低碳经济发展模式。低碳经济的发展模式主要有以下 5 种模式：

① 低资源消耗、低碳排放的生产模式。这种生产模式下，对资源的消耗是较少的，对污染物的排放是很少的，生产废弃物能够通过循环利用来减少排放。

② 低碳意义下的适度消费的生活模式。这种生活模式下，人们在满足基本生存发展需求的消费下，主动寻求更多的高尚的精神层面的消费，避免成为单向度的人。

③ "稳态"经济增长，所谓稳态增长是指经济不过热，也不过冷，通过相应的财政经济和货币政策等措施平抑经济周期、外部冲击对经济增长的影响，达到经济稳定持续增长的目的。目前，我国需要遏制政府和私人的过于兴奋的投资愿望，减少重复建设、"烂尾工程""短命工程"以及没有多大价值的"政绩工程"。

④ 创新型的技术体系。具有不断吸收新技术、新工艺、新方法的适用技术体系。科技是解决低碳经济发展问题的关键。经济发展方式的转型也依赖于技术的突破与应用。

⑤ 公平的国际政治经济环境。在这一环境下，能够达成公平的温室气体减排分配方案，发达国家切实承担起相应的责任，在技术转让和资金援助上加大力度。秉承"共同但有区别的责任原则"，发展中国家在发达国家的技术支持和资金援助上自愿减排。

（3）低碳经济是涉及经济、能源、环境、社会、政治等领域的综合性理论

低碳经济发展首先应该是经济增长的问题，没有经济增长，甚至经济倒退，就算环境

改善了，也不是低碳经济。其次，低碳经济发展的重要内容是能源的可持续供应，因此能源技术革命、可再生能源的开发和利用、一系列降低单位地区生产总值能耗的技术是发展低碳经济的关键。再次，低碳经济发展还涉及国际政治领域，一系列的全球减排协议、减排规则的制定，初始排放权的分配等都与国际政治息息相关。最后，低碳经济还是一个社会问题。低碳发展使得处于这一经济系统的人和人、人和自然和谐相处，达到建设和谐社会的目标。产业园区的特点即易形成产业集群、易于开展循环经济、土地集约利用以及便于管理等优势。目前，各地经济发展趋势是将区域内的工业企业按行业类型，逐渐向各类产业园区集中布局，未来产业园区将成为温室气体排放的重要源头之一，也是低碳发展的工作重点之一。

产业园区规划环境影响评价关注的重点在于预防和减轻产业园区规划实施过程中及实施后产生的各类污染物对生态、环境造成的不良影响。随着低碳理念的提出、低碳经济的发展，产业园区规划环境影响评价工作产生了新的要求。依据低碳理念，在产业园区规划环境影响评价工作中不仅要注重治理环境污染，还应注重控制温室气体的排放。在现有规划环境影响评价工作程序的基础上，将低碳发展理念融入规划环境影响评价的工作过程中，使产业园区低碳发展分析成为规划环境影响评价的工作重点之一。从低碳发展角度引导园区发展低碳产业，入园企业使用低碳生产技术，指导园区节能及资源高效利用，为碳减排提供方法学支撑。

（4）低碳理论在产业园区规划环评中的应用

① 分析温室气体排放特征

在开展产业园区规划环境影响评价的过程中，其工作重点在于提升规划方案的合理性。在低碳理念下着重针对规划实施过程中温室气体排放特点进行分析，丰富分析的内容，评估排放特点和产业体系、能源体系以及发展战略之间是否匹配。

② 明确低碳评价指标

在低碳理论下设定低碳评价指标，完善规划环评指标体系，保证产业园区规划环境影响评价工作有序开展。

③ 完善能源体系结构

在开展产业园区规划环境影响评价过程中加强对循环经济发展形势的研究，对现有的产业链体系进行优化，保证资源得到充分利用，控制污染物的整体排放量。积极探索使用可再生能源，避免能源浪费。

④ 打造低碳产业发展模式

针对入园企业清洁生产情况展开分析，促使工业园区形成清洁化的生产管理模式，构建清洁生产体系。对污染进行有效控制，保证资源的有效利用。

⑤ 对碳排放情况进行跟踪评价

在产业园区规划实施之后对其展开持续性监测，进行跟踪评价，了解园区碳排放情况，及时根据碳排放量波动情况制定合理的解决措施，确保园区形成持续发展模式。针对产业园区低碳发展模式的开展经验进行总结。

4.2.5　绿色发展理论

联合国开发计划署公布的《2002 年中国人类发展报告：让绿色发展成为一种选择》首次明确提出绿色发展的概念。2008 年 10 月，联合国环境规划署召开全球环境部长会议，提出了"发展绿色经济"的倡议。2011 年，联合国环境规划署第 26 届理事长暨全球部长级环境论坛发布了《绿色经济报告》，阐明绿色经济是全球经济增长的新引擎。

我国的绿色发展理论主要建立在对人与自然和谐共生的新理解与表述基础之上，人类既不简单屈从于自然力量，但也并不把自身的利益追求凌驾于大自然之上，因而经济发展和生态环境保护之间并不是一种对立或零和关系。习近平总书记提出的"绿水青山就是金山银山"的理念及论断就是对于经济发展和生态环境保护之间辩证统一关系的当代中国表达。

绿色发展从经济领域的角度可以定义为，在资源环境承载潜力基础上，生态环境容量约束下，依靠高科技，通过"绿色化""生态化"的实践，更多的以人造资本代替环境和自然资本，从而提高生产效率，使经济逐步向低消耗、低能耗的方向转变，实现经济、社会、生态协调发展的过程。"绿色发展"是既要发展，又要绿色，是兼顾发展质量和发展效益的又好又快发展，是对资源高效利用、对环境全面保护的发展。

从绿色发展的内涵来看，是以节约自然资源和改善生态环境为必要内容的经济发展模式，也是"力求兼得经济效益、生态效益和社会效益，实现三个效益统一的经济发展模式"。即以资源承载力与生态环境容量为客观基础；"绿色化""生态化"为解决途径；人与自然日趋和谐、绿色资产不断增值为直接目标；人的绿色福利不断提升为最终目标；最终达到经济、社会、生态协调发展。绿色发展与可持续发展的方向是一致的，且绿色发展理论更注重人和自然辩证统一关系。

在产业园区规划环境影响评价工作中，绿色发展理论可以用于指导产业园区规划合理调整产业结构、优化产业经济管理，发展高附加值、低污染的产业，促进产业集聚、集约和低碳发展，确保经济发展的同时维护良好的生态环境。

4.2.6　空间管制体系

空间管制是指对政府主导下的规划区的空间资源的管制措施，旨在通过分析区域范围内各类资源环境，确定管制区划类型和范围，从而根据不同分区内的因素制定相应的管制措施，实现改善环境质量、降低环境风险、优化空间布局、集约利用土地的目的。

空间管制的概念起源于美国 20 世纪 90 年代提出的"新城市主义"和"精明增长"理论，强调从城市的布局、未来社会经济发展、人口数量、时间空间等层面作出与发展相适应的规划，使得城市在未来发展过程中具有较强的可调控能力。1998 年建设部颁布的《关于加强省域城镇体系规划工作的通知》中初次提出"空间管制"的概念，中国共产党第十七次全国代表大会首次提出"生态文明"的概念，强调全国开展建设"生态文明"城市，我国的空间管制工作从理论概念的研究步入实践之中。建设部于 2007 年在《城市规划编制办法》中明确提出空间管制在我国具体的实施方法，旨在通过战略划分规范区域城市空间，解决环境生态保护与区域发展之间的矛盾。2008 年颁布实施的《城乡规划法》进一步提出了空间管制的实施。在我国发展进程中，空间管制经历了从有到无、从理论到实践的过程，其在各种不同类型的规划中的地位逐渐提高。与此同时，空间管制的概念、原则、依据等相关研究逐渐成熟。

在产业园区规划环境影响评价中加强空间管制即在规划环境影响评价工作尽早介入的原则基础上，将空间管制的体系合理应用在产业园区规划环境影响评价工作中，切实发挥产业园区规划目标定位、结构分区、产业布局、开发规模的作用，合理控制园区规划范围的无序扩张，保护区域生态、资源、环境，进一步实现区域环境改善，推进构建有利于环境保护的国土空间开发格局，推动产业园区规划环境影响评价成果的落实。

第5章

产业园区规划环境影响评价方法

规划环境影响评价方法包括在规划环评中使用的技术手段、操作规程以及模拟模型，是一个方法集。由于产业园区规划本身涉及社会、经济、环境等多方面的因素，其规划环境影响评价的时间跨度长，空间范围较大，评价内容强调早期介入、累积影响分析等方面，因此，产业园区规划环境影响评价方法也涉及多个学科领域。

作为产业园区规划环境影响评价理论体系的重要内容，本章在第4章的基础上，根据现行的《规划环境影响评价技术导则　总纲》、研究资料以及陕西省产业园区规划环境影响评价实际工作中的经验，分析了产业园区规划环境影响评价常用方法、规划分析方法、现状调查与评价方法、环境影响识别与评价指标构建方法、资源与环境承载力评估方法、环境影响预测与评价方法。

5.1 产业园区规划环境影响评价常用方法概述

根据现行的《规划环境影响评价技术导则　总纲》、研究资料以及陕西省产业园区规划环境影响评价实际工作中的经验，产业园区规划环境影响评价工作中可以选用的常用方法见表5-1。

表5-1 产业园区规划环境影响评价常用方法

评价环节	主要方法
规划分析	核查表法、叠图分析法、专家咨询法、情景分析法、类比分析法、系统分析法
现状调查与评价	指数法、生态学分析法、灰色系统分析法、地理信息系统法
环境影响识别与评价指标构建	矩阵法、网络分析法、系统流图法、压力-状态-响应分析法

评价环节	主要方法
资源与环境承载力评估	数学模型法、数值模拟法、指标体系评价法、供需平衡分析法、总量指标分析法、承载力指数法、生态学分析法
环境影响预测与评价	类比分析法、系统动力学法、数值模拟法、数学模型法、解析模型法、投入产出分析法、环境经济学法、模糊综合评价法、情景分析法、生态学分析法

5.2　规划分析方法

产业园区规划分析主要通过对规划方案具体内容的分析以及与相关生态环境保护法律法规、相关政策、相关规划及"三线一单"生态环境分区管控的符合性分析，梳理出规划在空间布局、资源保护与利用、生态环境保护等方面的冲突与矛盾，为后续环境影响分析、预测评价、提出调整建议等内容提供基础。规划分析常用方法主要包括核查表法、叠图分析法、专家咨询法、情景分析法、系统分析法、类比分析法等。

5.2.1　核查表法

（1）介绍

核查表法是将可能受规划实施影响的环境因子和可能产生的影响性质等列入一个清单中，对核查的环境影响给出定性或半定量的评价。核查表信息主要包括规划建设可能产生的各类环境影响、影响的环境要素及环境因子等。

（2）特点

核查表法易于理解、使用方便、操作简单。该方法的优点是在规划环境影响评价早期能够对可能产生的环境影响进行较为周全地考虑，有效避免出现重大的漏项。但是，建立科学、可靠且全面的核查表，其过程较烦琐且费时，且该方法不能将源与受体相结合，无法清楚呈现规划实施产生的环境影响过程、影响范围、影响程度及影响效果等。

（3）适用性

核查表法适用于规划分析中的环境影响识别，建立过程中将规划可能产生的各类影响进行清晰分类，并根据已建成的该类园区的实际影响对该规划的环境影响进行补充，最后将这些影响用核查表简单明了地表现出来。对于存在两种以上环境影响的情形，表示存在潜在的累积效应，可以对这些影响进行加权，来表示总的影响大小。

（4）应用示例

为尽可能全面地列出受规划影响的经济行为要素、经济行为改变所导致的环境要素，在建立核查表时，应注意以下 4 个方面：

① 检验规划及其涉及经济活动的全过程。从规划的制定、执行、调整等以及工程项目的建设、运行、退役等全过程考虑可能涉及的影响因子；

② 同时关注直接环境影响和间接环境影响；

③ 关注更为广泛的范围。除了关注规划实施区域内的因素，还应关注规划实施区域以外的其他受影响区域的相关因素；

④ 广泛咨询和征求意见。

某产业园区规划实施对资源环境影响核查见表 5-2。

表 5-2　某产业园区规划实施对资源环境影响核查

环境因素		产业规模	产业布局	开发时序	基础设施
环境质量	大气环境质量	−3L	−1L	−2L	−1L
	地表水环境质量	−2L	−1L	−1L	−2L
	地下水环境质量	−1L	−1L	−1L	−1L
	土壤环境质量	−1L	−1L	−1L	−1L
生态环境与功能	生物多样性	0	0	0	0
	周边生态系统	−1L	−1L	−1L	−1L
环境风险	周边环境风险	−2L	−1L	−1L	−1L
人群健康	人群健康风险	−2L	−1L	−1L	−1L
自然资源	水资源	−1L	−1L	−1L	−1L
	土地资源	−1L	−1L	−1L	−1L
	能源资源	−3L	−1L	−2L	−1L
社会经济环境	园区发展程度	+3L	+1L	+2L	+1L
	经济增速	+3L	+1L	+2L	+2L
	基础设施水平	+2L	+1L	+1L	+1L
	周边居民生活水平	+2L	+2L	+2L	+2L

注：+ 表示有利影响，− 表示不利影响；L 表示长期影响；S 表示短期影响；1、2、3 分别表示影响程度为轻微、中等、较大，0 表示无显著影响。

5.2.2　叠图分析法

（1）介绍

叠图分析法是将自然环境条件（如水系等）、生态条件（如重点生态功能区等）、社会经济背景（如人口分布、产业布局等）等一系列能够反映区域特征的专题图件叠放在一起，并将规划实施的范围、产生的环境影响预测结果等内容体现在图件上，最终形成一张能够综合反映出规划环境影响空间特征的图件。

（2）特点

叠图分析法能够直观、形象、简明地表示规划实施的单个影响和复合影响的空间分布，适用范围广。缺点是只能用于可在地图上表示的影响，无法准确描述源与受体的因果关系和受影响环境要素的重要程度。

（3）叠图分析法和地理信息系统的结合

叠图分析法和地理信息系统（GIS）结合起来应用除了叠图分析法本身的功能，还可将地方性信息运用于规划的累积环境影响分析，利用简单的叠图分析法就可以表征资源、生态系统、人类社会在空间上的特征，并可以帮助设立分析的边界。

在 GIS 的支持下，叠图分析法充分利用 GIS 系统叠置分析、缓冲区分析等空间分析功能和处理属性数据的功能，将评价区域的特征包括自然条件、地理要素、生态环境要素等专题地图叠放在一起，经过综合分析后，可以开展规划的协调性分析。

（4）适用性

叠图分析法适用于产业园区规划中的资源容量分析及累积影响分析，其具体应用如下：

① 资源容量分析

资源容量分析依据所采取的行动而定。分析的广度从对规划区域的所有物理、生物、社会经济因素的综合评价到对一块土地上土壤侵蚀量与斜坡、土壤和渗透性关系的小范围分析。例如，将某一地方的地形特征（如地质、土壤、斜坡、植物）叠置起来，可确定规划建筑群所产生的径流对土壤侵蚀最少的位置。

② 累积影响分析

图形叠置法和 GIS 也可用于证明过去的累积影响并预测将来的影响。利用遥感数据和 GIS 可以评价规划实施对环境的直接影响和间接影响，卫星图片可以显示规划实施区域地表直接扰动和受过去的建设工程直接影响之外的地表受扰动区域，多年的卫星图片可用于分析累积影响。

不同图层的叠置有两种方法：一种是简单叠加，即各图层具有相同的重要性；另一种是各图层分别赋予权值，然后进行加权叠加，权值一般由专家来确定。

③ "三线一单"生态环境分区管控符合性分析

"三线一单"生态环境分区管控是在省域及市级等不同尺度下，以改善环境质量为核心、以空间管控为手段，从生态环境的结构—过程—功能规律及承载力等角度出发，通过系统分析环境质量目标、污染控制与资源利用之间的内在响应关系，确立生态保护红线、环境质量底线、资源利用上线等环境约束性条件，获得一系列生态环境管控单元，生态环境管控单元的管控要求即生态环境准入清单，最终形成"一张图、一清单"。其中"一张图"即采用叠图分析+GIS 的方法，通过对照产业园区规划空间范围与辖区内各类保护地、饮用水水源保护区等生态环境敏感区，各市生态环境分区管控方案中的环境管控单元，土壤环境风险管控分区、高污染燃料禁燃区、江河湖库岸线管控分区等分区的矢量文件，形成对照分析图，可以明确产业园区规划空间范围与各类生态环境敏感区、环境管控单元及要素分区的位置关系、涉及面积（或长度）、涉及功能分区等。

根据对照分析结果，从空间布局、污染物排放、环境风险、资源开发利用 4 个方面，明确生态环境管控单元准入清单，即"一张表"，给出产业园区规划范围涉及的环境管控单元管控要求。产业园区规划环境影响报告书编制单位根据对照分析图和准入清单中的管控要求进行符合性分析，通过对"三线一单"生态环境分区管控要求的符合性分析，可以明确产业园区规划涉及的生态环境敏感区以及管控单元和要素分区的相关要求，从源头对产业园区规划的布局、选址及产业结构等方面的环境合理性进行宏观管控。

5.2.3　专家咨询法

（1）介绍

专家咨询法是指通过向专家咨询的途径，对规划的环境影响进行求证。专家咨询法的特点是获得的结果普遍性较强。专家咨询法主要包括头脑风暴法和德尔菲法。

头脑风暴法通常以会议形式出现，参会各方对各种活动的环境后果作出判断，现场进行交流，形成较为一致的观点。

德尔菲法是采用匿名发表意见的方式，采取问卷调查的形式，调查人员通过多轮次调查，收集专家对问卷所提问题的看法，经过反复征询、归纳、修改，最后汇总成专家基本一致的看法作为预测的结果。德尔菲法还可以采用专家打分，预测值等通过加权平均的方式来进行量化，最后得出预测结果。具体步骤包括：第一轮，根据研究主题，由专家提出评价的指标；第二轮，专家对汇总结果进行评价，阐述理由，对专家意见进行统计，确定具体评价指标和相对重要性评分。

（2）特点

头脑风暴法的特点是不同专家能够面对面地讨论问题，在讨论过程中启发、修正观点、趋向一致。

德尔菲法的特点在于具有广泛的代表性，集中了专家对于问题的认识及经验，依靠个人的经验知识和综合分析能力进行预测，集思广益，取各家所长。另外，德尔菲法不允许专家之间互相讨论，不发生横向联系，只与调查人员发生联系。因此德尔菲法具有匿名性、信息反馈性和对结果进行统计分析三大特点。

5.2.4　情景分析法

（1）介绍

情景分析法是通过对规划方案在不同时间和资源环境条件下的相关因素进行分析，构建未来发展多种可能的情景，并对各情景下规划实施的资源、环境影响进行预测和评价的方法。

（2）特点

情景分析法可反映出不同规划方案、不同规划实施情景下的开发强度及其相应的环境影响等一系列的主要变化过程，但其仅建立了进行环境影响预测与评价的思想方法或框架，还需借助其他方法分析、预测不同情景下的环境影响。

情景分析方法优点在于能够不拘泥于思维束缚，不局限于现状技术条件，能够充分考虑未来可能出现的任何重大技术（能源、环境等）演变以及未来社会、经济、环境发展过程中不确定性因素可能带来的影响，使管理者能发现未来变化的某些趋势，避免过高或过低估计未来的变化及其影响造成的决策错误。

与传统的预测方法相比，情景分析是对一些合理性和不确定的时间在未来一段时间内可能的趋势的一种假设，探索基于各种不确定性所可能产生的不同结果。而预测旨在找出最可行的途径并评价其不确定性。因此，传统的预测方法和模型只有基于大量已知信息时才更为有效。但是，当预测系统影响因素和不确定性较多时，情景分析法比传统预测法可以更加详细地描述未来的变化过程。情景分析与传统预测方法的对比见表5-3。

表5-3 情景分析与传统预测方法的对比

项目	情景分析	传统预测
原理	注重过程、策略和知识	注重分析和结果（原理性）
目的	建立一些有见识的路径、寻找不确定性	建立最有可能的途径，分析不确定性的特征
方法	基于不确定性分析建立定性与定量指标，并建立预测模型计算	分析模型和动因
整体性	整体性的方法，可应用于多个领域	局部预测方法，应用于个别环节
不确定性因素	寻找分析不确定性,在处理资料时区别确定与不确定因素	概率、统计、回归和假设
人力资源	小组推动、专家和头脑风暴等	依据专家和政府规划编制机构

（3）适用性

情景分析法普遍适用于识别规划实施中不确定因素带来影响的分析。

5.2.5 系统分析法

（1）介绍

系统分析法是指把要解决的问题作为一个系统，对系统要素进行综合分析，找出解决问题的可行方案的咨询方法。具体步骤包括限定问题、确定目标、调查研究、收集数据、提出备选方案和评价标准、备选方案评估和提出最可行方案。

系统分析方法的具体工作步骤如下：

① 限定问题：找出问题及其原因，提出解决问题的最可行方案。

② 确定目标：对需要解决的问题加以确定，如有可能应尽量通过指标表示，以便进行定量分析。对不能定量描述的目标也应该尽量用文字说明清楚，以便体现定性分析和系统分析的成效。

③ 调查研究：收集数据，并围绕问题起因进行，一方面要验证有限问题阶段形成的假设；另一方面要探讨产生问题的根本原因，为下一步提出解决问题的备选方案做准备。

④ 提出备选方案和评价标准：通过深入调查研究，使真正有待解决的问题得以最终确定，使产生问题的主要原因得到明确，在此基础上就可以有针对性地提出解决问题的备选方案。

⑤ 备选方案评估：根据上述约束条件或评价标准，对解决方案备选方案进行评估，评估应该是综合性的，不仅要考虑技术因素，也要考虑社会经济等因素，根据评估结果确定最可行方案。

⑥ 提出最可行方案：最可行方案并不一定是最佳方案，它是在约束条件之内，根据评价标准筛选出的最现实可行的方案。

（2）特点及适用性

系统分析法因其能妥善解决一些多目标动态性问题，在解决优化方案选择问题时，系统分析法显示出其他方法所不能达到的效果。该方法适用于方案比选。

5.2.6　方法应用条件

产业园区规划环境影响评价规划分析方法应用条件具体见表 5-4。

表 5-4　产业园区规划环境影响评价规划分析方法应用条件

方法名称	方法特点	方法适用性
核查表法	易于理解、使用方便；考虑周全，可有效避免在评价早期出现重大的漏项；但建立烦琐且费时；仅仅列出环境影响因子，无法进行定量估计	适用于环境影响识别
叠图分析法	可直观、形象、简明反映规划实施影响的空间分布；与 GIS 结合可运用于累积环境影响分析；但无法准确描述源与受体的因果关系和受影响环境要素的重要程度	适用于资源容量分析、累积影响分析
专家咨询法	快速；能考虑到无法量化的、局部的信息；能得出新颖、"双赢"的解决方法；有助于专家信息共享，相互启发；但因参与专家不同，结果可能出现偏差；可能导致评价过程不具透明性；专家的判断可能会受权威或多数人意见而产生偏差；不可重复，不具科学性	适用于规划分析中各部分内容
情景分析法	可反映出不同情况下的变化过程；但仅建立了思想方法或框架，不同情景下的环境影响还需要借助其他技术方法	适用于不确定因素带来影响的分析
系统分析法	能够妥善解决多目标动态性问题	适用于方案比选

5.3　现状调查与评价方法

5.3.1　指数法

指数法是利用同度量因素的相对值来表明因素变化状况的方法，分为单因子指数法和综合指数法。单因子指数法主要用于环境质量评价，根据现状监测数据和相应标准的比值直观判断实测点位的达标情况，在产业园区规划环境影响评价中常用的单因子指数法包括单因子污染指数法、溶解氧指数法、pH 指数法。综合指数法多采用内梅罗指数法，该方法是常用方法，先求出各因子的分指数（超标倍数），再求出各分指数的平均值，取最大分指数和平均值计算，兼顾了单因子污染指数平均值和最高值，可以突出污染较重的污染物的作用。指数法主要用于环境质量评价。

（1）单因子指数法

1）单因子污染指数法

$$P_{i,j} = C_{i,j} / C_{si} \qquad (5\text{-}1)$$

式中：$P_{i,j}$ —— 污染因子 i 的单项污染指数，大于 1 表明该污染因子超标；

$C_{i,j}$ —— 污染因子 i 在 j 点的实测值，mg/L；

C_{si} —— 污染因子 i 的评价标准限值或参考值，mg/L。

2）溶解氧（DO）的指数法

$$S_{\mathrm{DO},j} = \frac{\mathrm{DO}_s}{\mathrm{DO}_j} \qquad \mathrm{DO}_j \leqslant \mathrm{DO}_f \qquad (5\text{-}2)$$

$$S_{\mathrm{DO},j} = \frac{\left| \mathrm{DO}_f - \mathrm{DO}_j \right|}{\mathrm{DO}_f - \mathrm{DO}_s} \qquad \mathrm{DO}_j > \mathrm{DO}_f \qquad (5\text{-}3)$$

式中：$S_{\mathrm{DO},j}$ —— 溶解氧的标准指数，大于 1 表明该水质因子超标；

DO_j —— 溶解氧在 j 点的实测统计代表值，mg/L；

DO_s —— 溶解氧的水质评价标准限值，mg/L；

DO_f —— 饱和溶解氧浓度，mg/L。

对于河流

$$\mathrm{DO}_f = 468 / (31.6 + T) \qquad (5\text{-}4)$$

对于盐度比较高的湖泊、水库

$$\mathrm{DO}_f = (491 - 2.65S) / (33.5 + T) \qquad (5\text{-}5)$$

式中：S —— 实用盐度符号，量纲一；

T —— 水温，℃。

3）pH 的指数法

$$S_{\mathrm{pH},j} = \frac{7.0 - \mathrm{pH}_j}{7.0 - \mathrm{pH}_{\mathrm{sd}}} \qquad (5\text{-}6)$$

$$S_{\mathrm{pH},j} = \frac{\mathrm{pH}_j - 7.0}{\mathrm{pH}_{\mathrm{su}} - 7.0} \qquad (5\text{-}7)$$

式中：$S_{\mathrm{pH},j}$ —— pH 的指数，大于 1 表明该水质因子超标；

pH,j —— pH 实测统计代表值，量纲一；

$\mathrm{pH}_{\mathrm{sd}}$ —— 评价标准中 pH 的下限值，量纲一；

$\mathrm{pH}_{\mathrm{su}}$ —— 评价标准中 pH 的上限值，量纲一。

（2）综合指数法——内梅罗指数法

$$P = \sqrt{\frac{(\overline{P})^2 + P_{i\max}{}^2}{2}}$$

（5-8）

式中：$\overline{P}$—— 各因子污染指数的平均值，量纲一；

$P_{i\max}$ —— 各因子污染指数的最大值，量纲一。

5.3.2　生态学分析法

生态学分析法主要包括生物多样性评价方法、生态机理分析法、生态系统服务功能评价方法、景观生态学法等，适用于生态系统调查和分析。

5.3.2.1　生物多样性评价方法

生物多样性是生物（如动物、植物、微生物）与环境形成的生态复合体以及与此相关的各种生态过程的总和，包括生态系统、物种和基因 3 个层次。

生态系统多样性是指生态系统的多样化程度，包括生态系统的类型、结构、组成、功能和生态过程的多样性等。物种多样性是指物种水平的多样化程度，包括物种丰富度和物种多度。基因多样性（或遗传多样性）是指一个物种的基因组成中遗传特征的多样性，包括种内不同种群之间或同一种群内不同个体的遗传变异性。

物种多样性常用的评价指标包括物种丰富度、香农-威纳多样性指数、Pielou 均匀度指数、Simpson 优势度指数等。

物种丰富度（species richness）是指调查区域内物种种数之和。

香农-威纳多样性指数（Shannon-Wiener diversity index）通过式（5-9）计算：

$$H = -\sum_{i=1}^{s} P_i \ln P_i$$

（5-9）

式中：H —— 香农-威纳多样性指数；

S —— 调查区域内物种种类总数；

P_i —— 调查区域内属于第 i 种的个体比例，如总个体数为 N，第 i 种个体数为 n_i，则 $P_i = n_i/N$。

Pielou 均匀度指数是反映调查区域各物种个体数目分配均匀程度的指数，计算公式为

$$J = \left(-\sum_{i=1}^{s} P_i \ln P_i \right) \ln S$$

（5-10）

式中：J —— Pielou 均匀度指数；

S —— 调查区域内物种种类总数；

P_i —— 调查区域内属于第 i 种的个体比例。

Simpson 优势度指数与均匀度指数相对应，计算公式为

$$D = 1 - \sum_{i=1}^{s} P_i^2$$

（5-11）

式中：D —— Simpson 优势度指数；

S —— 调查区域内物种种类总数；

P_i —— 调查区域内属于第 i 种的个体比例。

5.3.2.2　生态机理分析法

生态机理分析法是根据规划的特点和受影响物种的生物学特征，依照生态学原理分析、预测规划生态影响的方法。

生态机理分析法的工作步骤如下：

① 调查环境背景现状，收集工程组成、建设、运行等有关资料；

② 调查植物和动物分布，动物栖息地和迁徙、洄游路线；

③ 根据调查结果分别对植物或动物种群、群落和生态系统进行分析，描述其分布特点、结构特征和演化特征；

④ 识别有无珍稀濒危物种、特有种等需要特别保护的物种；

⑤ 预测规划实施后该地区动物、植物生长环境的变化；

⑥ 根据规划实施后的环境变化，对照未开发条件下动物、植物或生态系统演替或变化趋势，预测规划实施对个体、种群和群落的影响，并预测生态系统演替方向。

评价过程中可根据实际情况进行相应的生物模拟试验（如环境条件、生物习性模拟试验、生物毒理学试验、实地种植或放养试验等）；或进行数值模拟，如种群增长模型的应用。

该方法需要与生物学、地理学、水文学、数学及其他多学科合作评价，才能得出较为客观的结果。

5.3.2.3　生态系统服务功能评价方法

生态系统服务功能评价是对生态系统为人类提供的防风固沙、土壤保持、水源涵养、生物多样性维护等方面功能的评价。生态系统服务功能评估指标体系见表 5-5。

表 5-5　生态系统服务功能评估指标体系

评估科目	评估指标	指标定义
水源涵养	水源涵养量	生态系统通过拦截滞蓄降水，涵养土壤水分、调节地表径流和补充地下水所增加的水资源总量
土壤保持	土壤保持量	生态系统减少的土壤侵蚀量（潜在土壤侵蚀量与实际土壤侵蚀量的差值）
防风固沙	防风固沙量	通过生态系统减少的因大风导致土壤流失和风沙危害的风蚀量
生物多样性维护	生境不可替代性指数	不可替代性指数是 0～1 的连续值，值越高代表所在规划单元的保护价值越高，能够替代该单元完成保护目标的其他规划单元数量越少
	物种丰富度	生态系统群落中物种数目的多少
	珍稀濒危物种数量	国家重点保护野生物种名录及世界自然保护联盟红色名录中的极危、濒危级别物种的数量

（1）水源涵养量

通过水量平衡方程计算：

$$Q_{wr} = \sum_{i=1}^{n} A_i \times (P_i - R_i - \mathrm{ET}_i) \times 10^{-3}$$ （5-12）

式中：Q_{wr} —— 水源涵养量，m³/a；

i —— 第 i 类生态系统类型；

n —— 生态系统类型总数；

A_i —— i 类生态系统的面积，m²；

P_i —— 产流降水量，mm/a；

R_i —— 地表径流量，mm/a；

ET_i —— 蒸散发量，mm/a。

（2）土壤保持量

基于修正土壤流失方程（RUSLE）计算：

$$Q_{\mathrm{sr}} = Q_{\mathrm{se\_p}} - Q_{\mathrm{se\_a}}$$ （5-13）

$$Q_{\mathrm{se\_p}} = R \times K \times L \times S$$ （5-14）

$$Q_{\mathrm{se\_a}} = R \times K \times L \times S \times C$$ （5-15）

式中：Q_{sr} —— 土壤保持量，t/（hm²·a）；

$Q_{\mathrm{se\_p}}$ —— 潜在土壤侵蚀量，t/（hm²·a）；

$Q_{\mathrm{se\_a}}$ —— 实际土壤侵蚀量，t/（hm²·a）；

R —— 降水侵蚀力因子，MJ·mm/（hm²·h·a）；

K —— 土壤可蚀性因子，t·hm²·h/（hm²·MJ·mm）；

L —— 坡长因子，量纲一；

S —— 坡度因子，量纲一；

C —— 植被覆盖因子，量纲一。

降水侵蚀力因子（R）、土壤可蚀性因子（K）、坡长坡度因子（L、S）及植被覆盖因子（C）的计算方法如下。

降水侵蚀力因子（R）是降水引发土壤侵蚀的潜在能力，计算公式如下：

$$\overline{R} = \sum_{k=1}^{24} \overline{R}_{半月k}$$ （5-16）

$$\overline{R}_{半月k} = \frac{1}{n} \sum_{i=1}^{n} \sum_{j=0}^{m} \left(\alpha \cdot P_{i,j,k}^{1.7265} \right)$$ （5-17）

式中：$\overline{R}$ —— 多年平均年降水侵蚀力，MJ·mm/（hm²·h·a）；

$\overline{R}_{半月k}$ —— 第 k 个半月的降水侵蚀力，MJ·mm/（hm²·h·a）；

k —— 一年的 24 个半月，即 k=1，2，…，24；

i —— 所用降水资料的年份，即 i=1，2，…，n；

j —— 第 i 年第 k 个半月侵蚀性降水日的天数，即 j=1，2，…，m；

$P_{i,j,k}$ —— 第 i 年第 k 个半月第 j 个侵蚀性日降水量，mm；

α 为参数，暖季 α=0.393 7，冷季 α=0.310 1。

降水侵蚀力空间数据可以根据全国范围内气象站点多年的逐日降水量资料，通过插值获得。

土壤可蚀性因子（K）是评价土壤对侵蚀敏感程度的重要指标，采用如下公式进行计算：

$$K_{\text{EPIC}} = \left\{ 0.2 + 0.3\exp\left[-0.025\,6m_s\left(1 - \frac{m_{\text{silt}}}{100}\right) \right] \right\} \times \left[\frac{m_{\text{silt}}}{(m_c + m_{\text{silt}})} \right]^{0.3}$$

$$\times \left\{ 1 - 0.25orgC / \left[orgC + \exp(3.72 - 2.95orgC) \right] \right\}$$

$$\times \left\{ 1 - 0.7\left(1 - \frac{m_s}{100}\right) / \left\{ (1 - m_s/100) + \exp\left[-5.51 + 22.9(1 - m_s/100) \right] \right\} \right\} \quad (5\text{-}18)$$

$$K = (-0.013\,83 + 0.515\,75K_{\text{EPIC}}) \times 0.131\,7 \quad (5\text{-}19)$$

式中：K_{EPIC} —— 采用侵蚀—生产力评价模型计算的土壤可蚀性因子，t·hm²·h/（hm²·MJ·mm）；

m_s —— 砂粒（0.05～2 mm）百分含量，%；

m_{silt} —— 粉粒（0.002～0.05 mm）百分含量，%；

m_c —— 黏粒（<0.002 mm）百分含量，%；

$orgC$ —— 有机碳的百分含量，%；

K —— 土壤可蚀性因子，t·hm²·h/（hm²·MJ·mm）。

坡长和坡度因子（L、S）按照式（5-20）、式（5-21）计算：

$$L = \left(\frac{\lambda}{22.13} \right)^m \quad (5\text{-}20)$$

$$m = \frac{\beta}{(1+\beta)} \quad (5\text{-}21)$$

$$B = (\sin\theta / 0.089) / \left[3.0 \times (\sin\theta)^{0.8} + 0.56 \right] \quad (5\text{-}22)$$

$$S = \begin{cases} 10.8\sin\theta + 0.03 & \theta < 5.14° \\ 16.8\sin\theta - 0.5 & 5.14° \leqslant \theta \leqslant 10.20° \\ 21.9\sin\theta - 0.96 & 10.20° \leqslant \theta \leqslant 28.81° \\ 9.598\,8 & \theta > 28.81° \end{cases} \quad (5\text{-}23)$$

式中：L —— 坡长因子；

S —— 坡度因子；

m —— 坡长指数；

θ —— 坡度，（°）；

λ —— 坡长，m。

植被覆盖因子（C）在水田、湿地、城镇和荒漠分别赋值为 0、0、0.01 和 0.7，其余各生态系统类型按不同植被覆盖度进行赋值（表 5-6）。旱地的植被覆盖因子按式（5-24）计算：

$$C=0.221-0.595\log c \tag{5-24}$$

式中：C —— 旱地的植被覆盖因子；

c —— 小数形式的植被覆盖度。

表 5-6 不同植被覆盖的 C 值

生态系统类型	植被覆盖度/%					
	<10	10～30	30～50	50～70	70～90	>90
森林	0.10	0.08	0.06	0.02	0.004	0.001
灌丛	0.40	0.22	0.14	0.085	0.040	0.011
草地	0.45	0.24	0.15	0.09	0.043	0.011
乔木园地	0.42	0.23	0.14	0.089	0.042	0.011
灌木园地	0.40	0.22	0.14	0.087	0.042	0.011

（3）防风固沙法

采用修正风蚀方程 RWEQ 进行评价。

防风固沙量：

$$\mathrm{SR} = S_{L潜} - S_L \tag{5-25}$$

潜在风力侵蚀量：

$$S_{L潜} = \frac{2z}{S_{潜}^2} Q_{\mathrm{MAX}潜} \cdot \mathrm{e}^{-(z/s_{潜})^2} \tag{5-26}$$

$$Q_{\mathrm{MAX}潜} = 109.8(\mathrm{WF} \times \mathrm{EF} \times \mathrm{SCF} \times K') \tag{5-27}$$

$$S_{潜} = 150.71(\mathrm{WF} \times \mathrm{EF} \times \mathrm{SCF} \times K')^{-0.3711} \tag{5-28}$$

实际风力侵蚀量：

$$S_L = \frac{2z}{S^2} Q_{\mathrm{MAX}} \cdot \mathrm{e}^{-(z/s)^2} \tag{5-29}$$

$$S = 150.71(\text{WF} \times \text{EF} \times \text{SCF} \times K' \times C)^{-0.3711} \tag{5-30}$$

$$Q_{\max} = 109.8(\text{WF} \times \text{EF} \times \text{SCF} \times K' \times C) \tag{5-31}$$

式中：SR —— 固沙量，t/（km²·a）；

$S_{L潜}$ —— 潜在风力侵蚀量，t/（km²·a）；

S_L —— 实际风力侵蚀量，t/（km²·a）；

$Q_{\max}$ —— 最大转移量，kg/m；

Z —— 最大风蚀出现距离，m；

WF —— 气候因子，kg/m；

K —— 地表粗糙度因子；

EF —— 土壤可蚀因子；

SCF —— 土壤结皮因子；

C —— 植被覆盖因子。

气候因子（WF）计算方法如下：

$$\text{WF} = \text{Wf} \times \frac{\rho}{g} \times \text{SW} \times \text{SD} \tag{5-32}$$

式中：WF —— 气候因子，kg/m，12 个月 WF 总和得到多年年均 WF；

Wf —— 各月多年平均风力因子；

ρ —— 空气密度；

g —— 重力加速度；

SW —— 各月多年平均土壤湿度因子，量纲一；

SD —— 雪盖因子，量纲一。

土壤可蚀因子（EF）的计算方法如下：

$$\text{EF} = \frac{29.09 + 0.31\text{sa} + 0.17\text{si} + 0.33\left(\dfrac{\text{sa}}{\text{cl}}\right) - 2.59\text{OM} - 0.95\text{CaCO}_3}{100} \tag{5-33}$$

式中：EF —— 土壤可蚀因子；

sa —— 土壤粗砂含量（0.2～2 mm），%；

si —— 土壤粉砂含量，%；

cl —— 土壤黏粒含量，%；

OM —— 土壤有机质含量，%；

CaCO_3 —— 碳酸钙含量，%，可不予考虑。

土壤结皮因子（SCF）的计算方法如下：

$$\text{SCF} = \frac{1}{1 + 0.0066(\text{cl})^2 + 0.021(\text{OM})^2} \tag{5-34}$$

式中：SCF —— 土壤结皮因子；

　　cl —— 土壤黏粒含量；

　　OM —— 土壤有机质含量。

植被覆盖因子（C）的计算方法如下：

$$C = e^{a_i(\text{SC})} \tag{5-35}$$

式中：C —— 植被覆盖因子；

　　SC —— 植被覆盖度；

　　a_i —— 不同植被类型的系数，分别为林地取 $-0.153\ 5$，草地取 $-0.115\ 1$，灌丛取 $-0.092\ 1$，裸地取 $-0.076\ 8$，沙地取 $-0.065\ 8$，农田取 $-0.043\ 8$。

地表粗糙度因子（K'）的计算方法如下：

$$K' = e^{(1.86K_r - 2.41K_r^{0.934} - 0.127C_{rr})} \tag{5-36}$$

$$K' = 0.2 \cdot \frac{(\Delta H)^2}{L} \tag{5-37}$$

式中：K' —— 地表粗糙度因子；

　　K_r —— 土垄糙度，以 Smith-Carson 方程加以计算，cm；

　　C_{rr} —— 随机糙度因子，cm，取 0；

　　L —— 地势起伏参数；

　　ΔH —— 距离 L 范围内的海拔高程差，m。

（4）生境不可替代性指数

首先选择指示物种，根据历史数据，以县为单元确定每个指示物种的分布区。使用 Marxa 软件中的选址运算模型，按约束条件进行迭代计算得到全国生物多样性保护优先区域。

评估单元为评估区内的各县级行政单位，物种选择全国境内有记录分布的国家一级物种、二级物种和其他有重要保护价值的物种，参照中国动物志和植物志统计这些物种在每个评估单元中的出现数量。利用不可替代性指数为评估单元赋值，该数值在 0～100 分布，数值越高表示该单元对保护生物多样性的价值（不可替代性）越大。

Marxan 模型的迭代运算目标函数为

$$\sum\nolimits_{\text{PUs}} \text{Cost} + \text{BLM}\sum\nolimits_{\text{PUs}} \text{Boundary} + \sum\nolimits_{\text{ConValue}} \text{SPF} + \text{CostThersholdPenalty}(t) \tag{5-38}$$

式中：$\sum\nolimits_{\text{PUs}} \text{Cost}$ —— 规划单元总成本；

　　$\text{BLM}\sum\nolimits_{\text{PUs}} \text{Boundary}$ —— 保护体系边界总长度修正值；

　　$\sum\nolimits_{\text{ConValue}} \text{SPF}$ —— 未达到保护目标的补偿值；

　　$\text{CostThersholdPenalty}(t)$ —— 超出成本阈值的补偿值。

在运算过程中，每个规划单元采用相同成本，结果表示能达到保护目标的面积最小区域。保护体系边界总长度修正值为模型迭代过程中调整保护优先区边界后的保护体系边界总长度。当某个物种并未达到保护目标，但保护成本已达到阈值时，设置超出成本阈值的补偿值，从而适当提高成本以满足保护需求。

为了保证集合达到最小成本，保护价值越高的区域在运算中被选中的概率越大。运算100 次，每一规划单元都将生成 0～100 的一个数值，表示在运算中被选中的次数，这一值越大的单元在保护中的不可替代性越强。

5.3.2.4　景观生态学法

景观生态学主要研究宏观尺度上景观类型的空间格局和生态过程的相互作用及其动态变化特征。景观格局是指大小和形状不一的景观斑块在空间上的排列，是各种生态过程在不同尺度上综合作用的结果。景观格局变化对生物多样性产生直接而强烈影响，其主要原因是生境丧失和破碎化。

景观变化的分析方法主要有定性描述法、景观生态图叠置法和景观动态的定量化分析法 3 种。目前较常用的方法是景观动态的定量化分析法，主要是对收集的景观数据进行解译或数字化处理，建立景观类型图，通过计算景观格局指数或建立动态模型对景观面积变化和景观类型转换等进行分析，揭示景观的空间配置以及格局动态变化趋势。

景观指数是能够反映景观格局特征的定量化指标，分为 3 个级别，代表 3 种不同的应用尺度，即斑块级别指数、斑块类型级别指数和景观级别指数，可根据需要选取相应的指标，采用 FRAGSTATS 等景观格局分析软件进行计算分析。农业园区的规划可采用该方法对景观格局的现状及变化进行评价。常用的景观指数及其含义见表 5-7。

表 5-7　常用的景观指数及其含义

名称	含义
斑块类型面积（CA） Class area	斑块类型面积是度量其他指标的基础，其值的大小影响以此斑块类型作为生境的物种数量及丰度
斑块所占景观面积比例 （PLAND） Pereent of landscape	某一斑块类型占整个景观面积的百分比，是确定优势景观元素重要依据，也是决定景观中优势种和数量等生态系统指标的重要因素
最大斑块指数（LPI） Largest patch index	某一斑块类型中最大斑块占整个景观面积的百分比，用于确定景观中的优势斑块，可间接反映景观变化受人类活动的干扰程度
香农多样性指数（SHDI） Shannon's diversity index	反映景观类型的多样性和异质性，对景观中各斑块类型非均衡分布状况较敏感，值增大表明斑块类型增加或各斑块类型呈均衡趋势分布
蔓延度指数（CONTAG） Contagion index	高蔓延度值表明景观中的某种优势斑块类型形成了良好的连接性，反之则表明景观具有多种要素的密集格局，破碎化程度较高
散布与并列指数（LJI） Interspersion juxtaposition index	反映斑块类型的隔离分布情况，值越小表明斑块与相同类型斑块相邻越多，而与其他类型斑块相邻的越少
聚集度指数（AI） Aggregation index	基于栅格数量测量景观或者某种斑块类型的聚集程度

景观指数分析法主要是应用 FRAGSTS 软件得出众多的景观指数，选择具有明确生态学意义的景观指数，主要包括非空间的组分指数（如斑块类型面积 CA、斑块密度 PD、边界密度 ED、多样性指数 SHDI、均匀性指数 SHEI）和空间的配置指数（欧氏最近邻体距离 ENN 和连接度 CONNECT），对生态网络结构要素的破碎化程度进行分析。景观格局指数的计算是以 ArcGIS 为平台计算的。

5.3.3　灰色系统分析法

（1）介绍

灰色系统指既含有已知信息又含有未知信息的系统。灰色系统分析法包括灰色预测、灰色关联分析、灰色聚类分析、灰色决策、灰色控制等，规划环境影响评价应用较多的是灰色关联分析和灰色聚类分析。

灰色关联分析法主要是用灰色系统模型对系统发展态势进行定量描述和比较分析的方法。各个分析对象由统计数据列（根据各个环境因素的具体特征构造出的最佳指标参考序列）所构成的曲线几何形状越接近，关联度也越大。分析步骤如下：① 确定反映系统行为特征的参考数列和影响系统行为的比较数列；② 对参考数列和比较数列进行无量纲化处理；③ 求取参考数列与比较数列的灰色关联系数；④ 求取关联度；⑤ 排关联序。

灰色聚类分析法是将分析对象按不同指标所拥有的白化数进行归纳，以判断该聚类对象属于哪一类。

可按如下步骤进行：① 给出聚类白化数；② 确定灰类白化函数；③ 求取标定的聚类权数的值；④ 求取聚类系数的值；⑤ 构造聚类向量；⑥ 进行聚类分析。

（2）特点

灰色关联分析法可以针对大量不确定性因素及其相互关系，将定量和定性方法有机结合起来，使复杂的决策问题清晰、简单化，且计算方便，可在一定程度上排除决策者的主观任意性，得出的结论较客观。

灰色聚类分析法是多因子评定的综合评价方法，其信息量丰富、结果全面，可充分显化贫信息系统的有效信息，既便于分析问题，又便于按灰色聚类进行规划与管理。

（3）适用性

灰色系统分析法和灰色关联度分析法均适用于现状调查的数据分析与评价。

（4）灰色预测模型介绍

灰色预测模型（Grey Model，GM）的基本思路是把已知的现实和过去的、无明显规律的时间数据列进行加工，通过序列生成寻求现实规律，具有建模数据需求少，预测准确性较高的特点。模型具体介绍如下：

GM（1,1）反映一个变量对时间的一阶微分函数，其相应的微分方程为

$$\frac{\mathrm{d}x^{(1)}}{\mathrm{d}t} + ax^{(1)} = u \tag{5-39}$$

式中：$x^{(1)}$ —— 经过一次累加生成的数列；

t —— 时间，h；

a，u —— 待估参数，分别称为发展灰数和内生控制灰数。

① 建立一次累加生成数列。设原始数列为

$$x^{(0)} = \{x^{(0)}(1),\ x^{(0)}(2),\ x^{(0)}(3),\ \cdots,\ x^{(0)}(n)\},\ i = 1,2,\cdots,n$$

按下述方法做一次累加，得到生成数列（n 为样本空间）：

$$x^{(1)}(i) = \sum_{m=1}^{i} x^{(0)}(m),\ \ i = 1,2,\cdots,\ n \tag{5-40}$$

② 利用最小二乘法求参数 a、u。设

$$B = \begin{bmatrix} -\dfrac{1}{2}[x^{(1)}(1) + x^{(1)}(2)] & 1 \\ -\dfrac{1}{2}[x^{(1)}(2) + x^{(1)}(3)] & 1 \\ \cdots & \cdots \\ -\dfrac{1}{2}[x^{(1)}(n-1) + x^{(1)}(n)] & 1 \end{bmatrix}$$

$$y_n = [x^{(0)}(2),\ x^{(0)}(3),\ \cdots,\ x^{(0)}(n)]^{\mathrm{T}}$$

参数识别 a、u：

$$\hat{a} = \begin{pmatrix} a \\ u \end{pmatrix} = (B^T B)^{-1} B^T y_n \tag{5-41}$$

③ 求出 GM（1,1）的模型：

$$\hat{x}^{(1)}(i+1) = \left(x^{(0)}(1) - \frac{u}{a}\right)\mathrm{e}^{-ai} + \frac{u}{a} \tag{5-42}$$

$$\begin{cases} \hat{x}^{(0)}(1) = \hat{x}^{(i)}(1) \\ \hat{x}^{(0)}(i) = \hat{x}^{(1)}(i) - \hat{x}^{(1)}(i-1),\ \ i = 2,3,\cdots,\ n \end{cases}$$

④ 对模型精度的检验。检验的方法有残差检验、关联度检验和后验差检验，此处采用后验差检验。

首先计算原始数列 $x^{(0)}(i)$的均方差 S_0，其定义为

$$S_0 = \sqrt{\frac{S_0^2}{n-1}} , \quad S_0^2 = \sum_{i=1}^{n} [x^{(0)}(i) - \overline{x}^{(0)}]^2 , \quad \overline{x}^{(0)} = \frac{1}{n} \sum_{i=1}^{n} x^{(0)}(i) \qquad (5\text{-}43)$$

然后计算残差数列的均方差 S_1，其定义为

$$S_1 = \sqrt{\frac{S_1^2}{n-1}} , \quad S_1^2 = \sum_{i=1}^{n} [\varepsilon^{(0)}(i) - \overline{\varepsilon}^{(0)}]^2 , \quad \overline{\varepsilon}^{(0)} = \frac{1}{n} \sum_{i=1}^{n} \varepsilon^{(0)}(i) \qquad (5\text{-}44)$$

由此计算方差比 $C = \dfrac{S_1}{S_0}$ $\qquad\qquad\qquad\qquad\qquad$ （5-45）

和小误差概率 $p = \left\{ \left| \overline{\varepsilon}^{(0)}(i) - \overline{\varepsilon}^{(0)} \right| < 0.674\,5 S_0 \right.$ $\qquad\qquad$ （5-46）

最后根据预测精度等级划分表，检验得到模型的预测精度。预计精度等级划分见表5-8。

表 5-8　预测精度等级划分

小误差概率 p 值	方差比 c 值	预测精度等级
＞0.95	＜0.35	好
＞0.80	＜0.5	合格
＞0.70	＜0.65	勉强合格
≤0.70	≥0.65	不合格

⑤ 如果检验合格，则可以用模型进行预测。即

$$\overline{x}^{(0)}(n+1) = \overline{x}^{(1)}(n+1) - \overline{x}^{(1)}(n) \qquad (5\text{-}47)$$

$$\overline{x}^{(0)}(n+2) = \overline{x}^{(0)}(n+1) - \overline{x}^{(0)}(n+1), \cdots \qquad (5\text{-}48)$$

作为 $\overline{x}^{(0)}(n+1)$，$\overline{x}^{(0)}(n+2)$，…的预测值。

5.3.4　地理信息系统法

地理信息系统主要用于土地空间格局优化，采用基于 ArcGIS 空间分析功能的加权因子叠加评价法进行土地利用的生态适宜性评价，可用于建议新区发展战略遵从土地的适宜开发等级，为区域发展的合理规模和适宜的空间布局提供参考建议。

常见的地理信息系统实现方法包括通过分析由遥感生成的数字卫星图像，得到相关数字信息层。通过数据采集，向系统内输入数据，从而对空间信息进行分析和处理。典型成果如图 5-1 所示。

图 5-1　地理信息系统叠图法典型成果

5.3.5　方法应用条件

产业园区规划环境影响评价现状调查与评价方法应用条件见表 5-9。

表 5-9　产业园区规划环境影响评价现状调查与评价方法应用条件

方法名称		方法特点	方法适用性
指数法		简单、直观；但应用范围较窄	适用于环境质量评价
生态学分析法		直观、全面；但对调查数据要求较高，需要较多的调查数据	适用于生态系统调查和分析
灰色系统分析法	灰色关联度分析法	可以有机结合定量和定性方法，使复杂问题清晰简单化，且计算方便，结论较客观	适用于现状调查的数据分析与评价
	灰色关联度分析	信息量丰富、结果全面，可充分显化贫信息系统的有效信息，便于分析问题和按灰色聚类进行规划与管理	
地理信息系统法		具有空间性和动态性，能够精确、快速、综合处理复杂地理系统，并进行过程动态分析和空间定位，但需要计算机硬软件系统支持	适用于区域发展规模和适宜空间布局的调查与评价

5.4   环境影响识别与评价指标构建的方法

产业园区规划环境影响评价环境影响识别与评价指标构建常用的方法有矩阵法、网络分析法、系统流程图法、层次分析法和压力-状态-相应分析法。

5.4.1   环境影响识别与评价指标构建介绍

5.4.1.1   环境影响识别

规划环境影响识别是在规划内容、规划分析和规划影响区域环境现调查与评价基础上，识别环境影响的环境因素，以使环境影响预测减少盲目性、环境影响综合分析增加可靠性、污染防治对策具有针对性，其目的是筛选出显著的、可能影响决策的、需进一步评价的主要环境影响。

5.4.1.2   环境目标与评价指标体系构建

规划环境影响评价指标体系是反映规划实施影响区域环境可持续发展系统内部结构、外在状态及其发展变化趋势指标和部分反映相关社会、经济因素状态指标的集合。从结构上看，指标体系分为目标层、准则层和指标层 3 个层次，指标可分为重点指标和相关指标。产业园区规划环境影响评价指标体系的筛选中，要综合考虑规划引起的资源、环境、社会问题，以环境影响识别为基础，结合行业规划特点、环境背景调查及区域环境保护目标，初步确定评价指标，并在评价工作中补充、调整和完善。

（1）评价指标来源

① 根据有关法律法规、政策或文件确定的指标，如环境影响评价技术导则和相关环境质量标准等确定的，一般都比较明确且定量化程度高；

② 通过公众参与的形式，根据公众所关注或重要的环境问题确定，该类指标须经评价者转化后方可成为评价指标；

③ 通过科学判断确定的指标。这类指标主要指既没被已有的法规、文件所规定，也没被公众所意识到或公众对其重视程度认识不够，但又是规划环境影响评价中所不能忽视的因子。

（2）指标体系的设置原则

① 选择的指标应直接与规划指定的目标相关联，尽量采用能定量表达的指标。

② 指标体系包含的指标数量，宜少而精。

③ 指标体系应有层次性，各层次中的各项指标也应有主次。

④ 指标体系的设计在概念上要具体清晰。

⑤ 获取定量的指标值或定性概念的给出所需投入的费用可行并合理。

⑥ 清晰地识别出因果链。

⑦ 指标具有相对独立性、可比性、可追溯性和可分解性。

评价指标构建程序见图 5-2。

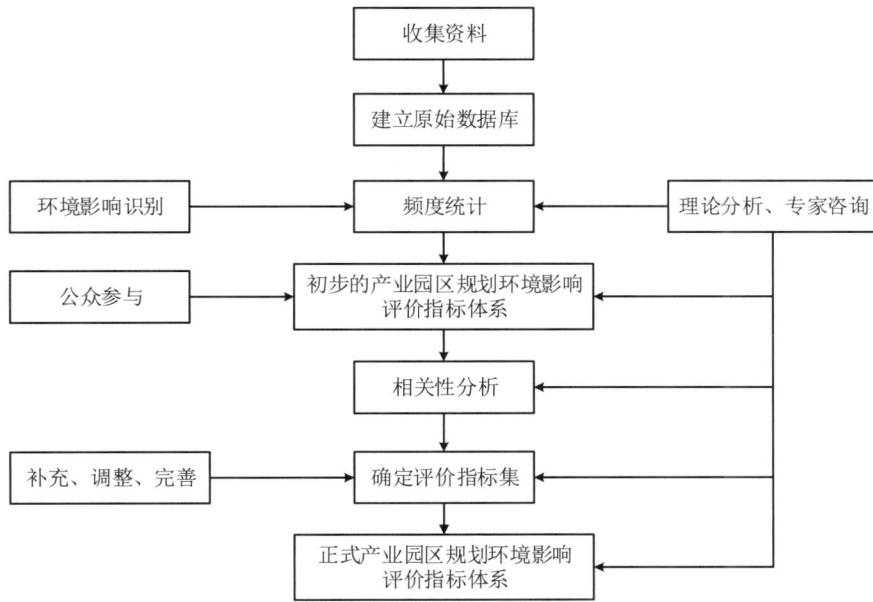

图 5-2 评价指标构建程序

新区规划环境影响评价的指标体系可以参照区域环境影响评价的指标体系，具体应用示例见图 5-3。

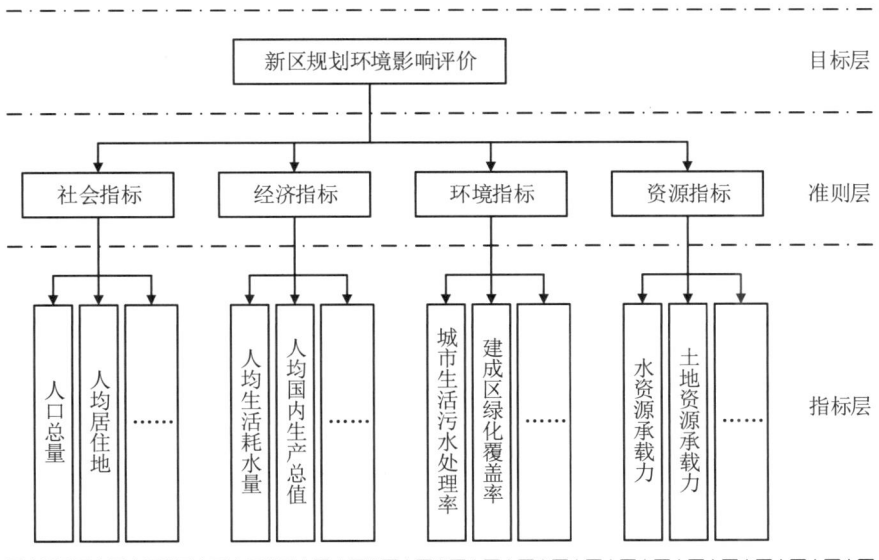

图 5-3 新区规划环境影响评价指标体系

（3）指标体系构建方法

① 将目标分成具体的目标层和准则层。

② 目标层和准则层再细分成更小的、可以建立指标的小系统，通过对这些小系统进行指标建立，从而确立整个指标体系。

③ 对建立指标体系中存在的问题进行说明，对存在的数据来源和误差进行解释，对指标的优先性进行排序。

产业园区环境目标与评价体系构建基于产业园区规划的特点，在产业规划环境影响识别的基础上，结合规划分析、现状分析、环境影响识别等，首先对指标进行分类、分级，筛选独立性较强，能较好反映出产业园区规划实施过程中社会、经济、生态环境等方面特点的指标，通过理论分析、专家咨询、公众参与等方法初步确立评价指标，并在规划环境影响评价工作中根据实际情况补充、调整、完善，最终形成完整的指标体系。产业园区环境目标与评价指标体系构建常见的方法为列表法。

产业园区环境目标与评价指标体系构建包括 3 个阶段。第一阶段是指标的初步分级，一般分为三级指标，一级为指标大类或环境主题，二级为各环境主题应实现的目标指标，三级为具体的因子指标，支持二级指标的实现。第二阶段是对第一阶段确定的各级指标进行筛选和设定。第三阶段是对指标体系进行论证、补充、调整、完善。

构建环境目标与评价指标体系时，应从产业园区战略发展的高度出发，结合产业园区生态、环境、资源及社会经济等的综合影响，考虑直接、间接、短期、长期和累积的环境影响。产业园区规划环境影响评价指标体系构建的分级、分类可参考表 5-10。

表 5-10　产业园区规划环境影响评价指标体系构建的分级、分类

一级指标	二级指标	三级指标
环境目标、指标	大气环境目标、指标	各评价因子定性、定量指标
	水环境目标、指标	各评价因子定性、定量指标
	声环境目标、指标	各评价因子定性、定量指标
	土壤环境目标、指标	各评价因子定性、定量指标
	固体废物指标、指标	各评价因子定性、定量指标
	生态保护目标、指标	各评价因子定性、定量指标
	环境管理目标、指标	定性、定量指标
资源指标	资源消耗指标	各评价因子定性、定量指标
	能源消耗指标	各评价因子定性、定量指标
社会、经济指标	经济增长	定性、定量指标
	就业	定性、定量指标
风险指标	环境风险可接受水平	各评价因子定性、定量指标

5.4.2　矩阵法

（1）介绍

矩阵法是一种定量或半定量的环境影响评价方法，将规划主体（规划的相关建设信息）

与受体（环境要素）作为矩阵的行与列，并在相对应位置填写用以表示行为与环境因素之间因果关系的符号、数字或文字。

（2）特点

矩阵法的优点是可直观地表示交叉或因果关系，矩阵的多维性尤其有利于描述规划环境影响评价中的各种复杂关系，简单实用，内涵丰富，易于理解。缺点是对影响产生的机理解释较少，不能表示影响作用是立即发生的还是延后的、长期的还是短期的，难以处理间接影响和反映不同层次规划在复杂时空关系上的影响。

（3）适用性

矩阵法适用于产业园区规划环境影响评价中环境影响识别。

5.4.3　网络分析法

（1）介绍

网络分析法是用网络图来对规划行动的后果进行判断和分析，可用于规划环境影响识别，尤其是累积影响或间接影响的识别。网络分析法主要有因果网络法和影响网络法两种应用形式。

因果网络法是一个包含有规划及其所包含的建设项目、建设项目与受影响因子以及各因子之间联系的网络图。优点是可以识别环境影响发生途径，可依据其因果联系设计减缓及补救措施。缺点是如果分析的过于详细，致使花费很多有限的人力、物力、财力和时间去考虑不太重要或不太可能发生的影响。如果分析得过于笼统，又会遗漏一些重要的间接影响。

影响网络法是将影响矩阵中的关于规划要素与可能受影响的环境要素进行分类，并对影响进行描述，最后形成一个包含所有评价因子（各规划要素、环境要素和影响）的联系网络。

网络法的步骤：通过专业判断，画出流程图（行为、结果）和箭头（表示它们之间的相互作用）构成的网络系统，用来表示行为的直接影响和间接影响。为了识别累积效应，应提供评价人员查询相关行动对资源可能产生的各种影响的性质和范围，通过展示因果关系预测各种影响，展示对每一种资源附加的次级影响。

图 5-4 和图 5-5 分别是因果网络法和影响网络法的概念模型示例。

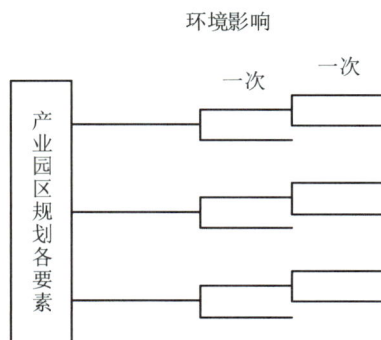

图 5-4　因果网络法的概念模型

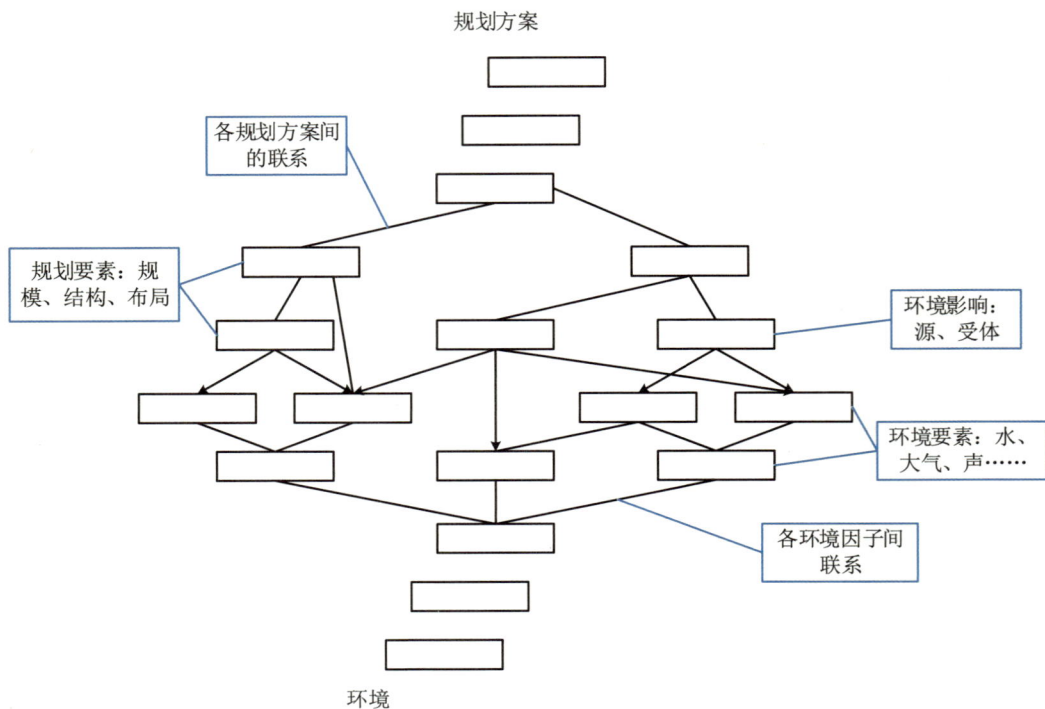

图 5-5　影响网络法的概念模型

（2）特点

网络分析法的优点是方法便捷、易于理解，能明确地反映环境要素间的关联性和复杂性，能够识别规划实施的制约因素。缺点是无法进行定量分析，无法反映时间跨度和空间关系的变化影响，图表较为复杂。

（3）适用性

网络分析法适用于各类规划的环境影响评价，主要用于环境影响识别。

5.4.4　系统流图法

（1）介绍

系统流图法是利用物质、能量与信息的输入、传输、输出的通道，来描述该系统及该系统与其他系统的联系。通过分析环境要素之间的联系，来识别二级、三级或更多级的环境影响，是识别与描述规划环境影响的常用方法。

（2）特点

系统流图法是将环境系统中基本变量或符号有机组合后直观表示在图上，表现形式较为简单，可在较短时间内得出初步的评价结论，作为其他系统学评价方法（如系统动力学、灰色系统分析法等）的基础。该方法为定性评价方法，主观性较强，不适用于复杂的系统。

（3）适用性

适用于环境影响识别与累积影响识别。

系统流图示例见图 5-6。

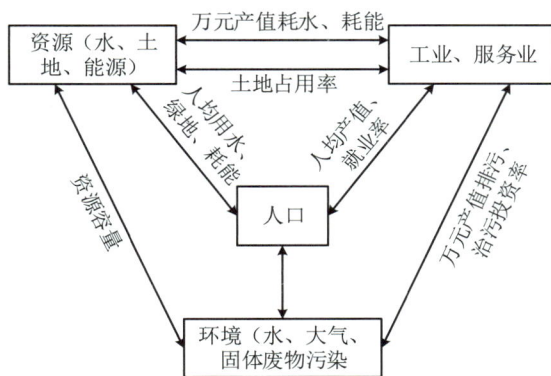

图 5-6　系统流图示例

5.4.5　压力—状态—响应分析法

压力—状态—响应分析法是用于识别规划环境影响、建立评价指标体系的常用方法，由压力、状态和响应三大指标构成。其中，压力指标则表述规划实施将产生的环境压力或导致的环境问题；状态指标用来衡量环境质量及其变化；响应指标是指为减缓环境污染、生态退化和资源过度消耗，而需要调整的规划内容、制定的政策措施等。该方法是在遵循可持续发展思想的前提下，用原因—效应—响应的思路分别按照压力、状态及响应 3 个类别进行规划环境影响评价指标体系的构建。压力—状态—响应分析示例见图 5-7。

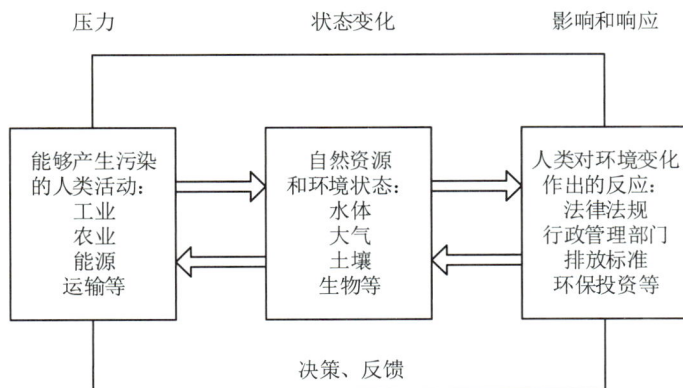

图 5-7　压力—状态—响应分析示例

5.4.6　方法应用条件

产业园区规划环境影响评价环境影响识别与评价指标构建方法应用条件见表5-11。

表 5-11　产业园区规划环境影响评价环境影响识别与评价指标构建方法应用条件

方法名称	方法特点	方法适用性
矩阵法	简单、实用、直观、易于理解；但难以反应影响的时间和空间关系	环境影响识别
网络分析法	方法便捷、易于理解，能明确反映要素间的关联性和复杂性，识别制约因素；但无法定量分析，不能反映时间和空间变化影响，图表较为复杂	环境影响识别
系统流图法	直观、表现形式较为简单，较短时间内可得出初步结论，可作为其他方法的基础；但其主观性较强，不适用于复杂系统	环境影响识别、累积影响识别
压力—状态—响应分析法	遵循可持续发展，采用原因—效应—响应的思路分别按照压力、状态及相应3个类别构建评价指标体系，考虑全面；但过程较复杂	评价指标构建

5.5　资源与环境承载力评估方法

资源与环境承载力是指某一环境状态和结构在不发生对人类生存发展有害变化的前提下，所能承受人类社会作用在规模、强度和速度上的限值。规划环境影响评价中重点关注土地资源承载力、水资源承载力、大气环境承载力、水环境承载力及生态环境承载力等。资源与环境承载力评价是规划环境影响评价的重要方法之一。

资源与环境承载力评价是对资源与环境承载力大小的评价，其原理为基于资源与环境承载力的力学特征，采用矢量方法对资源与环境承载力进行表征，用矢量模的大小对资源与环境承载力进行评价。产业园区规划环境影响评价中，通常采用数值模拟法、指标体系法、供需平衡分析法、总量指标分析法、承载力指数法及生态学分析法（基于生态环境敏感性的评价方法）等方法。

5.5.1　资源与环境承载力介绍

5.5.1.1　土地资源承载力

土地资源承载力是指在一定时期，在可预期的经济、社会、资源和环境等条件下，以土地资源的可持续利用、土地生态系统不被破坏为原则，一个地区的土地所能支持人口、环境和社会经济协调发展的能力或限度。

常用的方法主要为数值模拟法、指标体系评价方法及生态学分析法（基于生态环境敏感性评价方法）。

5.5.1.2　水资源承载力

水资源承载力评价是指在评价范围内，在不抑制区域经济、社会发展、保证生态环境的可持续的前提下，水资源能够满足产业园区规划发展产业规模的支撑能力。水资源承载力分析的核心目标就是在比较可供水资源量与实际用水需求的基础上，提出调整水资源配置、水资源综合利用及节约用水等方面的建议，将经济活动强度及其影响控制在水资源系统承载能力范围之内，从而确保社会经济系统与水资源系统的可持续发展。

常用的方法主要是供需平衡分析法和总量指标分析法。

5.5.1.3　大气环境承载力

大气环境承载力是在维持大气环境质量不发生质的改变，大气环境功能不恶化的前提下，大气环境所能承受的社会经济活动强度的能力。在一定程度上，大气环境容量是环境承载力的一种简单、直接的表征。

目前，常用方法有数学模型法和总量指标分析法。大气环境承载力分析技术路线见图 5-8。

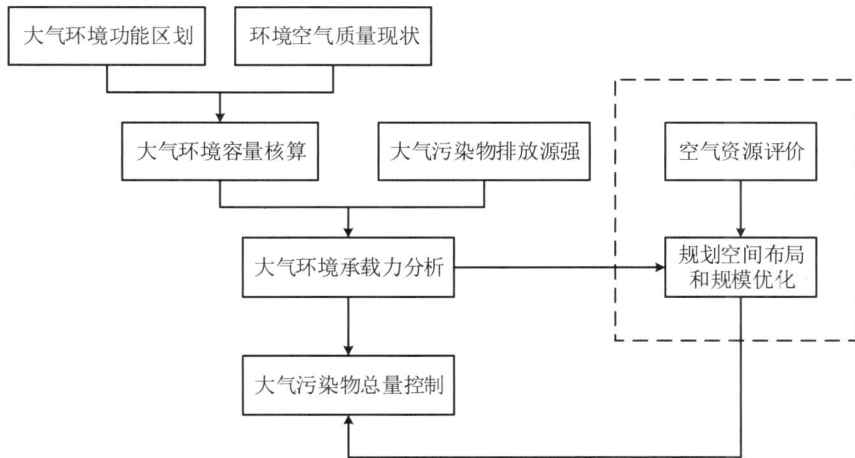

图 5-8　大气环境承载力分析技术路线

5.5.1.4　水环境承载力

水环境承载力是指在一定时期、范围内，在一定自然环境条件下，维持水系统结构和功能不发生质的改变、水环境功能不遭受破坏的前提下，水体所能承受人类活动的阈值。目前水环境承载力评价多集中于其承载状态的评估，包括从水系统可持续发展角度建立评价指标体系，以及用水环境质量评价指数（超标倍数）类表征超载状态。从概念出发，"承载状态"的判别依据为人类活动对水系统的压力与水环境承载力的关系，压力大于承载力即为超载，反之为适载。

水环境容量是水环境承载力的发生基础，它以量化形式直观表述了水体环境的耐受能力。在规划环境影响评价中，水环境承载力分析就是在计算水体汇流区域内的污染排放总量的基础上，通过预测规划年污染物产生量和排放总量，分析规划方案和污染控制措施能否将进入水体的水污染物总量控制在水体环境容量范围之内，进而从水环境承载力角度对规划方案的科学性和可行性进行评估。常用的评价方法为数学模型法和总量指标分析法。水环境承载力分析技术路线见图 5-9。

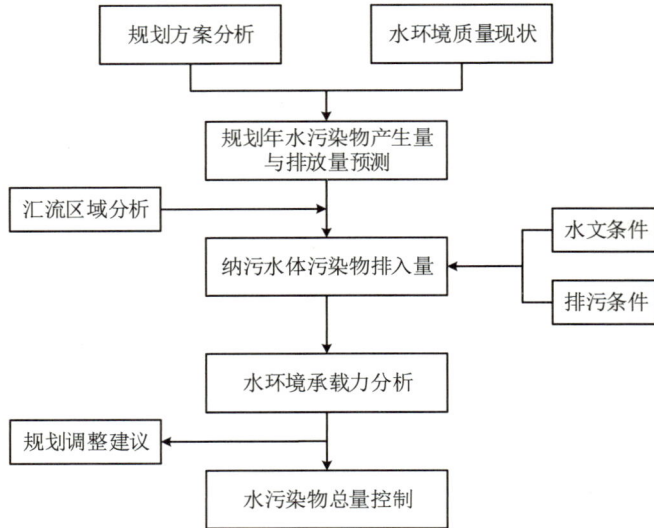

图 5-9　水环境承载力分析技术路线

5.5.1.5　生态环境承载力

生态环境承载力是生态系统的自我维持、自我调节能力，是资源与环境的供容能力，以及可维育的社会经济活动强度和具有一定生活水平的人口数量。

生态环境承载力包括生态弹性能力、资源承载能力和环境承载能力，可以用承载指数表达其大小，分别称为生态弹性指数、资源承载指数和环境承载指数。

5.5.2　数值模拟法

5.5.2.1　用于土地资源承载力评价

土地资源人口承载力模型是基于"人口—土地—经济"结构计算土地资源承载力，能够反映区域人口与粮食的关系，土地资源承载指数揭示了区域现实人口与土地资源承载力的关系，从而以粮食和人口两种数据来评价土地资源承载力。土地资源承载力计算如下：

$$\text{LCC} = G / \text{Gpc} \qquad (5-49)$$

式中：LCC —— 土地资源承载力，人；

　　　G —— 粮食总产量，kg；

　　　Gpc —— 人均粮食消费标准，kg/人。根据联合国粮食和农业组织公布的人均营养热值标
　　　　　　　准，结合中国国情计算出中国人均粮食消费 400 kg/a 可达到营养安全的要求。

式（5-46）中，粮食总产量也可用土地生产潜力替代。土地生产潜力是理想生产条件下农作物所能达到的最高理论产量，可揭示区域土地资源的利用程度、产量形成的限制因子和粮食增产的前景及人口承载条件。基于土地生产潜力计算土地资源承载力中的数据来源于相关的统计年鉴和植被生长遥感数据。在模型基础上运用逐年遥感技术数据分析和对比得出相应的变化来作出相应评价。"潜力递减法"是应用最为广泛的土地生产潜力研究方法，它考虑光、温、水、土等自然生态因子，从作物光合作用入手，依据作物能量过程，逐步"衰减"来估算土地生产潜力，计算公式为

$$YL=Q \times f(Q) \times f(T) \times f(W) \times f(S)=YQ \times f(T) \times f(W) \times f(S)=YT \times f(W) \times f(S)=YW \times f(S) \quad (5-50)$$

式中：YL —— 土地生产潜力；

　　　Q —— 太阳总辐射；

　　　$f(Q)$ —— 光合有效系数；

　　　YQ —— 光合生产潜力；

　　　$f(T)$ —— 温度有效系数；

　　　YT —— 光温生产潜力；

　　　$f(W)$ —— 水分供应能力有效系数；

　　　YW —— 气候生产潜力；

　　　$f(S)$ —— 土壤有效系数。

土壤资源承载力指数计算公式如下：

$$LCCI=P_a/LCC \quad (5-51)$$

式中：$LCCI$ —— 土地资源承载指数；

　　　LCC —— 土地资源承载力，人；

　　　P_a —— 现实人口数量，人。

根据 $LCCI$ 大小，可以划分不同地区土地资源承载力，并进行评价，具体划分及评价情况见表 5-12。

表 5-12　LCCI 体系下地区评价指标表

类型	LCCI 范围	评价
粮食盈余地区	≤0.875	粮食平衡有余，具有一定的发展空间
人粮平衡地区	0.875<LCCI<1.125	人粮关系基本平衡，发展潜力有限
人口超载地区	≥1.125	粮食缺口较大，人口超载严重

5.5.2.2　用于水环境承载力评价

在开展水环境承载力分析时，应根据规划所在流域、区域和排污口所处不同的水体类型，有针对性地选取相应的数学模式进行计算。

排入小型河流一般采用河流纵向一维水质模型，浓度分布公式为：

$$\alpha = \frac{kE_x}{u^2} \qquad\qquad (5\text{-}52)$$

$$P_e = \frac{uB}{E_x} \qquad\qquad (5\text{-}53)$$

当 $\alpha \leqslant 0.027$、$P_e \geqslant 1$ 时，适用对流降解模型：

$$C = C_0 \exp\left(-\frac{kx}{u}\right) \qquad x \geqslant 0 \qquad (5\text{-}54)$$

当 $\alpha \leqslant 0.027$、$P_e < 1$ 时，适用对流扩散降解简化模型：

$$C = C_0 \exp\left(-\frac{ux}{E_x}\right) \qquad x < 0 \qquad (5\text{-}55)$$

$$C = C_0 \exp\left(-\frac{ux}{E_x}\right) \qquad x \geqslant 0 \qquad (5\text{-}56)$$

$$C_0 = (C_p Q_p + C_h Q_h)/(Q_p + Q_h) \qquad (5\text{-}57)$$

当 $0.027 < \alpha \leqslant 380$ 时，适用对流扩散降解模型：

$$C(x) = C_0 \exp\left[\frac{ux}{2E_x}\left(1 + \sqrt{1+4\alpha}\right)\right] \qquad x < 0 \qquad (5\text{-}58)$$

$$C(x) = C_0 \exp\left[\frac{ux}{2E_x}\left(1 - \sqrt{1+4\alpha}\right)\right] \qquad x \geqslant 0 \qquad (5\text{-}59)$$

$$C_0 = (C_p Q_p + C_h Q_h)/\left[(Q_p + Q_h)\sqrt{1+4\alpha}\right] \qquad (5\text{-}60)$$

当 $\alpha > 380$ 时，适用扩散降解模型：

$$C = C_0 \exp\left(x\sqrt{\frac{k}{E_x}}\right) \qquad x < 0 \qquad (5\text{-}61)$$

$$C = C_0 \exp\left(-x\sqrt{\frac{k}{E_x}}\right) \qquad x \geqslant 0 \qquad (5\text{-}62)$$

$$C_0 = (C_p Q_p + C_h Q_h)/\left(2A\sqrt{kE_x}\right) \qquad (5\text{-}63)$$

式中：α —— O'Connor 数，量纲一，表征物质离散降解通量与移流通量比值；

$\quad\quad\ P_e$ —— 贝克来数，量纲一，表征物质移流通量与离散通量比值；

$\quad\quad\ C_0$ —— 河流排放口初始断面混合浓度，mg/L；

$\quad\quad\ x$ —— 河流沿程坐标，m，$x=0$ 指排放口处，$x>0$ 指排放口下游段，$x<0$ 指排放口上游段；

$\quad\quad\ u$ —— 断面流速，m/s；

$\quad\quad\ E_x$ —— 污染物纵向扩散系数，m^2/s；

k —— 污染物综合衰减系数，s^{-1}；

A —— 断面面积，m^2；

B —— 水面宽度，m；

C_p —— 污染物排放浓度，mg/L；

Q_p —— 污水排放量，m^3/s；

C_h —— 河流上游污染物浓度，mg/L；

Q_h —— 河流流量，m^3/s。

在宽浅水体（大河、湖库）一般采用河流纵向二维水质模型，不考虑岸边反射影响的平直恒定均匀河流，岸边点源稳定排放，浓度分布公式为

$$C(x,y) = C_h + \frac{m}{h\sqrt{\pi E_y u x}} \exp\left(-\frac{u y^2}{4 E_y x}\right) \exp\left(-k\frac{x}{u}\right) \tag{5-64}$$

式中：$C(x,y)$ —— 纵向距离 x、横向距离 y 点的污染物浓度，mg/L；

m —— 污染物排放速率，g/s；

C_h —— 河流上游污染物浓度，mg/L；

h —— 断面水深，m；

E_y —— 污染物横向扩散系数，m^2/s；

u —— 断面流速，m/s；

k —— 污染物综合衰减系数，s^{-1}；

x —— 笛卡儿坐标系 X 向的坐标，m；

y —— 笛卡儿坐标系 Y 向的坐标，m。

当 $k=0$ 时，由式（5-64）得到污染混合区外边界等浓度线方程为

$$y = b_s \sqrt{-\mathrm{e}\frac{x}{L_s} \ln\left(\frac{x}{L_s}\right)} \tag{5-65}$$

式中：$L_s = \dfrac{1}{\pi u E_y}\left(\dfrac{m}{h C_a}\right)^2$ —— 污染混合区纵向最大长度，m；

$b_s = \sqrt{\dfrac{2 E_y L_s}{eu}}$ —— 污染混合区横向最大宽度，m；

$x = \dfrac{L_s}{\mathrm{e}}$ —— 混合区最大宽度对应的纵坐标，e 为数学常数，取值 2.718；

C_a —— 允许升高浓度，$C_a = C_s - C_h$，mg/L；

C_s —— 水功能区所执行的污染物浓度标准限制，mg/L。

考虑岸边反射影响的宽浅型平直恒定均匀河流，岸边点源稳定排放，浓度分布公式为

$$C(x,y) = C_h + \frac{m}{h\sqrt{\pi E_y u x}} \exp\left(-k\frac{x}{u}\right) \sum_{n=-1}^{1} \exp\left[-\frac{u(y-2nB)^2}{4 E_y x}\right] \tag{5-66}$$

宽浅型平直恒定均匀河流，离岸点源排放，浓度分布公式为

$$C(x,y) = C_h + \frac{m}{h\sqrt{\pi E_y ux}} \exp\left(-k\frac{x}{u}\right) \sum_{n=-1}^{1} \left\{ \exp\left[-\frac{u(y-2nB)^2}{4E_y x}\right] + \exp\left[-\frac{u(y-2nB+2a)^2}{4E_y x}\right] \right\}$$

（5-67）

5.5.2.3　用于大气环境承载力评价

采用数值模拟法进行大气环境承载力评价是基于大气扩散模式对区域的污染扩散进行计算的方法，利用环境空气质量模型模拟开发活动所排放的污染物引起的环境质量变化是否会导致环境空气质量超标。如果超标可按等比例或按对环境质量的贡献率对相关污染源的排放量进行削减，以最终满足环境质量标准的要求，便可视为环境空气可承载。各类开发区、工业园、产业园等综合性规划还应考虑交通线源等。

目前，产业园区规划环境影响评价常用的环境空气预测模型有 AERMOD、ADMS、CALPUFF 等，各种模型适用范围见表 5-13。

表 5-13　主要环境空气预测模型及适用范围

模型名称	适用污染源	适用排放形式	推荐预测范围	特点
AERMOD	点源、面源、线源、体源	连续源、间断源	局地尺度（≤50 km）	可以模拟建筑物下洗、干湿沉降
ADMS	点源、面源、线源、体源			可以模拟建筑物下洗、干湿沉降，包含街道窄谷模型
CALPUFF	点源、面源、线源、体源		城市尺度（50 km 到几百千米）	局地尺度特殊风场，包括长期静、小风和岸边熏烟

5.5.3　指标体系评价法

指标体系评价法是指将一系列能够真实反映资源、环境承载力各个方面的指标进行组合，使其形成模拟系统的层级结构，并按照各个指标间的关联性及其重要程度，对参数的绝对值进行加权求和，最终在目标层获得某一个绝对参数，以此来反映整个系统的承载状况。该评价方法核心是指标体系的设计，通过对各个指标进行筛选，设计出科学、合理的指标体系。

建立指标体系步骤如下：

① 建立资源、环境承载力指标体系，确定各指标的具体数值（通过现状调查或预测）；

② 建立资源、环境承载力评估的具体准则和方法；

③ 对规划区域现状或未来资源、环境承载力进行估算和评估，提出相应的结论和对策建议。

5.5.4　供需平衡分析法

供需平衡分析法是以区域内的资源供给量同环境系统资源的需求量的关系为出发点，再将当前环境质量与阈值标准或理想状态的环境质量对比，进而探讨区域承载力。供需平衡分析法优点在于能够对环境承载力预测和分析，制定相应对策，但是不能计算出具体承载值，属于定性评价范畴，常用于水资源承载力分析。

供需平衡分析法技术路线见图 5-10。

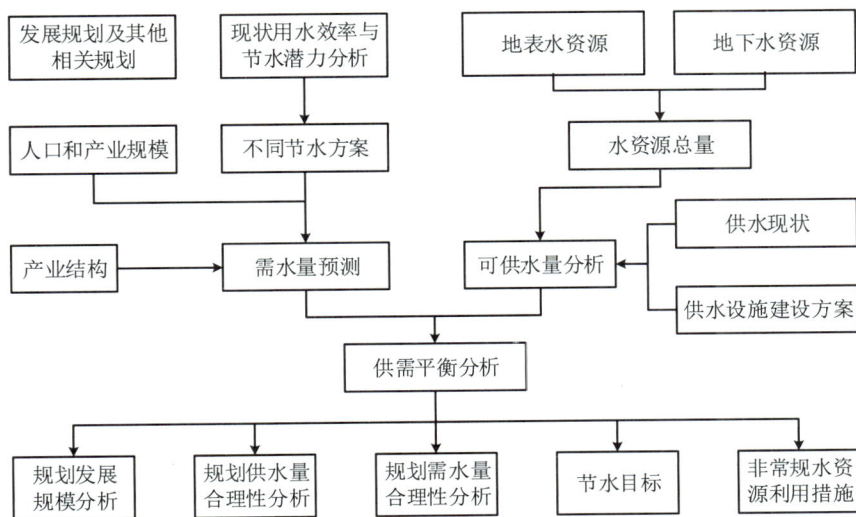

图 5-10　供需平衡分析法技术路线

供需平衡分析法可使用供需平衡指数进行量化表述，具体公式如下：

$$\mathrm{SDCI} = \frac{W_S}{W_D} \tag{5-68}$$

式中：SDCI —— 供需平衡指数；

W_S —— 区域水资源可供水量；

W_D —— 区域水资源总需水量。

SDCI＞1.0 且越大，表示区域水资源承载能力未饱和；SDCI＜1.0 且越小，表示区域水资源承载能力已经过饱和，区域需水量存在缺口，需开发新的供水来源，如新建供水工程、进行跨流域调水、开发非常规水资源，或实行更严格的水资源利用制度，构建节水型社会，满足水资源供需平衡。

水资源供需平衡分析所包含的各要素及量化方法见表 5-14。

表 5-14　水资源供需平衡分析各指标要素及其量化方法

项目	指标	要素	量化方法
供水分析	区域水资源条件	水资源总量	包括地表水、地下水及非常规水资源（城市污水再生、海水利用、雨洪利用）、跨流域调水等水资源量。地表水时空变化可使用径流深等值线图法描述,地下水资源量可使用单位面积可开采量表征,非常规水资源和跨流域调水水资源量应结合相关政策和设计方案进行确定
		可利用水资源量	将不同水平年水资源总量扣除河道内生态环境需水,以及汛期难以控制利用的洪水量,得到不同水平年的可利用水资源量
	可供水量	供水工程现状	调查收集规划范围内各类蓄水、引水、提水和跨流域调水等供水资料确定
		供水工程规划情况	调查收集规划范围内的供水工程规划资料确定
		非常规水资源利用	可供水量预测应考虑非常规水资源利用,如城市污水再生利用、海水利用及雨洪利用等
	需水量	农业需水量	农业需水量包括农田灌溉蓄水和牲畜养殖需水,预测计算采用用水定额法进行计算
		工业需水量	结合规划产业类型、规模、工艺、技术水平等,采用万元工业增长值定额法进行预测计算
		生活污水量	结合规划人口规模和市政公共设施等,城镇和农村居民生活用水采用用水定额法预测计算
		生态需水量	生态需水量包括城镇绿化用水和河道环境用水,可采用用水定额法预测计算,也可直接调查收集相关规划确定
	用水结构及节水水平	产业清洁生产水平、节水潜力等	需水量预测应考虑用水规划产业清洁生产水平（生产工艺设备、技术水平及产品结构、用水现状水平和节水潜力等）,同时考虑农业、生活需水的节水潜力进行综合确定

5.5.5　总量指标分析法

5.5.5.1　用于水资源承载力评价

水资源总量指标分析法是从水资源总量控制和用水效率控制等管理层面,收集和分析流（区）域用水总量控制的相关管理、政策控制文件,如流（区）域供水规划、水资源综合规划、城市总体规划等,确定规划目标在流（区）域或城市建设中的定位与水资源的供需关系,分析规划可分配指标与规划各单位需水的匹配程度,同时结合水环境质量现状,分析规划需水与供水的水量和水质可行性,并给出满足用水要求的相关建议（如区域性调水工程、拦水工程、再生水利用工程、用水效率控制措施等）。

5.5.5.2　用于大气环境承载力评价

总量指标分析法是一种分析大气环境承载力的半定量方法,主要从区域污染物总量控制的角度,调查收集区域污染物总量控制相关规划和政策（如区域的环境保护规划、污染物总量控制和削减方案等文件）,辨识规划污染物排放和区域总量控制要求的相互关系,分析规划可分配污染物总量指标与规划排污的目标可达性，并给出规划的优化调整建议。在采用该方法时，应着重考虑位于环境空气不达标区，应采取削减替代方案或结合当地的达标规划实施。

5.5.5.3　用于水环境承载力评价

使用总量指标分析法对水环境承载力进行分析，是从区域污染物总量控制的角度，调查收集区域污染物总量控制相关规划和政策（如区域的环境保护规划、污染物总量控制和削减方案等文件），辨识规划污染物排放和区域总量控制要求的相互关系，分析规划可分配污染物总量指标与规划排污的目标可达性，并给出规划的优化调整建议。

5.5.6　承载力指数法

（1）生态弹性指数

生态弹性取决于生态系数的特征要素。生态弹性指数可表达为

$$CSI^{eco} = \sum_{i=1}^{n} S_i^{eco} \cdot W_i^{eco}$$ （5-69）

式中：S_i^{eco}——生态系统特征要素（如地形地貌、土壤、地物覆盖、气候和水文等）；

W_i^{eco}——要素 i 相对应的权重值。

（2）资源承载指数

在通常情况下，影响一个地区发展的主要资源包括土地资源、水资源和旅游资源等。资源承载指数可表达为

$$CSI^{res} = \sum_{i=1}^{n} S_i^{res} \cdot W_i^{res}$$ （5-70）

式中：S_i^{res}——资源组成要素；

W_i^{res}——要素 i 的相应权重值；

$n=1$，2，3，4 分别代表土地资源、水资源、旅游资源和矿产资源。

（3）环境承载指数

环境承载力包括水环境、大气环境和土壤环境 3 部分。环境承载指数可表达为

$$CSI^{env} = \sum_{i=1}^{n} S_i^{env} \cdot W_i^{env}$$ （5-71）

式中：S_i^{env}——环境组成要素；

W_i^{env}——要素 i 的相应权重值；

$n=1$，2，3 分别代表水环境、大气环境、土壤环境。

（4）生态系统压力指数

生态系统的最终承载对象是具有一定生活质量的人口数量，所以人口数量越多，压力越大；生活质量要求越高，压力越大。压力指数可表达为

$$CPI^{pop} = \sum_{i=1}^{n} P_i^{pop} \cdot W_i^{pop}$$ （5-72）

式中：CPI^{pop}—— 人口表示的压力指数；

$\quad P_i^{pop}$—— 不同类群人口数量；

$\quad W_i^{pop}$—— 相应类群人口的生活质量权重值。

（5）生态系统承载压力度

承载压力度的基本表达式为

$$CCPS=CCP/CCS \qquad (5-73)$$

式中：CCS —— 生态中支持要素的支持能力大小；

$\quad$ CCP —— 生态中相应压力要素的压力大小。

在实际计算中，式（5-73）可根据具体情况进行转化，以资源承载度为例，资源承载压力度可转化为

$$CCPS^{res} = P_i \times \left(\frac{Q_t^{res}}{Q_s^{res}} \right)^{-1} \qquad (5-74)$$

当以承载饱和度表示时，则为

$$CCF^{res} = 1 - \left(\frac{Q_t^{res}}{Q_s^{res}} \right) / P_t^{-1} \qquad (5-75)$$

式中：$CCPS^{res}$ —— 以人口表示的 R 资源压力度；

$\quad Q_t^{res}$ —— R 资源实有量；

$\quad Q_s^{res}$ —— 标准人均 R 资源占有量；

$\quad CCF^{res}$ —— 承载饱和度；

$\quad P_t$ —— 区域实际人口数。

当 CCF^{res} 为零时，表明 R 资源承载压力度达到平衡，人口数量适中；当 CCF^{res} 为正数时，表明人口压力大于资源承载能力，CCF^{res} 越大，压力度越大；相反，当 CCF^{res} 为负数时，表明资源承载能力大于人口压力，CCF^{res} 越小，压力度越小。

5.5.7　生态学分析法

基于生态环境敏感性的评价方法，是从区域生态安全角度出发，分析及确定对区域土地因开发及利用可能会带来较大负面影响或使其受到约束的关键性的生态要素，结合各要素影响关联综合反应程度，进一步研究区域内部综合生态敏感性的差异，即该差异下的综合生态环境体系对区域建设和人类生活的影响程度，确定建设用地发展方向和开发规模，用于评估用地布局中发展第二、第三产业的工业用地、商业用地及建设用地可行性。

评价主要步骤如下：

① 调查规划区域生态环境现状和主要生态问题；

② 确定生态敏感性评价因子和权重，进行生态敏感性单因子和综合评价；

③ 结合规划用地类型和生态敏感性评价结果，进行土地利用适宜性分类和评价，土地

利用适宜性分类见表 5-15；

表 5-15　土地利用生态适宜性分类

敏感区类别	适宜用地类型	有条件适宜用地类型	不适宜用地类型
高度敏感区	生态用地	适量农业和居住用地	建设用地
中度敏感区	生态和农业用地	适量居住和建设用地	—
一般敏感区	生态、农业地和居住用地	建设用地	—
非敏感区	生态、农业、居住和建设用地	—	—

注：生态用地是指区域内以提供生态系统服务为主的土地利用类型，既能够直接或间接改良区域生态环境、改善区域人地关系（如维护生物多样性、保护和改善环境质量及调节气候等）的地类，主要包括林地、园地、水域、绿地、城市缓冲用地和休养与休闲用地等。

④ 以生态用地为约束，对比相关建设用地标准进行土地资源承载力分析，提出规划推荐方案，调整建议和不良环境影响的减缓措施，为建设用地方向选择和发展规模的确定提供较为宏观的科学依据。

基于生态敏感性的土地承载力分析技术路线见图 5-11。

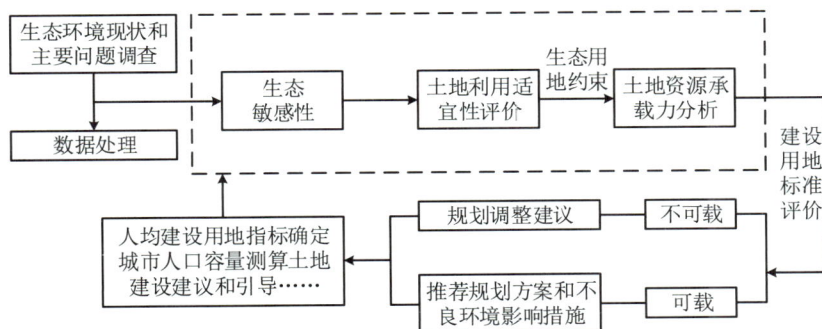

图 5-11　基于生态敏感性的土地承载力分析技术路线

5.5.8　方法应用条件

资源与环境承载力评价方法应用条件见表 5-16。

表 5-16　资源与环境承载力评价方法应用条件

方法名称	方法特点	方法适用性
数学模型法	量化程度高，计算较为准确，计算结果直观确定；但计算进度依赖于收集资料的准确程度	土地资源承载力、水环境承载力评价
数值模拟法	可定量分析时间和空间变化规律，直观反应影响程度，适用范围广，但对基础数据要求较高，需要确定大量边界条件及参数	大气环境承载力评价
指标体系评价法	有科学、合理的指标体系，可对资源、环境承载力进行全面评估，但需要大量现状调查作为支撑，指标体系确定过程较复杂	资源与环境承载力评价

方法名称	方法特点	方法适用性
供需平衡法	简单、直观，可进行预测和分析，制定相应对策；但仅进行定性评价，不能定量评价	水资源承载力分析
总量指标分析法	过程简单、可定量分析供需关系，并分析目标可达性，并给出相关建议；但需要相关管理、政策文件提供支持	水资源承载力、大气环境承载力、水环境承载力评价
承载力指数法	可找出对生态系统产生的重大影响的"瓶颈"要素，方法直观，科学性强；采用分级评价方法，评价结果明了，针对性强；但资料需求量大，数据处理要求高，分值或权重确定有一定主观性；未考虑生态系统要素间的联系	生态环境承载力评价
生态分析法	从区域生态安全角度确定负面影响和受到约束的关键性生态要素，需要较多生态环境现状调查资料	土地资源承载力评价

5.6　环境影响预测与评价方法

规划环境影响预测与评价是采用一定的方法，预测和评估拟定规划情景对环境的影响，给出影响性质、范围、程度和持续时间，对提出推荐环境可行的规划方案和优化调整建议提供支撑。产业园区规划环境影响评价在环境影响预测与评价环节中常用的方法主要有类比分析法、系统动力学法、数学模型和解析模型法、投入产出分析法、环境经济学法、模糊综合评价法、情景分析法和生态学分析法。

5.6.1　类比分析法

类比分析法是根据一类规划所具有的某种属性，推测分析对象也具有这种属性的方法，以找出其中的规律或得出符合客观实际的结论。

5.6.1.1　用于大气环境影响评价

采用类比分析法进行大气环境影响评价，须选择同类型、主要特征类似、已实施（所产生的影响已基本全部显现）等具有可比性的规划作为类比对象，并考虑拟实施规划与类比规划的差异，根据类比规划对大气环境产生的影响来分析或预测得出拟实施规划可能产生的大气环境影响。

5.6.1.2　用于地表水环境影响评价

采用类比分析法对规划实施的水环境影响进行评价，就是根据评价对象的排污特点，首先从排放源和纳污水体两个方面考虑，选取合适的类比调查对象；再从排放强度、污染物因子种类、排放方式等方面对排放源进行类比；最后根据排放源强类比结果，对预测影响进行类比分析，并进行必要的检验，得出结论。对于评价时间短、无法取得足够的数据，不能利用数学模型法预测规划的环境影响时，可采用此方法。

此外，规划实施中对地表水环境的某些影响（如感官性状、有害物质在底泥中的累积和释放等），目前尚无实用的定量预测方法，这种情况可以采用类比分析法进行预测分析。

预测对象与类比调查对象之间应满足如下要求：① 两者地表水环境的水力、水文条件和水质状况类似；② 两者的某种环境影响来源具有相同性质，其强度比较接近或成比例关系。

5.6.1.3　用于地下水环境影响评价

采用类比分析法对地下水环境影响进行评价，是根据已经研究清楚、有环境水文地质资料且已实施多年的规划，估算与其相似规划的地下水环境可行性，该方法只能概略评价规划实施过程中对地下水环境的部分影响。

利用类比分析法时，须满足以下几个条件：

① 类比与被类比的两个规划区域的水文地质条件基本一致，并选取最有代表性的水文地质参数作为对比指标；

② 类比规划与被类比规划在规划目标、规模、产业布局等方面有较强的一致性；

③ 对于被类比规划未出现地下水环境污染的情况（如类比规划规模与被类比规划规模相似），可给出可行的地下水环境影响评价结论。

④ 对于被类比规划已出现地下水环境污染的情况，应找出被类比规划可能的地下水污染源，并采取可行的地下水污染防护措施，或对规划规模、布局等进行优化调整。

5.6.2　系统动力学法

系统动力学法是一种集系统论、控制论和计算机仿真技术于一体的研究复杂系统动态发展行为的有效方法，以结构—功能模拟为其突出特点，通过建立系统动力学模型，进行系统模拟。系统动力学可以从定性和定量两个方面综合地研究系统整体运行状况，通过分析各要素之间的联系和反馈机制，综合协调各要素，从而为制订有利于区域可持续发展的规划方案提供指导。在规划环境影响评价中使用系统动力学方法，评价结果可信度高，对于规划要素的调整反应灵敏。该方法的不足是对较复杂的系统进行模拟时，需要的参数多且难以准确设定，从而可能导致预测结果失真。系统动力学法适用于空间尺度大、系统较为复杂的规划的环境影响评价，主要用于要素环境影响预测与评价。

在规划环境影响评价中应用步骤如下：

（1）系统流图设计

根据系统内部各因素之间的关系设计系统流图，目的是反映各因素因果关系、不同变量的性质和特点。流图中一般包含状态变量和变化率两种重要变量。

（2）主要状态方程描述与模型构建

根据环境承载能力及系统要素之间的反馈关系，建立描述各类变量的数学方程，通常包括状态方程、常数方程、速率方程、表函数、辅助方程等。

（3）模型的仿真计算

将各规划方案确定的不同输入变量，通过仿真运算，得出不同规划方案下的环境承载力、国内生产总值、人口数、资源条件、环境质量等指标，并通过对比分析进行方案比选。

5.6.3　数值模拟法

5.6.3.1　方法介绍

（1）定义及常用模型

在环境影响评价中，数学模型可用来定量表示环境要素时空变化的过程和规律，通过建立数学模型模拟预测污染物进入环境后对环境质量的影响。环境数学模型包括大气扩散模型、水文与水动力模型、水质模型、土壤侵蚀模型、沉积物迁移模型和物种栖息地模型等。

在产业园区规划环境影响评价中，数值模拟法可模拟和构建规划建设后对环境的影响方式，并将影响程度量化，进而可对污染源与环境影响间的因果关系进行定量分析，确定在多个污染源作用下的累积影响，为选择最佳的规划方案及寻求各个源的最优控制措施提供支撑。

（2）特点

数值模拟法的优点是可直观反映影响程度，可定量描述多个环境要素和环境影响的相互作用及因果关系，可充分反映环境扰动的空间位置和密度，可分析空间累积效应及时间累积效应。数值模拟法使用的灵活性较大，适用于多种空间范围，可分析单个扰动及多个扰动的累积影响。数值模拟法的缺点是对基础数据要求较高，由于规划环境影响评价介入的时期较早，较难获得全面的基础数据；应用于建模所限定的条件范围内，通常模型的许多条件都是在理想条件下，与现实存在不符的情况；费用较高且通常只能分析单个环境要素的影响。

（3）适用性

数值模拟法主要适用于环境影响预测与评价、环境风险评价及累积影响评价。

5.6.3.2　用于大气环境影响评价

（1）预测模型及技术路线

大气环境影响预测数值模拟中采用的数学模型主要包括 AERMOD（AMS/EPA Regulartory Model）、ADMS（Atmospheric Dispersion Modeling System）和 CALPUFF（California Puff Model）3 种预测模型。3 种预测模型均有各自的特点和应用范围，具体如下：

① AERMOD 是一个稳态烟羽扩散模式，可基于大气边界层数据特征模拟点源、面源、体源等排放的污染物在短期（如小时平均、日平均）、长期（如年平均）的浓度分布，适用于农村或城市地区、简单或复杂地形。AERMOD 考虑了建筑物尾流的影响，即烟羽下洗，使用每小时连续预处理气象数据模拟大于等于 1 h 平均时间的浓度分布。

② ADMS 可模拟点源、面源、线源和体源等排放出的污染物在短期（小时平均、日平均）、长期（年平均）的浓度分布，还包括一个街道窄谷模型，适用于农村或城市地区、简单或复杂地形。模式考虑了建筑物下洗、湿沉降、重力沉降和干沉降以及化学反应等功能。化学反应模块包括计算一氧化氮、二氧化氮和臭氧等之间的反应。ADMS 有气象预处理程序，可以用地面的常规观测资料、地表状况以及太阳辐射等参数模拟基本气象参数的

廓线值。在简单地形条件下，使用该模型模拟计算时，可以不调查探空观测资料。该模型既考虑到孤立的点源或单个道路源等简单问题，又考虑到最复杂的城市问题（例如，一个大型城市区域的多个工业污染源，民用和道路交通污染排放）。该模型可同时模拟 3 000 个网格污染源、1 500 个道路污染源和 1 500 个工业污染源（包括点、线、面和体污染源），在污染源数量非常大时，模型可将较小的点源和道路源集成为网格源进行运算，提高运行速度。

③ CALPUFF 是一个烟团扩散模拟系统，可模拟三维流场随时间和空间发生变化时污染物的输送、转化和清除过程。CALPUFF 适用于从 50 km 到几百千米范围内的模拟尺度，包括近距离模拟的计算功能（如建筑物下洗、烟羽抬升、排气筒雨帽效应、部分烟羽穿透、次层网格尺度的地形和海陆的相互影响、地形的影响），还包括长距离模拟的计算功能（如干、湿沉降的污染物清除、化学转化、垂直风切变效应、跨越水面的传输、熏烟效应以及颗粒物浓度对能见度的影响）。CALPUFF 适合于特殊情况时的模拟（如稳定状态下的持续静风、风向逆转、在传输过程中气象时空发生变化下的模拟）。CALPUFF 模型系统包括 CALMET（California Mete-orological Model）、CALPUFF（California Puff Model）和 CALPOST（California post-treatment）3 部分，以及一系列对常规气象、地理数据进行预处理的程序。CALMET 是气象模型，用于在三维网格模型区域上生成小时风场和温度场。CALPUFF 是非稳态三维拉格朗日烟团输送模型，它利用 CALMET 生成的风场和温度场文件，输送污染源排放的污染物烟团，模拟扩散和转化过程。CALPOST 通过处理 CALPUFF 输出的文件，生成所需浓度文件用于后处理。

采用这 3 种预测模型进行大气环境影响评价的过程中，均需输入气象数据、地形数据、污染源数据、预测点数据及根据项目需求的控制参数，将所有的参数输入模型之后，运行模型，得到模拟结果。此外，AERMOD、ADMS、CALPUFF 均开发了界面版，具有对模拟结果根据用户要求进行后续分析和将分析结果用图形直观展示的能力，ADMS-Urban 可以与地理信息系统联合使用，可以使用数字地图数据、CAD 制图或航片真实直观地设置污染问题，在所使用的不同类型的地图数据上，生成等值平面图。模型应用流程见图 5-12。

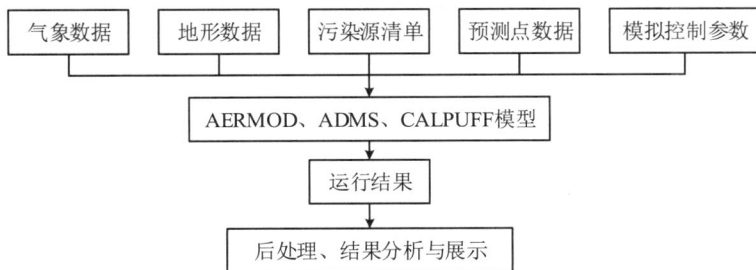

图 5-12　模型应用流程

AERMOD、ADMS、CALPUFF 模型的原理、开发设计等存在差异，这就决定了这 3 种模型在应用过程中存在一定的差异，主要差异表现在模型的应用范围、应用条件及对参数的需求上，适用范围和主要输入参数见表 5-17 和表 5-18。

表 5-17　AERMOD、ADMS、CALPUFF 模式适用范围

分类	AERMOD	ADMS	CALPUFF
使用污染源类型	点源、面源和体源	点源、线源、面源和体源	点源、线源、面源和体源
气象数据需求	地面与高空气象数据	地面气象数据	地面与高空气象数据
使用地形条件	简单地形、复杂地形	简单地形、复杂地形	简单地形、复杂地形、复杂风场
建筑物下洗	支持	支持	支持
干湿沉降	支持	支持	支持
化学反应	简单化学反应	简单化学反应	复杂单化学反应

表 5-18　AERMOD、ADMS、CALPUFF 模式主要输入参数

分类	AERMOD	ADMS	CALPUFF
地表参数	地表反照率、BOWEN 率、地表粗糙度	地表粗糙度、最小莫宁奥布霍夫长度	地表粗糙度、土地使用类型、植被代码
干沉降参数	干沉降参数	沉降率	干沉降参数
湿沉降参数	湿沉降参数	清洗率	湿沉降参数
化学反应参数	半衰期、NO_x 转化系数、臭氧浓度等	化学反应选项	化学反应计算选项
其他参数	时区	模拟建筑物/山区	时区、地形影响半径、气象台站影响半径、风速幂指数、静风阈值、混合层阈值

在应用尺度上，AERMOD 在近场 50 km 范围内使用，ADMS-EIA 适用于评价小于 50 km 的范围，ADMS-URBAN 版适用于评价范围数百千米以内，CALPUFF 烟团模式能在 300 km 范围内使用。

产业园区规划环境影响评价中应用较多的主要是 AERMOD 模型，该模型主要包括扩散模块 AERMOD、地形预处理模块 AERMAP 和气象预处理模块 AERMET 3 个模块。AERMOD 适用于稳定场的烟羽模型，与其他模式的不同之处包括对垂直非均匀的边界层的特殊处理，不对称或不规则尺寸的面源的处理，对流层的三维尺度烟羽模型，在稳定边界层中垂直混合的局限性和对地面反射的处理，在复杂地形上的扩散处理和建筑物下洗的处理。AERMET 是 AERMOD 的气象预处理模型，输入数据包括每小时云量、地面气象观测资料和一天两次的探空资料，输出文件包括地面气象观测数据和一些大气参数的垂直分布数据。AERMAP 是 AERMOD 的地形预处理模型，仅需输入标准的地形数据。将两者得到的数据输入 AERMOD 扩散模式，利用不同条件下的扩散公式计算出污染物浓度。具体评价步骤见图 5-13。

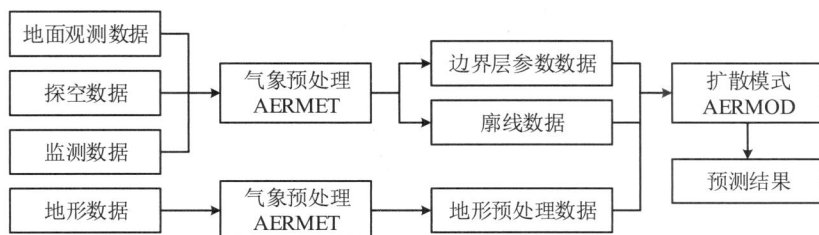

图 5-13　AERMOD 模型评价技术路线

AERMOD 模型一般扩散（考虑地形影响）公式如下：

$$\rho_T(x,y,z)=f\cdot\rho(x,y,z)+(1-f)\cdot\rho(x,y,z_a) \tag{5-76}$$

$$\rho(x,y,z)=Q/U\cdot p(y,x)\cdot p(z,x) \tag{5-77}$$

$$f=0.5(1+\Phi) \tag{5-78}$$

$$\Phi = \frac{\int_0^H \rho(x,y,z)\mathrm{d}z}{\int_0^\infty \rho(x,y,z)\mathrm{d}z} \tag{5-79}$$

$$z_a = z - z_i \tag{5-80}$$

式中：$\rho_T(x,y,z)$ —— 总浓度，mg/m^3；

$\rho(x,y,z_a)$ —— 沿地形抬升的烟羽浓度；

Φ —— 烟羽质量与总烟羽质量的比值；

Q —— 源的泄放速率，t^{-1}；

U —— 有效风速值，m/s；

$p(y,x)\cdot p(z,x)$ —— 分别表示水平方向、垂直方向浓度分布的概率密度函数；

f —— 权函数；

z_a —— 有效高度，h；

z_i —— 该点地形的高度值，h。

5.6.3.3　用于噪声影响评价

（1）噪声地图法概述

噪声地图法（noise mapping）是指将噪声源的数据、地理数据、建筑的分布状况、道路状况、公路、铁路和机场等信息综合、分析和处理后，生成反映区域噪声水平状况的数据地图，以不同的颜色表示不同的噪声级。一般由地理信息系统结合声学仿真模型软件绘制，并通过实测数据检验校正。

噪声地图以数字与图形的方式显示了噪声污染在评价区域范围内的分布状况，通过噪声地图技术方法，能够较好地定义各类交通噪声源，比较准确地确定区域长期平均噪声水平，同时可以将不同噪声源、道路饱和度、车况、车速、交通管理手段等对交通噪声贡献量加以区分，准确地预测噪声污染水平，了解采取的降噪措施的效果，分析区域的噪声暴露水平，从空间和时间维度上较为全面地对噪声的影响进行判断和区分，使噪声控制更为有效。噪声地图法的有效应用可以为决策提供依据，同时，它也是进行声环境影响评价、方案选择或公众参与的有效工具和技术支撑。

1）噪声地图系统组成

区域噪声预测的服务目的之一是开展噪声地图。噪声地图可以用来查看噪声影响区域，也可以用来计算处于高噪声环境中的敏感建筑物数或敏感人群数。在规划和决策过程中，噪声地图是进行噪声控制的有效手段，它不仅可以重现噪声情况，而且可以对各个发展情景带来的噪声变化进行模拟显示，是进行费用效益分析和方案选择的有力工具。

噪声地图系统可由 GIS、声学模型系统、显示系统和校验系统 4 个子系统组成。地理信息系统主要用于建立区域地理模型；声学模型系统将地理模型通过一定方式定义为声学模型，进行声学计算，是整个系统的核心部分；显示系统用于将计算结果以各种形式直观地显示出来；校验系统主要用于系统误差分析。系统将声学模型与三维 GIS 模型相结合，建立基于三维 GIS 的城市噪声地图。

2）噪声地图方法过程

建立噪声地图系统分为输入、计算、检验和输出等步骤，如图 5-14 所示。

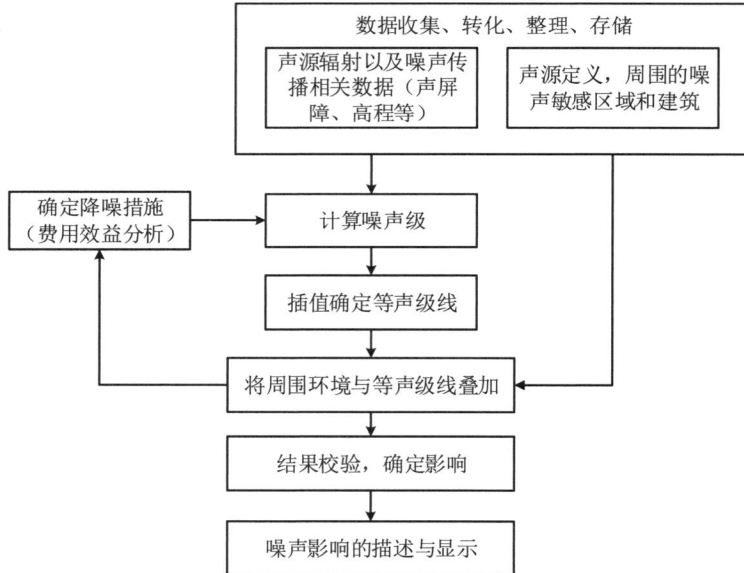

图 5-14　噪声地图过程

① 地理建模，数据输入。主要输入内容包括：道路、铁路和地面轨道交通的平面和立体分布；相关建筑物位置及高度；地形高差；声屏障等降噪构筑物。

② 声源定义。声源的地理属性主要包括红线宽度、车行道宽度、高程、坡度等；声源的流动特性则包括小时车流量、车型、车速等。声源定义阶段必须明确区域的噪声特点、

声源分布以及控制措施情况。

③ 计算噪声级，叠加等声级线。计算噪声级，计算原理遵循声波在空间传播规律，并考虑声源的指向性以及声能量在空间中的衰减等因素。主要的计算内容包括噪声源强的计算、声传播计算和交通噪声影响声级计算，并将周围环境与等声级线叠加。

④ 结果校验，确定影响。校验的目的是对系统进行误差分析。对于已建成的区域，校验主要通过计算点实测验证的方法，对计算结果和实测结果进行比较。应对噪声地图系统的实际应用提出可靠的误差接受范围。在噪声地图系统中，校验结果应反馈给输入阶段，通过误差分析，对建模、声源定义或参数输入进行必要的调整，再次进行计算，直至误差可接受。

⑤ 输出描述与显示。噪声地图系统的输出以图像形式为主，可辅以表格形式。图像显示可以根据不同需求输出 2D、3D 或动态图形，2D 显示一般可用于声功能区的管理，3D 显示可以判断声场的空间立体分布，动态显示则可用于表示区域噪声变化趋势和规律。在环境噪声模拟软件方面，可选用德国 Datakustik 公司开发的环境噪声模拟计算商业软件 Cadna/A。

3）噪声地图法的应用

噪声地图直观地区分了区域不同噪声影响范围，提醒决策者哪些地区的噪声水平是需要改善的，哪些是需要维持不下降的，为环境评价工作者提供了高效的噪声预测与评价环境，规划环境影响评价人员能够直接在噪声地图上识别噪声污染控制优先区域及其空间分布情况，为下一步的污染治理制订行动计划。另外，噪声地图可以为规划项目选址提供依据，规划环境影响评价人员无须现场测量就可作"预决策"。在噪声地图上还可以给出与噪声限值的差异图，标明超出或低于限值 5 dB（A）、10 dB（A）、15 dB（A）的区域。噪声地图还具有检验噪声污染防治技术措施（如声屏障）和规划控制措施（如交通改道）有效性的功能。

5.6.3.4　用于环境风险评价

环境风险评价可分为单一风险源评价方法和复合风险源评价方法两种类型。其中，单一风险源评价方法包括典型污染事故环境风险评价方法和人群健康风险评价方法两类。单一风险源评价方法基于常规大气、水环境预测方法、生态风险评价方法，以及剂量反应评估、暴露模型，适用于环境风险源可概化为单一点源、线源、面源的规划。复合风险源评价方法以规划区内多个风险源布局为基础，参照大气、水环境扩散模式，综合预测规划实施后的各类风险源对受体的影响程度，划定环境风险区划。信息扩散法为最常用的复合风险源评价方法。

（1）单一风险源评价方法

1）大气环境风险评价方法

有毒有害物质在大气中扩散，采用多烟团模式或分段烟羽模式、重气体扩散模式计算。

按一年气象资料逐时滑移或按天气取样规范取样，计算各网格点和关心点浓度值，然后对浓度值由小到大排序，取其累积概率水平为 95% 的值，作为各网格点和关心点的浓度代表值进行评价。

事故评价中，采用多烟团公式：

$$c(x,y,0) = \frac{2Q}{(2\pi)^{3/2}\sigma_x\sigma_y\sigma_z}\exp\left[-\frac{(x-x_0)^2}{2\sigma_x^2}\right]\exp\left[-\frac{(y-y_0)^2}{2\sigma_y^2}\right]\exp\left[-\frac{z_0^2}{2\sigma_z^2}\right] \tag{5-81}$$

式中：$c(x,y,0)$ —— 下风向地面（x，y）坐标处的空气中污染物浓度，mg/m^3；

　　　x_0，y_0，z_0 —— 烟团中心坐标；

　　　Q —— 事故期间烟团的排放量；

　　　σ_x，σ_y，σ_z —— x、y、z 方向的扩散参数，m。常取 $\sigma_x=\sigma_y$。

对于瞬时或短时间事故，可采用下述变天条件下多烟团模式：

$$c_w^i(x,y,0,t_w) = \frac{2Q'}{(2\pi)^{3/2}\sigma_{x,\text{eff}}\sigma_{y,\text{eff}}\sigma_{z,\text{eff}}}\exp\left(-\frac{H_e^2}{2\sigma_{z,\text{eff}}^2}\right)\exp\left\{-\frac{(x-x_w^i)^2}{2\sigma_{x,\text{eff}}^2}-\frac{(y-y_w^i)^2}{2\sigma_{y,\text{eff}}^2}\right\} \tag{5-82}$$

式中：$c_w^i(x,y,0,t_w)$ —— 第 i 个烟团于 t_w 时刻在点（x，y，0）产生的地面浓度，mg/m^3；

　　　Q' —— 烟团排放量，mg，$Q'=Q\Delta t$；　　　　　　　　　　　　　　（5-83）

　　　Q —— 释放率，mg/s；

　　　Δt —— 时段长度，s；

　　　$\sigma_{x,\text{eff}}$，$\sigma_{y,\text{eff}}$，$\sigma_{z,\text{eff}}$ —— 烟团在 w 时段沿 x，y 和 z 方向的等效扩散参数，m，可由式（5-84）估算：

$$\sigma_{j,\text{eff}}^2 = \sum_{k=1}^2\sigma_{j,k}^2 \quad (j=x,y,z) \tag{5-84}$$

　　其中

$$\sigma_{j,k}^2 = \sigma_{j,k}^2 t_k - \sigma_{j,k}^2 t_{k-1} \tag{5-85}$$

式中：x_w'，y_w' —— 第 w 时段结束时第 i 烟团质心的 x 和 y 坐标，由式（5-86）、式（5-87）计算：

$$x_w' = u_{x,w}(t-t_{w-1}) + \sum_{k=1}^{w-1}u_{x,k}(t_k-t_{k-1}) \tag{5-86}$$

$$y_w' = u_{y,w}(t-t_{w-1}) + \sum_{k=1}^{w-1}u_{y,k}(t_k-t_{k-1}) \tag{5-87}$$

各个烟团对某个关心点 t 小时的浓度贡献，可按式（5-88）计算：

$$c(x,y,0,t) = \sum_{i=1}^n c_i(x,y,0,t) \tag{5-88}$$

式中：n —— 需要跟踪的烟团数，可由下式确定：

$$c_{n+1}(x,y,0,t) \leqslant f\sum_{i=1}^n c_i(x,y,0,t) \tag{5-89}$$

式中：f —— 小于 1 的系数。

2）水环境风险评价方法

① 有毒有害物质在河流中的扩散。可采用河流中污染物扩散模式，具体见 4.5.2.3。

② 有毒有害物质在湖泊中的扩散。可采用湖泊中污染物扩散模式，具体见 4.5.2.3。

5.6.3.5　用于累积影响评价

（1）水环境累积影响评价方法

水污染物的累积影响是水体中的污染物质在外界环境因素的持续作用下，对水体的水功能健康或水生生物造成累积性影响的现象，其主要类型有营养盐累积造成的水体富营养化、持久性有机污染物累积和重金属引起的生物富集等。规划实施的水污染物累积影响主要体现在两个方面：一是考虑多排放源之间对于水环境影响的叠加效应，主要反映了空间上的分布；二是考虑排放源持续排放在时间尺度上的累积，主要反映了时间上的分布。

对于空间尺度上多排放源对水环境影响的叠加效应，可以通过在预测模型中投放多排放源进行模拟计算，具体计算方法见 4.5.2.3。本节重点介绍时间尺度上的水体富营养化和重金属引起的生物富集效应分析方法。

① 水体富营养化评价方法。水体富营养化的发生是由于水体中氮、磷营养物质含量增多，使藻类及其他浮游生物在营养盐和外界环境因素的累积影响下迅速繁殖，水体溶解氧含量下降，最终造成藻类、浮游生物、植物、水生物和鱼类衰亡，甚至绝迹。水体富营养化的发生会导致水体生态系统结构和功能退化。

综合目前的研究方法，同时考虑水功能区存在污染物排放负荷大于潜在容量的现实情况，现状水质不达标的状况以累积模型为基础，建立一个多种因素（包括外界环境因素、生物因素、水质因素等）影响下的、基于水质目标的、具有普适性的水环境累积评价方法。

假设 C 为污染物浓度（评价富营养化时，可将其作为藻类浓度），则污染物在控制体（水体或生物有机体）中的浓度变化过程可以表示为：

$$\frac{\mathrm{d}C}{\mathrm{d}t} = GC_w - DC \qquad (5\text{-}90)$$

式中：C —— 某一时刻的控制体中污染物（可将藻类看作水体的一种污染物）的浓度，mg/L；

C_w —— 水体中的污染物浓度，mg/L；

G —— 促进控制体中污染物浓度增长的影响速率，t^{-1}；

D —— 造成控制体中污染物浓度降低的影响速率，t^{-1}；

t —— 时间，s。

② 水体重金属生物富集效应评价方法。对于重金属生物富集过程，目前采用的模型都是以重金属迁移为基础的过程传递模型。对重金属传递的研究主要以生物和水体之间的平衡理论为基础，毒理学研究中经常使用生物浓缩系数（Bioconcentration Factor，BCF）和生物富集系数（Bioaccumulation Factor，BAF）来表达重金属在生物体内的富集效应。BCF 是指生物体内某种污染物含量和水中该污染物含量的比率，计算公式如下：

$$\mathrm{BCF} = \frac{C_b}{C_w}(t \to \infty) \qquad (5\text{-}91)$$

式中：C_b —— 受检生物体内某种重金属元素含量，μg/g；

　　　　C_w —— 受检生物所在水环境中重金属的实测含量，μg/g。

BAF 是指生物整体或者某个关注部位（如胆囊）经由生物体所有的接触途径（包括空气、水、沉淀物/土壤和食物），在此过程中富集重金属的能力，计算公式如下：

$$BAF = \frac{C_b}{C_f}(t \to \infty) \tag{5-92}$$

式中：C_b —— 受检生物体内某种重金属元素含量，μg/g；

　　　　C_f —— 受检生物的主要食物中重金属的实测含量，μg/g。

（2）持久性有机污染物（POPs）累积影响评价方法

① 基本概念。持久性有机污染物（POPs）是指通过各种环境介质（如大气、水、土壤等）能够长距离迁移并长期存在于环境，进而对人类健康和环境产生严重危害的天然或人工合成的有机污染物质。根据《关于持久性有机污染物的斯德哥尔摩公约》，POPs 主要包括 3 类：一是杀虫剂类，主要是艾氏剂（aldrin）、氯丹（chlordane）等；二是工业化学品，主要是六氯苯（HCB）、多氯联苯（PCBs）等；三是副产物，主要是二噁英（PCDDs）、六氯苯（HCB）等。

② 评价模型。多介质逸度模型是一种评价持久性有机污染物环境行为非常有效的工具，该模型通过用定量化的数学表达式描述污染物在环境中的分配、传递、转化过程，建立质量平衡表达式，模拟污染物在介质内及介质间的迁移转化和环境归趋。适用于区域范围的、长时间的模拟，目前较多被用来模拟 POPs 在湖泊、流域和城市中的归趋。

常用的多介质逸度模型有 Level Ⅲ 模型。该模型通过定义一系列的 Z 值（逸度容量）、D 值（迁移、转化参数），并对水相、气相、土壤相和沉积物相分别建立质量平衡方程，计算出各自的逸度 f，再通过 $C=Zf$ 得出污染物在各相中的浓度 C。

（3）土壤重金属累积影响评价方法

土壤污染物累积影响评价方法主要应用于规划实施过程中可能产生难降解的污染物（以含重金属的工业废气、废水和固体废物排放为主）在外界环境因素作用下进入土壤的规划类型。由于重金属具有蓄积性、难降解性的特点，会在土壤中累积，并通过食物链的富集、浓缩和放大后会间接危害人体健康。

土壤累积影响评价定量预测的模式主要有考虑土壤残留系数的模式和不考虑土壤残留系数的模式两种。

考虑土壤残留系数的模式：

$$Q_t = Q_0 K^t + PK^t + PK^{t-1} + PK^{t-2} + \cdots + PK \tag{5-93}$$

式中：Q_t —— 污染物在土壤中的年累积量，mg/kg；

　　　　Q_0 —— 土壤中某污染物的起始浓度，mg/kg；

　　　　P —— 每年外界污染物进入土壤量折合成土壤浓度，mg/kg；

　　　　K —— 土壤中某污染物的年残留率，%；

t —— 年数，a。

不考虑土壤残留系数的模式：

$$Q_t=Q_0+P_t \qquad (5\text{-}94)$$

式中：Q_t —— 土壤中某污染物在 t 年后的浓度，mg/kg；

      Q_0 —— 土壤中某污染物的起始浓度，mg/kg；

      P —— 每年外界污染物进入土壤量折合成土壤浓度，mg/kg；

      t —— 年数，a。

（4）生态累积影响评价方法

生态累积影响评价方法主要用于分析区域开发建设、土地利用变化引起景观类型变化、景观结构破碎化、景观多样性变化和生态系统退化等。

生态累积影响一般可使用"景观空间累积负荷指数"（MLCBI）来表征这种因开发活动而造成的生态累积损失，概念模型可表示为

$$\text{MLCBI}=\text{DRL}+\text{IDRL}=(\text{CCI}+\text{LDI})+\text{LSI} \qquad (5\text{-}95)$$

式中：MLCBI —— 景观空间累积负荷指数，表征基于景观尺度所计算的生态综合累积损失；

      DRL —— 景观演变所带来的生态直接累积损失（直接累积效应），表现为景观类型和景观格局相对基期的变化所带来的生态损失效应，其中，类型变化所带来的生态损失效应可以使用类型结构偏离累积度指数（CCI）来表示，景观格局变化所带来的生态损失效应使用格局干扰累积度指数（LDI）来表示，这两类指数可以利用景观格局指数构建相关指标来表达；

      IDRL —— 生态功能的间接累积损失（间接累积效应），表征景观演变所带来的结构虽未直接损伤，但是生态系统的胁迫性却在增强，生境逐渐退化的状况。它虽然难以直接利用景观格局指标进行获取，但可以通过构建生态敏感性退化累积度指标（LSI）进行补充与修正。

① 景观类型结构偏离度指数模型。在区域发展的不同阶段、不同的景观类型所对应的生态系统在维持区域生态安全中发挥着不同的生态服务功能。景观类型结构的变化自然会影响生态系统对人类活动整体上的维护、支撑和保障功能，即生态服务功能的累积性变化。结构偏离累积度指数表现为景观类型面积的累积性变化所带来的生态服务功能相对基期的偏离程度。可以表示为：

$$\text{CCI}_{it} = (S_{i0} - S_{it}) / S_{i0} \qquad (5\text{-}96)$$

$$\text{CCI}_t = \frac{(S_0 - S_t)}{S_0} = 1 - \frac{\sum\limits_{i=1}^{n} \omega_i \cdot A_{it}}{\sum\limits_{i=1}^{n} \omega_i \cdot A_{i0}} \qquad (5\text{-}97)$$

式中：CCI_{it} —— 研究期（t）的景观类型 i 的结构偏离累积度指数；

CCI_t —— 研究期所有景观类型相对基期的生态服务功能总的偏离度指数；

S_{it} —— 研究期 i 景观类型生态服务价值；

S_{i0} —— 研究基期 i 景观类型的生态服务价值；

ω_i —— i 景观类型生态服务功能权重，反映了不同景观类型的生态服务功能，在实际应用中，可结合实际情况通过计算不同景观类型单位面积的生态服务价值来表征；

A_{it} —— 研究基期 i 景观类型面积；

n —— 景观类型总数。

CCI_{it} 表示规划区域生态服务功能的变化情况，CCI_{it}（CCI_t）>0 表示规划末期相对基期生态服务功能的累积性丧失程度；CCI_{it}（CCI_t）<0 表示生态服务功能的累积性增加程度。

② 格局干扰累积度指数模型。景观类型结构相同，景观格局不同也使得区域生态系统对外界干扰的抵抗和响应能力不同。为了描述景观格局演变所带来的生态累积效应，可选取破碎度、分离度和分维数倒数 3 个指标来表征区域景观格局受到各种干扰因素影响的程度，表达式为

$$LDI_i = \alpha' C_i + \beta' S_i + \gamma' FD_i \tag{5-98}$$

式中：LDI_i —— 研究期景观类型 i 的格局干扰指数；

α'，β'，γ' —— 各指标对应的权重，$\alpha'+\beta'+\gamma'=1$；

C_i，S_i，FD_i —— 景观类型 i 的破碎度、分离度和分维数倒数。

各景观类型的格局干扰累积度指数（CLDI）表达式为

$$CLDI_{it}=LDI_{it}/LDI_{i0} \tag{5-99}$$

式中：$CLDI_{it}$ —— 研究期 t 的 i 景观类型的格局干扰累积度指数；

LDI_{it}，LDI_{i0} —— 研究期和基期的格局干扰指数。

$CLDI_{it}$ 表示规划区域景观格局受规划活动干扰的程度，$CLDI_{it}>1$ 表示规划活动对生态系统景观干扰在增强，$CLDI_{it}<1$ 表示干扰在减弱。

③ 生态敏感性退化累积度指数。生态环境敏感性是指生态系统对人类活动干扰和自然环境变化的响应程度，说明发生区域生态环境问题的难易程度和可能性大小。可使用生态敏感性退化累积度指数来表征。在实际计算时，可以通过分析研究区生态系统所承担的社会功能，选用能够反映区域生态环境脆弱性的敏感性指标（因区域而异）来表征开发所带来的生态损失间接效应。

各景观类型的生态敏感性累积退化指数（$CSEI_{it}$）表达式为

$$CSEI_{it}=SEI_{it}/SEI_{i0} \tag{5-100}$$

式中：$CSEI_{it}$ —— 研究期 t 的 i 景观类型的生态敏感性累积退化指数；

SEI_{it}，SEI_{i0} —— 研究期和基期的生态敏感性指数。

④ 景观类型生态累积效应指数。根据景观格局指数的生态学意义及其与生态环境响应

之间的联系，对结构偏离累积度指数、格局干扰累积度指数和敏感性退化累积度指数采用多级加权求和法来计算不同景观类型的空间累积负荷指数，对不同景观类型的生态累积效应进行评价，计算方法如下：

$$CEI_i = \alpha CCI_{it} + \beta CLDI_{it} + \gamma CSEI_{it} \tag{5-101}$$

式中：CEI_i —— 景观类型 i 的空间累积负荷指数；

CCI_i —— 景观类型 i 的结构偏离累积度指数；

$CLDI_i$ —— 景观类型 i 的格局干扰累积度指数；

$CSEI_i$ —— 景观类型 i 的土壤侵蚀敏感退化累积度指数；

α，β，γ —— 各指标对应的权重。

⑤ 区域生态累积效应指数模型。景观类型生态累积效应指数只反映了各景观类型的生态效应累积特征，并不能从空间上反映整个区域的生态累积效应特征。因此，需要构建使区域景观生态累积效应指数空间化的模型，建立起景观类型生态累积效应与区域综合景观类型生态累积效应之间的联系。区域景观空间累积负荷指数计算模型为

$$RMLCBI = \sum_{j=1}^{n} \frac{A_i}{TA} \cdot CEI_i \tag{5-102}$$

式中：$RMLCBI$ —— 区域景观生态累积效应指数；

A_i —— 样地中景观类型 i 的面积；

TA —— 样地总面积；

CEI_i —— 景观类型 i 的生态累积效应指数。

CEI、$RMLCBI$ 分别为某一景观类型及规划整体区域生态环境累积效应指数，数值越大，表示规划活动对区域生态累积影响越大。

5.6.4 数学模型和解析模型法

在水环境影响评价中，通常采用数学模型法进行地表水环境影响预测，解析解模型法进行地下水环境影响预测。

5.6.4.1 用于地表水环境评价

数学模型法是将水体的水动力特征和污染物在水环境中的迁移转化规律概化为数学模型，以数学公式的方式来描述污染物对地表水环境造成的影响。常用的数学模型具体内容见 5.5.2.2。

5.6.4.2 用于地下水环境评价

规划的地下水环境评价主要采用地下水污染运移预测评价方法。该方法主要针对规划中有确定性地下水污染源分布的情形，研究污染源所在区域地下水污染物渗入地下水后随时间、空间的变化情况，以及对规划区及周边地下水环境造成的影响。常用的地下水污染运移计算解析模型见表 5-19。

表 5-19   常用的地下水污染运移计算解析模型

序号	类别	公式	符号含义	适用条件
1	瞬时点状注入污染物二维弥散	$$C(x,y,t)=\frac{m/n}{4\pi t\sqrt{D_L D_T}}$$ $$\exp\left[-\frac{(x-Vt)}{4D_L t}+\frac{y^2}{4D_T t}\right]$$	x 为距渗入点 x 方向的距离；y 为距渗入点 y 方向的距离；t 为时间；m 为注入污染物质量；n 为有效孔隙度；D_L 为纵向弥散系数；D_T 为横向弥散系数；π 为圆周率；V 为水流速度	①平面无界均质等厚各向同性含水层；②污染物瞬时注入，且浓度瞬间均匀；③含水层初始污染浓度处为零；④渗流为稳定均匀流；⑤弥散为二维；⑥无源汇项
2	连续点状注入污染物二维弥散	$$C(x,y,t)=\frac{m/n}{4\pi M\sqrt{D_L D_T}}$$ $$\exp\left(\frac{Vx}{2D_L}\right)\left[2K_0(\beta)-W\left(\frac{V^2 t}{4D_T},\ \beta\right)\right]$$ $$\beta=\sqrt{\frac{V^2 x^2}{4D_L{}^2}+\frac{V^2 y^2}{4D_L D_T}}$$	M 为承压含水层厚度；$K_0(\beta)$ 为第二类零阶修正贝塞尔函数；$W\left(\frac{V^2 t}{4D_T},\ \beta\right)$ 为第一类越流系统井函数，其他同上	①平面无界均质等厚各向同性含水层；②污染物连续注入，且浓度不变；③含水层初始污染浓度处为零；④渗流为稳定均匀流；⑤弥散为二维；⑥无源汇项

5.6.5   投入产出分析法

（1）介绍

投入产出分析法主要是编制棋盘式的投入产出表和建立相应的线性代数方程体系，搭建一个模拟现实的国民经济结构和社会产品再生产过程的经济数学模型，借助计算机，综合分析和确定国民经济各部门间错综复杂的联系和再生产的重要比例关系。投入是指产品生产所消耗的原材料、燃料、动力、固定资产折旧和劳动力；产出是指产品生产出来后所分配的去向、流向，即使用方向和数量，如用于生产消费、生活消费和积累。

在规划环境影响评价中，投入产出分析可以用于拟定规划引导下，区域经济发展趋势的预测与分析，也可以将环境污染造成的损失作为一种"投入"（外在化的成本），对整个区域经济环境系统进行综合模拟。

（2）特点

投入产出分析法为经济学家和决策者广泛接受，在研究多个变量结构上的相关关系时极为有用，适用于作为处理某些类型的环境问题的手段，分析投入产出系统中可以用实物表现的各种物物交换。该方法适用于某一发展阶段的投入产出关系，不适用于较长时间段的分析，且计算方法复杂、所需数据量和工作量较大。

（3）适用性

投入产出分析法适用于产业园区规划开发强度估算和环境要素影响预测与评价。

（4）示例

在规划环境影响评价中常用的投入产出模型主要有两类：一类是污染物排放及其治理的投入产出平衡分析；另一类是环境资源的投入产出平衡分析。

① 污染物排放及其治理的投入产出分析。模型的基本结构见表 5-20。假定生产和消费产品的同时排放 m 种污染物，为便于分析，假设每种污染物仅由一个部门进行治理，而每个部门也仅治理一种污染物，即污染物与污染治理部门是一一对应的。

表 5-20 引入污染治理部门的投入产出

项目		中间产品				最终产品及最终需求领域产生的污染	总产品
		生产部门		污染治理部门			
		1 2 … n	小计	1 2 … m	小计		
生产部门	1	$X_{11} X_{12} \cdots X_{1n}$		$E_{11} E_{12} \cdots E_{1n}$		Y_1	X_1
	2	$X_{21} X_{22} \cdots X_{2n}$		$E_{21} E_{22} \cdots E_{2n}$		Y_2	X_2
	…	… … …		… … …		…	…
	n	$X_{n1} X_{n2} \cdots X_{nn}$		$E_{n1} E_{n2} \cdots E_{nn}$		Y_n	X_m
	小计					Y	X
污染物	1	$P_{11} P_{12} \cdots P_{1n}$		$F_{11} F_{12} \cdots F_{1n}$		R_1	Q_1
	2	$P_{21} P_{22} \cdots P_{2n}$		$F_{21} F_{22} \cdots F_{2n}$		R_2	Q_2
	…	… … …		… … …		…	…
	n	$P_{n1} P_{n2} \cdots P_{nn}$		$F_{n1} F_{n2} \cdots F_{nn}$		R_n	Q_m
	小计				C		
新创造价值	折旧	$D_1 D_2 \cdots D_n$		$D_{1*} D_{2*} \cdots D_{m*}$			
	劳动报酬纯收入	$V_1 V_2 \cdots V_n$		$V_{1*} V_{2*} \cdots V_{n*}$			
		$M_1 M_2 \cdots M_n$		$M_{1*} M_{2*} \cdots M_{n*}$			
		$N_1 N_2 \cdots N_n$		$N_{1*} N_{2*} \cdots N_{n*}$			
总投入或污染治理量		$X_1 X_2 \cdots X_n$		$S_1 S_2 \cdots S_n$			

注：表中符号含义：

n —— 生产部门数目，个；

m —— 污染物、污染治理部门数目，个；

X_{ij} —— 第 j 个部门生产过程中所消耗的第 i 个生产部门产品的数量，个；

P_{ij} —— 第 j 个部门生产过程中所产生的第 i 种污染物的数量，个；

E_{ij} —— 第 j 个污染治理部门在治理污染过程中所消耗的第 i 个生产部门产品的数量，个；

F_{ij} —— 第 j 个污染治理部门在治理污染过程中所削减的第 i 种污染物的数量，个；

Y_i —— 第 i 个部门最终产品的数量，个；

X_i —— 第 i 个部门总产品的数量，个；

R_i —— 最终产品需求领域产生的第 i 种污染物的数量，个；

Q_i —— 第 i 种污染物产生总量，kg；

D_j —— 第 j 个生产部门固定资产折旧数额，元；

V_j —— 第 j 个生产部门劳动报酬数额，元；

M_j —— 第 j 个生产部门纯收入数额，元；

N_j —— 第 j 个生产部门新创造价值的数额，元；

D_{j*} —— 第 j 个污染治理部门固定资产折旧数额，元；

V_{j*} —— 第 j 个污染治理部门劳动报酬数额，元；

M_{j*} —— 第 j 个污染治理部门纯收入数额，元；

N_{j*} —— 第 j 个污染治理部门新创造价值的数额，元；

S_j —— 第 j 个污染治理部门治理污染物总量，kg。

实际上，污染物的排放量与生产规模（如产品产量）基本成正比关系，污染物排放系数在较短时期内也不发生变化，这与假设基本相符。通过这一投入产出表，可以预测到：

a．规划实施中各种污染物的产生情况及其环境影响。

b．染治理费用及其对产品价格的影响。污染治理无疑会导致生产成本增加，造成产品价格上升，而产品价格上升又可能导致原材料、辅助材料和能源等费用升高，进而又使得污染物治理成本增加。因此，需要对规划方案进行优化调整（如通过发展循环经济、推进清洁生产等措施），降低物耗、减少污染物的产生与排放，最终降低污染治理成本。

② 环境资源的投入产出平衡分析。在投入产出分析中，引入以实物量形式表示各种环境资源消耗，就可得到引入环境资源消耗的投入产出平衡模型。此模型可用于研究规划实施与环境资源开发利用的协调关系，为制订规划方案和规划决策提供依据。假设有 m 种环境资源消耗于 n 个生产部门，其产品产出量和环境资源消耗量之间的关系如表 5-21 所示。

表 5-21　引入环境资源消耗的投入产出

投入＼产出		计量单位	生产部门 1 2 … n	最终需求	总产品
生产部门	1		$q_{11}\ q_{12}\ \cdots\ q_{1n}$	Y_1^P	X_1^P
	2		$q_{21}\ q_{22}\ \cdots\ q_{2n}$	Y_2^P	X_2^P
	…		…	…	…
	n		$q_{n1}\ q_{n2}\ \cdots\ q_{nn}$	Y_n^P	X_m^P
环境资源	1		$e_{11}\ e_{12}\ \cdots\ e_{1m}$		
	2		$e_{21}\ e_{22}\ \cdots\ e_{2m}$		
	…		…		
	m		$e_{m1}\ e_{m2}\ \cdots\ e_{mm}$		
新创造价值	折旧		$N_1\ N_2\ \cdots\ N_n$		
总产值			$X_1\ X_2\ \cdots\ X_n$		

注：表中符号含义：

n —— 生产部门数目，个；

m —— 环境资源的种类，种；

q_{ij} —— 第 j 个部门生产过程中所消耗的第 i 个生产部门产品的数量，个；

e_{ij} —— 第 j 个部门生产过程中所消耗的第 i 种环境资源的数量，个；

Y_i —— 第 i 个部门最终产品的数量，个；

X_i —— 第 i 个部门总产品的数量，个；

N_j —— 第 j 个生产部门新创造价值的数额，元。

用表 5-21 得出的环境资源消耗量与可供给量进行比较，可评价环境资源的供给与需求是否平衡。如果消耗量大于可供给量，则说明目前的规划发展模式超过了环境资源的承载能力，规划方案需要进行调整。

5.6.6　环境经济学法

环境经济学法包括影子价格、支付意愿、费用效益分析等方法。

（1）环境费用效益分析法

环境费用效益分析是将规划实施造成的环境质量变化所带来的损失或收益进行价值评估的方法，可用于规划环境影响的综合论证及规划方案的比选。

费用效益分析原则包括：① 效益相等时，费用越小规划方案越好；② 费用相等时，效益越大规划方案越好；③ 效益与费用的比率越大，规划方案越好。

（2）价值评估方法的特点与适用性

规划实施的环境费用效益一般可用规划对生产力、人体健康、环境舒适性和存在价值造成的损失或收益来表示。针对不同的费用效益，其价值评估方法也不同（表 5-22）。

表 5-22　价值评估方法特点、适用性

环境效益类型	评估方法	计量模型	参数含义	适用范围
生产力	直接市场法	$P = \Delta Q(P_1 + P_2)/2$	P：环境价值损失；ΔQ：受污染产品的减产量；P_1：减产前的市场价格；P_2：减产后的市场价格	受污染的农作物、森林、水产品、餐饮、酿造等损失
	防护支出法	无一般模型	由采取的防护措施、购置的替代品、搬迁等所发生的支出确定	各种环境污染与生态破坏损失
	重置成本法	无一般模型	由被破坏的环境恢复至原状所需支出确定	具有相同或类似参照物的资源环境损失
	机会成本法	无一般模型	由资源环境的机会成本确定	具有唯一性的资源环境损失
人体健康	人力资本法与残病费用法	$P_1 = \sum_{i=1}^{k}(L_i + M_i)$ $P_1 = \sum_{i=1}^{T-i} \dfrac{\pi_{t+i} \cdot E_{t+i}}{(1+r)^i}$	P_1：疾病损失；P_2：早亡损失；L_i：i 类人生病的工资损失；M_i：i 类人的医疗费用；π_{t+i}：从 t 年龄活到 $t+i$ 年龄的概率；E_{t+i}：在年龄为 $t+i$ 时的预期收入；r：折现率；T：退休年龄	大气、水、噪声等对人体健康造成的疾病损失和早亡损失
	防护费用法	同上	同上	同上
	意愿调查价值法	无一般模型	由人们对改善环境的支付意愿或忍受环境损失的受偿意愿确定	其他方法无法评价的资源环境收益或损失
环境舒适性	旅行费用法	$P_i = \int_{e}^{\infty} F(e,z)\mathrm{d}e$ $P_i = \sum_{i=1}^{n} P_i$	P_i：第 i 位消费者对景点的支付医院；e：出发点到景点的旅行费用；z：人口的社会经济特征；P：景点总价值	风景名胜区、森林公园等景点的收益或损失
	内涵资产价值法	$P = a_0 + \sum_{i=1}^{k}(a_i \cdot h_i)$	P：房地产价格；h_i：住房各内部特征（如面积等）的价格；a_i：各内部特征的权重；a_0：房地产造价	环境性房地产的价值或损失
	意愿调查价值法	无一般模型	由人们对改善环境的支付意愿或忍受环境损失的受偿意愿确定	其他方法无法评价的资源环境收益或损失
存在价值	意愿调查价值法	同上	同上	同上

1）特点

环境费用效益分析法可分析规划实施对国民经济净贡献的大小，在环境影响评价中被广泛应用。缺点是不同的价值评估方法将得出不同的结果，且部分环境资源货币价值难以确定；规划实施及其影响年限较长，使用不同贴现率将得出不同的结果，而不使用贴现率会与代内的可持续发展原则相抵触；价值估算需要大量的统计数据作为支撑，但部分数据难以获取。

2）主要的环境价值评估方法

① 市场价值法，是指利用因环境质量变化引起的某区域产值或利润的变化，估算环境质量变化的经济效益或经济损失的方法。

由于规划实施改善或恶化了环境质量，引起区域经济增长或降低、产品产量增加或减少，可通过下式来计算这种变化：

$$\Delta B = \int_{Q_1}^{Q_2} P(Q) \mathrm{d}Q \qquad (5\text{-}103)$$

式中：Q_1，Q_2 —— 规划实施前后某一行业或部门的产品产量；

$P(Q)$ —— 产品需求函数；

ΔB —— 规划实施所带来的效益变化。

② 资产价值法，是指把环境质量看作影响资产价值的一个因素，当影响资产价值的其他因素不变时，以环境质量恶化引起资产价值的变化金额来估算环境污染所造成的经济损失的方法，可通过下式计算：

$$\Delta B = \sum_{i=1}^{n} a_i (Q_2 - Q_1) \qquad (5\text{-}104)$$

式中：Q_1，Q_2 —— 规划实施前、后的大气环境质量；

a_i —— 第 i 单元住房空气质量的边际价格；

ΔB —— 规划引起房产效益的变化。

③ 人力资本法，是指用收入的损失、医疗费用开支等，估算由于污染引起的过早死亡或病休成本的方法。

人过早得病或死亡的社会效益损失是由社会劳务的部分或全部损失带来的，它等于一个人丧失工作时间的劳动价值或预期的收入现值，可通过式（5-101）计算：

$$V_x = \sum_{n=x}^{\infty} \frac{(P_x^n)_1 (P_x^n)_2 (P_x^n)_3}{(1+r)^{n-x}} \qquad (5\text{-}105)$$

式中：V_x —— 年龄 x 的人未来收入的现值；

$(P_x^n)_1$ —— 年龄 x 的人活到年龄 n 的概率；

$(P_x^n)_2$ —— 年龄 x 的人活到年龄 n，并且具有劳动能力的概率；

$(P_x^n)_3$ —— 年龄 x 的人在年龄 n 还活着，具有劳动能力，仍然被雇佣的概率；

r —— 折现率。

④ 旅行费用法，是指利用旅行费用来估算规划实施导致的环境质量发生变化给旅游场所带来的效益上的变化，当不考虑其他因素影响时，可用来估算环境质量变化造成的经济

损失或收益。

⑤ 防护费用法，是指人们为了减少和消除规划实施引起的环境污染或生态恶化，而愿意支付的最低费用。防护费用法已被广泛用于噪声污染的评价中，如对城市路网规划进行噪声污染损失评价时，防护费用法的应用情景如下：

假设道路选线两侧的住房因交通噪声造成的损失为 LB，住户为了避免受噪声污染，需要支付的搬迁费用包括：① 购置新房所需支付的房屋附加费用或实际租房超过房屋市场价值的费用，用 CS 表示；② 因噪声导致的房屋价格降低值，用 D 表示；③ 搬迁花费，用 R 表示。

当 LB>CS+D+R，住户将选择搬迁。

当 LB<CS+D+R，住户将留在原住地。

⑥ 重置成本法，是指规划实施造成的环境污染或生态破坏恢复原状所需支付的费用的估算方法。

5.6.7　模糊综合评价法

（1）介绍

模糊综合评价方法是指借助模糊变换原理，在考虑多因子的情况下，评价对象优劣的方法。

（2）特点

模糊综合评价能够进行多因子综合评价，如分级评价中的中间过渡性或亦此亦彼性。它能克服定性分析的弊端，更为客观、准确地反映多因子影响。但模糊综合评价中的最大隶属度原则可能会导致信息损失，有时甚至得出不切实际的结论。

（3）适用性

模糊综合评判可应用于产业园区规划环境影响评价的环境风险评价。

（4）示例

评价某规划区域的环境风险管理水平，将该区域的环境风险管理情况及风险源参数计算值代入隶属函数表达式，得到评价矩阵，求出各评价等级的隶属度，归一化后将结果代入综合指数计算公式，得出该区域的环境风险管理水平指数，从而得知该区域风险管理水平等级。

5.6.8　情景分析法

（1）介绍

情景分析法是将规划方案实施前后、不同时间和条件下的环境状况，按时间序列进行描绘的一种方式。情景分析法的步骤主要有情景设立、未来多重情景方案的描述、情景发展的敏感度分析、引入突发事件后对未来情景发展的影响和调整。

（2）特点

情景分析法可以反映出不同规划方案情境下的环境影响后果，以及一系列主要变化的过程，便于研究、比较和决策。但情景分析法只是建立了环境影响评价的框架，分析每一情境下的环境影响还须依赖其他方法（如供需平衡法、数学模型法等）。

（3）适用性

情景分析法可以用于产业园区规划环境影响的预测及累积影响评价等环节。

5.6.9　生态学分析法

生态学分析法主要适用于生态影响评价的内容，常用方法有生态功能评价方法、生态环境敏感性评价方法、生态适宜性评价方法和景观生态学法。

本书主要以产业园区规划实施与区域生态结构、质量与功能变化及生态问题的关联效应为切入点围绕区域生态分异规律、区域生态承载力和生态适宜性、区域生产资产评价等，建立区域生态影响定量评估方法体系（图5-15）。

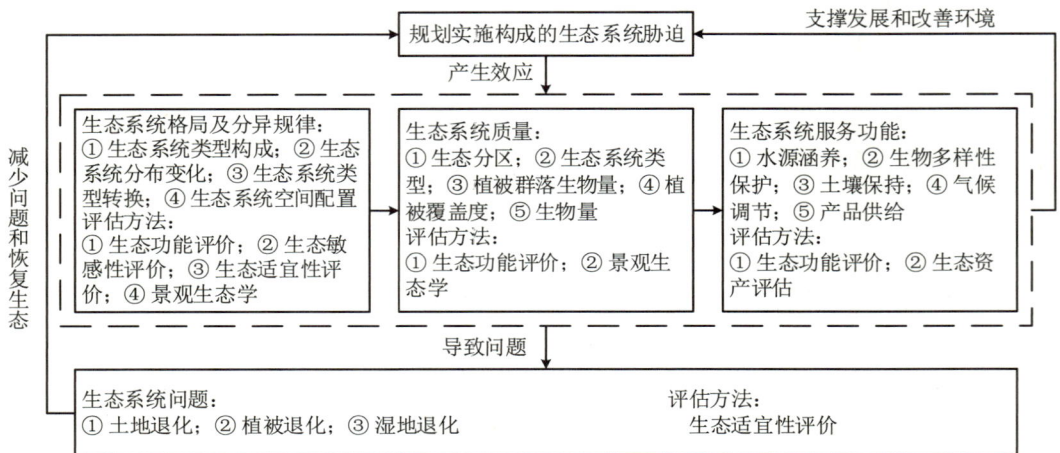

图 5-15　区域生态影响定量评估方法体系

5.6.9.1　生态功能评价方法

生态功能是指规划区域在涵养水源、保持水土、防风固沙、调蓄洪水、保护生物多样性等方面具有重要作用的生态功能。开展生态功能评价的重点内容包括土壤保持、水源涵养、生物多样性保护、洪水调蓄等。

（1）土壤保持功能重要性评价

1）定量指标法

$$S_{pro}=NPP_{mean}\times(1-K)\times(1-F_{slo}) \tag{5-106}$$

式中：S_{pro} —— 土壤保持服务能力指数；

NPP$_{mean}$ —— 评价区域多年生态系统初净级生产力平均值，可采用 NPP 的遥感模型算法；

K —— 土壤可蚀性因子；

F_{slo} —— 根据最大最小值法归一化到 $0 \sim 1$ 的评价区域坡度栅格图（利用地理信息系统软件，由 DEM 计算得出）。

本方法强调绿色植被、地形因子和土壤结构因子在土壤保持中的作用，可定量揭示生态系统土壤保持服务能力的基本空间格局，比较适用于大尺度区域的快速评估。

2）基于通用水土流失方程（USLE）的模型法

在数据资料丰富，能够充分满足各因子参数需求时可以采用修正的 USLE 土壤保持服务模型开展评价：

$$A_c = A_p - A_r = R \times K \times L \times S \times (1-C) \tag{5-107}$$

式中：A_c —— 土壤保持量；

A_p —— 潜在土壤侵蚀量；

A_r —— 实际土壤侵蚀量；

R —— 降水因子；

K —— 土壤侵蚀因子；

L，S —— 地形因子；

C —— 植被覆盖因子。

（2）水源涵养功能重要性评价

$$WR = NPP_{mean} \times F_{sic} \times F_{pre} \times 1 - F_{slo} \tag{5-108}$$

式中：WR —— 生态系统水源涵养服务能力指数；

NPP_{mean} —— 评价区域多年生态系统初净级生产力平均值，可采用 NPP 的遥感模型算法；

F_{sol} —— 根据最大最小值法归一化到 $0 \sim 1$ 的评价区域坡度栅格图（利用地理信息系统软件，由 DEM 计算得出）；

F_{sic} —— 土壤渗流能力因子，根据美国农业部（USDA）土壤质地分类，将 13 种土壤质地类型分别在 $0 \sim 1$ 均等赋值得到。例如，clay（heavy）为 1/13，silty clay 为 2/13，…，sand 为 1；

F_{pre} —— 由多年（大于 30 年）平均年降水量数据插值获得，得到的结果归一化到 $0 \sim 1$。

（3）生物多样性保护功能重要性评价

$$S_{bio} = NPP_{mean} \times F_{pre} \times F_{tem} \times (1 - F_{alt}) \tag{5-109}$$

式中：S_{bio} —— 生物多样性保护服务能力指数；

NPP_{mean}，F_{pre} —— 参数的计算方法同上；

F_{tem} —— 气温参数，由多年（10～30 年）平均年降水量数据插值获得，得到的结果归一化到 $0 \sim 1$；

F_{alt} —— 海拔参数，由评价区域海拔进行归一化获得。

（4）洪水调蓄功能重要性评价

$$Q_i = F_{pre} \times Q_w \tag{5-110}$$

$$Q = (L_{imax} - L_{imin}) / (dem - L_{imin}) \tag{5-111}$$

式中：Q_i —— 区域内多个湿地洪水调蓄服务相对能力指数；

F_{pre} —— 降水因子，计算方法同上；

Q_w —— 评价单元水体面积比，由土地覆盖数据计算获得；

Q —— 某湖库湿地洪水调蓄服务能力指数；

L_{imax} —— 最大水位；

L_{imin} —— 最小水位；

dem —— 评价单元的海拔高度。

5.6.9.2　生态敏感性评价方法

生态敏感性是指在不损害或不降低环境质量的情况下，生态因子对外界压力或变化的适应能力。关注的主要对象包括水土流失敏感区、石漠化敏感区、河滨带敏感区、湖滨带敏感区等。

（1）水土流失敏感性评价

根据土壤侵蚀发生的动力条件，对水动力为主的水土流失敏感性评价可以根据《生态功能区划暂行规程》的要求，结合评价区域的实际情况，选取降水侵蚀力、土壤可蚀性、坡度坡长和地表植被覆盖等指标，将反映各因素对水土流失敏感性的单因子分布图，用地理信息系统技术进行乘积运算，公式如下：

$$SS_i = \sqrt[4]{R_i \times K_i \times LS_i \times C_i} \tag{5-112}$$

式中：SS_i —— i 空间单元水土流失敏感性指数；

R_i —— 降雨侵蚀力；

K_i —— 土壤可蚀性；

LS_i —— 坡长坡度；

C_i —— 地表植被覆盖。

在数据条件具备的条件下也可采用通用水土流失方程（USLE）计算评价区域土壤侵蚀量的空间分布值，根据土壤侵蚀量大小进行水土流失敏感性分级。

（2）石漠化敏感性评价

石漠化敏感性主要取决于是否为喀斯特地形、地形坡度、植被覆盖度等因子。公式如下：

$$S_i = \sqrt[3]{D_i \times P_i \times C_i} \tag{5-113}$$

式中：S_i —— i 评价区域石漠化敏感性指数；

D_i —— i 评价区域碳酸岩出露面积占单元总面积的百分比；

P_i —— 地形坡度;

C_i —— 植被覆盖度。

5.6.9.3　生态适宜性评价方法

规划环境影响评价中所涉及的生态适宜性分析大多是指土地的生态适宜性,土地生态适宜性分析是从维持生态系统稳定和环境保护可持续的角度,通过分析土地的自然生态条件,评价土地用于开发建设的适宜性和限制性特点。生态适宜性评价包括评价要素选择、评价指标体系建立、适宜性评价等主要内容。

（1）评价要素选择

评价要素的选择应当结合评价区的地域特点,主要从自然地理、生态系统、社会经济3 个方面综合考虑。自然地理要素一般包括地形地貌、地质灾害、土壤侵蚀敏感性、地下水水位降落等;生态系统要素一般包括地表覆盖、植被覆盖、生态服务功能等;社会经济包括人口密度、经济发展、基本农田、城市建设等。山地城市应当分析滑坡、崩塌要素等。土地生态适宜性评价要素框架见图 5-16。

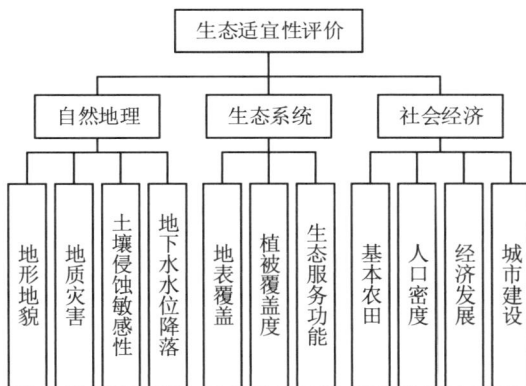

图 5-16　土地生态适宜性评价要素框架

（2）评价指标体系

在确定评价要素的基础上,建立适宜性评价指标体系。首先,量化评价要素的适宜性影响关系,用分值表示。如以分值 1～4 分别对应不适宜、较不适宜、较适宜和适宜 4 个级别。其次,根据评价要素对适宜性的影响程度确定评价要素的权重,所有要素的权重在0～1,所有权重之和为 1。确定权重一般使用层次分析法、专家打分法等。层次分析法将目标分解为多个目标或准则,进而分解为多指标的若干层次,通过定性指标模糊量化方法算出层次单排序和总排序,该方法简单明了,通过与专家打分法相结合,使各要素权重更具科学性,具体见表 5-23。

表 5-23　土地生态适宜性评价指标体系

一级指标（权重）	二级指标（权重）	分级标准		适宜性等级
自然地理 （0，4）	地形地貌	坡度（0，25）	0°～5°	4
			5°～10°	3
			10°～25°	2
			>25°	1
		高程（0，15）	—	—
	地质灾害（0，3）	—	—	
	土壤侵蚀敏感性（0，15）	—	—	
	地下水水位降落（0，15）	—	—	
生态系统 （0，4）	地表覆盖（0，2）	—	—	
	植被覆盖度（0，3）	—	—	
	生态服务功能（0，5）	—	—	
社会经济 （0，4）	基本农田（0，4）	—	—	
	人口密度（0，2）	—	—	
	经济发展（0，2）	—	—	
	城市建设（0，2）	—	—	

（3）土地适宜性等级评定

当选取好研究区域的参评因子和确定权重后，采用指数和法与极限条件法相结合，评定土地适宜性的等级。首先，在确定各参评因子权重的基础上，将每个单元针对各个不同适宜类所得到的各参评因子等级指数分别乘以各自的权重值，然后进行累加，分别得到每个单元适宜类型的总分，最后根据总分的高低确定每个单元对各土地适宜类的适宜性等级。其计算公式如下：

$$S = \begin{cases} 0, & \text{当} V_k = 0 \text{时} \\ \sum_{k=1}^{n} W_k \cdot V_k, & \text{当} V_k \neq 0 \text{时} \end{cases} \qquad (5\text{-}114)$$

式中：S —— 评定单元综合评定分值；

　　　n —— 评价因子数；

　　　W_k —— 第 k 个评价因子的权重；

　　　V_k —— 第 k 个评价因子的量化分值。

根据评定单元综合评定分值分布，选取合适的阈值，一般土地适宜性评价等级划分为 3 个或 5 个等级，其中，3 个等级为 $F=\{F1，F2，F3\}=\{$很适宜，适宜，不适宜$\}$，5 个等级为 $F=\{F1，F2，F3，F4，F5\}=\{$最适宜，较适宜，基本适宜，较不适宜，不适宜$\}$。与 3 个等级相比，5 个等级的划分更细致一些，可针对不同区域的具体情况进行选择。

5.6.9.4　景观生态学法

景观生态学是研究由相互作用的生态系统组成的异质地表的结构、功能和变化的学科。景观生态学理论应用于规划环境影响评价最主要的是基于"斑块—廊道—基质模式"

的景观空间格局分析和景观安全格局分析。

（1）景观空间格局分析

景观空间格局是大小、形状、属性不一的景观空间单元在空间上的分布与组合规律，又是各种生态过程在不同尺度上作用的结果。景观空间格局分析主要是针对景观各要素（如斑块、廊道、基质等各要素的数量、类型、形状及在空间组合）进行分析，通过选取能表征景观格局主要特征的不同景观格局指数构建景观格局动态分析指标体系，开展评价区域规划前后的景观格局动态分析和景观格局累积影响识别和评价。

（2）景观安全格局分析

景观安全格局是指景观中存在某种潜在的生态系统空间格局，它由景观中的某些关键的局部、其所处方位和空间联系共同构成。景观生态安全格局对维护或控制地块的生态过程有着重要的意义。

5.6.10 方法应用条件

产业园区规划环境影响评价环境影响预测与评价方法应用条件见表 5-24。

表 5-24 环境影响预测与评价方法应用条件

方法名称	方法特点	方法适用性
类比分析法	方法简单，通用性较好；但类比条件有限制，可靠性有限	适用于大气环境和水环境影响评价
系统动力学法	可从定性和定量两方面综合分析，评价结果可新高，对规划要素的调整反应灵敏；但参数多且难以准确设定，影响预测结果	适用于空间尺度大、系统较为复杂规划的要素环境影响预测与评价
数值模拟法	可直观反映影响程度，定量表示环境要素时空变化的过程和规律，充分反映环境扰动的空间位置和密度，分析空间累积效应及时间累积效应，灵活性较大，适用于多种空间范围；但对基础数据要求较高，限定于建模条件范围内，费用较高，且单个模型通常只能分析单个环境要素影响	适用于各要素环境影响预测与评价、环境风险评价及累积影响评价
数学模型法	计算结果准确性较高，可根据不同水体进行模式选择，适用范围广，量化程度高；但对基础资料要求较高，需要模型计算的专业能力	地表水环境影响预测与评价
解析模型法	方法相对简单、直观，所需资料和计算参数较少；但对含水层概化度较高，适合可概化为点源的定量预测	地下水环境影响预测与评价
投入产出分析法	可直观反映投入产出关系；但不适用于较长时间段的分析，且计算方法复杂、所需数据量和工作量较大	适用于规划开发强度估算和各要素环境影响预测与评价
环境经济学法	用于环境经济评价；但不同价值评估方法获得结果不同，且部分环境资源货币价值难以确定；规划实施及其影响年限较长，使用不同贴现率将得出不同的结果，而不使用贴现率会与代内的可持续发展原则相抵触；价值估算需要大量的统计数据作为支撑，但部分数据难以获取	适用于环境经济影响预测与评价

方法名称		方法特点	方法适用性
模糊综合评价法		可进行多因子综合评价，评价客观、准确；但最大隶属度原则可能会导致信息损失，有时甚至得出不切实际的结论	适用于环境风险评价
情景分析法		可反映不同情景下的环境影响后果及变化过程，便于研究、比较和决策；但仅建立了评价框架，分析过程还需依赖其他方法	适用于环境影响预测与评价及累积影响评价
生态学分析法	生态功能评价方法	可定量分析生态影响；但需要收集较多参数	适用于生态影响分析与评价
	生态敏感性评价方法		
	生态适宜性评价方法	从维持生态系统稳定和环境可持续角度进行土地的生态适宜性评价，评价全面；但需建立合理的评价体系，过程较复杂，需与其他方法联合	适用于生态环境影响评价
	景观生态学方法	评价方法简单；但需进行比较详细的调查	适用于累积影响评价

5.7 产业园区环境准入体系构建方法

产业园区规划环境影响评价应重点从规划实施区域环境质量、资源利用及环境风险方面，论证规划布局、建设规模、建设时序、配套设施和重大入园项目的环境合理性，分析规划实施产生的环境、经济、社会效益。在充分评估规划提出的减缓不良生态环境影响的对策、措施基础上，重点关注规划实施生态环境问题及制约因素的解决方案，依据环境空间管控要求提出产业园区环境准入要求。构建产业园区环境准入体系常见的方法为列清单法，即从空间布局约束、资源开发利用、污染物排放管控、环境风险防控等方面，制定产业园区的生态环境准入清单。

（1）产业园区生态环境准入清单编制原则

① 因地制宜，体现特色。产业园区生态环境准入清单应结合规划区域现状、规划目标、规划布局、规划内容和区域环境特点，衔接管理部门的实际管理需求，体现园区发展差异及特色，确保清单的适用性和实用性。

② 问题导向，目标明确。根据产业园区现状存在的环境问题，以及产业园区发展区域制约因素，以解决园区现状和区域环境、资源问题，缓解制约因素为导向制定产业园区生态环境准入清单，以实现区域生态环境保护目标为目的。

③ 科学评估，规范编制。产业园区生态环境准入清单的编制应基于科学、客观的分析评估，采用规范、综合的方法。

（2）编制内容

产业园区生态环境准入清单应包括空间布局、污染物排放、环境风险防控、资源开发利用以及产业准入控制要求等内容。

① 空间布局约束。以列表形式明确空间布局约束内容：规划范围内涉及国家、地方重点生态环境管控单元的区域需严格执行国家、地方的环境管控要求；规划范围内农林地、绿地、水系等特殊生态空间执行对应的保护要求；提出产业园区布局结构要求，重污染产业板块邻避要求，需要特殊保护的区块保护要求；产业园区内部、产业园区外围应设置的空间防护和绿化带建设要求等。

② 污染物排放管控。以列表形式从入园企业污染物处理处置及排放要求、园区资源能源使用要求、清洁生产要求等方面明确污染物排放管控内容，要求产业园区污染物排放不得突破总量。

③ 环境风险防控。以列表形式明确环境风险防控内容，包括产业园区和入园企业环境风险应急预案编制要求，产业园区和入园企业环境风险防控措施，产业园区发展涉及的风险物质禁止准入要求和限制准入条件，运输、储存要求等。

④ 资源开发利用要求。对产业园区水资源开发利用指标、土地资源开发利用指标、资源开发利用指标等相关指标限制，以列表形式明确资源开发利用要求。

⑤ 产业准入控制要求。产业园区内禁止引入的企业或项目包括：国家和地方各级产业政策法规中列明的禁止、限制和淘汰类，不符合产业园区规划产业定位的，不符合产业园区环境保护要求的。考虑将符合园区规划产业定位和各级产业政策的项目作为鼓励和优先发展的项目。

（3）编制程序

① 现状调查评估。调查产业园区现状发展规模、产业结构、基础设施建设情况、污染物排放现状、资源能源利用情况、环境管理建设情况等，评估产业园区存在的环境问题及区域资源、环境制约因素，梳理生态环境准入清单需要关注并解决的主要问题。

② 确定环境保护目标。结合区域环境质量现状、园区所在地区环境功能区划及敏感区，确定大气、地表水、地下水、噪声、土壤和生态等要素环境保护目标；调查区域资源、能源赋存、园区资源能源需求、企业清洁生产水平要求等，分析产业园区资源利用上线。

③ 环境影响预测及资源承载力分析。根据产业园区规划内容估算规划实施后排放污染物的源强，进行环境影响预测分析，分析区域资源、环境承载力，提出园区污染物排放总量控制要求。

④ 编制生态环境准入清单。结合梳理出的环境问题和制约因素，将已明确的环境质量底线、资源利用上线及污染物排放总量控制要求作为基础，从改善区域环境质量、解决环境问题出发，编制产业园区生态环境准入清单。

第 6 章

陕西省产业园区规划环境 影响评价案例研究

从区域到园区再到项目的环评源头预防、管控体系初步建立，产业园区规划环境影响评价作为空间管控与项目环评之间的"桥梁"，起着"承上启下"的作用。本章选取陕西省近 5 年来完成审查的 5 个具有代表性的产业园区规划环境影响评价项目：《陕西省 YLXD 煤化工产业示范区总体规划环境影响报告书》《陕西省 HZ 高新技术产业开发区总体规划（2021—2035）环境影响报告书》《陕西省 HC 经济技术开发区总体规划修编（2018—2030）环境影响报告书》《陕西省 FX 高新技术产业开发区总体规划（2019—2035）（修编）环境影响报告书》《陕西省 HL 高新技术产业开发区总体规划环境影响报告书》，开展陕西省产业园区规划环境影响评价示范性案例研究，结合前 5 章产业园区特点、法律法规及相关政策、评价方法等内容，从资源禀赋、评价方法、环境压力、环境政策、管理制度角度，归纳 5 个产业园区规划环境影响评价项目的规划概况、重点评价内容、评价方法应用、评价成果采纳及后续经验等，为陕西省产业园区规划环境影响评价工作提供参考，并为陕西省产业园区规划环境影响评价思考和建议提供研究基础。

6.1 陕西省 YLXD 煤化工产业示范区总体规划环境影响评价案例

6.1.1 示范区概况

陕西省 YLXD 煤化工产业示范区是在《现代煤化工产业创新发展布局方案》（发改产业〔2017〕553 号）中提出规划布局的 4 个现代煤化工产业示范区之一，为科学指导 YL 现代煤化工发展，YL 市发展和改革委员会委托编制了《陕西省 YLXD 煤化工产业示范区总体规划》（以下简称《总体规划》），同时完成了《陕西省 YLXD 煤化工产业示范区总体规划环境影响报告书》（以下简称《报告书》）。该示范区主要由 3 个片区构成：YS 片区（YS

工业区 QS 工业园)、YH 片区（YH 工业区能源化工产业区南区、北区)、JB 片区（JB 能源化工综合利用产业园)，涉及 YL 市 4 个区县，总面积为 242.96 km^2。主导产业为现代煤化工产业，包括煤制烯烃、煤制芳烃、煤制油、煤制乙二醇、煤炭分质利用等现代煤化工项目，生产石油替代产品（化工产品和清洁燃料)，规划期为 2020—2025 年。

（1）YS 片区，规划面积为 84.26 km^2。重点发展煤盐化工、精细化工、装备制造、新材料及下游配套产业。

（2）YH 片区，规划面积为 118.7 km^2。重点发展与新兴产业、化工新材料、精细化工和新能源。

（3）JB 片区，规划面积为 40 km^2。重点开发高端聚烯烃产品以及下游改性、共混等终端应用产业。

规划区范围见图 6-1，产业布局见图 6-2 和图 6-4。

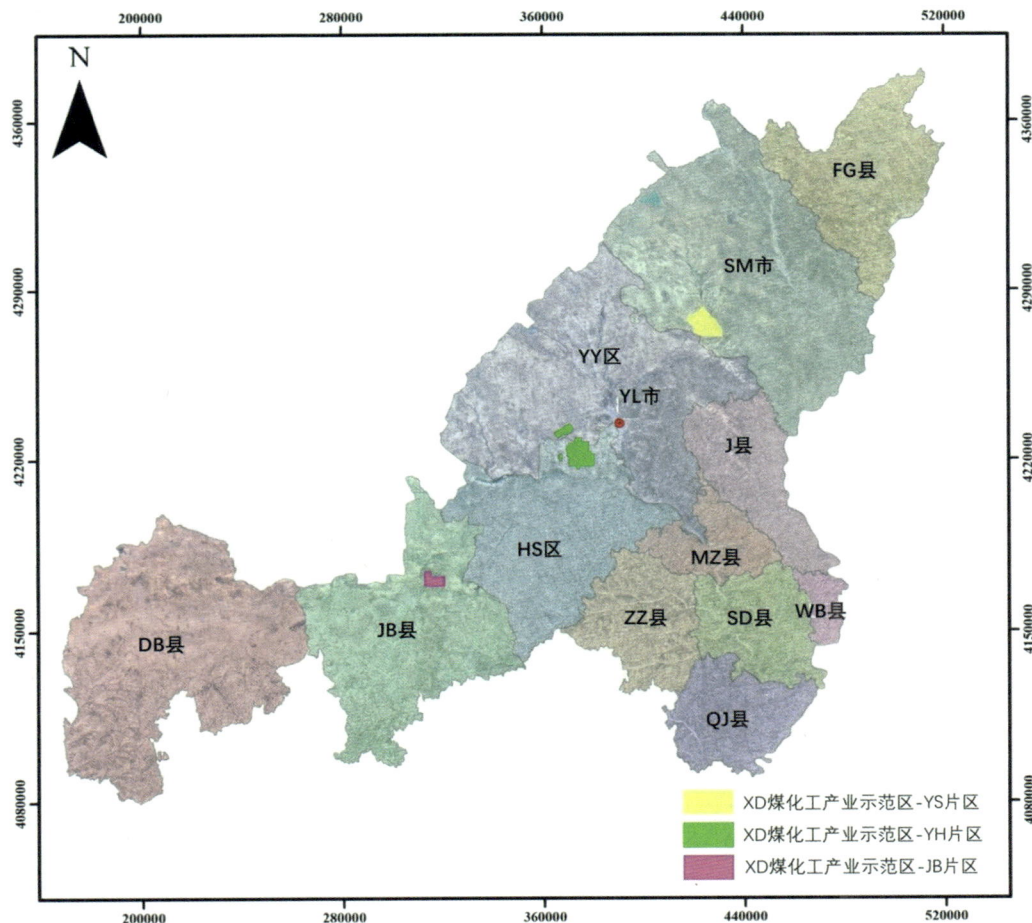

图 6-1　陕西 YLXD 煤化工产业示范区范围

图 6-2 YS 片区产业布局

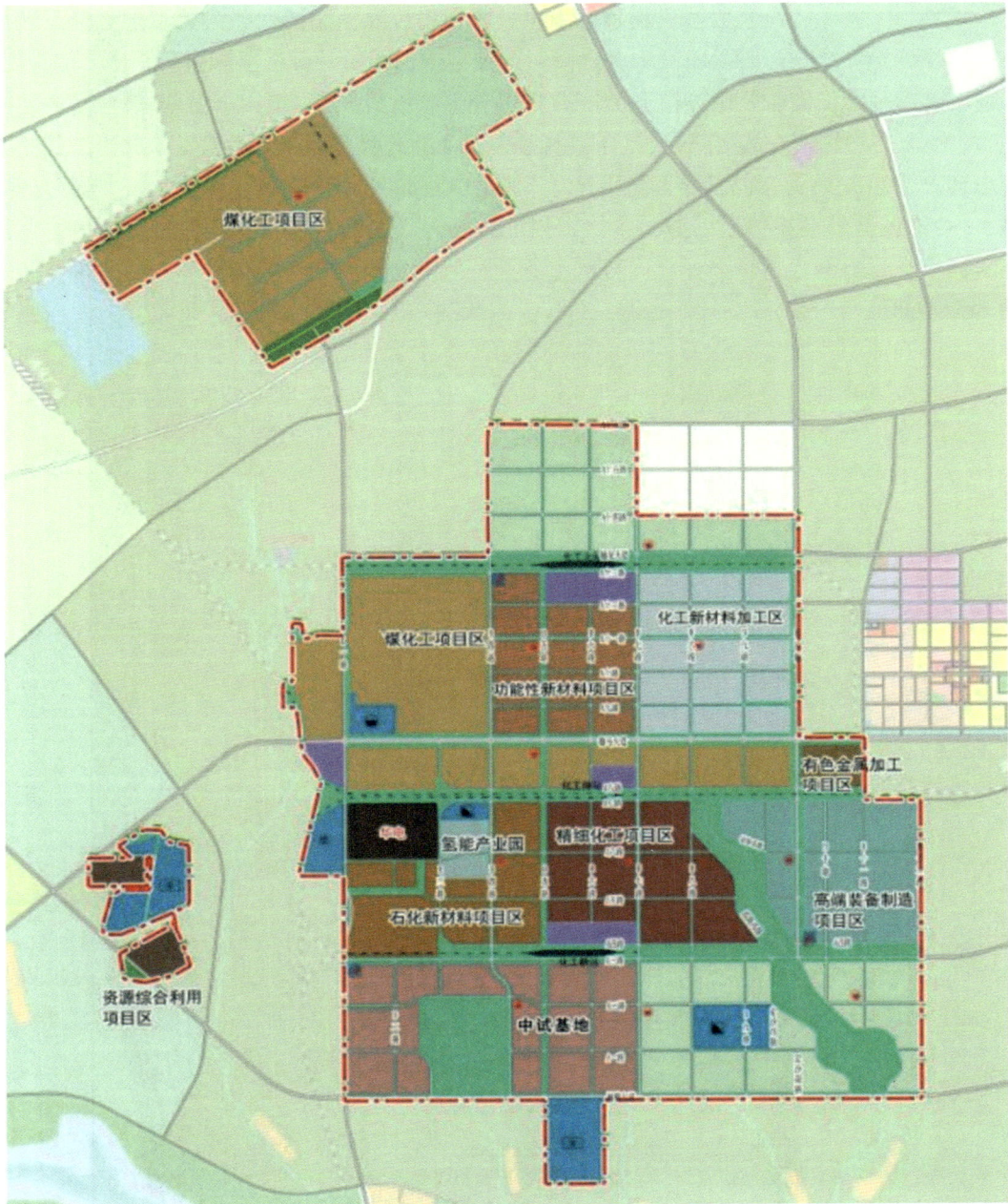

图 6-3　YH 片区产业布局

图 6-4　JB 片区产业布局

6.1.2　重要生态环境制约因素识别

6.1.2.1　水资源短缺、水环境敏感

YL 市位于陕西最北部，北部为风沙草滩区，南部为黄土丘陵沟壑区，生态较为脆弱；人均水资源量占陕西省人均水资源量的 64%，占全国人均水资源量的 36%，水资源匮乏。

YS 片区目前供水水源为 CTG 水库地表水、QSG 地表水、XS 水库地表水、园区矿井水。现状可供水量为 5 590 万 m^3/a，已分配指标为 5 008 万 m^3/a，接近上限。据调查 2019 年实际取水量为 650 万 m^3/a，占已分配指标的 12.9%，主要原因是已批尚未建设、尚未投运项目和现状水资源余量较多，但剩余水资源可支配量不足，限制了园区后续产业发展。

YH 片区目前供水水源为 WGD 水库地表水水源、XJH 煤矿矿井水。WGD 水库可供水量 1.366 0 亿 m^3/a，已分配指标 1.281 78 亿 m^3/a，接近上限。据调查，现状实际取水量较少，2019 年 WGD 水库取水量仅占已分配指标量的 26%。目前，水资源指标虽能满足现有规划项目需求，但由于已批复水资源指标整合了企业内部节水余量，水库水资源余量有限。

规划 YH 片区紧邻陕西省 WDH 湿地省级自然保护区，YH 片区与陕西省 SMCB 省级自然保护区有重叠，地表水生态环境较为敏感。因此，区域水资源匮乏与园区规划产业水资源需求矛盾突出，规划实施后园区废水排放可能会导致后期地表水环境容量不足，进而造成水环境质量和水生生态环境的恶化。

6.1.2.2　环境空气质量不达标

本次规划环评收集了 2015—2019 年 YL 市区 4 个国控点环境空气自动监测站的 24 h 连续自动监测数据，分别为世纪广场、实验中学、环保监测大楼和 HSX 森林公园（清洁对照点），监测项目包括 SO_2、NO_2、PM_{10}、$PM_{2.5}$、O_3、CO，用来说明区域环境质量现状及变化趋势。YL 市空气质量监测站情况见表 6-1。2015—2019 年 YL 市空气质量总体变化情况见表 6-2。主要污染物变化趋势见图 6-5～图 6-10。

表 6-1　YL 市空气质量监测站情况汇总

序号	点位名称	经度/（°）	纬度/（°）	城市位置	功能	功能区类型
1	HSX 森林公园	109.709 129	38.331 154	非建成区（森林公园）	对照点	一类区
2	环保大楼	109.743 805	38.249 909	建成区	监测点	二类区
3	实验中学	109.733 849	38.283 469	建成区	监测点	二类区
4	世纪广场	109.751 358	38.292 362	建成区	监测点	二类区

表 6-2　2015—2019 年大气污染物浓度年际变化趋势

年份	PM$_{10}$/ (μg/m^3)	PM$_{2.5}$/ (μg/m^3)	SO$_2$/ (μg/m^3)	NO$_2$/ (μg/m^3)	CO-95%/ (mg/m^3)	O$_3$-8 h-90%/ (μg/m^3)	超标因子
2015	85	39	19	36	1.7	152	PM$_{10}$、PM$_{2.5}$
2016	81	35	20	36	2.6	156	PM$_{10}$
2017	73	34	20	43	2.4	168	PM$_{10}$、NO$_2$、O$_3$
2018	78	35	20	42	2.2	164	PM$_{10}$、NO$_2$、O$_3$
2019	66	35	15	42	1.8	159	NO$_2$

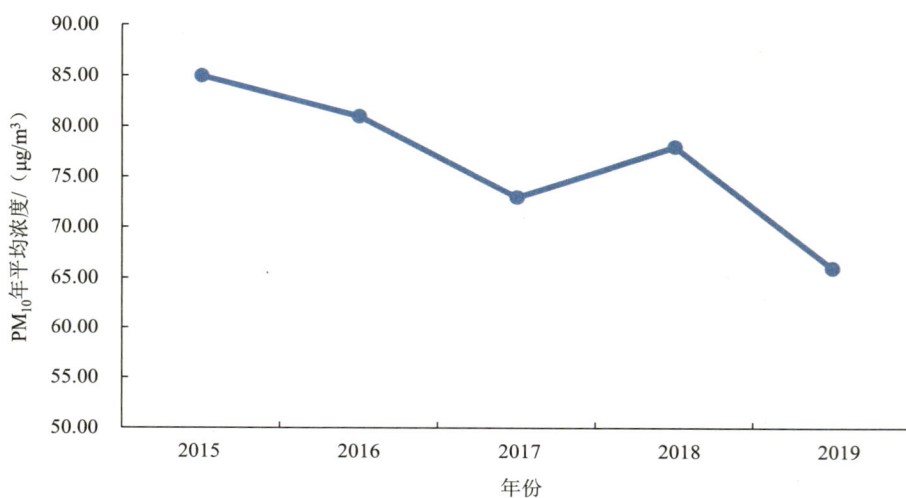

图 6-5　2015—2019 年 PM$_{10}$ 变化趋势

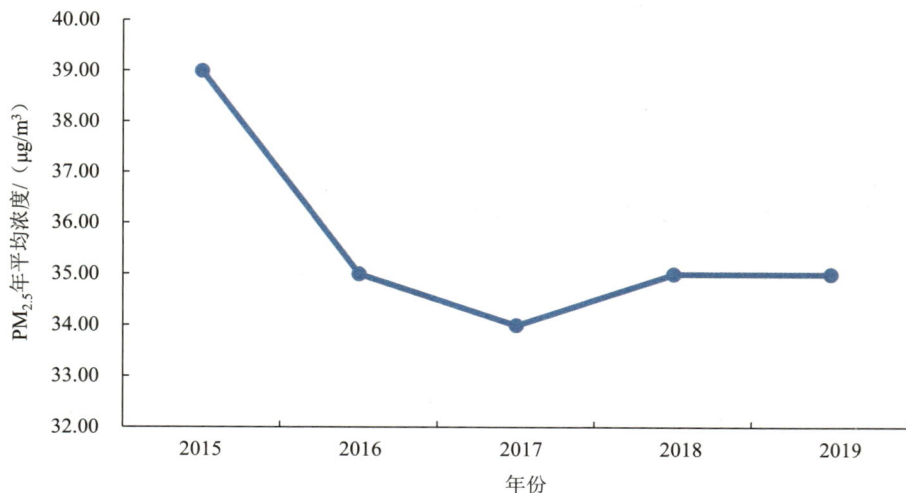

图 6-6　2015—2019 年 PM$_{2.5}$ 变化趋势

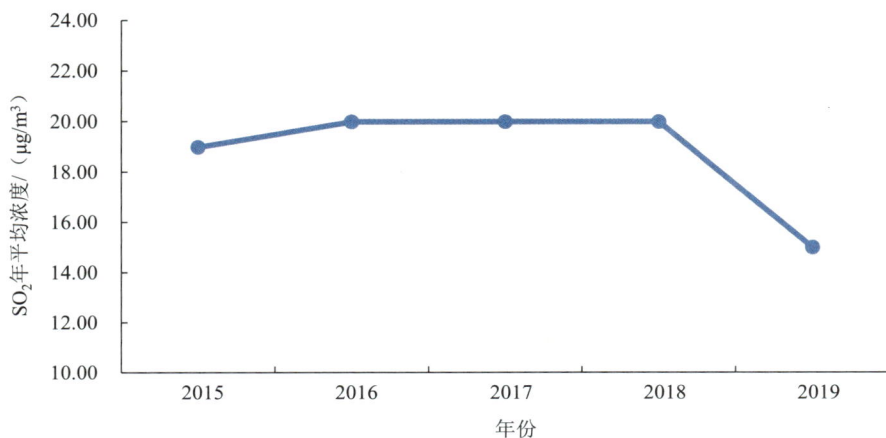

图 6-7　2015—2019 年 SO_2 变化趋势

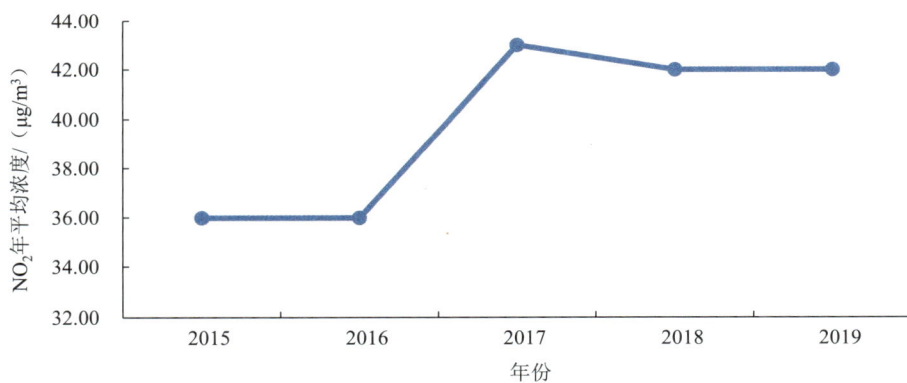

图 6-8　2015—2019 年 NO_2 变化趋势

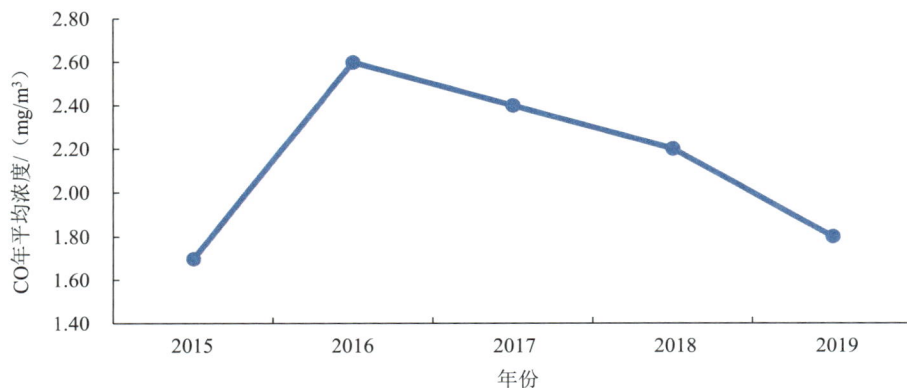

图 6-9　2015—2019 年 CO 24 h 平均浓度变化趋势

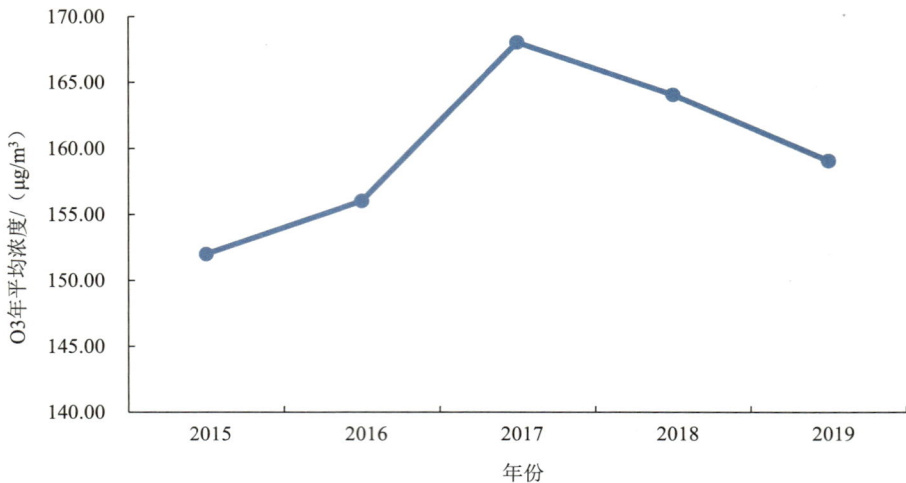

图 6-10   2015—2019 年 O_3 日最大 8 h 平均浓度变化趋势

根据 2015—2019 年 YL 市国控点环境空气质量监测结果，PM_{10}、$PM_{2.5}$、NO_2 和 O_3 均有数据超过《环境空气质量标准》（GB 3095—2012）二级要求。PM_{10}、$PM_{2.5}$、NO_2 超标主要原因除位于 MWS 沙漠边缘，气候干燥、风沙较大的自然因素外，区域产业结构偏重，煤炭能源消耗量大，运输结构以公路为主等也是影响因素之一。

6.1.2.3   规划区及评价范围内存在省级自然保护区和文物遗迹

YS 片区与陕西省 SMCB 省级自然保护区的一般控制区有重叠，YS 片区和 YH 片区内存在古建筑、古遗址、古墓葬及石窟寺等国家级、省级、县级文物保护单位，规划区发展布局收到一定的限制。

6.1.2.4   规划区固体废物处置压力大

规划区主要产生的固体废物包括锅炉灰渣、气化灰渣、废旧催化剂、废吸附剂、废分子筛、污水处理污泥、结晶盐及生活垃圾等。虽然 3 个片区均建设了相应的工业固体废物填埋场，但目前渣场余量有限。工业固体废物以填埋处置，综合利用率较低，同时浓盐水蒸发结晶产生的杂盐量大，无较好的处置利用土地也成为该区域的突出问题。

6.1.3   环境影响评价主要内容

6.1.3.1   水资源承载力分析评价

（1）可供水量计算

YS 片区目前供水水源为 CTG 水库地表水、QSG 地表水、XS 水库地表水、园区矿井水，经输水管道统一输送至 YL 市 QS 工业园供水有限责任公司管网，处理后供给园区。近期规划地表水水源为 YH 工程地表水水源、矿井疏干水及再生水，各水源供给 QS 工业园区的年供水量为见表 6-3。

表 6-3　YS 工业园区可供水量汇总　　　　　　单位：万 m³/a

类别	水源名称	可供水量	现状已分配水指标量	2019 年实际供水量	2020 年富余水资源可配置量	2025 年富余水资源可配置量	备注
地表水	CTG 水库	4 122	3 986	420	136	136	已建成
	QSG	915	672	20	243	243	已建成
	XS 水库	300	97	130	203	203	已建成
	东线 YH 工程—马镇 YH 工程	14 771	0	0	0	14 771	已开工建设，设计水平年 2025 年
煤矿井疏干水	XW 煤矿富余矿井水	253	253	80	0	0	已建成
	QS—JJ 片区矿井水综合利用工程	1 128	0	0	0	902	建设中
	JJT—MHL 片区矿井水综合利用工程	2 800	0	0	2 800	2 240	2020 年年底建成，预计 2025 年可配置量按照 80%利用率计算
再生水	再生水	329	0	0	329	329	
	合计	24 618	5 008	650	3 711	18 824	

注：CTG 水库已分配水指标量里包括神华已建、在建、规划项目和少部分 QS 工业园拟建在建项目。

　　CTG 水库 2019 年供水量约为 420.29 万 m³，其中 JJ 南区供水 200 万 m³，QS 工业园区供水 220.29 万 m³。

　　YH 片区目前供水水源为 WGD 水库地表水水源和 XJH 矿井水，近期规划水源为矿井疏干水及再生水，各水源供给 YH 工业区的年供水量见表 6-4。

表 6-4　YH 工业区可供水量汇总　　　　　　单位：万 m³/a

类别	水源名称	可供水量	现状已分配水指标量	2019 年实际供水量	2020 年富余水资源可配置量	2025 年富余水资源可配置量	备注
地表水	WGD 水库	13 660	12 817[①]	3 353[②]	843	843	
煤矿井疏干水	XJH 煤矿矿井水	650	650	650	0	0	已建成 供 YH 发电厂（30）、YH 工业区（620）
	DHZ 煤矿矿井水	1 032	1 032	0	0	0	建设中 拟供中煤陕西 YL 能源化工有限公司
	YDT、BLS 矿井水	1 130	1 130	0	0	0	水资源论证已批复 拟供兖矿二期煤制油
	YH 北片区矿井水综合利用工程	2 696	0	0	0	2 157	2025 年可配置量按照 80%利用率计算

类别	水源名称	可供水量	现状已分配水指标量	2019年实际供水量	2020年富余水资源可配置量	2025年富余水资源可配置量	备注
再生水	再生水	821	228	0	2 351	2 671	规划新建再生水设施，2020年新增可再生水量1 758万 m^3 ，2025年新增可再生水量2 078万 m^3

注：① WGD水库现状已批复指标包括拟建在建项目长庆乙烯项目、近期规划项目中煤制烯烃和兖矿煤制油项目取水指标5 388.21万 m^3 和YH工业区外供水指标5 363.4万 m^3 。

② 2019年WGD水库实际供水量2 258万 m^3 ，加上BCZ取水1 095万 m^3 ，共计取水3 353万 m^3 。

JB片区生产用水目前供水水源为BCZ、JJS、ZJM水库以及HQ水库，在2020年前规划或开工的水源有JB县污水处理厂中水和LHZJM水库供水工程。园区规划远期水源有DBYH提升改建工程、矿井水和JB县污水处理厂新增中水，各水源供给JB能源化工综合利用产业园的年供水量见表6-5。

表6-5　JB能源化工综合利用产业园可供水量汇总　　　　　　　　单位：万 m^3 /a

类别	供水工程名称	可供水量	现状已分配水指标量	2019年实际供水量	2020年富余水资源可配置量	2025年富余水资源可配置量	备注
地表水	WD河BCZ	1 700	1 700	1 629	0	0	已建成
	L河、HL河库坝群联合供水水源（由JJS水库、ZJM水库供给）	883	768		115	115	JJS水库已建成
	HQ水库	300	300	0	0	0	已建成
	陕甘宁盐环定扬黄DB供水提升改建工程	85	0	0	0	85	
矿井疏干水	YH南片区矿井水综合利用工程	1 225	0	0	0	980	拟建，设计水平年2025年，2025年可配置量按照80%利用率计算
再生水	JB县污水处理厂	748	217	0	531	713	已建成，规划2025年新增可再生水量182万 m^3
	合计	4 941	2 985	1 629	646	1 893	

注：现状已批复指标包括拟建在建项目已获得水资源指标量。

（2）需水量计算

YS片区、YH片区、JB片区示范区现状年本片区已获得水指标量如表6-6所示，计算规划年较现状水平年新增用水指标量，得出规划项目2020年、2025年需要的指标量。

表 6-6　示范区项目需水总量统计　　　　　　　　　　　单位：万 m³/a

园区名称	现状年本片区已获得水指标量				规划年较现状水平年新增用水指标量		规划项目需指标量	
项目实施年限	已建	在建、拟建	规划	合计	2020 年	2025 年	2020 年	2025 年
YS 片区（QS 片区）	344	2 549	911	3 804	1 216	15 230	5 020	19 034
YH 片区	3 867	422	4 690	8 979	126	1 336	10 315	10 315
JB 片区（JB 能源化工综合利用产业园区）	1 868	1 117	0	2 985	0	1 840	2 985	4 825

（3）水资源分配量及总量控制

根据 YL 市人民政府办公室《关于下达县区 2020 年和 2030 年用水总量及重要水功能区水质控制目标的通知》（Y 政办发〔2015〕26 号），YL 市各县区及工业园区 2020 年用水总量控制指标分别为 JB 片区 1.18 亿 m³、YH 工业园 1.30 亿 m³、YS 工业区 1.80 亿 m³；2030 年用水总量控制指标分别为 YS 工业区 2.67 亿 m³、YH 工业园 2.10 亿 m³、JB 片区 1.50 亿 m³。

本次评价年为 2025 年，采用 2020 年和 2030 年用水总量控制指标内插计算得出 2025 年用水总量控制指标。对比分析结果详见表 6-7。

表 6-7　用水总量控制指标符合性分析　　　　　　　　单位：万 m³

行政区	园区名称	用水总量控制指标		2020 年		2025 年	
		2020 年	2025 年	规划项目需指标量	占标比例/%	规划项目需指标量	占标比例/%
YS 工业区	QS 工业园	18 000	22 350	5 020	37	19 034	95
	DBD 组团			1 570		2 263	
YH 工业区	YH 工业区能源化工产业区南区、北区	13 000	17 000	9 106	84	10 315	78
	高新区			1 825		2 900	
JB	JB 能源化工综合利用产业园区	11 800	13 400	2 985	91	4 825	94
	JB 农业、生活、生态用水量			7 711		7 711	

注：2020 年用水量、2025 年用水量核算中，3 个片区现有工程、拟建在建项目用水量均考虑最不利情况，采用水资源指标量。

根据水资源批复指标数据和规划项目需水量核算，3 个规划区均能够满足对应区域 2020 年和 2025 年用水总量控制指标的要求，JB 片区规划项目需指标量占用水总量控制指标比例较大，2020 年达到 91%，2025 年达到 94%，接近用水总量控制指标上限。

（4）水资源承载能力分析

根据表 6-3，YS 片区 2020 年剩余水资源可配置量为 3 711 万 m³、2025 年剩余水资源可配置量为 18 824 万 m³；根据表 6-4，YH 片区 2020 年剩余水资源可配置量为 3 194 万 m³、2025 年剩余水资源可配置量为 5 671 万 m³；根据表 6-5，JB 片区 2020 年剩余水资源可配置量为 646 万 m³、2025 年剩余水资源可配置量为 1 893 万 m³。规划项目新增用水量和规划区水资源剩余水资源可配置量的对比情况见表 6-8。

表 6-8　水资源承载力分析   单位：万 m³

园区名称	YS 片区	YH 片区	JB 片区
2020 年较现状水平年新增用水指标量	1 216	126	0
2020 年剩余水资源可配置量	3 711	3 194	646
水资源占用比例	33%	4%	0%
2025 年较现状水平年新增用水指标量	15 230	1 336	1 840
2025 年剩余水资源可配置量	18 824	5 671	1 893
水资源占用比例	81%	24%	97%

规划 3 个片区水资源可配置量均可满足区域规划发展需求。YH 片区规划项目大部分已获得水资源指标，新增需水量较小，占剩余水资源可配置量比例较小。YS 片区和 JB 片区规划新增用水指标量占剩余水资源可配置量比例较大。

（5）水资源承载力管控要求

根据 YL 市区域空间生态环境评价"三线一单"成果，YL 市水资源承载能力重点管控区主要为 JB 县、DB 县和 ZZ 县；YL 市 JB 县宁条梁镇、东坑镇一般超采区属于陕西省地下水超采区重点管控区。根据示范区范围内各片区的分布和用水目标，提出以下管控要求（表 6-9）。

表 6-9　水资源承载力管控要求

编号	陕西省生态保护红线的管控要求	示范区管控要求	依据
1	陕北地区重点管控区（JB 县、DB 县和 ZJ 县） 调整工业产业结构：合理调整布局，加快产业结构调整，严格市场准入，限制、淘汰粗加工和高耗水、高排放高污染产业，延伸和完善能源工业产业链，大力发展高新技术产业，探索节约型、环保型可持续发展道路，严控工业用水量。 加强工业用水管理，严格控制废水排放：通过用水计划管理，加强总量控制、定额管理、系统节水改造及非常规水源利用等措施全面推行清洁生产，以最严格的手段，大力控制工业生产过程中的水资源消耗和污水排放量，倡导"近零排放"。	本规划 JB 片区位于水资源承载能力重点管控区，因此 JB 片区内规划项目应做到：① 严格市场准入，限制、淘汰粗加工和高耗水、高排放、高污染产业，延伸和完善能源工业产业链，大力发展高新技术产业，探索节约型、环保型可持续发展道路，严控工业用水量。 ② 示范区内规划项目废水处理后全部回用，不外排。	YL 市区域空间生态环境评价"三线一单"成果

编号	陕西省生态保护红线的管控要求	示范区管控要求	依据
1	提高工业水重复利用：通过发展循环用水系统、蒸汽冷凝水回收再利用技术，推广蒸汽冷凝水的回收设备和装置，推广节约型疏水器等工艺和设备改造，减少水的消耗，提高工业水重复利用率。陕北地区 2020 年矿井水复用率要求达到 80%以上，到 2035 年要求达到 100%，矿井水综合利用工程是按照"统一调配、分片收集、区域联通、多源互补、生态优先"的矿井水保护利用思路进行总体布局，近期可配置给工业生产、生态环境；2035 年矿井水可逐步退出工业，作为工业应急备用水源，进一步加大生态、农灌辐射面和配置水量，持续改善区域生态环境	③优先利用矿井水，减少地表水资源消耗，采用节水技术、循环水场优先采用闭式循环，单位产品新鲜水耗、万元地区生产总值用水量等指标应满足示范区能效、能耗和用水指标要求	YL 市区域空间生态环境评价"三线一单"成果
2	地下水超采区：①落实行政责任，强化考核管理；②加强地下水开发利用管理。严格取水许可审批与监督，新建、改建和扩建项目必须开展水资源论证，并以此作为建设项目立项审批的先决条件；已建地下水取水工程应结合地表水等替代水源工程建设，按照治理目标期限封停；③拓展地下水补给途径，有效涵养地下水；④加强地下水监测网站建设，为超采区治理提供依据	本规划 JB 片区不涉及陕西省地下水超采区重点管控区。同时严格要求规划范围内项目严禁取用地下水作为工业水源	YL 市区域空间生态环境评价"三线一单"成果

6.1.3.2　水环境容量承载力分析评价

（1）污染物排放量不新增

YS 片区内已入驻重点企业基本自建污水处理设施，自行处理产生的污水，回用于生产或达到排放标准，排入北区污水处理厂进一步处理。QS 工业园北区污水处理厂（水解酸化+A/O 工艺+臭氧氧化+深度处理+消毒）处理企业外排污水，处理达标后排入 TW 河。规划区规划煤化工项目均自建污水处理设施，同时在规划区南区建设一座污水处理厂（三级深度处理工艺），针对反渗透浓盐水设置除盐分盐系统进一步处理，冷凝液作为中水回用，残液焚烧，经上述过程处理后的各种再生水将全部回用至各生产装置，仅产生固体盐作为排出物。因此 YS 片区规划项目不新增废水及污染物排放量。

目前 YH 片区有 2 家污水处理厂，YH 煤化工业园工业污水处理厂、红墩污水处理厂分别处理南区、北区化工企业浓盐水。YH 煤化工业园工业污水处理厂将处理后的高盐浓水排入蒸发塘，中水回用企业；红墩污水处理厂采用蒸发结晶工艺处理浓盐水，中水送外单位回用。因此 YH 片区无污水外排口。规划区规划煤化工项目以煤化工建设项目为主，且目前工业区的已建成项目主要集中在 YH 工业园区（南区、北区）。考虑到煤化工项目污水排放量大且回用要求较高，规划建议现代煤化工建设项目污水处理与回用设施以厂内自建为主，回用后高浓盐水（不高于污水量 10%）可集中排放至 YH 工业区工业污水处理厂进行回用处理。YH 工业区污水全部回用不外排。

目前 JB 片区未建设综合性污水处理及回用设施，YNH 公司废水经自建污水处理站处理后回用，回用水采用"超滤+反渗透主体脱盐工艺"，中水回用不外排。园区内 YNH 园区管委会、JY 宾馆及其他两家企业产生的废水经化粪池沉淀后定期拉运至 JB 县污水处理厂。因此 JB 片区无污水外排口。园区其余规划项目中水处理依托拟建的园区污水处理厂。园区无纳污水体，园区污水处理站出水、清净下水等经回用水站深度处理后，回用做循环冷却水系统补充水、市政杂用水等；回用水站规划采用超滤+反渗透主体脱盐工艺。回用水处理装置产生的高浓盐水规划采用蒸汽压缩蒸发工艺（MVR）/多效蒸发技术强制蒸发。JB 片区污水全部回用不外排。

本次规划 3 个片区规划项目均采用蒸发结晶等工艺技术，将产生的废水处理后全部回用不外排，不增加规划区周边水系 TW 河、WD 河的污染物排放量。

（2）制度保障规划区的水环境容量

2018 年 8 月，YL 市发布并实施了《YL 市基于生态流量保障的主要河流水量调度方案》。该方案对 YL 市主要河流进行径流分析的基础上，首先计算各河流的生态基流，再结合各水功能区目标水质计算所需要的目标生态流量，进而确定各河段控制断面的生态流量，并依据确定的生态流量与河流控制断面水量进行比较，对出现的生态流量亏缺量通过较大水利工程增大下泄和压减沿途取水等人为调控来补充满足。

"WD 河"水量调度方案为：WD 河主要通过 WGD 水库进行水量调度，设定 ZSY 水文站为监控断面，DJG、BJC 水文站为控制断面。计算 ZSY 水文站 25%、50%、75%、90% 来水条件下，在保障下游 ZSY、DJG、BJC 控制断面生态流量的前提下，WGD 水库需要下泄的最小流量。另外，计算了 WD 河干流 ZSY、DJG 水文站断面的预警流量。其中 ZSY 预警流量按照枯水期 6.00 m^3/s、丰水期 8.87 m^3/s 控制。

"TW 河"水量调度方案为：TW 河主要通过 YZ 水库和 CTG 水库进行水量联合调度。设定 GJB 水文站为监控断面，YZ 水库、CTG 水库、GJC 水文站为控制断面。计算 GJB 断面 25%、50%、75%、90%来水条件下，在保障下游 GJC 控制断面生态流量的前提下，CTG 水库需要下泄的最小流量，然后通过调节 YZ 水库的下泄量，满足下游 CTG 断面生态流量需求。另外，计算了 GJB 水文站断面的预警流量，按照枯水期 2.99 m^3/s、丰水期 3.04 m^3/s 控制。

2019 年起，该项调度方案已实施。在严格执行控制预警流量，加大水库调蓄下泄力度的基础上，确保满足《黄河流域重大生态环境问题及对各省（区）"三线一单"工作的建议》（环办环评函〔2020〕370 号）中"保障 WD 河 BJC 断面非汛期生态基流达到 4 m^3/s"的要求。

（3）地表水环境质量底线管控要求

规划区位于黄河流域的 WD 河流域，周边地表水体主要涉及 WD 河、TW 河等。根据 WD 河、TW 河 2020 年、2025 年、2035 年水环境质量目标，参照陕西省区域空间生态环境评价"三线一单"成果中 YL 市污染物排放总量指标，针对规划区的水污染物排放管控要求见表 6-10。

表 6-10 规划区水环境质量底线管控要求

编号	WD 河流域管控要求	示范区排放管控要求	依据
1	以满足水功能区划要求为前提。严格高耗水、高耗能、高污染企业进入，对于已进入企业执行清洁生产改造；完善厂矿企业环境风险防范和应急能力建设，降低特定环境风险隐患；城镇生活源应加强源头截污，提升污水处理率及污水厂运营水平；对分散的农村生活源要采取因地制宜、切实可行的污水治理办法，严格杜绝污水直排入河现象；做好农村垃圾分类收集工作，避免垃圾随意倾倒现象发生。全面推进农业面源污染防治，实现畜禽粪污资源化还田利用	①示范区内规划各项目污废水均不得外排。企业内部自建污水处理设施，处理达标废水全部回用。②精细化工项目等污废水全部纳入园区污水处理站统一处理，处理达标废水全部回用，不外排。③各企业需建设满足应急需要的事故池、初期雨水池，防止事故废水（如消防废水）及受污染雨水不经处理直接排入外部环境。④园区统一建设园区应急事故水池，收集事故工况下的废水。确保废水不外排	陕西省区域空间生态环境评价"三线一单"成果

6.1.3.3 大气环境影响分析

（1）大气环境影响预测情景设置

YL 现代煤化工产业示范区位于 YL 市区南西北方向，区内现有大型工业企业污染源较多，大气环境影响显著。规划区 3 个板块分处于不同的区县，相距较远，根据规划环境影响评价基本原则，选用 CMAQ 模型，对基准年（2019 年）气象条件下常规污染物（以现状主要超标因子 PM_{10} 为例）排放的环境影响进行预测分析。大气环境影响预测内容详见表 6-11。

表 6-11 大气环境影响预测内容

序号	预测方案名称	计算点	常规预测内容
1	规划发展情景大气环境影响预测	环境空气关心点、网格点	短期浓度、长期浓度
2	JB 园区规划发展情景大气环境影响预测	环境空气关心点、网格点	短期浓度、长期浓度
3	YS 园区规划发展情景大气环境影响预测	环境空气关心点、网格点	短期浓度、长期浓度
4	YH 园区规划发展情景大气环境影响预测	环境空气关心点、网格点	短期浓度、长期浓度
5	YL 市环境空气质量达标规划动态评估	环境空气关心点	环境质量改善情况

（2）大气污染物扩散条件

YL 属于属温带半干旱大陆性季风气候，气候特点是春季干燥，多风沙天气；夏季炎热多雨，日温差大；秋季凉爽湿润；冬季严寒干燥，降水量小，冰冻期长。

根据《YL 统计年鉴 2018》，区内多年平均降水量约为 637.1 mm。降水量年内变化大，全年降水量分配不均匀，春冬两季较少，夏秋两季较多。6—9 月降水约占全年降水量的74% 以上；降水量年际变化明显。近年来，年际降水量的变化总体上受气温控制，并与气温呈现相反的变化趋势，即暖期对应少雨年份，冷期对应多雨年份。历年最大降水量为819.1 mm（1967 年）；历年最小降水量 108.6 mm（1965 年）。

区域多年平均气温 10.5℃，气温月际变化显著，极端最高气温出现在清涧，达 40.7℃；极端最低温度出现 SM 和 JB，达 –20.3℃。

① 地面气象数据。地面气象观测资料采用 YL 气象站（站号 53646）、JB 气象站（站号 53735）、SM 气象站（站号 53651）的 2019 年 1—12 月共 1 年风速、风向、温度、总云和低云资料。

② 高空气象数据。采用中尺度气象模式 WRF 模拟生成的格点气象资料。该模式采用的原始数据有地形高度、土地利用、陆地—水体标志、植被组成等数据，数据源主要为美国 USGS 数据。原始气象数据采用美国国家环境预报中心的 NCEP/NCAR 的再分析数据。分辨率为 27 km，高空气象数据层数为 40 层，时间为 GMT 时间 0 时和 12 时（北京时间 8 时和 20 时），可直接作为 Aermet 程序的高空输入文件。

③ 地表参数。土地利用数据来自生态环境部环境工程评估中心的 AerSurface 在线服务系统，系统网址为 http：//cloud.lem.org.cn/，该系统为针对大气环境影响评价工作中 AERMOD 模型应用存在的一些问题和需求，基于全国高分辨率土地利用数据、GIS 地理信息系统、AERSURFACE 地表参数处理模块的构建的 AERSURFACE 在线服务系统，以标准化、自动化的方法建立一套全国地表参数在线计算与管理系统，为 AERMOD 模型的标准化应用提供支持，为法规模型的标准化应用提供参考。计算分析本项目土地利用参数时，以规划区为中心，以正北为 0°，每 30° 1 个扇区，将周边区域分为 12 个扇区，分别计算各土地利用类型所占比例。

（3）环境影响预测结果

① YS 片区预测结果。经预测，YS 片区规划发展情景下，PM_{10} 排放对区域 4 个国控点的短期浓度及长期浓度贡献值均较小，贡献值最大占标率不超过 2%；PM_{10} 排放对区域所有网格点的年均浓度贡献值最大占标率为 28.76%，日均浓度贡献值最大占标率为 107.53%，超标区域出现在 YS 片区内。YS 片区规划发展情景下 PM_{10} 影响预测结果详见表 6-12 和图 6-11、图 6-12。

表 6-12　YS 片区规划发展情景下 PM_{10} 影响预测结果

关心点名称	指标	出现时间	贡献值/（μg/m³）	占标率/%
HSX 森林公园	最大日均值	20190703	1.87	1.25
	年均值	2019	0.15	0.21
环保大楼	最大日均值	20190403	1.88	1.25
	年均值	2019	0.13	0.19
实验中学	最大日均值	20190403	1.69	1.13
	年均值	2019	0.14	0.2
世纪广场	最大日均值	20190403	1.59	1.06
	年均值	2019	0.14	0.2
区域最大点	最大日均值	20190113	161.29	107.53
	年均值	2019	20.13	28.76

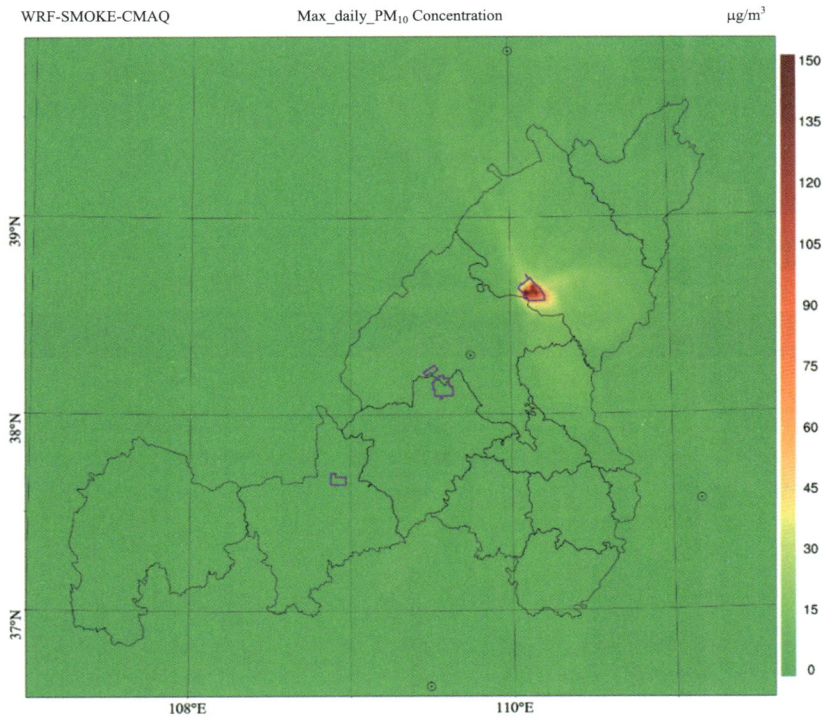

图 6-11　YS 片区规划发展情景下 PM$_{10}$ 日均浓度最大贡献值分布

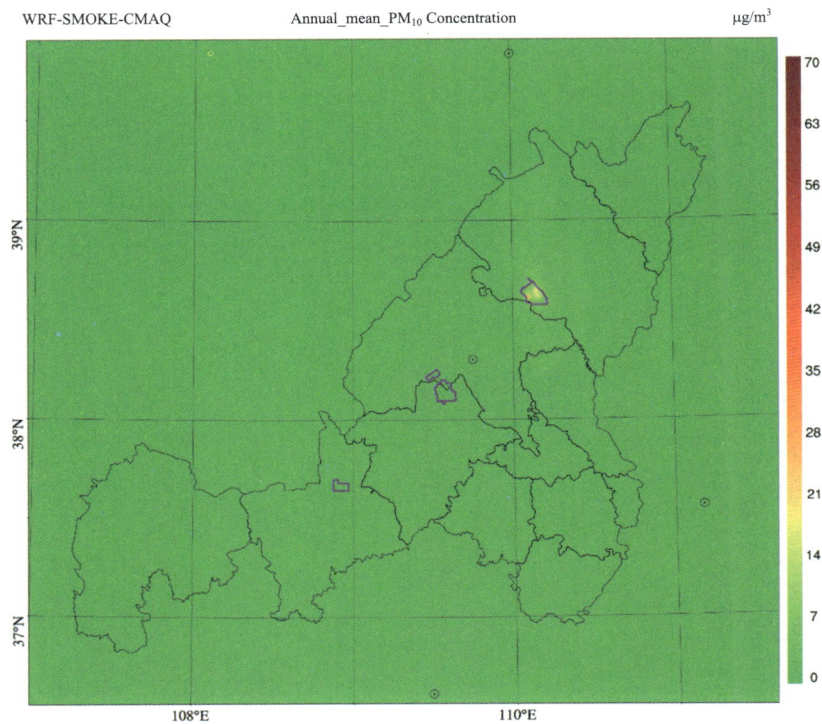

图 6-12　YS 片区规划发展情景下 PM$_{10}$ 年均浓度贡献值分布

②YH 片区预测结果。经预测，YH 片区规划发展情景下，PM$_{10}$ 排放对区域 4 个国控点的短期浓度及长期浓度贡献值均较小，贡献值最大占标率不超过 6%，影响大小依次为环保大楼＞实验中学＞世纪广场＞HSX 森林公园；PM$_{10}$ 排放对区域所有网格点的年均浓度贡献值最大占标率为 27.46%，日均浓度贡献值最大占标率为 65.38%。YH 园区规划发展情景下 PM$_{10}$ 影响预测结果详见表 6-13 和图 6-13、图 6-14。

表 6-13   YH 片区规划发展情景下 PM$_{10}$ 影响预测结果

关心点名称	指标	出现时间	贡献值/（μg/m³）	占标率/%
HSX 森林公园	最大日均值	20191011	3.69	2.46
	年均值	2019	0.38	0.55
环保大楼	最大日均值	20190122	8.98	5.99
	年均值	2019	0.66	0.95
实验中学	最大日均值	20191011	4.78	3.19
	年均值	2019	0.47	0.68
世纪广场	最大日均值	20191011	5.02	3.35
	年均值	2019	0.43	0.62
区域最大点	最大日均值	20190113	98.07	65.38
	年均值	2019	19.23	27.46

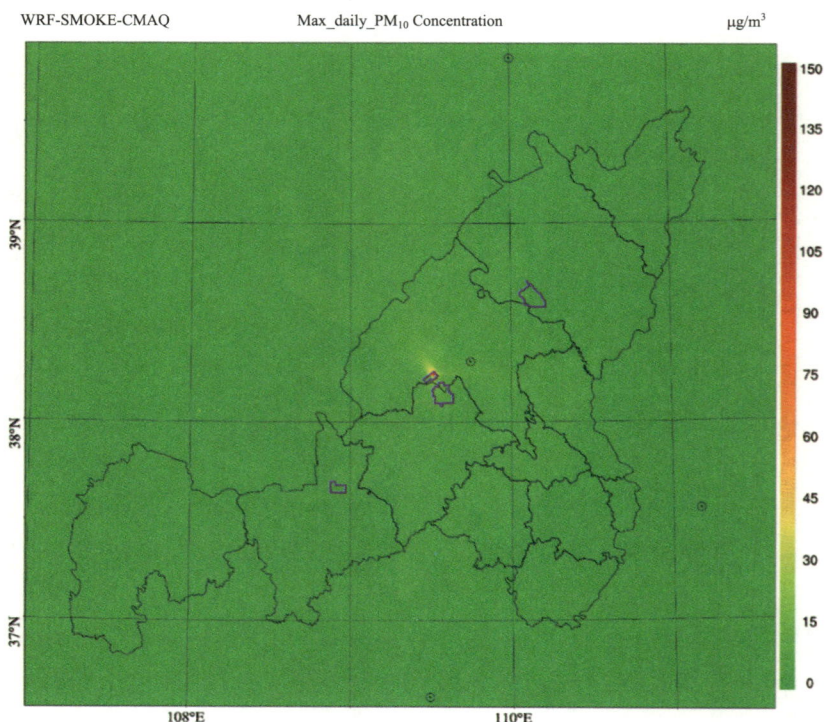

图 6-13   YH 片区规划发展情景下 PM$_{10}$ 日均浓度最大贡献值分布

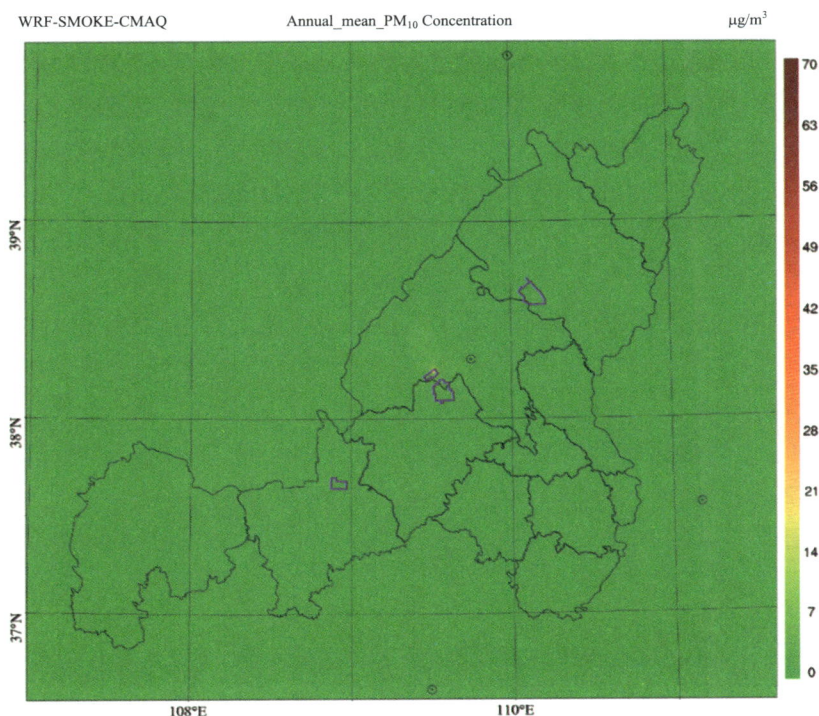

图 6-14　YH 片区规划发展情景下 PM$_{10}$ 年均浓度贡献值分布

③JB 片区预测结果。经预测，JB 片区规划发展情景下，PM$_{10}$ 排放对区域 4 个国控点的短期浓度及长期浓度贡献值均较小，贡献值最大占标率不超过 1%；PM$_{10}$ 排放对区域所有网格点的年均浓度贡献值最大占标率为 5.07%，日均浓度贡献值最大占标率为 7.69%。JB 片区规划发展情景下 PM$_{10}$ 影响预测结果详见表 6-14 和图 6-15、图 6-16。

表 6-14　JB 片区规划发展情景下 PM$_{10}$ 影响预测结果

关心点名称	指标	出现时间	贡献值/（μg/m^3）	占标率/%
HSX 森林公园	最大日均值	20190129	0.27	0.18
	年均值	2019	0.01	0.01
环保大楼	最大日均值	20190129	0.3	0.2
	年均值	2019	0.01	0.02
实验中学	最大日均值	20190129	0.29	0.19
	年均值	2019	0.01	0.02
世纪广场	最大日均值	20190129	0.28	0.19
	年均值	2019	0.01	0.02
区域最大点	最大日均值	20190128	11.53	7.69
	年均值	2019	3.55	5.07

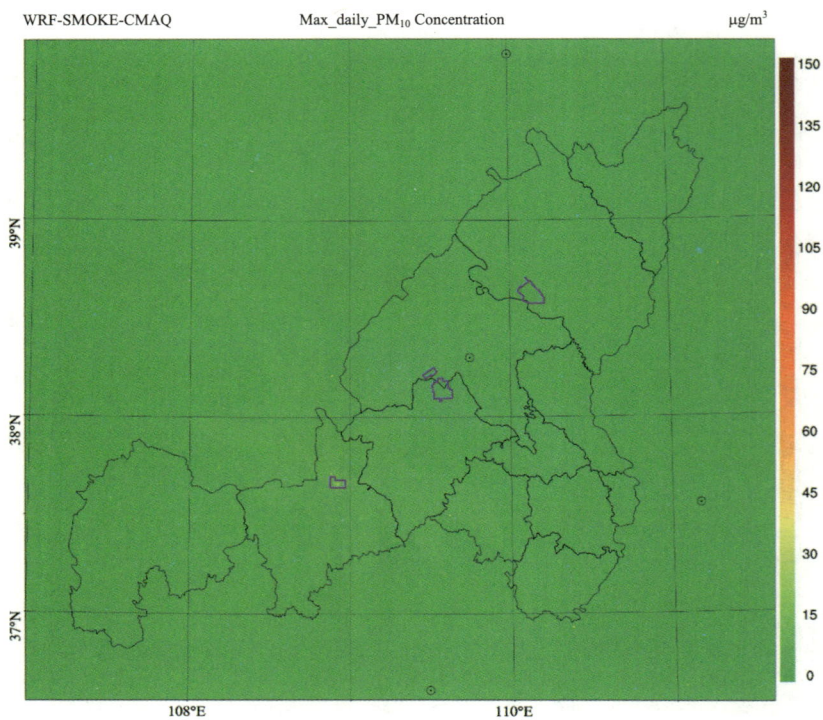

图 6-15   JB 片区规划发展情景下 PM$_{10}$ 日均浓度最大贡献值分布

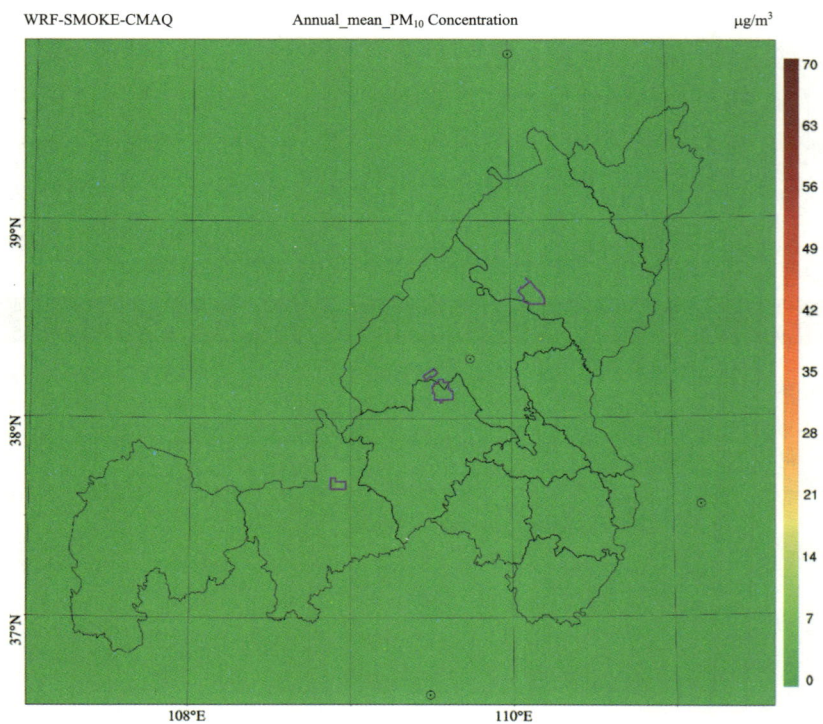

图 6-16   JB 片区规划发展情景下 PM$_{10}$ 年均浓度最大贡献值分布

（4）规划区环境空气质量达标的规划动态评估

① 动态评估方法。根据 2015—2019 年 YL 市国控点环境空气质量监测结果，规划区的 3 个板块 PM_{10}、$PM_{2.5}$、NO_2 和 O_3 均有数据高于《环境空气质量标准》二级标准，因此处于环境空气质量不达标区。为实现经济发展和环境空气质量改善协同共进，YL 市人民政府于 2019 年 5 月 28 日发布了《YL 市环境空气质量达标规划（2018—2025）年》（以下简称《达标规划》），《达标规划》明确要求："到 2020 年 YL 市 PM_{10} 年均浓度目标值为 71 $\mu g/m^3$，到 2025 年 YL 市 PM_{10} 年均浓度目标值为 70 $\mu g/m^3$。"

规划区的部分项目为达标规划中已包含的规划项目，但仍有部分项目为新增建设项目。根据《建设项目环境影响评价技术导则　大气环境》（HJ 2.2—2018）及《YL 市环境空气质量达标规划动态评估管理办法（试行）》要求，为确保规划区新增项目不影响区域环境空气质量达标方案实施，YL 市进一步加大了减排力度，预计在已有达标规划削减方案的基础上，进一步约减少 PM_{10} 1.8 万 t。为定量分析规划新增项目及削减措施对达标规划的影响，本次以 2019 年作为基准年，基于更新后的污染源清单，对 YL 市的城市空气质量达标方案进行了动态评估。

② 区域减排方案。在原达标规划削减方案的基础上，YL 市进一步通过实施超低排放改造、小规模电厂关停、散煤替代、砖瓦窑整治、工业锅炉削减、民用锅炉削减等措施，减少各污染物排放量总量。各行业在达标规划减排方案基础上，新增减排情况详见表 6-15。新的减排情景下，各污染物的排放量汇总情况详见表 6-16。

表 6-15　各污染物削减量汇总

削减来源	各污染物减排量/t					
	SO_2	NO_x	VOCs	颗粒物	PM_{10}	一次 $PM_{2.5}$
超低排放削减	−2 356.0	−10 784.8	—	−669.9	−669.9	−334.9
关停电厂削减	−901.4	−1 428.5	−5.2	−26.6	−26.6	−13.3
散煤替代	−18 745.1	−573.4	−2 312.4	−5 557.4	−5 557.4	−4 322.4
砖瓦削减	−3 627.5	−696.6	−740.7	−21 091.8	−4 045.2	−1 538.3
镁冶炼	−589.1	−7 808.9	−767.5	−236.3	−236.3	−118.2
其他行业			−8 735.2			
兰炭	—	—	−3 993.7	−6 707.0	−1 073.1	−670.7
机动车削减	−16.9	−12 452.9	−2 490.0			
工业锅炉削减	−9 498.7	−4 904.9	—	−8 986.4	−3 407.8	−1 716.1
民用锅炉	−6 450.2	−1 044.8	—	−9 217.1	−3 052.6	−935.0
合计	−42 185.0	−39 694.7	−19 044.7	−52 492.3	−18 068.9	−9 648.9

表 6-16　各情景下污染物排放量汇总

情景	各污染物排放量/t					
	SO$_2$	NO$_x$	VOCs	颗粒物	PM$_{10}$	一次 PM$_{2.5}$
YH 园区规划新增排放量	1 649.0	3 366.8	2 301.5	713.6	713.6	356.8
JB 园区规划新增排放量	794.5	1 313.5	499.4	201.3	201.3	100.6
YS 园区规划新增排放量	3 523.7	7 312.0	5 616.8	1 599.9	1 599.9	800.0
达标规划包含项目排放量	11 254.3	19 331.9	8 652.7	4 227.1	4 227.1	1 966.6
园区已有规划项目排放量	442.1	1 020.3	327.0	118.3	118.3	59.2
达标规划之外新增削减量合计	−42 185.0	−39 694.7	−19 044.7	−52 492.3	−18 068.9	−9 648.9
总量变化合计	−24 521.4	−7 350.4	−1 647.4	−45 632.1	−11 208.7	−6 365.8
2019 年排放	80 265.7	111 787.4	81 509.5	622 951.6	622 951.6	311 475
2025 年排放	55 744.3	104 437.1	79 862.1	577 319.6	611 743.0	305 871.5

③ 目标可达性分析。2017 年，YL 市 PM$_{10}$ 年均值为 80 μg/m^3；2019 年，YL 市 PM$_{10}$ 年均值为 66 μg/m^3；达标规划中 2025 年目标值为 70 μg/m^3。

本次预测表明，在新的规划发展情景下，2025 年，YL 市 PM$_{10}$ 年均值为 61 μg/m^3，可实现达标规划目标值。基准年及规划年 PM$_{10}$ 年均浓度变化情况详见图 6-17、图 6-18。

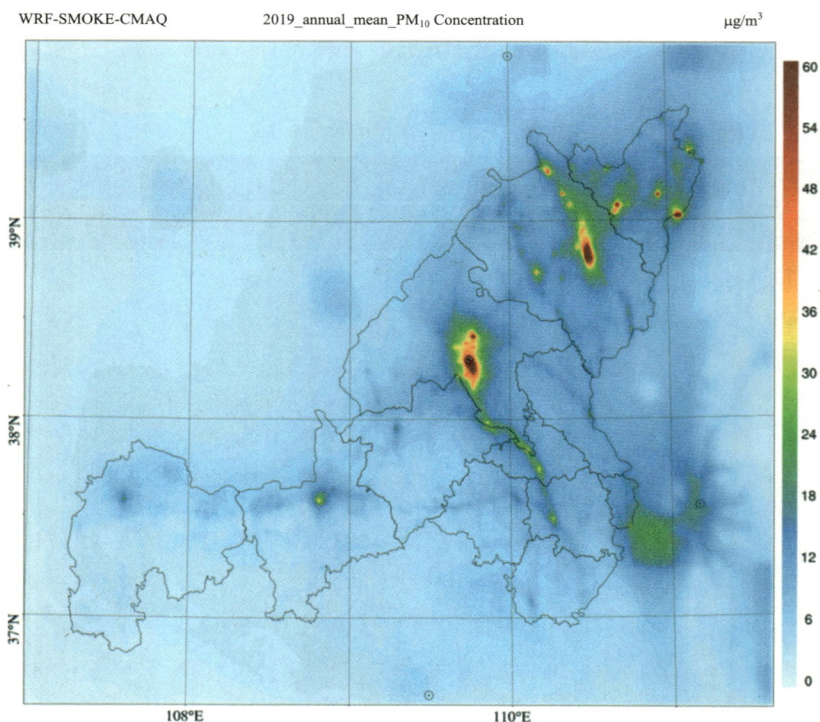

图 6-17　基准年 2019 年 PM$_{10}$ 浓度分布

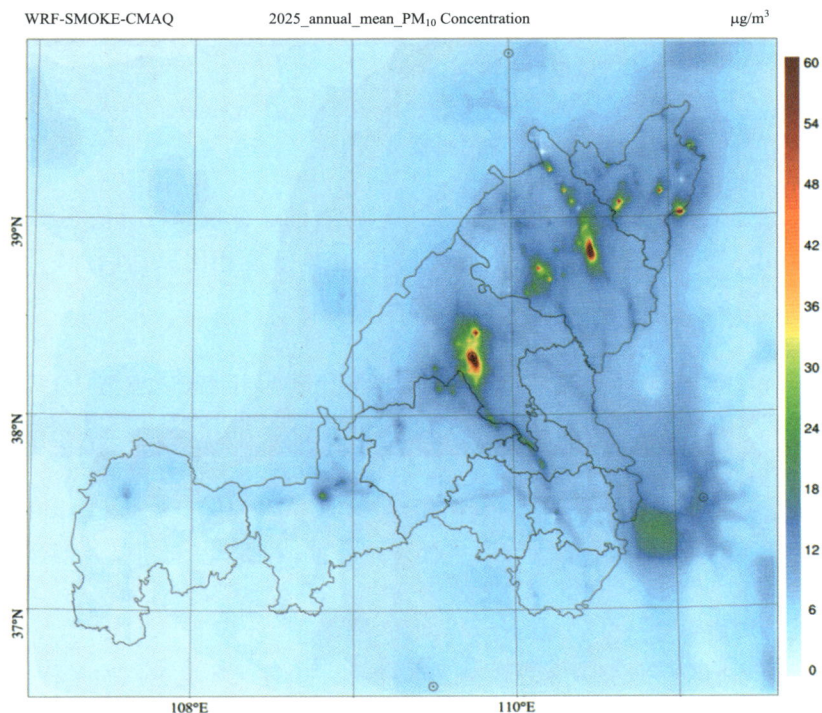

图 6-18　规划年 2025 年 PM_{10} 浓度分布

④ 对标现状环境质量变化情况。在新的规划发展情景下，与基准年 2019 年环境质量现状相比，2025 年，YL 市环境空气中 PM_{10} 年均浓度将下降 7.6%，可实现环境空气质量改善目标（表 6-17）。

表 6-17　新规划发展情景下 2025 年环境空气质量改善情况分析

站点	数据来源	PM_{10}
国控点	2019 年浓度观测值/（$\mu g/m^3$）	66
	本次达标规划动态评估 2025 年目标值/（$\mu g/m^3$）	61
	对标现状浓度下降比例/%	7.6
HS 区政府	2019 年浓度观测值/（$\mu g/m^3$）	74
	本次达标规划动态评估 2025 年目标值/（$\mu g/m^3$）	56
	对标现状浓度下降比例/%	24
SM 市环保局	2019 年浓度观测值/（$\mu g/m^3$）	90
	本次达标规划动态评估 2025 年目标值/（$\mu g/m^3$）	79
	对标现状浓度下降比例/%	13
SM 市第十一中学	2019 年浓度观测值/（$\mu g/m^3$）	104
	本次达标规划动态评估 2025 年目标值/（$\mu g/m^3$）	88
	对标现状浓度下降比例/%	16

站点	数据来源	PM$_{10}$
	2019 年浓度观测值/（μg/m^3）	63
JB 县老环保局	本次达标规划动态评估 2025 年目标值/（μg/m^3）	51
	对标现状浓度下降比例/%	18

⑤ 对标原规划目标环境质量变化情况。与已发布的达标规划目标值相比，在新的规划发展情景下，2025 年，YL 市环境空气中 PM$_{10}$ 年均浓度相比原达标规划目标值将下降 12.9%，空气质量可实现更大程度的改善（表 6-18）。

表 6-18　新规划发展情景下环境空气质量相比原规划目标值改善情况分析

数据来源	PM$_{10}$
原达标规划中 2025 年目标值/（μg/m^3）	70
本次达标规划动态评估 2025 年目标值/（μg/m^3）	61
对标原达标规划目标值浓度下降比例/%	12.9

（5）大气环境质量底线

规划区范围环境空气质量功能区类别为二类区，执行《环境空气质量标准》中二级标准，主要特征污染物为氨、硫化氢、酚类、TVOC、汞、苯、二甲苯及非甲烷总烃。同时，结合《陕西省人民政府关于印发铁腕治霾打赢蓝天保卫战三年行动方案（2018—2020 年）（修订版）的通知》（陕政发〔2018〕29 号）、《YL 市铁腕治霾打赢蓝天保卫战三年行动方案（2018—2020 年）（修订版）》、陕西省区域空间生态环境评价"三线一单"成果等相关资料，本次评价提出示范区主要污染物大气环境质量底线要求，具体见表 6-19。

表 6-19　示范区大气环境质量底线要求　　　　　　　　　　　　单位：μg/m^3

项目		年份		环境空气污染物基本及其他项目及优良天数							特征污染物[②]	
		监测年	目标年	PM$_{10}$	PM$_{2.5}$	SO$_2$	NO$_2$	CO	O$_3$-8 h	优良天数比率	氨	H$_2$S
现状	例行监测点年平均[①]	2018 年	—	78	35	20	42	2 200	164	74.5%	—	—
		2019 年	—	66	35	15	42	1 800	159	84.3%	—	—
示范区大气环境质量底线要求	SO$_2$、NO$_2$、CO、臭氧、PM$_{10}$、PM$_{2.5}$	年平均	2020 年[③]	71	35	60	41			82.4%	—	—
			2025 年[③]	70	35		40			84.9%	—	—
		24 h 平均	规划期	150	75	150	80	4 000	160	—	—	—
		1 h 平均	规划期	—	—	500	200	10 000	200	—	—	—
	特征污染物	—	规划期	—	—	—	—	—	—	—	200	10

注：① 选用 YL 市环境空气质量公报数据。
② 特征污染物一次值选用本次评价补充监测数据（数据为最大值）。"ND"表示低于方法检出限，"ND"前数值为最低检出限值。
③《YL 市环境空气质量达标规划》和《YL 市铁腕治霾打赢蓝天保卫战三年行动方案（2018—2020 年）（修订版）》。

根据大气环境承载力章节计算的环境容量，YL 市大气环境容量及允许污染物排放量限值见表 6-20 和表 6-21。

表 6-20　YL 市主要污染物大气环境容量　　　　　　　　　　　　　　单位：t

项目	SO$_2$	NO$_x$	颗粒物	VOCs
YL 市大气环境容量	385 275	159 696	792 848	373 771
YL 市预计污染物排放量	56 192	101 475	607 324	77 868

表 6-21　示范区大气环境质量底线管控要求

编号	YL 市		示范区		依据
	空间约束要求	污染物排放管控	空间约束要求	污染物排放管控	
1	实施工业污染源全面达标排放计划，加大油田管网环境污染防控，提高兰炭、电石、聚氯乙烯等重点行业、园区特种污染物治理能力。加强农村面源污染治理，推进农村环境综合整治工作。深入推进资源开采沉陷区综合治理，加强矿区生态环境修复	确保 SO$_2$ 排放量等约束性指标完成，环境质量总体改善。生态文明制度体系基本确立，生态环境承载能力基本稳定，空气优良天数达到 290 d 以上，基本消除重污染天气	实施工业污染源全面达标排放计划，提高煤化工、石油化工等重点行业、园区特种污染物治理能力，入园新建煤化工项目全部执行特别排放限值。易产生 VOCs 的储存、运输、销售等过程及设施，全部配备完成 VOCs 治理或回收系统	确保环境空气质量目标及污染物排放总量目标的完成，环境质量总体改善	陕西省区域空间生态环境评价"三线一单"成果
2	综合考虑区域生态条件、环境状况和发展布局等，将具有水源涵养、水土保持、防风固沙、生物多样性维护等重要生态功能区域，以及水土流失、土地沙化生态脆弱区域，划为生态保护红线。区分不同生态功能类型，制定并实施验收生态保护红线的空间管控措施，确保生态保护红线区域生态功能不降低、面积不减少、性质不改变	环境质量总体改善。实施工业污染源全面达标排放计划，强化兰炭、电石、小火电、聚氯乙烯等重点行业和化工园区、载能工业集中区等重点区域的特征污染物治理，严格监管措施，严禁超标排放。到 2020 年，主要污染物排放总量明显减少并完成控制目标，常规因子环境质量总体保持稳定并有所改善	示范区项目布局严格按照陕西省"三线一单"及《黄河流域重大生态环境问题及对各省（区）"三线一单"工作的建议》（环办环评函〔2020〕370 号）中的要求执行	实施入园企业全面执行行业特别排放限值规定，加强在线监测及特征污染物在线监测系统的建立，严禁超标排放。示范区各园区主要污染物排放总量需在许可排放量范围内	陕西省区域空间生态环境评价"三线一单"成果
3	优先保护区：严禁不符合主体功能定位的各类开发活动；严禁新建污染类建设项目；已经侵占优先保护区域的，应建立退出机制、制定治理方案及时间表	—	示范区不在优先保护区	—	陕西省区域空间生态环境评价"三线一单"成果

编号	YL 市		示范区		依据
	空间约束要求	污染物排放管控	空间约束要求	污染物排放管控	
4	高排放区（国家级和省级工业园区）：完善重点行业环境准入条件；优化产业园区布局，从源头减少污染物排放	污染物执行超低排放或特别排放限值；使用电、天然气等清洁能源；提高环境管理水平，减少污染物排放	示范区位于高排放区。入园企业需符合国家产业政策，采用先进的生产工艺，清洁生产水平需达到国际先进水平	污染物执行超低排放或特别排放限值。提高环境管理水平，减少污染物排放	陕西省区域空间生态环境评价"三线一单"成果
5	受体敏感区（城镇中心及集中居住、医疗、教育等人口密集地区）：原则上不新增气相污染类建设项目，严禁新增高污染、高耗能企业	区域内企业生产工艺、治理设施达到国内先进水平；污染物执行超低排放或特别排放限值。使用电、天然气等清洁能源；提高环境管理水平，减少污染物排放	示范区不在受体敏感区内	—	陕西省区域空间生态环境评价"三线一单"成果
6	布局敏感区：原则上不新增大气污染类建设项目，严禁新增高污染、高耗能企业		示范区不在布局敏感区	—	
7	弱扩散区（地形和气象条件两方面导致大气污染物不易扩散的地区）：原则上不新增大气污染类建设项目，严禁新增高污染、高耗能企业		示范区不在弱扩散区	—	

6.1.3.4 生态空间管控要求

规划区规划范围涉及 SM 县 YZ 水库水源地、陕西省 SMCB 省级自然保护区、SM 市生态功能极重要极敏感区、SM 市防护林等优先保护单元，以及大气环境高排放重点管控区、水环境工业污染重点管控区等重点管控单元，生态环境敏感。

根据《YL 市"三线一单"生态环境分区管控方案》比对分析，提出如下生态环境管控要求：①涉及优先保护单元的区域，应以生态优先为原则，突出空间布局约束，依法禁止或限制大规模、高强度工业开发和城镇建设活动，开展生态功能受损区域生态保护修复活动，确保重要生态环境功能不降低；②涉及重点管控单元的区域，应优化空间布局，加强污染物排放控制和环境风险防控，提升资源利用效率，解决突出生态环境问题；③其余位于一般管控单元范围内的要落实生态环境保护基本要求，推动区域生态环境质量持续改善。本规划 3 个片区与环境管控单元对照分析示意图见图 6-19～图 6-21，规划范围涉及的生态环境管控单元准入清单见表 6-22。

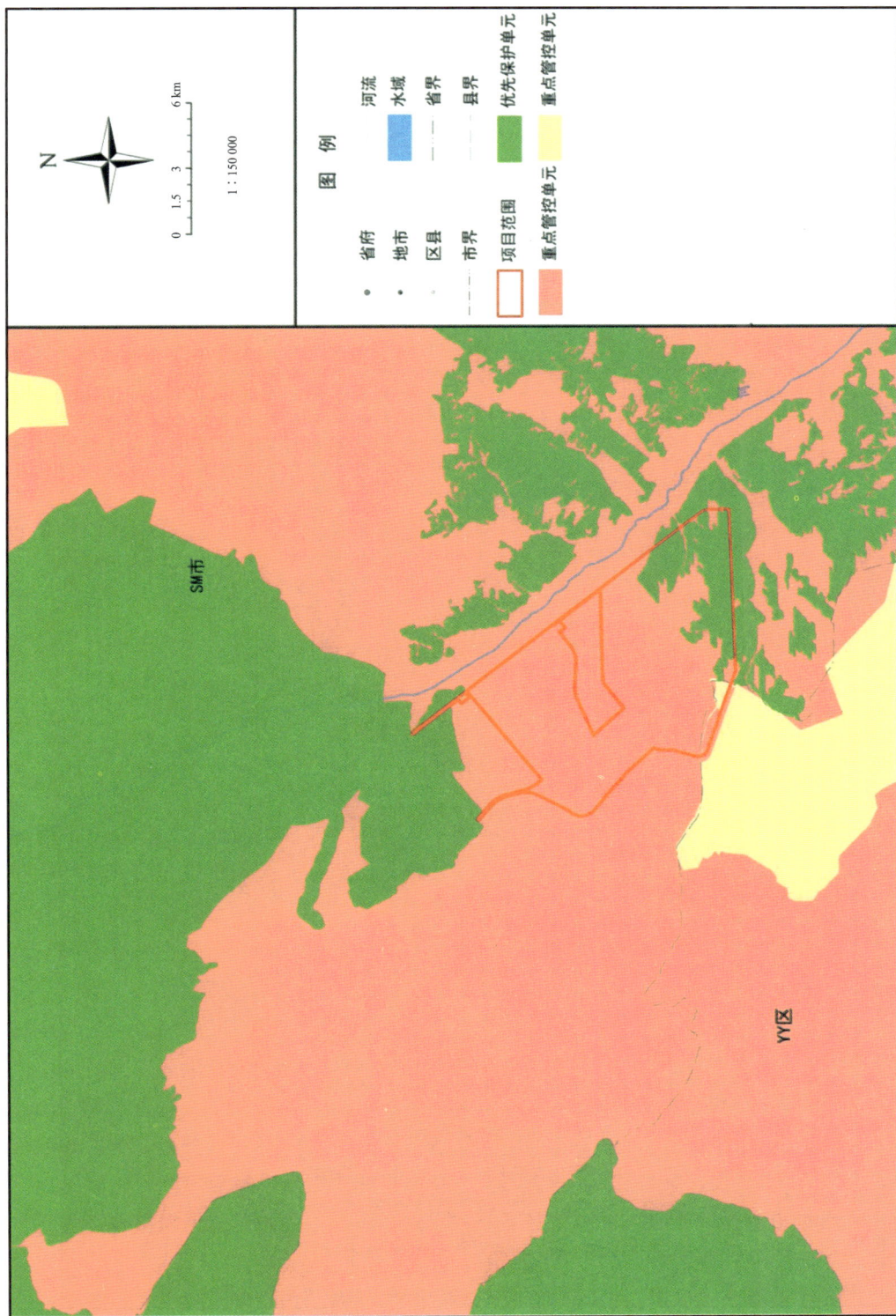

图 6-19 YS 片区与环境管控单元对照分析示意图

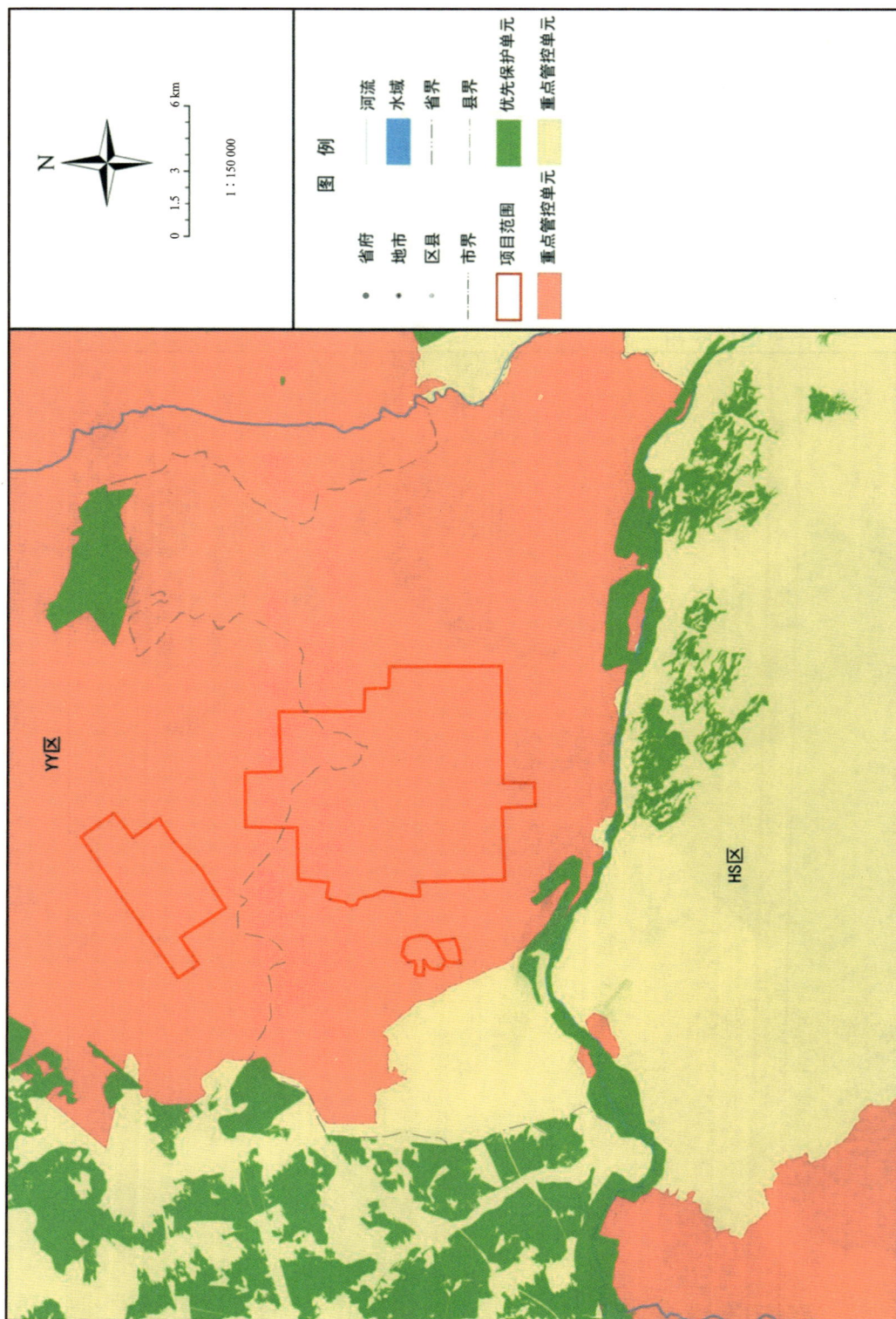

图 6-20 YH 片区与环境管控单元对照分析示意图

图例

- 省府
- 地市
- 区县
- 市界
- 项目范围
- 重点管控单元

- 河流
- 水域
- 省界
- 县界
- 优先保护单元
- 重点管控单元

1 : 150 000

N

0 1.5 3 6 km

YY区

HS区

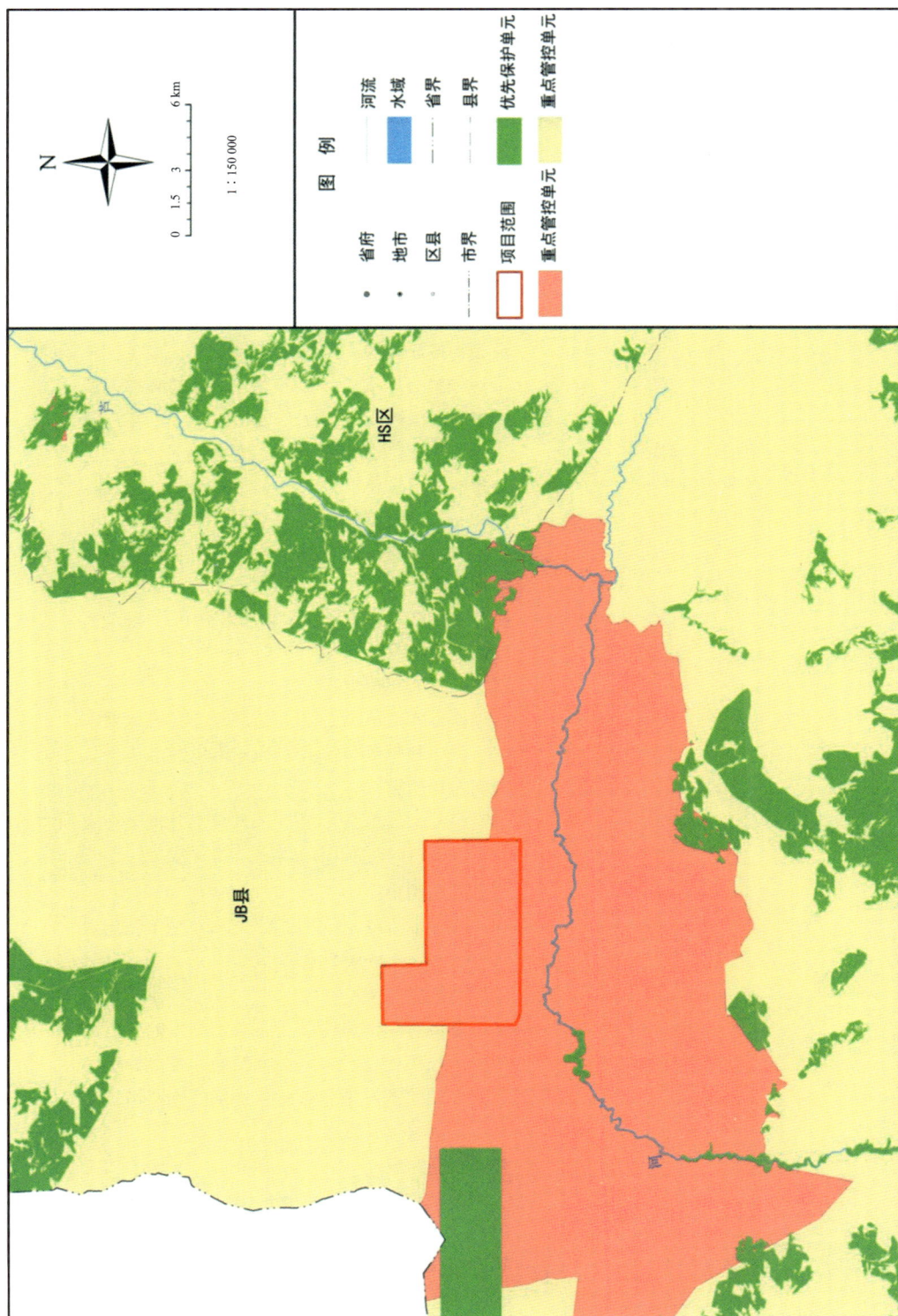

图 6-21 JB 片区与环境管控单元对照分析示意图

表 6-22　本规划范围涉及的生态环境管控单元准入清单

序号	片区	环境管控单元名称	单元要素属性	管控单元分类	管控要求	面积/km²
1	YS 片区	YY 区防护林	一般生态空间—防护林	优先保护单元	**空间布局约束：** 区域执行本清单 YL 市生态环境总体准入要求中"2.1 总体要求"	0.012
2		JJT 循环经济产业园	大气环境高排放重点管控区、水环境工业污染重点管控区	重点管控单元	**空间布局约束：** 区域执行本清单 YL 市生态环境总体准入要求中"空间布局约束"准入要求。 **污染物排放管控：** ①区域执行本清单 YL 市生态环境总体准入要求中"污染物排放管控"准入要求。 ②执行"4.5 大气高排放重点管控区"中"污染物排放管控"要求。 ③执行"4.2 水环境工业污染重点管控区"中的"污染物排放管控"要求。 **环境风险防控：** 执行 YL 市生态环境总体准入要求中的"环境风险防控"要求。 **资源开发效率要求：** 区域执行本清单 YL 市生态环境总体准入要求中"资源利用效率要求"准入要求	0.819
3		YY 区一般管控单元	—	一般管控单元	**空间布局约束：** 区域执行本清单 YL 市生态环境总体准入要求中"5.1 总体要求"准入要求	0.799
4		SM 县 YZ 水库水源地	水环境优先保护区	优先保护单元	**空间布局约束：** 区域执行本清单 YL 市准入要求中"3.1 饮用水水源保护区"准入要求。 **污染物排放管控：** 严格对现有生活居民以及农家乐产生的生活污水进行收集处理，加强垃圾污染、畜禽养殖污染、农业面源污染和旅游业污染的预防治理，禁止向水域排放污水	0.011
5		陕西 SMCB 省级自然保护区	大气环境优先保护区，长城沿线防风固沙生态保护红线、水环境优先保护区	优先保护单元	**空间布局约束：** ①区域执行本清单 YL 市准入要求中"3.2 自然保护区"准入要求。 ②红线区域执行本清单 YL 市准入要求中"1.4 防风固沙生态保护红线区"准入要求。 ③水环境优先区执行本清单 YL 市准入要求"3.1 饮用水水源保护区"准入要求	0.292

序号	片区	环境管控单元名称	单元要素属性	管控单元分类	管控要求	面积/km²
6		SM 市生态功能极重要极敏感区	一般生态空间—生态功能极重要区、生态环境极敏感区、水环境工业污染重点管控区、大气环境高排放重点管控区	优先保护单元	**空间布局约束：** 区域执行本清单 YL 市准入要求中"2.1 总体要求"	11.122
7		SM 市防护林	一般生态空间—防护林、水环境工业污染重点管控区、大气环境高排放重点管控区	优先保护单元	**空间布局约束：** 区域执行本清单 YL 市准入要求中"2.1 总体要求"	2.378
8	YS 片区	YS 工业区 QS 园区	水环境工业污染重点管控区，大气环境高排放重点管控区	重点管控单元	**空间布局约束：** ①严格限制高耗能、高耗水、高污染和浪费资源的产业。 ②区域执行本清单 YL 市生态环境总体准入要求中"空间布局约束"准入要求。 **污染物排放管控：** ①加强无组织废气排放控制，含 VOCs 物料的储存、输送、投料、卸料，涉及 VOCs 物料的生产及含 VOCs 产品分装等过程应密闭操作。 ②执行"4.2 水环境工业污染重点管控区"中的"污染物排放管控"要求。 ③执行"4.5 大气高排放重点管控区"中"污染物排放管控"要求。 **环境风险防控：** 执行 YL 市生态环境总体准入要求中的"环境风险防控"要求。 资源开发效率要求： 区域执行本清单 YL 市生态环境总体准入要求中"资源利用效率要求"准入要求	68.489
9		SM 农业高新技术产业开发区	水环境工业污染重点管控区，大气环境高排放重点管控区	重点管控单元	**空间布局约束：** 区域执行本清单 YL 市生态环境总体准入要求中"空间布局约束"准入要求。 **污染物排放管控：** ①区域执行本清单 YL 市生态环境总体准入要求中"污染物排放管控"准入要求。 ②执行"4.2 水环境工业污染重点管控区"中的"污染物排放管控"要求。 ③执行"4.5 大气高排放重点管控区"中"污染物排放管控"要求。 **环境风险防控：** 执行 YL 市生态环境总体准入要求中的"环境风险防控"要求。 **资源开发效率要求：** 区域执行本清单 YL 市生态环境总体准入要求中"资源利用效率要求"准入要求	0.032

序号	片区	环境管控单元名称	单元要素属性	管控单元分类	管控要求	面积/km²
10	YS片区	SM市其他重点管控单元1	水环境工业污染重点管控区、大气环境高排放重点管控区	重点管控单元	**空间布局约束：** 区域执行本清单 YL 市生态环境总体准入要求中"4.2 水环境工业污染重点管控区"中的"空间布局约束"准入要求。 **污染物排放管控：** ①区域执行本清单 YL 市生态环境总体准入要求中"4.2 水环境工业污染重点管控区"中的"污染物排放管控"准入要求。 ②高排放重点管控区同时执行本清单 YL 市生态环境总体准入要求中"4.5 大气高排放重点管控区"中的"污染物排放管控"准入要求。 **环境风险防控：** ①执行 YL 市生态环境总体准入要求中的"环境风险防控"要求。 ②区域执行本清单 YL 市生态环境总体准入要求中"4.2 水环境工业污染重点管控区"中的"环境风险防控"准入要求	0.417
11		YL 高新技术产业开发区（YY 区 XHD 工业园）	大气环境高排放重点管控区、水环境工业污染重点管控区	重点管控单元	**空间布局约束：** 区域执行本清单 YL 市生态环境总体准入要求中"空间布局约束"准入要求。 **污染物排放管控：** ①区域执行本清单 YL 市生态环境总体准入要求中"污染物排放管控"准入要求。 ②执行"4.2 水环境工业污染重点管控区"中的"污染物排放管控"要求。 ③执行"4.5 大气高排放重点管控区"中"污染物排放管控"要求。 **环境风险防控：** 执行 YL 市生态环境总体准入要求中的"环境风险防控"要求。 **资源开发效率要求：** 区域执行本清单 YL 市生态环境总体准入要求中"资源利用效率要求"准入要求	13.659
12	YH片区	YH 工业区（YY 区）	大气环境高排放重点管控区、水环境工业污染重点管控区、水环境城镇生活污染重点管控区	重点管控单元	**空间布局约束：** ①区域执行本清单 YL 市生态环境总体准入要求中"空间布局约束"准入要求。 ②城镇生活污染重点管控区执行本清单 YL 市生态环境总体准入要求中"4.1 水环境城镇生活污染重点管控区"准入要求。 **污染物排放管控：** ①区域执行本清单 YL 市生态环境总体准入要求中"污染物排放管控"准入要求。 ②城镇生活污染重点管控区执行本清单 YL 市生态环境总体准入要求中"4.1 水环境城镇生活污染重点管控区"准入要求。 **环境风险防控：** 执行 YL 市生态环境总体准入要求中的"环境风险防控"要求。 **资源开发效率要求：** 区域执行本清单 YL 市生态环境总体准入要求中"资源利用效率要求"准入要求	11.546

序号	片区	环境管控单元名称	单元要素属性	管控单元分类	管控要求	面积/km²
13	YH片区	YL 市 YY 区中心城区	大气环境布局敏感重点管控区、水环境城镇生活污染重点管控区	重点管控单元	**空间布局约束：** ①区域执行本清单 YL 市生态环境总体准入要求中"空间布局约束"准入要求。 ②大气环境布局敏感重点管控区执行本清单 YL 市生态环境总体准入要求中"4.6 大气环境布局敏感重点管控区"中的"空间布局约束"准入要求。 **污染物排放管控：** ①区域执行本清单 YL 市生态环境总体准入要求中"污染物排放管控"准入要求。 ②大气环境布局敏感重点管控区执行本清单 YL 市生态环境总体准入要求中"4.6 大气环境布局敏感重点管控区"中的"污染物排放管控"准入要求。 **环境风险防控：** 执行 YL 市生态环境总体准入要求中的"环境风险防控"要求。 **资源开发效率要求：** 区域执行本清单 YL 市生态环境总体准入要求中"资源利用效率要求"准入要求	0.492
14		YY 区其他重点管控单元 1	水环境工业污染重点管控区、大气环境布局敏感重点管控区	重点管控单元	**空间布局约束：** ①区域执行本清单 YL 市生态环境总体准入要求中"4.2 水环境工业污染重点管控区"中的"空间布局约束"准入要求。 ②大气环境布局敏感重点管控区执行本清单 YL 市生态环境总体准入要求中"4.6 大气环境布局敏感重点管控区"中的"空间布局约束"准入要求。 **污染物排放管控：** 1. 区域执行本清单 YL 市生态环境总体准入要求中"4.2 水环境工业污染重点管控区"的"污染物排放管控"准入要求。 2. 大气环境布局敏感重点管控区执行本清单 YL 市生态环境总体准入要求中"4.6 大气环境布局敏感重点管控区"中的"污染物排放管控"准入要求。 **环境风险防控：** ①执行 YL 市生态环境总体准入要求中的"环境风险防控"要求。 ②区域执行本清单 YL 市生态环境总体准入要求中"4.2 水环境工业污染重点管控区"中的"环境风险防控"准入要求	7.502

序号	片区	环境管控单元名称	单元要素属性	管控单元分类	管控要求	面积/km²
15		YL 高新技术产业开发区（YH 工业区）	大气环境高排放重点管控区、水环境工业污染重点管控区	重点管控单元	**空间布局约束：** 区域执行本清单 YL 市生态环境总体准入要求中"空间布局约束"准入要求。 **污染物排放管控：** ①区域执行本清单 YL 市生态环境总体准入要求中"污染物排放管控"准入要求。 ②执行"4.5 大气高排放重点管控区"中"污染物排放管控"要求。 **环境风险防控：** 执行 YL 市生态环境总体准入要求中的"环境风险防控"要求。 **资源开发效率要求：** 区域执行本清单 YL 市生态环境总体准入要求中"资源利用效率要求"准入要求	79.954
16	YH 片区	HS 区中心城区	大气环境受体敏感重点管控区，水环境工业污染重点管控区	重点管控单元	**空间布局约束：** 区域执行本清单 YY 市生态环境总体准入要求中"4.4 大气环境受体敏感重点管控区"中的"空间布局约束"准入要求。 **污染物排放管控：** 区域执行本清单 YY 市生态环境总体准入要求中"4.4 大气环境受体敏感重点管控区"中的"污染物排放管控"准入要求	0.158
17		陕西省 YL 市 HS 区重点管控单元 2	水环境工业污染重点管控区	重点管控单元	**空间布局约束：** 区域执行本清单 YL 市生态环境总体准入要求中"4.2 水环境工业污染重点管控区"中的"空间布局约束"准入要求。 **污染物排放管控：** 区域执行本清单 YL 市生态环境总体准入要求中"4.2 水环境工业污染重点管控区"中的"污染物排放管控"准入要求。 **环境风险防控：** ①执行 YL 市生态环境总体准入要求中的"环境风险防控"要求。 ②区域执行本清单 YL 市生态环境总体准入要求中"4.2 水环境工业污染重点管控区"中的"环境风险防控"准入要求	8.327
18	JB 片区	JB 经济技术开发区	大气环境高排放重点管控区、水环境工业污染重点管控区	重点管控单元	**空间布局约束：** 区域执行本清单 YL 市生态环境总体准入要求中"空间布局约束"准入要求。 **污染物排放管控：** ①区域执行本清单 YL 市生态环境总体准入要求中"污染物排放管控"准入要求。 ②执行"4.5 大气高排放重点管控区"中的"污染物排放管控"要求。 **环境风险防控：** 执行 YL 市生态环境总体准入要求中的"环境风险防控"要求。 **资源开发效率要求：** 区域执行本清单 YL 市生态环境总体准入要求中"资源利用效率要求"准入要求	39.111

序号	片区	环境管控单元名称	单元要素属性	管控单元分类	管控要求	面积/km²
19	JB片区	JB县中心城区	水环境城镇生活污染重点管控区	重点管控单元	**空间布局约束:** 区域执行本清单 YL 市生态环境总体准入要求中"空间布局约束"准入要求。 **污染物排放管控:** 区域执行本清单 YL 市生态环境总体准入要求中"污染物排放管控"准入要求。 **环境风险防控:** 执行 YL 市生态环境总体准入要求中的"环境风险防控"要求。 **资源开发效率要求:** 区域执行本清单 YL 市生态环境总体准入要求中"资源利用效率要求"准入要求	0.161
20		JB县其他重点管控单元	水环境工业污染重点管控区	重点管控单元	**空间布局约束:** 区域执行本清单 YL 市生态环境总体准入要求中"4.2 水环境工业污染重点管控区"中的"空间布局约束"准入要求。 **污染物排放管控:** 区域执行本清单 YL 市生态环境总体准入要求中"4.2 水环境工业污染重点管控区"中的"污染物排放管控"准入要求。 **环境风险防控:** ①执行 YL 市生态环境总体准入要求中的"环境风险防控"要求。 ②区域执行本清单 YL 市生态环境总体准入要求中"4.2 水环境工业污染重点管控区"中的"环境风险防控"准入要求。 **资源开发效率要求:** 区域执行本清单 YL 市生态环境总体准入要求中"4.2 水环境工业污染重点管控区"中的"资源开发效率要求"准入要求	0.504
21		JB县一般管控单元	—	一般管控单元	**空间布局约束:** 区域执行本清单 YL 市生态环境总体准入要求中"5.1 总体要求"准入要求	0.101

6.1.4　笔者点评

　　环境影响识别与评价因子筛选是规划环境影响评价的重要内容,在全面环境现状调查的基础上,如何准确识别出主要的环境影响、资源环境制约因素,筛选出能够反映规划环境影响的、便于数据指标获取的、能够在措施层面进行响应的、可纳入规划方案优化调整的影响因子，便成为规划环境影响减缓和规划方案优化调整的关键所在。

现代煤化工产业示范区位于陕西北部，属于黄河流域，共包含了 3 个片区，隶属 3 个产业园区，《报告书》在总结 YH 片区、YS 片区和 JB 片区的发展历程、开展回顾性评价与分析的基础上，结合本轮规划方案，较为准确地识别出水资源短缺、水环境功能敏感、环境空气质量不达标、环境容量有限等环境制约因素。

现代煤化工示范区的主导产业为煤化工，是典型的"两高"（高耗能、高排放）产业。因此，《报告书》将水资源承载力评价作为煤化工产业园规划环境影响评价的重要内容之一，充分体现了园区产业特征。同时根据区域水资源禀赋，严格按照《黄河流域生态保护和高质量发展规划纲要》等要求，落实"以水定城、以水定地、以水定人、以水定产"刚性约束原则要求，提出水的分质利用、梯级利用、循环利用等综合利用措施既符合清洁生产原则，也可实现污染物减排，降低或减缓水环境压力。但规划实施的周期性和项目建设的时序性，会引起规划初期水资源量时空分布不均衡的问题。因此，这就需要示范区在规划初期就应结合水资源论证报告，综合园区发展进程，进一步加大高耗水产业节水力度，完善供用水计量体系，强化生产用水管理，推进园区现有企业开展以节水为重点内容的绿色高质量转型升级和循环化改造，统筹新建项目规划布局、供排水、浓盐水处理及循环利用设施建设，推动企业间的用水系统集成优化，加大矿井水综合利用，优化配置可用水资源，在节约水资源的同时实现水污染物减排，水环境污染压力得以减缓和控制。

煤化工产业既是耗水大户也是大气污染物排放大户，其大气污染物涉及颗粒物、氮氧化物、二氧化硫、挥发性有机物等常规污染因子和氨、硫化氢、苯等特征污染因子。鉴于规划区位于环境空气质量不达标区，《报告书》结合 YL 市人民政府发布的《达标规划》，针对污染物种类不同采用 CMAQ 模型进行 SO_2、NO_2、PM_{10}、$PM_{2.5}$（包括一次 $PM_{2.5}$ 和二次 $PM_{2.5}$）、O_3 的预测，采用 AERMOD 模型进行 NMHC、H_2S、NH_3 预测，同时列出新增项目污染源清单，对 YL 市的城市空气质量达标方案进行了动态评估，将规划新建项目及原园区规划项目、达标规划规划项目预测结果与例行监测点位数据进行叠加分析，预测了规划实施带来的环境影响，根据"十四五"期间相关政策要求，进一步细化大气污染防治和削减相关要求，强调污染物质协同控制，推进重点行业绩效分级管控，助力区域环境空气质量总体改善目标的实现。

《总体规划》在后续实施中应在充分考虑水资源消耗总量、污染物排放等要求的前提下，结合国家和地方相关发展方向，按照"以水定产""以环境容量定发展"和陕西省"三线一单"等管理要求及时动态调整，有序发展，严格生态环境准入，入区项目应按照高起点、高水平、高科技含量的发展要求，本着"清洁生产、源头控制"的原则削减污染物排放强度；结合煤电基地规划、YL 市矿井水综合利用规划，优先利用各片区周边煤矿矿井水，减少新鲜水消耗，鼓励煤化工企业采取高盐废水蒸发结晶分盐措施；根据国家和陕西省有关大气、水、土壤等污染防治要求，明确示范区环境质量改善目标，严守环境质量底线，落实大气污染源削减方案及污染物总量管控要求，强化规划区监测监控体系，加快推进废污水收集处理、中水回用等工程的规划建设，实施大宗物料清洁运输，加强工业固体废物的收集处理（置），提高工业固体废物综合利用率。

6.2　陕西省 HZ 高新技术产业开发区总体规划（2021—2035）环评案例

6.2.1　规划概况

陕西省 HZ 高新技术产业开发区（以下简称高新区）位于陕西省南部，由 3 个园区整合而成，规划面积为 14.73 km²，包括 PZ 高新产业园、HK 高新产业园和 SH 高新产业园。其中 PZ 高新产业园规划面积约为 6.82 km²，HK 高新产业园规划面积约为 6.01 km²，SH 高新产业园规划面积约为 1.90 km²。规划近期为 2021—2025 年，远期为 2026—2035 年。

高新区以打造西部航空产业新高地、区域科技创新新引擎、绿色发展新标杆、宜居宜业新典范为规划目标，依托现有园区构建"一心，三基，六区"总体功能定位，PZ 高新园重点布局中医药产业、生物制药产业、数字监控产业、智能感知终端产业、航空零部件产业、现代物流服务配套产业；HK 高新园发展以"飞机整机制造+零部件配套为主，航空服务为辅"的航空特色产业；SH 高新园依托 HZ 中药材资源及大鲵等特色农产品，与 PZ 园区中医药、高端生物医药产业联动发展，建设绿色健康产业。

PZ 高新园产业布局见图 6-22，HK 高新园产业布局见图 6-23，SH 高新园产业布局见图 6-24。

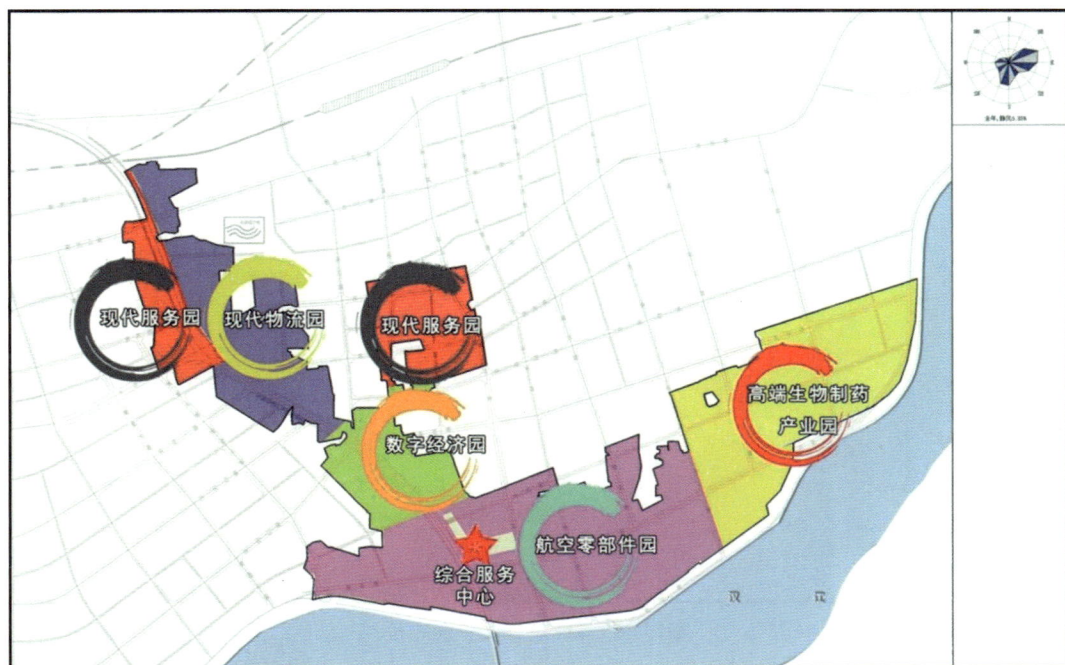

图 6-22　PZ 高新园产业布局

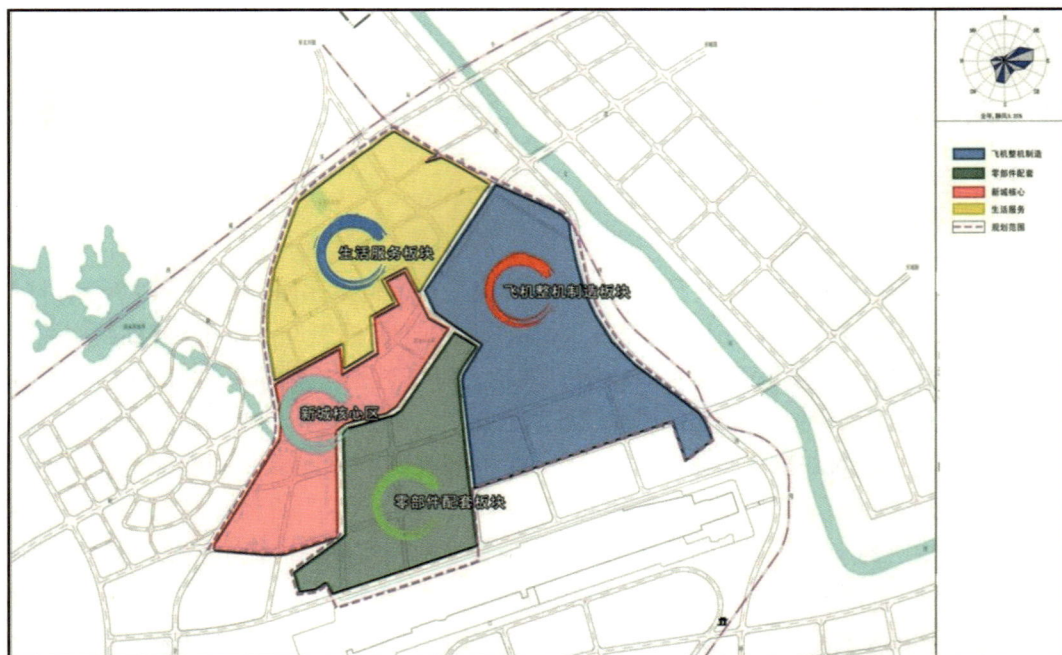

图 6-23　HK 高新园产业布局

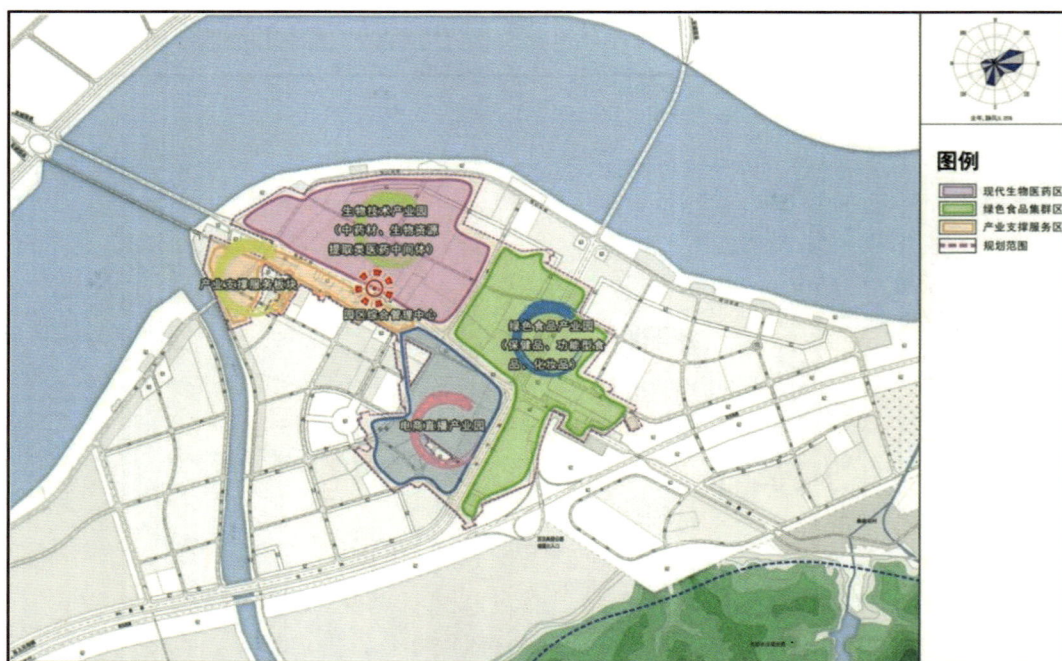

图 6-24　SH 高新园产业布局

6.2.2　基础设施规划

（1）给水规划

规划 3 个园区供水水源由地表水和地下水组成。PZ 高新园近期规划需水量预计为 9 175.33 m³/d，远期需水量为 16 862.16 m³/d；HK 高新园近期规划需水量预计为 9 136.4 m³/d，远期需水量为 16 658.8 m³/d；SH 高新园近期规划需水量预计为 3 248.9 m³/d，远期需水量为 5 123.45 m³/d。

（2）排水规划

PZ 高新园近期预计污水量为 4 176.16 m³/d，远期污水量为 8 272.72 m³/d，生活污水纳入城市污水处理厂，设计工业污水处理总能力为 7 500 m³/d，一期处理能力为 3 000 m³/d，污水集中处理后进入 GG 河，经 1.28 km 进入 HJ。

HK 高新园近期预计污水量为 5 517.44 m³/d，远期污水量为 10 518.04 m³/d；园区利用现有 7 000 m³/d 污水处理厂，处理家属区生活污水，其他企业废水排入 ZHXC 污水处理厂，污水处理厂近期设计处理能力为 30 000 m³/d，远期处理能力为 60 000 m³/d，污水集中处理后进入 WC 河，经 1 km 进入 HJ。

SH 高新园近期预计污水量为 2 107.52 m³/d，远期污水量为 5 123.45 m³/d；园区污水排入园区 SHZ 污水处理厂，污水处理厂近期设计处理能力为 10 000 m³/d，远期处理能力为 26 000 m³/d，污水集中处理后经 MG 河进入 HJ。

（3）再生水规划

规划 PZ 高新园污水工业废水全部回用；近期 HK 高新园与 SH 高新园污水再生回用率达 30%以上，再生水厂与各园区规划污水处理设施联合设置，各园区规划再生水主要围绕主要用户布置，主管网环形末端为支状。

（4）供热规划

规划区未规划工业集中供热，PZ 高新园生活供热源自城东供热站，HK 高新园和 SH 高新园单独规划在生活保障供热站各一处，规划气源为天然气。

6.2.3　本轮规划与上轮规划差异

HZ 高新区是由 3 个现有园区整合而来，原 3 个园区分别编制了相应的发展规划，并开展了规划环境影响评价工作，本轮规划在结合发展实际的基础上，调整原有规划范围，优化规划产业结构，突出功能互补、差异化发展等特色，规划明确各子园区原有规划不再执行，均按调整后的新总体规划实施。本轮规划与上轮规划范围对比见图 6-25。各园区主要差异对比见表 6-23～表 6-25。

图 6-25 产业园本轮规划与上轮规划范围对比

表 6-23　PZ 高新园上轮规划与本轮规划差异

序号	规划要素	上轮规划 原《高新技术开发区建设规划（2016—2030 年）》	本轮规划	备注
1	规划面积	规划面积约为 10.77 km²	规划面积约为 6.82 km²	面积减少 3.95 km²
2	空间布局	"一轴、一带、两区"	"一心、一轴、一带、两区"	优化空间布局
3	产业定位	划分六大板块，即航空零部件制造、新能源汽车制造及汽车零部件、智能化设备（数控机床、输配电设备）、生物医药、高新技术孵化器和经济孵化板块	划分四大板块，即航空零部件制造、数字经济、现代物流、生物医药板块。数字经济板块主要为数字健康产业（康复辅助器具制造）、智能感知终端产业（智能终端设备制造）	取消新能源汽车制造及汽车零部件板块、智能化设备方向有所调整，新增康复辅助器具制造等数字经济产业板块

表 6-24　HK 高新园上轮规划与本轮规划差异

序号	规划要素	上轮规划 原《HZHK 智慧新城总体规划（2013—2030 年）》	本轮规划	备注
1	规划面积	规划面积约为 13.43 km²	规划用地面积约为 6.01 km²	缩减 7.42 km²，去掉机场及机场南侧用地
2	空间布局	"两核、两带、多组团"	"一心、两带、四区"	布局依据园区规划及现有发展设置，未突破原有规划大的空间布局

表 6-25　SH 高新园上轮规划与本轮规划差异

序号	规划要素	上轮规划 原《CGXSH 循环经济工业园区控制性详细规划》（2014—2030 年）	本轮规划	备注
1	规划范围	规划面积为 6.57 km²。2018 年被列入《中国开发区审核公告目录（2018 年版）》，核准面积为 2.38 km²	规划面积约为 1.9 km²	根据园区现有发展，去掉不可利用区，在原有批复的用地基础上进行缩减，缩减面积约 0.48 km²
2	功能定位	以绿色食品加工、现代生物医药、现代物流配送三大产业为主导的滨水循环经济产业示范城	建设省重点生物医药、绿色食品示范基地。以发展生物医药、绿色食品产业为主，构建循环工业集聚园区；以绿色低碳为引领，建设生态工业园区	一致，仍定位为绿色食药
3	空间布局	"一心、两轴、三廊、五区"	"一心、一轴、三廊、三区板块"	基本一致

6.2.4　区域环境现状分析

6.2.4.1　环境质量现状

（1）大气环境现状

2017—2021 年，区域环境空气 6 项基本污染物年均浓度指标值均呈逐年下降的趋势，其中 SO_2、NO_2、CO、O_3 等因子均可满足《环境空气质量标准》二级标准要求；PM_{10}于 2019—2021 年实现达标；$PM_{2.5}$ 于 2021 年实现达标。

特征因子中 TSP、氮氧化物、硫酸雾、氟化物、NH_3、H_2S、氯化氢、苯、二甲苯、甲苯、非甲烷总烃、铬酸雾、乙醇、氰化氢均可符合相应标准要求。

（2）地表水环境现状

规划区涉及的河流水质均满足《地表水环境质量标准》（GB 3838—2002）中Ⅱ类或Ⅲ类水质要求。

2017—2021 年国家及省级控制断面 COD、BOD_5、氨氮、总磷均符合《地表水环境质量标准》Ⅱ或Ⅲ类标准限制要求。

（3）地下水环境现状

地下水监测结果中除 PZ 高新园上游水井的硝酸盐氮指标外，剩余点位均满足《地下水水质标准》Ⅲ类地下水标准要求。

（4）土壤环境现状

规划区内各点位土壤环境质量满足《土壤环境质量　建设用地土壤污染风险管控标准（试行）》（GB 36600—2018）第二类用地标准限值要求；PZ 高新园和 SH 高新园规划范围外农用地中镉超出筛选值要求，但未超过管制值要求，其余因子均符合标准要求。因此，规划区外农用地土壤污染物含量对农产品质量安全、农作物生长或土壤生态环境有潜在风险。因此，应当加强土壤环境监测和农产品协同监测，原则上应当采取安全利用措施。

（5）底泥环境现状

规划区底泥满足《土壤环境质量　农用地土壤污染风险管控标准（试行）》（GB 15618—2018）中表 1 中风险筛选值要求。

6.2.4.2　环境风险物质现状

规划区已入驻的企业包括制药、生物科技等涉及的主要风险物质包括甲醇、乙醇、三氯甲烷、乙酸、盐酸、硫酸、苯、甲苯、汽油柴油等。现状企业涉及的危险化学品、风险物质数量与临界量比值关系（表 6-26、表 6-27）。

PZ 高新园超过风险管控临界值的物质有乙醇、氯甲酸甲酯、三氯甲烷、乙酸、甲醇、盐酸、硫酸、甲酸、甲苯、二氯乙烷、丙酮、三氯化磷、异丙醇、乙酸乙酯、氨水、硫氢化钠、石油醚、环己酮、苯、三氯化铝、氯乙酰氯和甲烷。PZ 高新园位于中心城区东侧，距集镇较近，因此主要环境风险受体包括产业园周边居民、学校等，同时 PZ 高新园南侧距主要河流 HJ 较近，属于为陕西 HJ 省级湿地自然保护区，因此也属于主要环境风险受体，风险事故主要途径为物料泄漏直接或经雨水冲刷后进入 HJ，对 HJ 水质、水生生态环境产生严重影响，或者发生火灾、爆炸等产生有毒烟气对周边居民产生不利影响。

　　HK 高新园已入驻的企业包括机械加工、油库等。油库贮存量超过《企业突发环境事件风险分级方法》（HJ 941—2018）附录 A 中 2 500 t 的限值要求，属于重大风险源。HK 高新园东侧 500 m 处为 WC 河，南侧 2 500 m 处为主要河流 HJ，同时产业园区内以及周边分布有居民住户，均为 HK 高新园的风险受体。主要风险途径为物料泄漏造成水体、土壤、地下水污染及物料燃烧、爆炸产生有毒烟气对周边住户的影响。

　　SH 高新园已入驻的企业包括生物医药和绿色食品等，涉及的风险物质主要为氢气、盐酸、甲苯、丙酮、乙酸乙酯、异丙醇、甲醇、苯、乙醇、环己酮、硫酸、乙醇、乙酸乙酯、丁醇、盐酸、硫酸二甲酯、甲醇、氨水等。超过风险管控临界值的物质有盐酸、乙酸乙酯、异丙醇、甲醇、丁醇、硫酸二甲酯和氨水，规划区西南侧为陕西 ZH 国家级自然保护区实验区，西侧 60 m 处为 SH 镇集镇，分布有大量住户，因此风险受体为主要河流 HJ（陕西 HJ 省级湿地自然保护区）、陕西 ZH 国家级自然保护区实验区与 SH 镇居民住户，主要风险途径为物料泄漏造成水体、土壤、地下水污染及物料燃烧、爆炸产生有毒烟气对周边住户的影响。

　　园区内重点企业环境风险源分布见图 6-26～图 6-28。

表 6-26　现状企业涉及的危险化学品

序号	园区名称	危险化学品名称	最大储存量/（t/a）
1	PZ 高新园	乙醇	128
		氯甲酸甲酯	39.2
		三氯甲烷	38
		乙酸	27
		甲醇	128
		盐酸	62
		硫酸	47.2
		甲酸	98
		甲苯	139
		二氯乙烷	53
		丙酮	125
		三氯化磷	14
		异丙醇	63
		正己烷	0.8
		乙酸乙酯	25.2
		氨水	43
		硫氢化钠	30
		石油醚	104
		环己酮	24

序号	园区名称	危险化学品名称	最大储存量/（t/a）
1	PZ 高新园	二甲基甲酰胺	0.22
		苯	13.68
		三氯化铝	40.5
		氯乙酰氯	26
		硝酸	0.25
		硫酸镍	0.022
		铬及其化合物	0.145
		汽油、柴油	75.36
		甲烷	40.32
2	HK 高新园	汽油	1 912.5 t
		柴油	12 282.5
3	SH 高新园	氢气	0.14
		盐酸	31.5
		甲苯	1.1
		丙酮	8
		乙酸乙酯	95.5
		异丙醇	0.45
		甲醇	31.5
		苯	1.8
		乙醇	122.5
		环己酮	2.7
		硫酸	2.5
		丁醇	41
		硫酸二甲酯	10
		氨水	32
		汽油、柴油	92.64

表 6-27　风险物质数量与临界量比值关系

序号	园区名称	名称	临界量/（t/a）	储存量是否超过临界量
1	PZ 高新园	乙醇	500	否
		氯甲酸甲酯	2.5	是
		三氯甲烷	10	是
		乙酸	10	是
		甲醇	10	是
		盐酸	7.5	是
		硫酸	10	是

序号	园区名称	名称	临界量/（t/a）	储存量是否超过临界量
1	PZ 高新园	甲酸	10	是
		甲苯	10	是
		二氯乙烷	10	是
		丙酮	10	是
		三氯化磷	7.5	是
		异丙醇	10	是
		正己烷	10	否
		乙酸乙酯	10	是
		氨水	10	是
		硫氢化钠	2.5	是
		石油醚	10	是
		环己酮	10	是
		二甲基甲酰胺	5	否
		苯	10	是
		三氯化铝	5	是
		氯乙酰氯	5	是
		硝酸	7.5	否
		硫酸镍	0.25	否
		铬及其化合物	0.25	否
		汽油、柴油	2 500	否
		甲烷	10	是
2	HK 高新园	汽油、柴油	2 500	是
		氢气	10	否
		盐酸	7.5	是
		甲苯	10	否
		丙酮	10	否
		乙酸乙酯	10	是
		异丙醇	10	是
		甲醇	10	是
3	SH 高新园	苯	10	否
		乙醇	500	否
		环己酮	10	否
		硫酸	10	否
		丁醇	10	是
		硫酸二甲酯	0.25	是
		氨水	10	是
		汽油、柴油	2 500	否

图 6-26　PZ高新园重点企业风险源分布

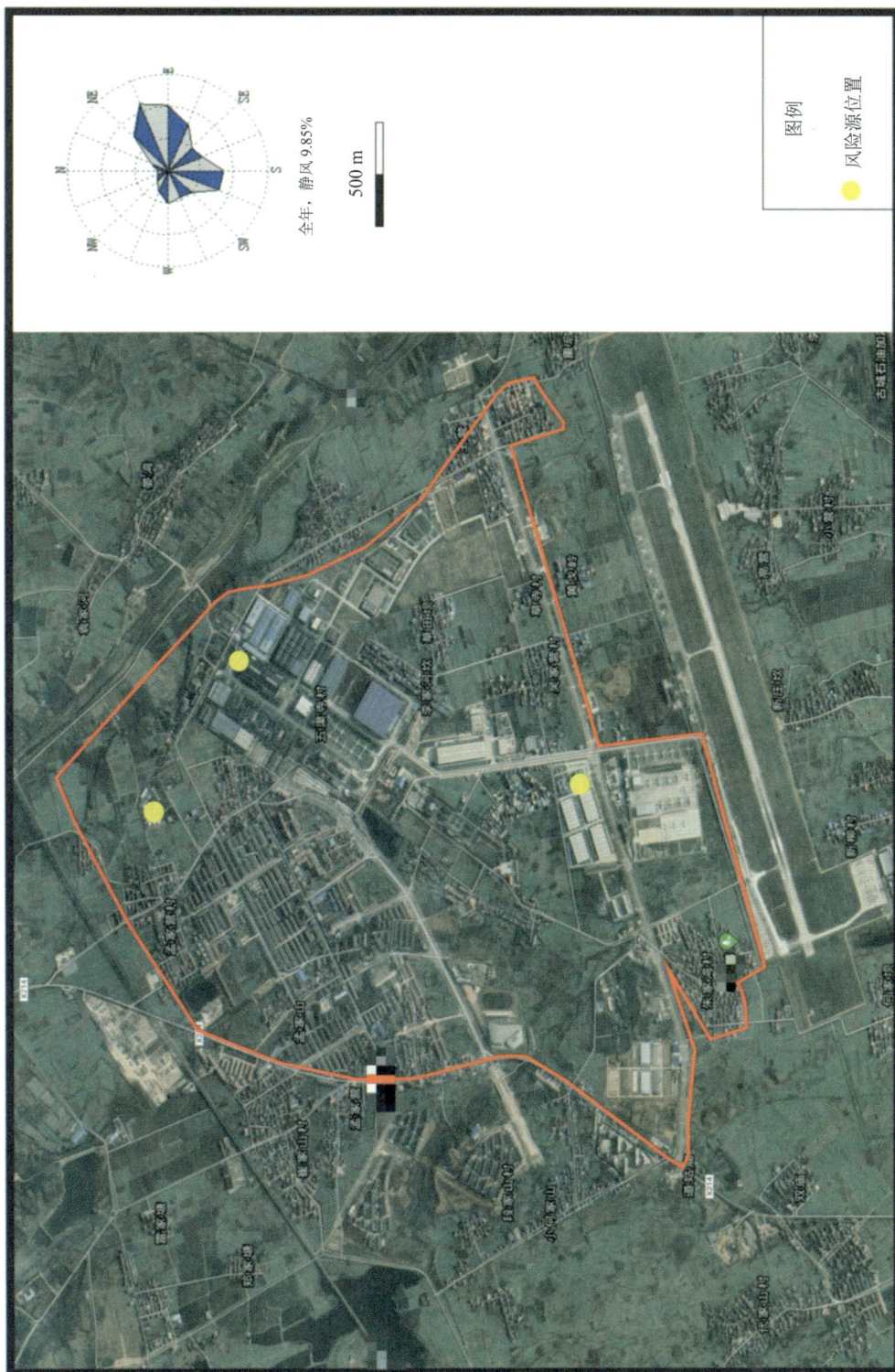

图 6-27　HK 高新园重点企业风险源分布

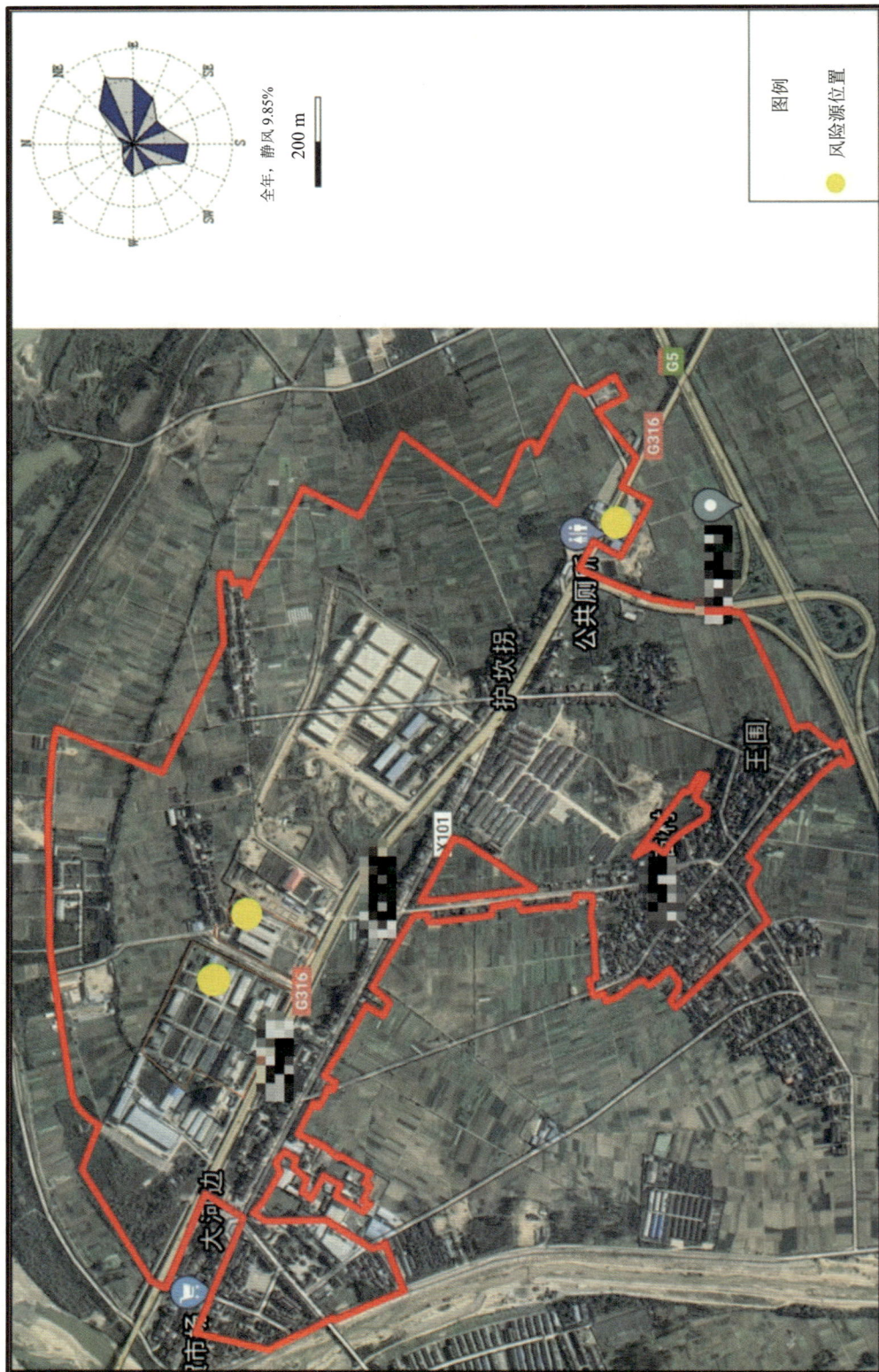

图 6-28　SH 高新园重点企业风险源分布

6.2.4.3　规划区现存主要环境问题及整改措施

（1）大气环境

规划区涉及的行政辖区 HT 区和 CG 县的大气常规因子 $PM_{2.5}$ 超标，属于环境空气质量不达标区。

根据《HZ 市"十四五"生态环境保护规划》，区域 2025 年 $PM_{2.5}$ 浓度下降 10.5% 为约束性指标，由于现状 $PM_{2.5}$ 超标，因此评价建议除从宏观产业布局要考虑优化产业发展方向外，还应开展现有污染源治理和企业环保设施的升级改造，督促企业开展绩效评级工作，确保达到 B 级以上水平，提升企业清洁生产水平。

（2）地表水环境

区域地表水体水域功能为Ⅱ类，水环境敏感，3 个园区均沿主要河流 HJ 布设，且离陕西省 HJSD 自然保护区、ZH 国家自然保护区较近，其中 PZ 高新园内现有医药、化工企业位于主要河流 1 km 范围内，PZ 污水处理厂仅接受 PZ 高新园内生活污水，医药企业废水处理无法得到合理处置。

评价建议，加快 PZ 高新园工业污水处理厂及配套的回用水系统与管网建设进度，加强区内废水收集、处置管理，开展水的分质、梯级利用、提高中水回用率，确保废水不外排，并在邻近生态敏感区的区域设置生态隔离带，有效控制对周边生态环境敏感区的影响。

（3）产业布局

PZ 高新园部分现状企业不符合园区定位。建议园区结合本次规划要求，对不符合定位的企业提出限制扩建、就地转型或逐步退出等措施。

（4）能源替代

规划的 3 个子园中，除 PZ 高新园天然气接入以外其余均未接入，且管网不完善。评价建议加快天然气管网建设，拆除规划区内现有 30 t/h 以下燃煤锅，实施清洁能源替代。

6.2.5　碳排放现状

根据对园区能源利用现状及排污情况的调查，参照《重庆市规划环境影响评价技术指南　碳排放评价（试行）》及《工业其他行业企业温室气体排放核算方法与报告指南（试行）》对产业园区现状碳排放情况见表 6-28。

表 6-28　产业园区现状碳排放情况

名称	二氧化碳合计排放量/ t CO_2e	产值/ 亿元	单位工业增加值二氧化碳排放量/ （t CO_2e/亿元）
PZ 高新园	123 490.44	33.485	3 687.933
HK 高新园	134 112.85	178.6	750.912
SH 高新园	30 211.29	7.36	4 104.795

6.2.6　生态环境空间管控

根据《HZ 市"三线一单"生态环境分区管控方案》，优先保护单元以生态优先为原则，突出空间布局约束，依法禁止或限制大规模、高强度工业开发和城镇建设活动，开展生态功能受损区域生态保护修复活动，确保重要生态环境功能不降低。重点管控单元应优化空间布局，加强污染物排放控制和环境风险防控，提升资源利用效率，解决突出生态环境问题。一般管控单元主要落实生态环境保护基本要求。

规划产业园与《HZ 市"三线一单"生态环境分区管控方案》对照结果如表 6-29 所示。

表 6-29　HZ 高新区规划范围涉及的生态环境管控单元

序号	环境管控单元名称	单元要素属性	管控单元分类	管控要求	面积/ (km²)
1	HZ 高新技术产业开发区	水环境城镇生活污染重点管控区、大气环境受体敏感重点管控区、高污染燃料禁燃区	重点管控单元	**空间布局约束：** ① 严格项目准入，慎重布局大气污染物排放量大、废水排放量大的项目。 ② 对不符合规划定位的现有企业，不在扩大其规模，减缓分散布局对区域环境的影响。 ③ 在现有工业与居住区之前设置足够宽度的防护距离，防护距离内不得规划学校、居民住宅等敏感目标。 ④ 禁止新建专业电镀、线路板生产项目，严格限制涉重金属项目入园。 ⑤ 高污染燃料禁燃区执行本清单 HZ 市总体准入要求中"5.6 高污染燃料禁燃区"准入要求。 **污染物排放管控：** ① 对生产装置排放的含 VOCs 工艺排气宜优先回收利用，不能（或不能完全）回收利用的经处理后达标排放。 ② 涉重金属排放项目应优先配套高效的末端处理设施，废水处理后全部循环利用。不能做到循环利用的，必须做到车间排放口达标排放。 ③ 区域声环境达标率 100%，危险废物处理处置率 100%，工业废水排放达标率 100%。生活污水集中处理率 100%，生活垃圾无害化处理率 100%。 **环境风险防控：** ① 对区内环境风险源进行登记统计，定期开展风险源排查，对排查发现存在隐患的限期整改完善。 ② 每年开展环境应急演练，将各企业的环境风险纳入园区应急体系中统一管理。 ③ 制定园区环境风险事故应急预案。 **资源开发效率要求：** ① 单位工业增加值综合能耗控制在 0.21 t 标煤/万元之内。 ② 单位工业增加值新鲜水耗控制在 4.5 m³/万元之内。 ③ HT 区为禁煤区，规划区以天然气为主要能源。 ④ 工业用水重复利用率≥90%，中水回用率≥40%，工业固体废物综合利用≥85%。 ⑤ 高污染燃料禁燃区执行本清单 HZ 市总体准入要求中"5.6 高污染燃料禁燃区"准入要求	5.197

序号	环境管控单元名称	单元要素属性	管控单元分类	管控要求	面积/(km²)
2	陕西省HZ市HT区重点管控单元1	水环境城镇生活污染重点管控区、大气环境受体敏感重点管控区、高污染燃料禁燃区	重点管控单元	**空间布局约束:** ① 执行本清单HZ市总体准入要求中"5.2 大气环境受体敏感重点管控区"准入要求。 ② 高污染燃料禁燃区执行本清单 HZ 市总体准入要求中"5.6 高污染燃料禁燃区"准入要求。 **污染物排放管控:** 执行本清单 HZ 市总体准入要求中"5.2 大气环境受体敏感重点管控区"准入要求。 **环境风险防控:** 组织开展环境风险评估和隐患排查,编制环境应急预案,定期组织应急救援演习,储备必要的环境应急物资和装备。 **资源开发效率要求:** 高污染燃料禁燃区执行本清单 HZ 市总体准入要求中"5.6 高污染燃料禁燃区"准入要求	0.476
3	陕西省HZ市HT区重点管控单元3	水环境城镇生活污染重点管控区、大气环境布局敏感区、高污染燃料禁燃区	重点管控单元	**空间布局约束:** ① 执行本清单HZ市总体准入要求中"5.4 大气环境布局敏感区重点管控区"准入要求。 ② 高污染燃料禁燃区执行本清单 HZ 市总体准入要求中"5.6 高污染燃料禁燃区"准入要求。 **污染物排放管控:** 执行本清单 HZ 市总体准入要求中"5.5 大气环境布局敏感区"准入要求。 **环境风险防控:** 组织开展环境风险评估和隐患排查,编制环境应急预案,成立环境应急救援队伍,定期组织应急救援演习,储备必要的环境应急物资和装备。 **资源开发效率要求:** 高污染燃料禁燃区执行本清单HZ市总体准入要求中"5.6 高污染燃料禁燃区"准入要求	1.146
4	HZHK 智慧新城	水环境城镇生活污染重点管控区、大气环境高排放重点管控区	重点管控单元	**空间布局约束:** ① 根据自身功能定位,鼓励支持科技含量高、资源消耗低、污染排放低以及产业关联度高的项目入园。 ② 商业、居住开发因地制宜,鼓励并推广绿色建筑。 ③ 严格入园项目环境准入。严格控制清洁生产水平低、不符合产业政策的项目入园,不得引进不符合产业定位的项目,严格限制电镀、涂装及表面处理等涉重金属排放项目和废水、废气排放量大的项目进入园区,禁止建设污染严重的项目。 ④ 智慧新城污水处理厂、工业企业按类型、规模及环评要求划定环境卫生防护距离,防护距离范围内不得有居民区、学校、医院等敏感点;生物医药食品加工行业周围不应布设污染型企业。	6.009

序号	环境管控单元名称	单元要素属性	管控单元分类	管控要求	面积/(km²)
4	HZHK 智慧新城	水环境城镇生活污染重点管控区、大气环境高排放重点管控区	重点管控单元	⑤ 机场周边宜用地发展航空相关产业，以降低机场噪声影响人口数量。 ⑥执行本清单 HZ 市总体准入要求中"5.4 大气环境高排放管控区"准入要求。 **污染物排放管控：** ① 产生含重金属等有害物质废水排放企业须做到全部处理后回用，不排放。 ② 工业用水重复利用率达到 90%及以上，污水集中处理率100%。 ③ 严格控制入区项目污染物排放总量，特别是颗粒物、有机废气等大气污染物排放总量，严格控制含重金属废水排放，采取削减措施。 ④ 执行本清单 HZ 市总体准入要求中"5.5 大气环境高排放管控区"准入要求。 **环境风险防控：** ① 制定环境风险事故应急预案。 ② 设置火灾报警及联动措施，设置或依托紧急救援站，设置危险化学品泄漏防护站。 **资源开发效率要求：** ① 工业固废综合利用率≥75%。 ② 单位 GDP 综合能耗≤0.5 t 标煤/万元，单位 GDP 新鲜水耗≤9 m³/万元，洁净能源（电、蒸汽、天然气、地热、太阳能等）所占比例达 60%以上	6.009
5	CG 县 SH 循环经济产业园区	水环境城镇生活污染重点管控区、大气环境布局敏感重点管控区、高污染燃料禁燃区、农用地污染风险重点管控区	重点管控单元	**空间布局约束：** ① 入园项目须符合生态环境部门确认的环境执行标准及污染物总量控制指标。并严格限制清洁生产水平低，废水量大的项目进入园区，禁止建设污染严重的项目。 ② 农用地安全利用重点管控区执行本清单 HZ 市总体准入要求中"5.7 农用地污染风险重点管控区"准入要求。 **污染物排放管控：** 工艺废气要集中收集，采取高效净化处理措施，有效防控并减少有机废气、颗粒物等无组织排放。 **环境风险防控：** ① 制订环境风险应急预案，成立安全及环境风险应急救援队，储备环境应急物资，定期组织开展环境隐患排查和应急救援演习。 ② 农用地安全利用重点管控区执行本清单 HZ 市总体准入要求中"5.7 农用地污染风险重点管控区"准入要求。 **资源开发效率要求：** 中水回用率≥50%	1.904

6.2.7 环境评价指标体系

根据对 HZ 高新技术产业开发区涉及的环境污染源、环境风险源、环境敏感要素、环境质量目标等进行综合分析，结合相关法规、政策、标准要求，确定规划环评的评价指标体系，具体指标见表 6-30。

表 6-30 环境目标及评价指标

主题	环境目标	评价指标		目标值		目标值来源/依据
				近期	远期	
环境质量	环境空气质量达标	区域环境空气例行监测站/（μg/m³）	PM_{10} 年平均质量浓度	70	70	《环境空气质量标准》
			$PM_{2.5}$ 年平均质量浓度	35	35	
			SO_2 年平均质量浓度	60	60	
			NO_2 年平均质量浓度	40	40	
			CO 24 h 平均第 95 百分位数	4 000	4 000	
			O_3 日最大 8 h 滑动平均值的第 90 百分位数	160	160	
		规划区/（μg/m³）	氟化物 1 h 平均值	20	20	《环境空气质量标准》附录 A
			非甲烷总烃 1 h 平均值	2 000	2 000	《大气污染物综合排放标准详解》
			铬酸雾 24 h 平均值	1.5	1.5	
			NH_3 1 h 平均值	200	200	
			H_2S 1 h 平均值	10	10	
			氯化氢 1 h 平均值	50	50	《环境影响评价技术导则 大气环境》
			硫酸雾 1 h 平均值	300	300	
			苯 1 h 平均值	110	110	
			甲苯 1 h 平均值	200	200	
			二甲苯 1 h 平均值	200	200	
			HCN 24 h 平均值	10	10	前苏联 CH245—71 "居民区大气中有害物质的最大允许浓度"限值要求
			乙醇 24 h 平均值	5 000	5 000	
	地表水环境质量达标	水环境质量（HTCG 交界断面、HJNLD 断面、WCH 河入 HJ 河口、CGYX 交界断面）	COD	15		《地表水环境质量标准》（GB 3838—2002）
			NH_3-N	0.5		
		水环境质量（JHJDQ 市控断面）	COD	20		
			NH_3-N	1.0		

主题	环境目标	评价指标		目标值		目标值来源/依据
				近期	远期	
环境质量	规划区各功能区声环境质量达标	功能区环境噪声平均值（昼/夜）/[dB（A）]	2 类	60/50	60/50	《声环境质量标准》（GB 3096—2008）
			3 类	65/55	65/55	
			4a 类	70/55	70/55	
	评价范围内地下水及土壤环境质量不下降	生活垃圾无害化处理率/%		≥95	≥100	《陕西省固体废物污染防治专项整治行动方案》（陕环发〔2018〕29 号）
		一般工业固体废物综合利用率/%		≥73	≥73	《陕西省固体废物污染防治专项整治行动方案》（陕环发〔2018〕29 号）
		危险废物无害化处理与处置率/%		100	100	《国家生态工业示范园区标准》（HJ 274—2015）
生态保护	保护区域生态系统，健全生态系统的结构，优化城市生态系统的功能	人均公共绿地面积/（m²/人）		≥10		《陕西省省级生态市建设指标（试行）》
		绿化覆盖率/%		≥15	≥15	《国家生态工业示范园区标准》（HJ 274—2015）
碳减排及资源利用	提高水资源利用率，减少新鲜水消耗；进行碳减排；提高土地集约化利用程度	中水回用率/%		≥30	≥35	《陕西省碧水保卫战2021 年工作方案》、规划环评
		单位工业用地面积工业增加值/（亿元/km²）		≥9	≥9	《国家生态工业示范园区标准》（HJ 274—2015）
		单位工业增加值综合能耗/（t 标煤/万元）		≤0.5	≤0.5	《国家生态工业示范园区标准》（HJ 274—2015）
		单位工业增加值二氧化碳排放量年均削减/%		≥3	≥3	
		单位地区生产总值二氧化碳排放降低 5 年累计/%		≥18	—	《陕西省"十四五"生态环境保护规划》《HZ 市"十四五"生态环境保护规划》
污染集中治理与排放	污水处理	污水集中处理设施		具备		《国家生态工业示范园区标准》（HJ 274—2015）
	工业企业污染物达标排放	工业企业污染物排放达标率		100%	100%	规划环评要求
	PZ 高新园	主要大气污染物排放总量控制	主要污染物排放量/（t/a） SO₂	≤1.501	≤15.091	
			NOₓ	≤3.088	≤30.823	
			PM₁₀	≤2.552	≤23.752	

主题	环境目标	评价指标		目标值		目标值来源/依据
				近期	远期	
污染集中治理与排放	PZ 高新园	主要水污染物排放总量控制	主要污染物排放量/(t/a)			
			PM$_{2.5}$	≤1.276	≤11.876	
			非甲烷总烃	≤7.445	≤73.279	
			COD	≤69.79	≤142.83	
			NH$_3$-N	≤6.56	≤13.43	
	HK 高新园	主要大气污染物排放总量控制	主要污染物排放量/(t/a)			
			SO$_2$	≤0.091	≤0.919	
			NO$_x$	≤0.399	≤4.018	
			PM$_{10}$	≤1.927	≤19.407	
			PM$_{2.5}$	≤0.964	≤9.704	
			非甲烷总烃	≤1.927	≤19.407	
		主要水污染物排放总量控制	主要污染物排放量/(t/a)			
			COD	≤64.80	≤116.85	
			NH$_3$-N	≤6.48	≤11.69	
	SH 高新园	主要大气污染物排放总量控制	主要污染物排放量/(t/a)			
			SO$_2$	≤1.653	≤6.763	
			NO$_x$	≤3.241	≤13.262	
			PM$_{10}$	≤1.472	≤6.022	
			PM$_{2.5}$	≤0.736	≤3.011	
			非甲烷总烃	≤7.086	≤28.993	
		主要水污染物排放总量控制	主要污染物排放量/(t/a)			
			COD	≤23.85	≤35.33	
			NH$_3$-N	≤2.38	≤3.53	
风险防控		园区环境风险防控体系建设完善度		100%		《国家生态工业示范园区标准》(HJ 274—2015)
		水环境风险受体的可接受环境风险水平值(风险指数)		<30		规划环评要求及《行政区域突发环境事件风险评估推荐方法》
		大气环境风险受体的可接受环境风险水平值(风险指数)		<30		
环境管理		环境管理能力完善度		100%		《国家生态工业示范园区标准》(HJ 274—2015)

6.2.8　影响预测与评价

6.2.8.1　累积环境影响预测与分析

（1）影响源识别

规划产业可识别的主要大气污染物为 SO$_2$、NO$_x$、PM$_{10}$、TSP、VOCs（以非甲烷总烃计）、乙醇、NH$_3$、H$_2$S、氯化氢、硫酸雾、铬酸雾、氰化氢、氟化氢、苯、二甲苯、甲苯以及臭气浓度等；主要水污染物为 COD、BOD$_5$、NH$_3$-N、总氮、总磷、动植物油、苯、甲苯、二甲苯、石油类、SS、铬、锌等；主要一般固体污染物为金属边角料、打磨粉尘、不合格产品、中药药渣（产生量较大）、收集尘、废包装袋、筛选杂质等；主要危险废物为废机油、废润滑油、废切削液、废清洗剂、油漆残渣、废气处理过程中产生的废活性炭等。

总体来说，排放的污染物呈现以下特征：一是排放污染物种类多，各污染物排放量差异大，其中部分污染物毒性较大；二是部分污染物难以降解，排出后易在其他介质中累积；三是部分污染物能够在生物体内富集，通过生物放大作用对人体造成危害。

（2）累积影响分析

工业园区造成的累积环境影响随着其发展而逐步显现，其中土壤累积影响较为显著。在园区排放的各类污染物中，以挥发性有机物以及重金属的累积影响最为明显，此类物质可以在大气、土壤、水体间进行交换、累积，当其浓度累积到一定程度会对耕地、作物、饮用水造成污染影响，进而对人体健康产生危害。

考虑到规划区产业定位，选取 PZ 高新园内在建的 WL 航空二期项目（包括喷漆、电镀等表面处理工序）作为典型企业进行分析说明其运营后的土壤累积环境影响程度与范围。根据土壤环境影响识别，该企业土壤污染源主要为车间生产线、危险废物暂存库、污水处理站以及废气排放等。污染物的垂直入渗和地面漫流主要通过失效的防渗层，泄漏进入土壤环境，导致土壤环境的改变。大气沉降通过干湿沉降作用下进入土壤层，导致土壤环境的改变。该项目生产过程中的土壤累积环境影响预测结果如下所述。

① 大气沉降。经预测分析，随着外来气源性有机污染物输入时间的延长，各有机污染物在土壤中的累积量逐步增加，但累积增加量很小。由预测叠加结果可以看出，企业排放的二甲苯有机污染物，在土壤中的累积贡献值和叠加值，均低于相应的《土壤环境质量　建设用地土壤污染风险管控标准（试行）》第二类用地相关标准的要求，项目运营 5～30 年后周围影响区域土壤中二甲苯有机污染物的累积量远小于《土壤环境质量　农用地土壤污染风险管控标准（试行）》（GB 15618—2018）中相关要求。因此，项目废气排放中二甲苯有机污染物进入土壤环境造成的累积量是有限的，在可接受范围内。

表 6-31　污染物年输入量　　　　　　　　　　　　单位：mg/kg

污染物	二甲苯
背景值 S_b	0.001 2
年输入量 I_S	0.087 274
5 年累计量 S_5	0.436 372
10 年累计量 S_{10}	0.872 743
15 年累计量 S_{15}	1.309 115
20 年累计量 S_{20}	1.745 487
25 年累计量 S_{25}	2.181 858
30 年累计量 S_{30}	2.618 230
评价标准 $S_标$	1 210

② 垂直入渗（可简要描述垂直入渗的情形设置）。

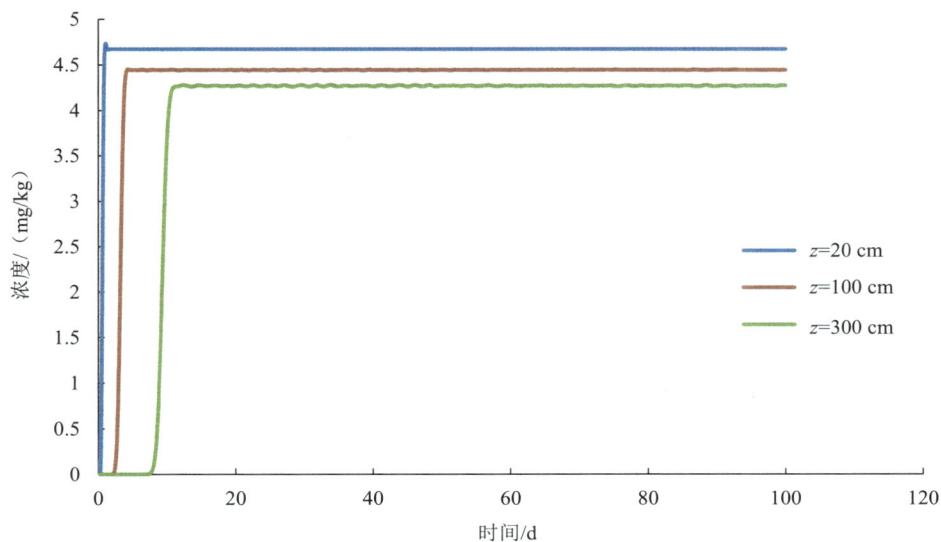

图 6-29　废水收集池泄漏后不同深度六价铬随时间变化曲线

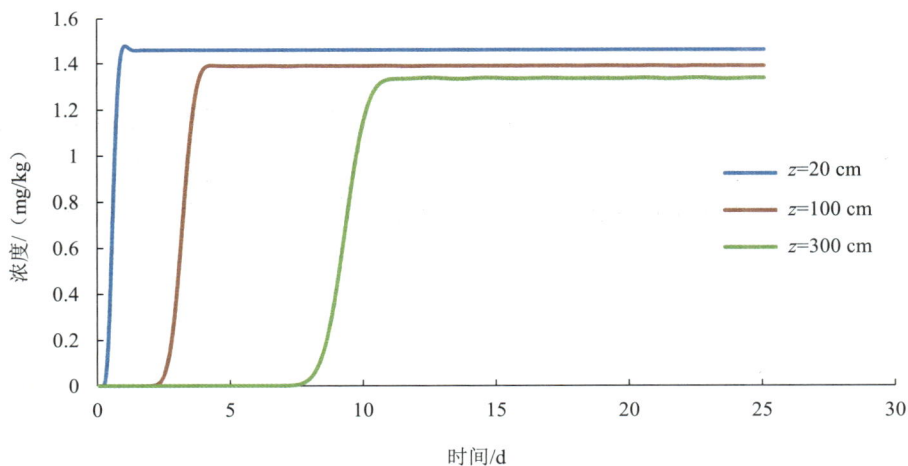

图 6-30　废水收集池泄漏后不同深度镍随时间变化曲线

由图 6-8、图 6-9 预测结果可知：土壤中不同深度随时间变化的六价铬与镍等预测指标浓度均满足《土壤环境质量　建设用地土壤污染风险管控标准（试行）》土壤污染风险筛选值中第二类用地标准限值要求。

（3）地面漫流

厂区设置环境风险事故水污染三级防控系统：车间、仓库内部设有排水系统；厂区表面处理车间集中区设置有事故废水收集池，全厂雨水总排口设置切换阀。在事故状态下的事故废水和消防废水得到有效收集。此外，物料存储区和危害性大、污染物较大的生产装置区为重点防渗区。可确保厂内一旦发生火灾时，消防废水不流出厂内。因此，工程发生漫流事故对厂区周边土壤产生污染影响较小。

综上所述，在采取相应污染治理措施后，可从源头上控制对区域土壤环境的污染影响，确保项目对区域土壤环境的累积影响处于可接受水平。

6.2.9　碳排放强度评估

6.2.9.1　碳排放强度分析

规划实施后随着区内产业的不断发展，单位工业增加值二氧化碳排放量在逐渐降低，规划近期 PZ 高新园、HK 高新园及 SH 高新园的单位工业增加值二氧化碳排放量年均削减分别约 4.9%（5 年累计 24.5%）、8.46%（5 年累计 42.3%）、14.51%（5 年累计 72.55%），规划远期 PZ 高新园、HK 高新园及 SH 高新园的单位工业增加值二氧化碳排放量年均削减分别为 7.16%、7.03%、6.5%，均能满足《国家生态工业示范园区标准》中"单位工业增加值二氧化碳排放量年均削减≥3%"的指标要求，同时近期满足《陕西省"十四五"生态环境保护规划》与《HZ 市"十四五"生态环境保护规划》中"单位地区生产总值二氧化碳排放降低 5 年累计 18%"的碳排放管控目标要求。

不同情景下的碳排放强度如表 6-32 所示。

表 6-32　规划区现状及规划期内碳排放强度计算结果

情景	子园区名称	二氧化碳合计排放量/ t CO₂e	产值/亿元	单位工业增加值二氧化碳排放量/ （t CO₂e/亿元）	单位工业增加值二氧化碳排放量年均削减/%
基准情景	PZ 高新园	123 490.44	33.485	3 687.933	0
	HK 高新园	134 112.85	178.6	750.912	0
	SH 高新园	30 211.29	7.36	4 104.795	0
近期	PZ 高新园	334 026.62	120	2 783.555	4.90
	HK 高新园	121 335.80	280	433.342	8.46
	SH 高新园	33 819.44	30	1 127.315	14.51
远期	PZ 高新园	474 524.88	600	790.875	7.16
	HK 高新园	154 466.50	1 200	128.722	7.03
	SH 高新园	39 020.91	100	390.209	6.50

6.2.9.2　减碳措施

① 提高园区能源、资源利用效率，加快传统制造业转型升级，通过原料替代、改善生产工艺、改进设备使用等措施，加快重点用能行业低碳化改造。制定严格的园区低碳生产和入园标准，对高碳落后产能和企业进行强制性淘汰，对入园企业和新建项目实行低碳门

槛管理，近期应加快园区天然气管网建设，尽快督促 ZH 公司、SF 公司对燃煤锅炉进行改造。

② 推动企业低碳技术的研发、应用和产业化发展，利用低碳技术推动传统产业的改造升级。组织开发先进适用的低碳技术、低碳工艺和低碳装备，推动新型低碳产业发展，带动重点行业碳排放强度大幅下降。

③ 建立健全园区碳管理制度，编制碳排放清单，建设园区碳排放信息管理平台，强化从生产源头、生产过程到产品的生命周期碳排放管理。加强企业碳排放的统计、监测、报告和核查体系建设，建立完善企业碳排放数据管理和分析系统，挖掘碳减排潜力。

④ 制订园区低碳发展规划，完善空间布局，对园区水、电、气等基础设施建设或改造实行低碳化、智能化。加快淘汰小锅炉等低效供能设施，积极推广热电冷三联供设施，提高能源利用效率。推广新能源和可再生能源的使用，提高园区可再生能源利用比例。完善园区垃圾分类收集、运输和处置体系以及污水管网和处理设施建设，提高废弃物资源化利用率。制定和实施低碳厂房标准，加强新建厂房低碳规划设计，加强对既有厂房的节能改造，提高厂房运行过程的能源利用效率，降低厂房生命周期碳排放。

6.2.10　产业园区环境管理改进对策和建议

（1）严格园区空间管控，抓好入园项目管理

进一步优化高新区的产业与环境保护协调性，严格执行环评和"三同时"制度，抓好入园项目的环境准入管理。引进项目须符合规划环评要求，项目的生产工艺、设备、污染治理技术及单位产品能耗、物耗、污染物排放和资源利用率应达到同行业国际先进水平。结合水资源短缺的实际，严格控制高新区用水量，提高水资源循环利用率，杜绝高耗水项目入园区。要提高污水收集率、处理率和中水回用率，做到少排水争取不排水，为确保 Ⅱ 类地表水达标打好基础。要规范做好固体废弃物的规范化管理处置工作。要落实环保法规标准、强化园区环境监管，不断提升环境管理水平。

（2）根据规划功能区，做好监测监控与管理

根据规划功能分区、产业布局、重点企业分布、特征污染物的排放种类、环境敏感目标分布等情况，统筹建设规划区环境监测监控网络，大气、水、土壤等环境质量和污染源在线监测结果应与当地生态环境部门联网，建立健全区域风险防范体系和生态安全保障体系。做好园区内大气、水、土壤等环境的长期跟踪监测与管理，加强区内重要风险源的管控，根据监测结果及时发现和处置存在的问题，化解环境风险，并结合环境影响、区域污染物削减措施实施的进度和效果对监控体系进行适时优化、调整。

（3）实施规划后期环境影响跟踪评价

规划方案实施后须进行跟踪评价，以评价本规划实施后的实际环境影响。根据时间跨度，每隔 5 年进行一次环境影响跟踪评价，主要评价内容应包括规划实施及开发强度对比、区域生态环境演变趋势、公众意见调查、生态环境影响对比评估及对策措施有效性分析、生态环境管理优化建议以及跟踪评价的结论等。

（4）规划包含建设项目的环评要求

根据规划方案，规划区重点发展的产业主要为生物医药、绿色食品、数字经济（医疗康复器械制造+智能感知终端设备制造），以"飞机整机制造+零部件配套为主，航空服务为辅"的航空特色产业、现代物流等。从行业来分，HZ 高新技术产业开发区整体产业主要包含生物医药制造业、食品制造业、航空设备制造业、医疗康复器械制造、智能感知终端设备制造等行业。

规划的各个行业建设项目环境影响评价重点内容和基本要求如表 6-33 所示。

表 6-33　规划的各个行业建设项目环境影响评价重点内容和基本要求

行业类别	环评重点内容及基本要求
生物医药制造业	①**规划环评结论的符合性。**评价待引入的生物医药建设项目内容与产业园规划目标、功能定位以及本环评提出的空间、总量、环境准入及负面清单等管控条件的符合性，规划环评审查意见的符合性，避免行业性质与规划不相符、资源能源消耗大、污染物排放量大的项目进入。 ②**与《中华人民共和国长江保护法》（以下简称《长江保护法》）的符合性。**根据《长江保护法》"禁止在长江干支流岸线一公里范围内新建、扩建化工园区和化工项目"的要求，规划区位于长江流域上游的实际情况，周边水体均属长江支流水系，生物医药产业应避免引入化学原料药、医药中间体的化工项目。 ③**工程分析。**工艺先进性的审查，重点开展工程分析，详细分析建设项目工艺流程，污染物的产污环节、种类和产生量。评价项目的清洁生产水平。不同的行业其特征污染物不同，应针对特征污染物进行重点评价。此类行业普遍涉及供热工程，项目环评过程应关注燃料情况，不得使用高污染燃料，鼓励使用清洁燃料，同时应强化除尘、脱硝等措施，减少碳排放。 ④**建设项目环境保护措施的技术和经济技术可行性分析。**环境保护措施属于末端治理的范畴，只有在对环境影响的性质、程度、位置、环保投资等具体内容明确后才能有的放矢。部分制药行业会使用大量的有机溶剂，因此应加强有机废气的收集、处理措施，其中含氯废气采用化学喷淋及活性炭吸附，其他涉及 VOCs（速率＞3 kg/h）的废气应采用燃烧法进行处理。制药行业生产过程中会产生蒸馏残液、药物粉尘、污水处理站污泥、废弃实验用品及试剂等危险废物，项目环评过程应加强分区防渗、危险废物收集、暂存与处理的工程措施与管控要求。 ⑤**环境风险分析。**PZ 高新园与 SH 高新园所在区域水环境较为敏感，因此应重点关注危险化学品的风险防范措施，包括判定是否属于重大风险源，物料储存情况，防渗、防泄漏、防火等措施，明确风险物质最大储存量，环境事故发生途径以及应急预案、应急措施等。 ⑥**总量控制。**本次环评对产业园的总量控制提出了原则要求，为项目环评提供了参考方向。项目环评应对具体建设项目的污染物排放量作出合理估算，制订总量控制方案并落实总量控制指标的来源。 ⑦**环境合理性评价。**建设项目对区域环境功能区达标、厂界和周边敏感点达标影响进行评价，并据此对项目总图布置的环境合理性作出分析

行业类别	环评重点内容及基本要求
食品制造业	①**规划环评结论的符合性。**评价待引入的食品加工建设项目内容与产业园规划目标、功能定位以及本环评提出的空间、总量、环境准入及负面清单等管控条件的符合性，规划环评审查意见的符合性，避免行业性质与规划不相符、资源能源消耗大、污染物排放量大的项目进入。 ②**工程分析。**工艺先进性的审查，重点开展工程分析，详细分析建设项目工艺流程，污染物的产污环节、种类和产生量。评价项目的清洁生产水平。不同的行业其特征污染物不同，应针对特征污染物进行重点评价。此类行业普遍涉及供热工程，项目环评过程应关注燃料情况，不得使用高污染燃料，鼓励使用清洁燃料，同时应强化除尘、脱硝等措施，减少碳排放。 ③**建设项目环境保护措施的技术和经济技术可行性分析。**环境保护措施属于末端治理的范畴，只有在对环境影响的性质、程度、位置、环保投资等具体内容明确后才能有的放矢。 ④**总量控制。**本次环评对产业园的总量控制提出了原则要求，为项目环评提供了参考方向。项目环评应对具体建设项目的污染物排放量作出合理估算，制订总量控制方案并落实总量控制指标的来源。 ⑤**环境合理性评价。**建设项目对区域环境功能区达标、厂界和周边敏感点达标影响进行评价，并据此对项目总图布置的环境合理性作出分析
航空设备制造业、数字经济（医疗康复器械制造、智能感知终端设备制造）	①**规划环评结论的符合性。**评价待引入的航空设备制造建设项目内容与产业园规划目标、功能定位以及本环评提出的空间、总量、环境准入及负面清单等管控条件的符合性，规划环评审查意见的符合性，避免行业性质与规划不相符、资源能源消耗大、污染物排放量大的项目进入。 ②**工程分析。**对照现行的产业政策要求，进行工艺先进性的审查，重点开展工程分析，详细分析建设项目工艺流程，污染物的产污环节、种类和产生量。评价项目的清洁生产水平。不同的行业其特征污染物不同，应针对特征污染物进行重点评价。 ③**建设项目环境保护措施的技术和经济技术可行性分析。**部分航空设备制造项目涉及表面处理，可能存在电镀工艺，存在排放重金属的可能，由于区域主要地表水为 HJ，HJ 属于 Ⅱ 类水体，且 PZ 高新园、HK 高新园对应 HJ 均为陕西 HJ 省级湿地自然保护区，因此不得引入排放重金属废水的项目，对于废水全部回用不外排的项目应重点分析污染处理措施的技术可行性与经济可行性；重点关注引入的企业 VOCs 排放情况，是否采用水性切削液、水性油漆，对于采用油性辅料的企业应强化有机废气的收集与处置，对于表面涂装、喷漆量大，有机废气排放速率大于 3 kg/h 的企业应提出更加严格的 VOCs 控制措施，由活性炭吸附等难以监管、效果难以保障的措施转为蓄力燃烧等稳定高效的控制措施；此类行业生产过程中会使用到大量油类物质，部分企业还会涉及清洗剂等，产生的废机油与废清洗剂均属于危险废物，项目环评过程中应重点关注危险废物的收集、暂存与处置措施。 ④**总量控制。**本次环评对产业园的总量控制提出了原则要求，为项目环评提供了参考方向。项目环评应对具体建设项目的污染物排放量作出合理估算，制订总量控制方案并落实总量控制指标的来源。 ⑤**环境合理性评价。**建设项目对区域环境功能区达标、厂界和周边敏感点达标影响进行评价，并据此对项目总图布置的环境合理性作出分析

（5）入园建设项目环评的简化建议

应将规划环评结论作为重要依据，参照《陕西省生态环境厅、陕西省科学技术厅、陕西省省商务厅关于确定我省产业园区规划环评与建设项目环评联动试点园区（第一批）的通知》，对符合规划环评的环境管控要求和生态准入清单的具体建设项目，可简化以下内容：

① 符合规划总体定位且满足园区生态环境准入清单要求的建设项目，其环境影响评价文件中可不开展选址环境可行性分析、政策符合性分析（区域政策、环境管理要求等发生重大调整的除外）。

② 除了环境质量有明显变化或需要补充特征污染物的，入园建设项目环评文件的环境现状调查与评价等方面可直接引用规划环评结论。

③ 符合园区规划总体定位的建设项目可直接引用规划环评生态环境评价结论。

④ 规划环评中已分析规划内项目区域环境影响的，入园建设项目环评可直接引用规划环评结论。

⑤ 建设项目可依托规划的集中供热、污水集中处理、固体废物集中处置设施的，在项目环评中对上述依托工程环境的影响分析可直接引用规划环评结论。

⑥ 污染因子已纳入园区监测计划的，建设项目可简化环境质量监测计划。

（6）执行产业园区分区管控

对照本次规划范围与 HZ 市生态环境管控单元分布示意图可知，本次规划范围不涉及区域优先保护单元，园区内属于区域重点管控单元。依据规划方案，本次规划范围内涉及规划绿地与水系，根据《规划环境影响评价技术导则　产业园区》的相关要求，可将该部分区域划定为园区内保护区域，同时结合本次园区的功能分区情况，按照生活与工业两大功能区，划分区内除绿化、水系以外的其他区域为生活污染源重点管控单元或工业污染源重点管控单元。园区与环境管控单元对照分析示意图见图 6-31，PZ 高新产业园生态环境管控单元分布示意图见图 6-32，HK 高新产业园生态环境管控单元分布示意图见图 6-33，SH 高新产业园生态环境管控单元分布示意图见图 6-34。

依据 HZ 市生态环境准入清单与《规划环境影响评价技术导则　产业园区》的相关要求，规划区内各区域分区管控要求如表 6-34 所示。

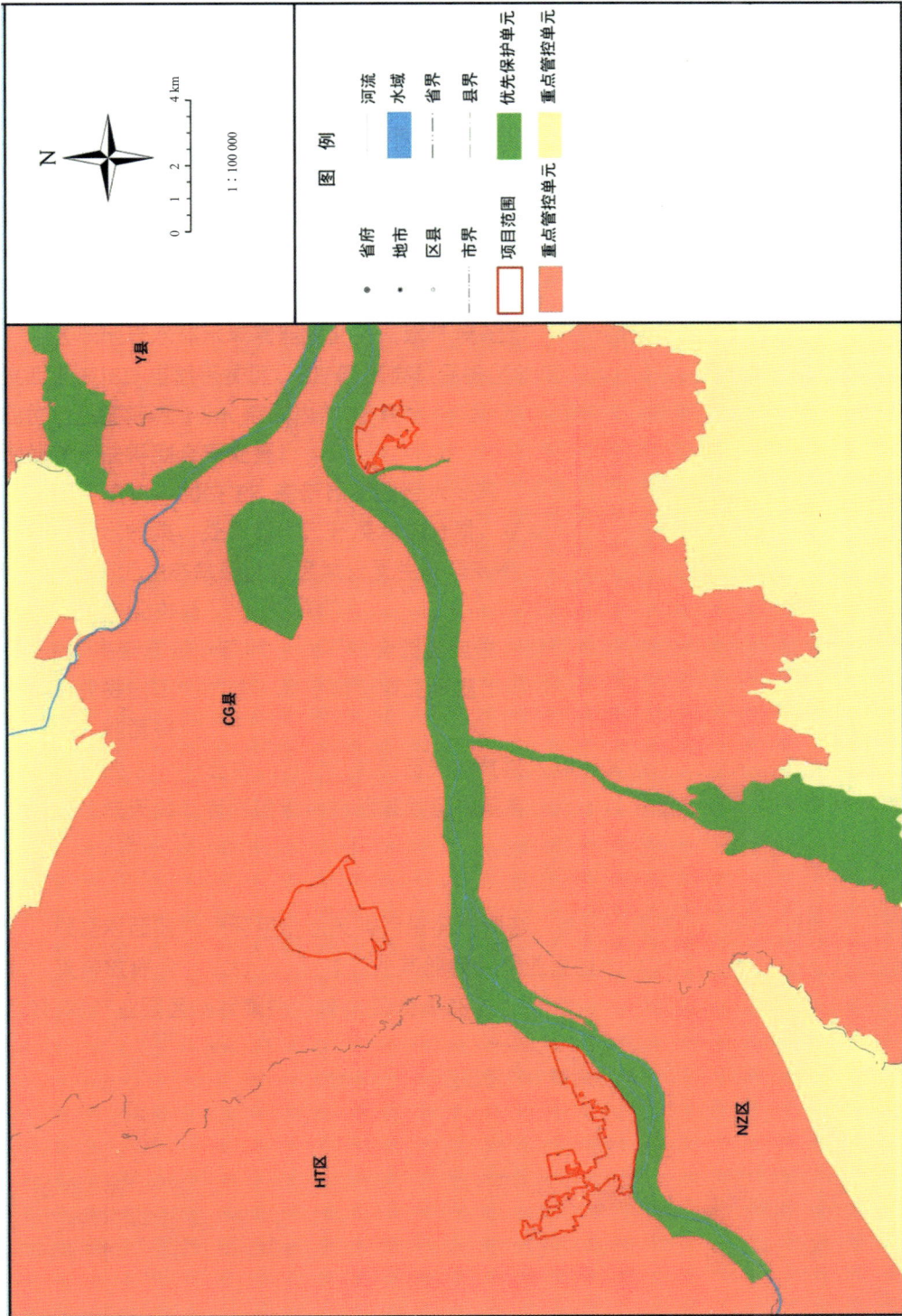

图 6-31 园区与环境管控单元对照分析示意图

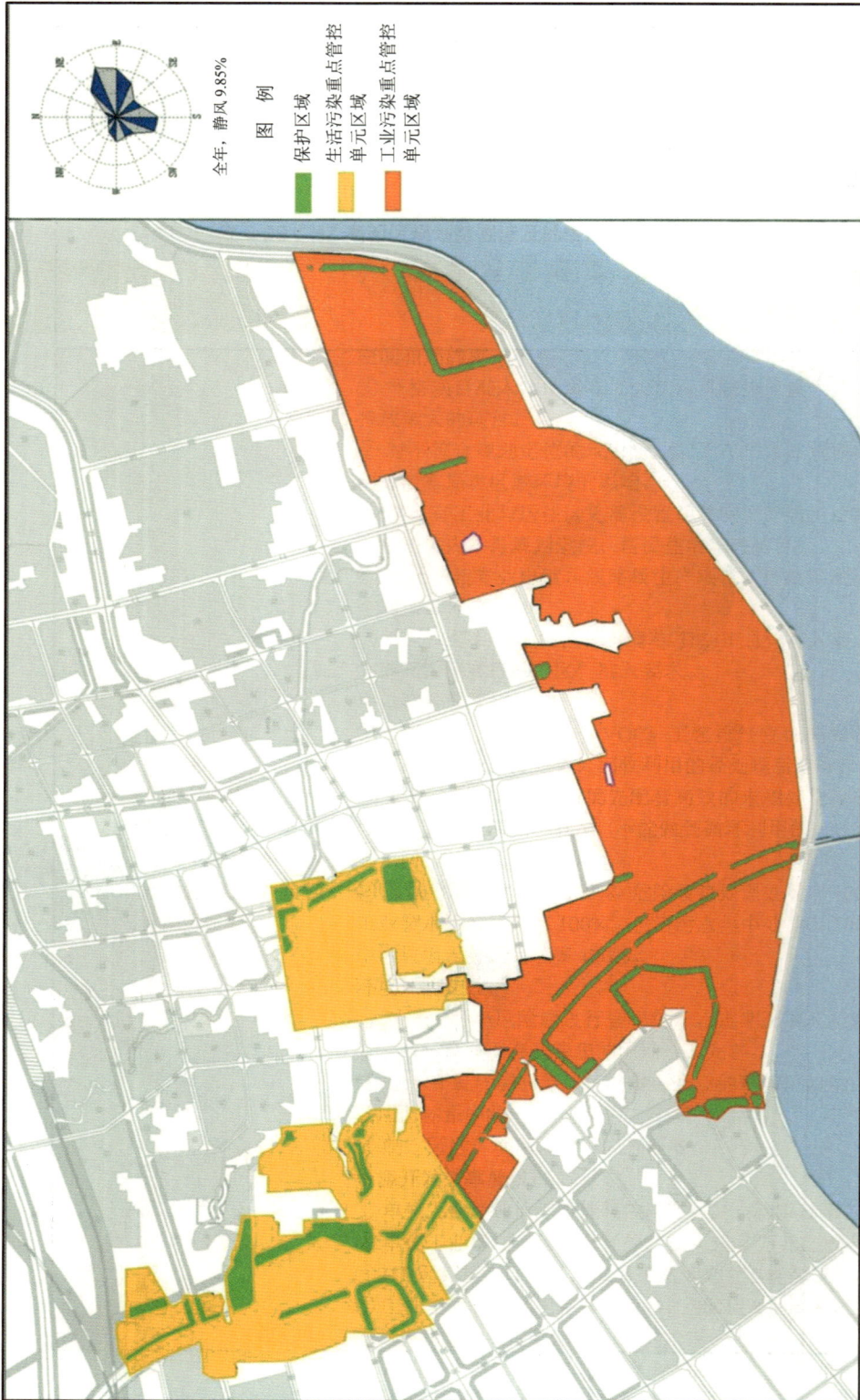

图 6-32 PZ 高新产业园生态环境管控单元分布示意图

图 6-33 HK 高新产业园生态环境管控单元分布示意图

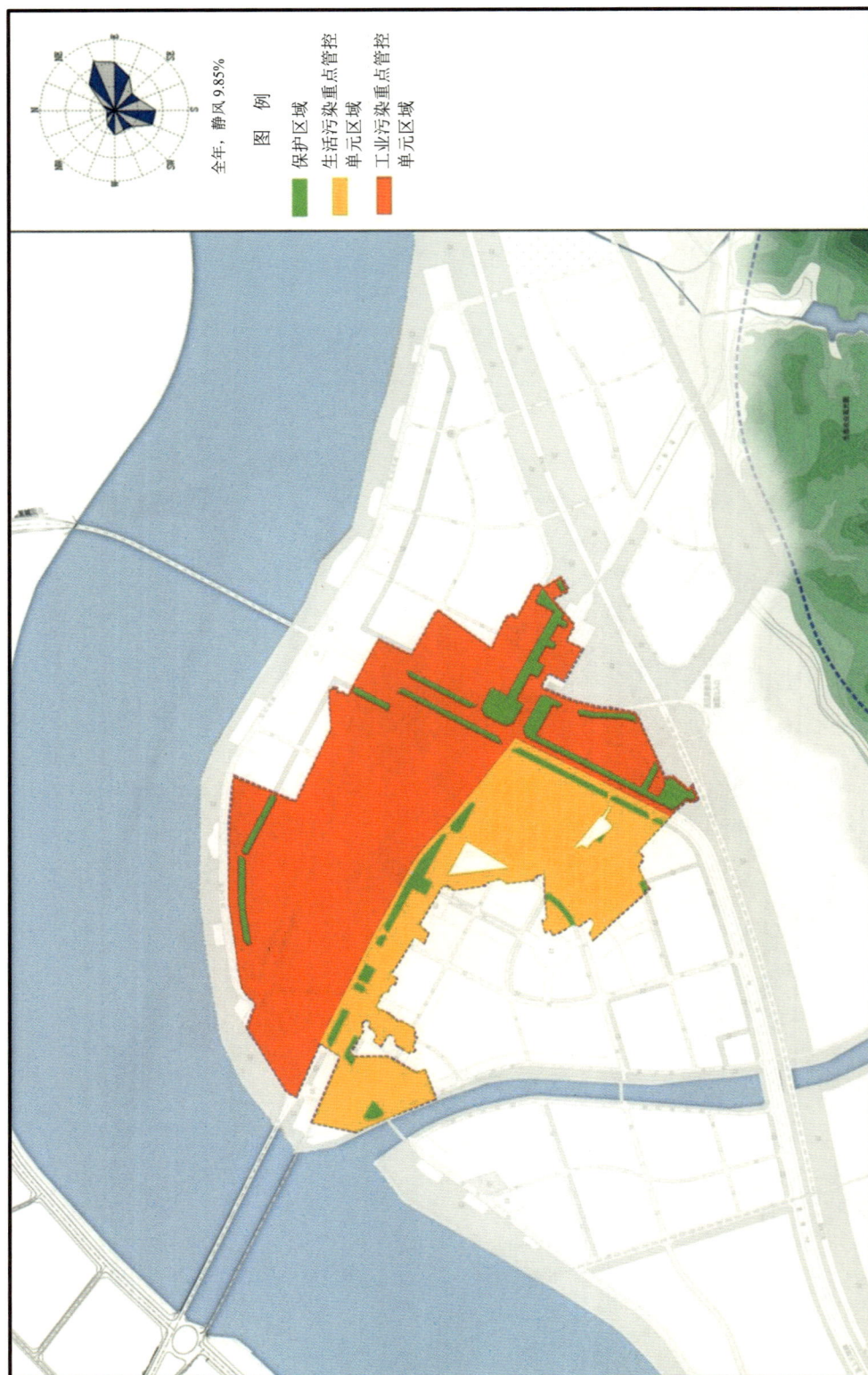

图 6-34　SH 高新产业园生态环境管控单元分布示意图

图　例

保护区域

生活污染重点管控单元区域

工业污染重点管控单元区域

全年，静风 9.85%

表 6-34　规划区生态环境准入清单

适用范围	管控维度	管控要求		
规划区内保护区域	空间布局约束	① 严格按照园区绿化景观规划实施，不得擅自改变园区绿化规划用地性质或者破坏绿化规划用地的地形、地貌、水体和植被； ② 严格保护绿化、水系用地，禁止建设与保护方向冲突的项目		
规划区内生活污染重点管控单元	空间布局约束	加快建设 3 个子园区（PZ 高新园、HK 高新园及 SH 高新园）生活服务区的生活污水收集管网，填补污水收集管网空白区。新建生活服务区应同步规划、建设污水收集管网，推动支线管网和出户管的连接建设		
	污染物排放管控	① 3 个子园区（PZ 高新园、HK 高新园及 SH 高新园）的新区管网建设及老旧生活服务区管网升级改造中实行雨污分流，推进初期雨水收集、处理和资源化利用； ② 加强 3 个子园区（PZ 高新园、HK 高新园及 SH 高新园）排污口长效监管； ③ 加快提升 3 个子园区（PZ 高新园、HK 高新园及 SH 高新园）依托或自建的污水厂运营水平，使出水稳定达到标准要求		
规划区内工业污染重点管控单元	空间布局约束	① 严格控制新增化工"两高"行业项目布局（民生等项目除外，后续对"两高"范围国家如有新规定的，从其规定）； ② 根据《长江保护法》的相关规定，在 HJ 及其支流两岸 1 km 范围内的规划区禁止引入涉及化工工艺的化学原料药、医药中间体、动植物提取、香精香料以及化妆品等制造项目； ③ 动态更新规划区内建设用地土壤污染风险管控名录，土壤污染重点监管单位生产经营用地的用途变更或者在其土地使用权收回、转让前，应当由土地使用权人按照规定进行土壤污染状况调查； ④ 禁止引入《产业结构调整指导目录（2019 年版）》中限制、淘汰类产业； ⑤ 严格限制不符合产业园产业定位的产业及国家和省、市明令限制发展的其他产业； ⑥ 除规划区主导产业及限制类、禁止类产业之外的行业，如低污染的行业，规划区域允许发展		
	污染排放管控	PZ 高新园	主要水污染物排放总量控制	近期　COD≤69.79 t/a、NH$_3$-N≤6.56 t/a
				远期　COD≤142.83 t/a、NH$_3$-N≤13.43 t/a
			主要大气污染物排放总量控制	近期　SO$_2$≤1.501 t/a、NO$_x$≤3.088 t/a、PM$_{10}$≤2.552 t/a、PM$_{2.5}$≤1.276 t/a、非甲烷总烃≤7.445 t/a
				远期　SO$_2$≤15.091 t/a、NO$_x$≤30.823 t/a、PM$_{10}$≤23.752 t/a、PM$_{2.5}$≤11.876 t/a、非甲烷总烃≤73.279 t/a
			碳排放强度： ① 近期　单位工业增加值 CO$_2$ 排放量年均削减≥3%，单位地区生产总值 CO$_2$ 排放降低 5 年累计≥18%； ② 远期　单位工业增加值 CO$_2$ 排放量年均削减≥3%。 中水回用率：规划近远期工业废水均处理后全部中水回用，规划近期园区再生水回用率≥30%，远期再生水回用率≥35% 新、扩、改建涉重金属行业建设项目必须遵循重点重金属污染物排放"减量置换"或"等量置换"的原则并有明确具体的重金属污染物排放总量来源		

适用范围	管控维度	管控要求		
规划区内工业污染重点管控单元	污染排放管控	HK 高新园	主要水污染物排放总量控制	近期　COD≤64.80 t/a、NH₃-N≤6.48 t/a
				远期　COD≤116.85 t/a、NH₃-N≤11.69 t/a
			主要大气污染物排放总量控制	近期　SO₂≤0.091 t/a、NOₓ≤0.399 t/a、PM₁₀≤1.927 t/a、PM₂.₅≤0.964 t/a、非甲烷总烃≤1.927 t/a
				远期　SO₂≤0.919 t/a、NOₓ≤4.018 t/a、PM₁₀≤19.407 t/a、PM₂.₅≤9.704 t/a、非甲烷总烃≤19.407 t/a
			碳排放强度： ① 近期　单位工业增加值 CO₂ 排放量年均削减≥3%，单位地区生产总值 CO₂ 排放降低 5 年累计≥18%； ② 远期　单位工业增加值 CO₂ 排放量年均削减≥3%。 中水回用率：规划近期园区再生水回用率≥30%，远期再生水回用率≥35% 新、扩、改建涉重金属行业建设项目必须遵循重点重金属污染物排放"减量置换"或"等量置换"的原则并有明确具体的重金属污染物排放总量来源		
		SH 高新园	主要水污染物排放总量控制	近期　COD≤23.85 t/a、NH₃-N≤2.38 t/a
				远期　COD≤35.33 t/a、NH₃-N≤3.53 t/a
			主要大气污染物排放总量控制	近期　SO₂≤1.653 t/a、NOₓ≤3.241 t/a、PM₁₀≤1.472 t/a、PM₂.₅≤0.736 t/a、非甲烷总烃≤7.086 t/a
				远期　SO₂≤6.763 t/a、NO₂≤13.262 t/a、PM₁₀≤6.022 t/a、PM₂.₅≤3.011 t/a、非甲烷总烃≤28.993 t/a
			碳排放强度： ① 近期　单位工业增加值 CO₂ 排放量年均削减≥3%，单位地区生产总值 CO₂ 排放降低 5 年累计≥18%； ② 远期　单位工业增加值 CO₂ 排放量年均削减≥3%。 中水回用率：规划近期园区再生水回用率≥30%，远期再生水回用率≥35%		
		共性要求	① 新、扩、改建涉重金属行业建设项目必须遵循重点重金属污染物排放"减量置换"或"等量置换"的原则并有明确具体的重金属污染物排放总量来源。 ② 依据区域环境质量改善目标，落实区域颗粒物削减要求，对现有同类颗粒物影响为主的企业进行环保措施升级改造，以颗粒物影响为主的大气一级评价入园项目须有对应颗粒物的削减来源； ③ 规划的各类行业工业废水均须达到相应行业标准要求后，进入对应园区的污水处理厂深度处理，其中 PZ 高新园工业废水深度处理达到中水回用标准后全部回用于园区生活冲厕、道路浇洒以及生产中冷却用水等；HK 高新园与 SH 高新园各类废水深度处理达到《城镇污水处理厂污染物排放标准》（GB 18918—2002）一级 A 标准及《汉丹江流域（陕西段）重点行业水污染物排放限值》（DB 61/942—2014）后排入对应的文川河和木瓜河； ④ 加强土壤污染重点监管单位排污许可管理，严格控制有毒有害物质排放，督促落实土壤污染隐患排查制度，按要求开展自行监测，结果向社会公开； ⑤ 规划近期园区再生水回用率≥30%，远期再生水回用率≥35%		

CO_2, $NH_3\text{-}N$, SO_2, NO_x, PM_{10}, $PM_{2.5}$, NO_2

适用范围	管控维度	管控要求
规划区内工业污染重点管控单元	环境风险防控	① 坚持预防为主原则，将环境风险纳入常态化管理； ② 加强土壤污染重点监管单位排污许可管理，严格控制有毒有害物质排放，落实土壤污染隐患排查制度； ③ 对规划区内涉及各类危险化学品使用、储存的工艺装置生产区、储存区以及危险废物暂存区、电镀工序生产区等重点环境风险源处加强监管； ④ 严格限制属于《优先控制化学品名录（第一批）》和《优先控制化学品名录（第二批）》中的化学品，其在线量应满足现行的《企业突发环境事件风险分级方法》附录 A "突发环境事件风险物质及临界量清单" 中相应临界量要求； ⑤ 危险废物产生、贮存、转移和处置实行全过程环境监管
	资源利用效率要求	**PZ 高新园** 用水总量上限：16 862.16 m^3/d 工业用水利用上限：9 204.05 m^3/d 土地资源总量上限：6.82 km^2 工业用地总量上限：3.432 2 km^2 **HK 高新园** 用水总量上限：12 977.49 m^3/d 工业用水利用上限：2 262.3 m^3/d 土地资源总量上限：6.01 km^2 工业用地总量上限：2.379 2 km^2 **SH 高新园** 用水总量上限：3 978.35 m^3/d 工业用水利用上限：2 099.45 m^3/d 土地资源总量上限：1.90 km^2 工业用地总量上限：0.720 5 km^2
	共性要求	① 完善节能减排约束性指标管理，大力实施锅炉窑炉改造节能技术改造； ② 严格实行水资源总量和强度控制，强化区内高效率耗水行业生产工艺节水改造和再生水利用； ③ 加强区内节能措施，尽快淘汰区内现有的生物质颗粒、煤燃料等能源，采用清洁能源替代

6.2.11　笔者点评

HZ 高新技术产业开发区规划布局为"一区三园"，分属于两个区县的三个街镇。开发区的 3 个片区可实现功能互补、错位发展，但片区之间相距较远，生产加工、物流储运等功能模块的切割不利于集成创新功能的发挥，同时不便于开发区统一管理。其次，由于 3 个片区属于不同区县，区位优势不同导致片区间发展速度不同，给开发区统筹规划带来一定的困难。最后，片区间无法实现基础设施的共建共享，不利于资源能源的集约利用。

对于此类"一园多区"且各片区相距较远的园区，在后期规划实施中，可侧重产业链条各环节的功能联系，围绕开发区主体产业，本着节约成本、经营高效、资源集约、环境友好的原则，促进产业链条上、中、下游间的联系，通过科技创新及推广来实现生产、加工、服务及试验示范等功能模块有机衔接。这类园区可通过城乡统筹发展创造良好的契机，实现园区、乡镇、城市三者在设施、信息、服务、资源和环境的共享，促进城乡劳动力的就地转移，并加强城乡产业的关联性，带动整个区域协调发展。

HZ 高新技术产业开发区立足于 HZ 市 HT 区、CG 县现有产业基础、经济社会发展规划、资源环境承载力，各产业园功能定位清晰，在规划目标、发展定位、产业发展导向等方面与对应城市总体规划、土地利用规划等上位规划要求基本一致。但 HZ 高新区发展起步较晚，区内入驻的高新技术、高附加值企业为数不多，尤其缺乏带动产业发展的龙头企业和产业链上的关键骨干企业，产业链条短、弱、散，尚未形成与当地特色优势资源相适应的产业格局，中水系统再利用、污水集中处理、集中供热等公共配套和道路交通等基础设施建设水平相对滞后。规划区距离陕西 HJ 湿地省级自然保护区以及 ZH 国家级自然保护区较近；地表水环境功能区划涉及 II 类；开发区建设所需工业用地指标有限。规划实施受以上环境敏感因素制约较大。作为高新技术产业开区，应进一步明晰主导产业，优化布局分工和配套协作，搭建创业孵化、融资担保、共性技术研究等公共服务平台，加快产业集群化发展。将工作重心从引进企业、增加规模数量向重视产业布局、延伸产业链条转变。可引导省内高校、科研院共建产学研基地，开展特色产业的技术攻关、科技研发、成果转化和推广等活动，加快培养创新型人才、高层次创业人才和技能型人才，推动更多生产要素和创新要素流动汇集，全面提升园区创新驱动能力和效率。不断提高技术研发、检验检测、现代物流、电子商务等生产性服务能力。积极培育和引进自主创新能力强、对产业发展具有引领带动作用的骨干龙头企业，培育壮大规模以上企业。围绕绿色食品、高端装备制造、生物医药、现代材料等优势产业进行"强链、补链、扩链"，组建一批产业联盟，丰富完善配套产业。

高新区应严格按照开发区生态环境准入清单和空间管控要求，对入区项目进行严格把关，着力提升现有产业污染防治和清洁生产水平，加强新污染物管控，推进"减污降碳"协同控制，实现区域低碳化、循环化、集约化发展。坚持生态优先、绿色集约发展，进一步优化《陕西省 HZ 高新技术产业开发区总体规划》的发展定位、功能布局、发展规模、产业结构等。按规划区分区设置合理的经济发展目标和人口聚集目标。加强与城市总体规划等的协调和衔接，协调做好高新区规划与其他规划的一致性。进一步调整、优化规划内容，尤其是各片区建设的位置、产业类型、基础设施建设时序等。细化区域污染物减排方案及污染物总量管控要求，明确高新区环境质量改善阶段目标，采取有效措施减少主要污染物排放总量。特别是针对高新规划区目前空气质量不达标问题，高新园区管委会要在市生态环境主管部门和各相关区、县生态环境分局的指导下制定限期整改达标措施。要加快和完善环保基础设施建设，特别是市 PZ 高新园工业污水处理厂建设，完善天然气管网、中水回用设施，提高清洁能源使用率、再生水回用率。强化生态环境的宏观管控，确保高新区建设中整体生态环境不变差并得到提升。优化高新区的产业与环境保护协调性，淘汰现有不符合园区发展定位和环境保护要求的产业企业，抓好入园区项目的环境准入管理，要提高污水收集率、处理率和中水回用率，做到少排水争取不排水，为确保 II 类地表水达标打好基础。

6.3　HC 经济技术开发区总体规划修编（2018—2030）环境影响评价案例

6.3.1　规划概况

6.3.1.1　规划背景

HC 经济技术开发区成立于 2014 年，并编制完成《HC 经济技术开发区发展总体规划（2013—2030）》（以下简称《2013 版总规》）。2015 年 1 月，经陕西省人民政府批准升级为省级经济技术开发区，规划面积为 88.89 km²。HC 经济技术开发区包括 LM 冶金工业区和 ZC 煤化工业区两部分；其中冶金工业区规划面积约为 25 km²，规划主导产业为冶金、建材、能源等；煤化工业区面积约为 7 km²，规划产业定位为焦炭和煤化工。《2013 版总规》未开展规划环境影响评价工作。《2013 版总规》范围见图 6-35。

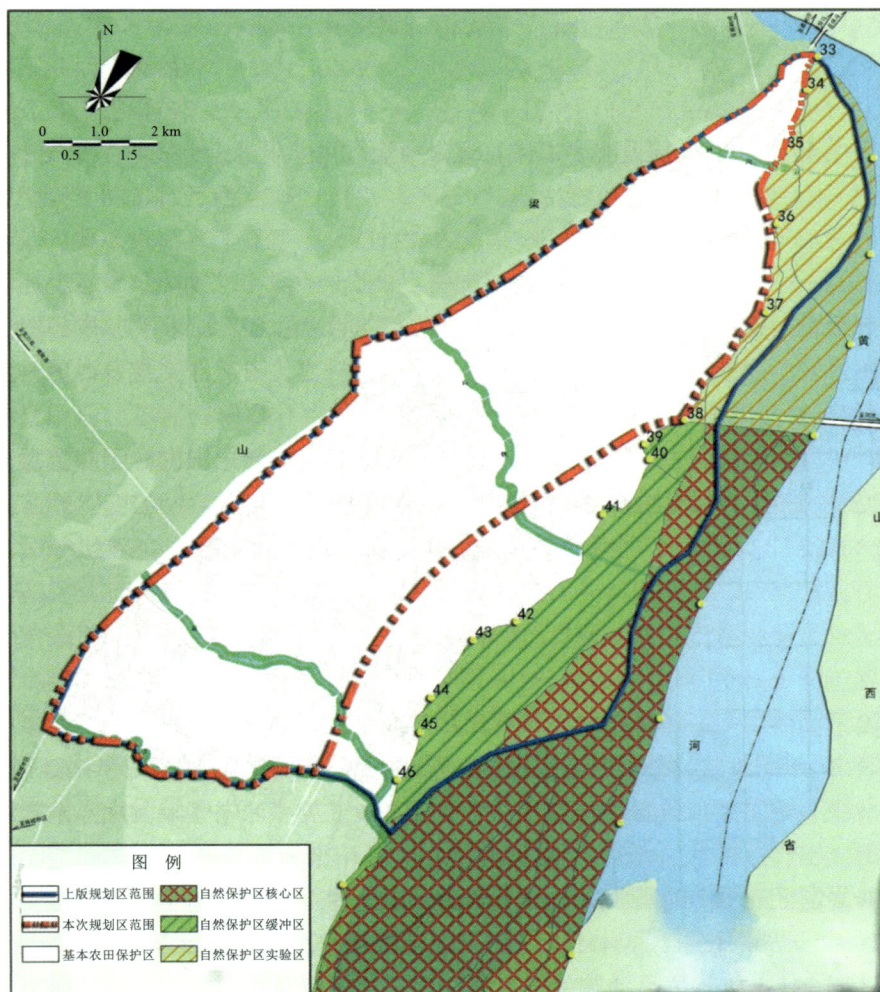

图 6-35　《2013 版总规》范围

6.3.1.2 规划环评与规划修编互动成果

（1）规划环评编制与规划的互动

2017 年，《2013 版总规》修编工作启动，编制完成《HC 经济技术开发区总体规划（2013—2030）》。在编制过程中，环评编制单位向 HC 经济技术开发区管委会提出的调整建议主要包括：一是将涉及的省级湿地自然保护区重叠部分调整出开发区边界范围；二是基于开发区现有产业中"两高"占比较大，综合考虑现行法规政策要求应对"两高"产业发展进行优化调整，试点发展循环经济产业；三是基于开发区资源利用上线，合理调整开发区经济规模预期；四是建议增加环境风险防范内容。

（2）第一轮规划环评审查与规划的互动

2018 年 6 月，《HC 经济技术开发区总体规划（2013—2030）环境影响报告书》审查会审查小组意见提出优化调整建议主要包括：一是开发区内分布有省级湿地自然保护区、国家级水产种质资源保护区、PH 水库水源保护区、省级重要湿地等生态环境敏感目标和 GJC 古民居建筑群、PZ 寺等文物保护目标，开发区规划范围和产业发展定位及规划总目标与生态红线、文物保护存在较大矛盾，需进一步协调；二是重新核准开发区范围及面积，同步校核开发区产业定位及产业规模；三是结合行业和环境准入政策约束、区域资源禀赋、环境承载力、敏感目标分布、现状环境质量问题和目标要求等，完善规划方案综合论证。

6.3.1.3 规划修编落实互动成果情况

（1）修编后规划概况

鉴于原规划范围涉及 HH 湿地自然保护区（重叠面积为 20.34 km²，其中核心区面积为 4.07 km²、缓冲区面积为 9.58 km²、实验区面积为 6.68 km²）、基本农田（面积为 2.78 km²）、文物保护区、水产种质资源自保护区等禁止建设区，HC 经济技术开发区管理委员会将《HC 经济技术开发区总体规划（2013—2030）》进行进一步调整优化，并更名为《HC 经济技术开发区总体规划修编（2018—2030）》（以下简称《2018 版总规》），规划范围由 88.89 km² 调整为 56.22 km²，规划建设用地为 31.6 km²，其中 LM 产业区面积为 16.12 km²，XZ 产业区面积为 4.98 km²，XY 产业区面积为 10.50 km²，并同步开展了规划环境影响评价工作。

《2018 版总规》范围见图 6-36。

（2）规划产业结构

规划以"两主一辅一循环"的产业格局。"两主"是指以新兴装备制造和新型材料为主导，是在不扩大钢铁、能化产业初级产品生产规模、不新增产能并持续推进节能减排的前提下，按照延链升级和关联产业融合发展的原则，以既有产业延链拓域、转型升级和循环发展为核心，引导既有钢铁、能化和陶瓷产业实行技术改造和融合发展与资源循环利用，推进经开区产业向新兴装备制造和新型材料转型，提高产品技术含量和市场竞争力，形成以两大主导产业为核心，关联密切、运行高效的产业综合体，带动经开区经济健康可持续发展。"一辅"是指以物流产业为辅助，凭借区位交通条件，以满足区内企业物流需求、优化物流组织为重点，以承担中转和过境物流为辅助，建设集运输、仓储、装卸、加工、整理、配送、信息等基本功能于一体的生产性物流服务业。"一循环"是指坚持"减量化、再利用、资源化"的原则，以资源高效利用和循环利用为核心，以转变经开区经济增长方式为主线，以机制创新和科技创新为动力，在经开区内通过延链、补链和关联产业融合发展，完善循环经济产业链，推广清洁生产。

图 6-36　《2018 版总规》范围

6.3.2　规划区污染源回顾

6.3.2.1　大气污染源调查

规划区主要工业类型包括水泥、电力、焦化、洗煤、钢铁等，主要大气污染物 SO_2、NO_x 和烟尘。经开区 2014 年产生可资源化利用的高炉煤气 82 亿 m^3，转炉煤气 4.3 亿 m^3，焦炉煤气 25 亿 m^3。2017 年规划区电厂进行超低排放改造以后，烟尘的排放量为改造前排放量的 8.89%，SO_2 排放量为改造前的 25%，NO_2 排放量为改造前排放量的 42.1%。

规划区工业排放废气总量 2015 年、2016 年、2017 年分别为 24 314 352 m^3/a、19 652 514 m^3/a、2 098 373 m^3/a，废气中 SO_2 排放量分别为 51 058.9 t/a、13 259.2 t/a、3 699.97 t/a，NO_x 排放量分别为 25 640.6 t/a、24 025.3 t/a、3 308.59 t/a，烟（粉）尘排放量分别为 39 115.3 t/a、36 520.6 t/a、3 203.96 t/a。化工企业的 VOC_s 排放量 2016 年、2017 年分别为 16 658.4 t/a、439.888 t/a。规划区污染物随时间变化趋势见图 6-37。规划区现状企业大气污染源排放情况见表 6-35。

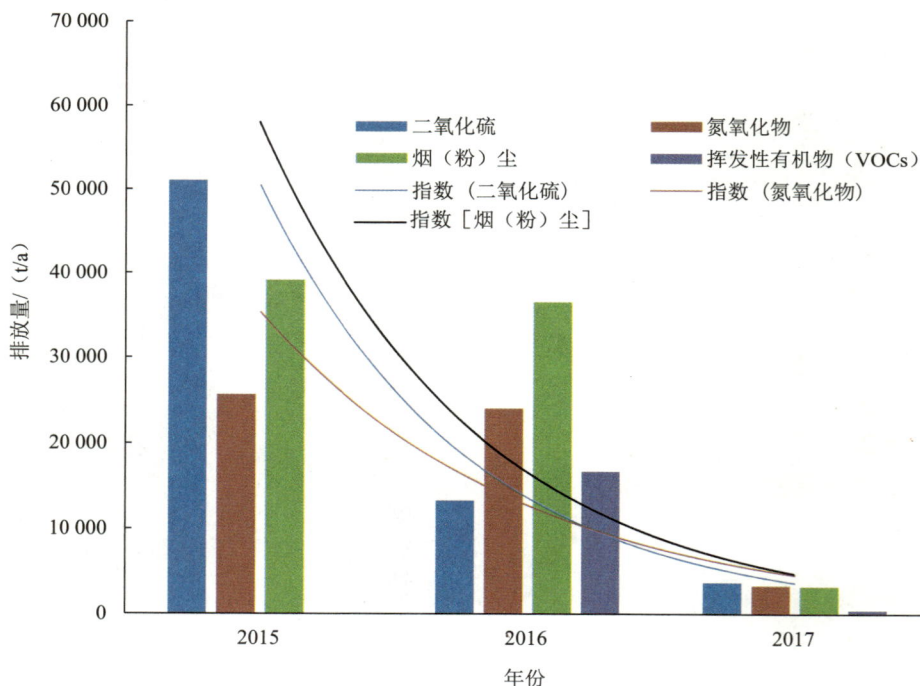

图 6-37　规划区污染物随时间变化趋势

表6-35　规划区现状企业大气污染源排放情况

企业编号	煤炭消耗量/t			工业废气排放量/万m³			二氧化硫排放量/t			氮氧化物排放量/t			烟（粉）尘排放量/t			挥发性有机物（VOCs）排放量/t		
	2015年	2016年	2017年	2015年	2016年	2017年	2015年	2016年	2017年	2015年	2016年	2017年	2015年	2016年	2017年	2015年	2016年	2017年
1	—	—	26	—	—	26.75	—	—	0.832	—	—	0.076 4	—	—	0.227 5	—	—	0.000 7
2	827 595	—	—	184 632	230 786	24 834	3 514	1 163.03	246.88	245.7	262.946	2 468.8	206.26	277.204	148.131	—	1 889	—
3	—	—	3 238 757	814.59	21 210	798 290	4.28	88.4	241.891	2.44	70.7	998.792	6.121	7.07	1 030	—	—	0.018 1
4	4 245 853	4 754 272	1 188 576	3 384 155	3 681 833	920 465	8 364	1 236.99	309.25	9 240	1 468.89	618.495	7 227.58	1 390.59	123.699	—	713.141	0.169
5	—	69 846	—	—	94 785	—	—	297.891	—	—	471.082	—	—	260.852	—	—	300	—
6	—	350	—	—	3.97	580.04	—	—	4.446 8	—	—	4.947 3	—	7.98	1.925	—	6.2	0.192 5
7	240 000	6 720	1 910 000	170 055	46 080	—	3 994	2 984.8	30.7	85	71.711	—	377	689.577	—	—	217.6	—
8	87 151	105 163	0.00	497 103	543 142	63 171	134.182	170.401	—	680.74	551.368	8.05	682.41	720.001	20.109 5	—	516	1
9	0	0	—	25 097	3 339.8	—	32.4	13.58	—	32.4	21.9	—	38.2	28.4	—	—	2.44	—
10	—	3 000	—	—	22 820	—	—	6.73	—	—	6.647	—	—	6.55	—	—	50	—
11	—	11 700	—	—	57 274	—	—	180.001	—	—	284.652	—	—	157.621	—	—	—	—
12	—	—	963 617	—	—	258 178	—	—	83.045	—	—	752	—	—	316	—	—	52.19
13	—	—	12 179	20.558	10.43	49 151	—	—	154.472	—	—	249.726	—	—	135.265	—	—	19.242 4
14	—	—	11 769	23 857.8	2 874	190 080	1.9	0.24	2 580	5.03	0.63	64.081 8	2.7	0.34	568	—	—	—
15	4 065 887	3 661 683	—	1 270 266	913 550	308 607	21 037	261.637	240	4 489	1 009	565	1 625	1 041	41.229 1	—	7 415.95	265.207
16	15 000	—	2 035	69 784	54 860	31 140	44.33	31.375	92.168	16.12	11.753	135.607	129.02	46.399	80.704 5	—	10.62	5.207 8

企业编号	煤炭消耗量/t			工业废气排放量/万 m³			二氧化硫排放量/t			氮氧化物排放量/t			烟（粉）尘排放量/t			挥发性有机物（VOCs）排放量/t		
	2015年	2016年	2017年	2015年	2016年	2017年	2015年	2016年	2017年	2015年	2016年	2017年	2015年	2016年	2017年	2015年	2016年	2017年
17	20 000	30 000	—	43 370	86 670	27 473	25.7	51.15	5.402 1	25.7	28.6	14.257	173	273.6	1.354 7	—	26.55	44.184 3
18	—	46 815.2	—	—	190 778	10 236	—	66.033	6.93	—	290.877	7.71	—	564.798	20.1	—	—	0.3
19	555 297	546 145	—	170 140	204 900	—	1 141.79	56.765	—	872.33	224.155	—	163.7	231.384	—	—	1 243	—
20	0	—	950	1 976.58	7 286	950	9.14	9.14	30.4	8.5	8.5	2.793	1	3.1	0.142 5	—	—	—
21	0	—	—	9 903.95	8 876	—	104.133	21.3	—	59.4	13.44	—	35.6	6.6	—	—	—	—
22	1 195 815	1 127 498	—	305 252	382 431	—	3 472.8	95.396	—	1 851	818.613	—	377.3	367.587	—	—	2 472	—
23	592 137	710 000	—	13 210 235	11 256 262	1 947	7 250.13	4 900.89	—	6 116.23	6 302.92	—	27 175	29 410.5	125.28	—	1 747	—
24	0	—	—	22 704	2 109	—	—	—	—	—	—	—	174	135.72	—	—	—	—
25	—	—	—	2 111 800	315 696	—	813.12	414.61	—	559.55	755.78	—	26.42	20.12	—	—	4.99	—
26	—	—	—	2 111 800	315 696	—	813.12	414.61	—	559.55	755.78	—	26.42	20.12	—	—	4.99	—
27	800	720	—	864.396	840	—	25.6	23	—	2.352	21	—	4.56	5.47	—	—	0	—
28	—	0	—	613 846	1 081 280	—	225	703.721	—	770	10 546.5	—	389.7	446.345	—	—	0	—
29	—	—	1 036 029	86 670	127 116	327 943	51.15	67.54	224.719	18.6	27.28	500.80	273.6	401.28	649.7	0	38.94	52.176
合计	11 845 535	6 319 641	7 179 362	24 314 352	19 652 514	2 098 373	51 058.9	13 259.2	3 699.97	25 640.6	24 025.3	3 308.59	39 115.3	36 520.6	3 203.96	0	16 658.4	439.888

注："—"为没有该前分数据统计记录。

6.3.2.2　水污染源调查

通过调查，规划区附近河流主要为 HH 干流，规划区现有水污染排放企业历年排放情况及变化趋势见图 6-38，规划区现状企业水污染源排放情况见表 6-36。

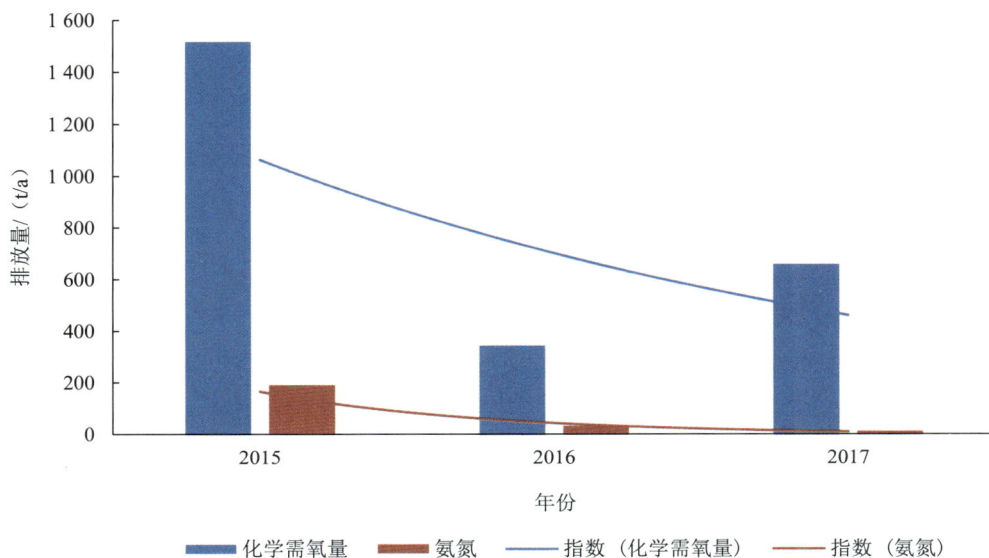

图 6-38　规划区现有水污染排放企业历年排放情况及变化趋势

表 6-36　规划区现状企业水污染源排放情况　　单位：t

企业编号	工业废水排放量			化学需氧量排放量			氨氮排放量		
	2015 年	2016 年	2017 年	2015 年	2016 年	2017 年	2015 年	2016 年	2017 年
1	—	—	120	—	—	0.031 6	—	—	—
2	997 000	—	—	457	—	—	42.6	—	—
3	—	—	2 354 472.4	—	—	232.453 3	—	—	14.349 9
4	182 210	189 690	—	12	13.38		1.2	1.2	
7	—	—	312 000	—	—	274.04	—	—	
8	40 000	—	—	5.467	—		0.9		
9	10 000	14 000	0	0.8	1.33		0.3	0.2	
10	—	—	0						
11	2 482 892	2 580 121	—	837.62	236.496	—	123.35	23.303	—
12	480 283	—	2 160 000	48.11	0	157.009 5	4.72	0	—
13				0	0		0	0	
14	—	—	3 600	0	0	0.18	—	—	

企业	工业废水排放量			化学需氧量排放量			氨氮排放量		
编号	2015 年	2016 年	2017 年	2015 年	2016 年	2017 年	2015 年	2016 年	2017 年
15	801 740	793 424	—	129	78.334	—	18	7.7	—
16	320 271	328 898	—	27.25	15.787	—	1.079 5	1.279	—
17	45 000	33 450	2 280	3.03	2.25	0.05	1.21	0.68	—
18	—	—	6.875	—	—	—	—	—	—
合计	5 359 396	3 939 583	4 832 479	1 520.277	347.577	663.764 4	193.359 5	34.362	14.349 9

注："/"为没有该部分数据统计记录。

6.3.2.3　固体废物染源调查

（1）一般工业固体废物

规划区现状一般工业固体废物污染源主要来自电厂、炼钢厂、采矿场和洗煤厂等 8 类企业产生的固体废物，其主要污染物是铁矿尾渣、煤矸石、粉煤灰、钢渣、水渣和脱硫石膏。2014 年，工业固体废物年产生量为 783.35 万 t，工业固体废弃物综合利用量为 623.35 万 t/a，工业固体废物综合利用率为 79.58%。规划区除水渣及钢渣、炉渣、洗煤矸石及煤泥利用率较高外，其他工业废渣利用率均较低。其中铁矿渣、脱硫渣、掘进矸石及石灰石矿渣未进行综合利用。规划区前 10 家企业及总量固体废物产生处置情况见表 6-37。

表 6-37　规划区固体废物产生处置情况

企业编号	固体废物种类	处理处置措施	产生量/（t/a）
1	粉煤灰、炉渣、脱硫石膏	综合利用	2 703 053.1
2	冶炼废渣、粉煤灰、炉渣	综合利用	2 648 119.2
3	粉煤灰、炉渣	综合利用	126 906
4	煤矸石、炉渣、其他废物	综合利用	101 559
5	煤矸石、炉渣	综合利用	94 626
6	煤矸石、炉渣	综合利用	55 476
7	其他		1 054 140.68
合计			6 783 879.98

（2）危险废物

规划区危险废物污染源主要来自钢铁、煤化工和电力行业的 10 余家企业。其主要污染物是废矿物油、含有重金属废渣及粉尘、苯、甲苯、废酸、废碱、焦油渣、脱苯残渣、重苯和生化污泥等，规划区现有危险废物污染源分布情况见图 6-39。

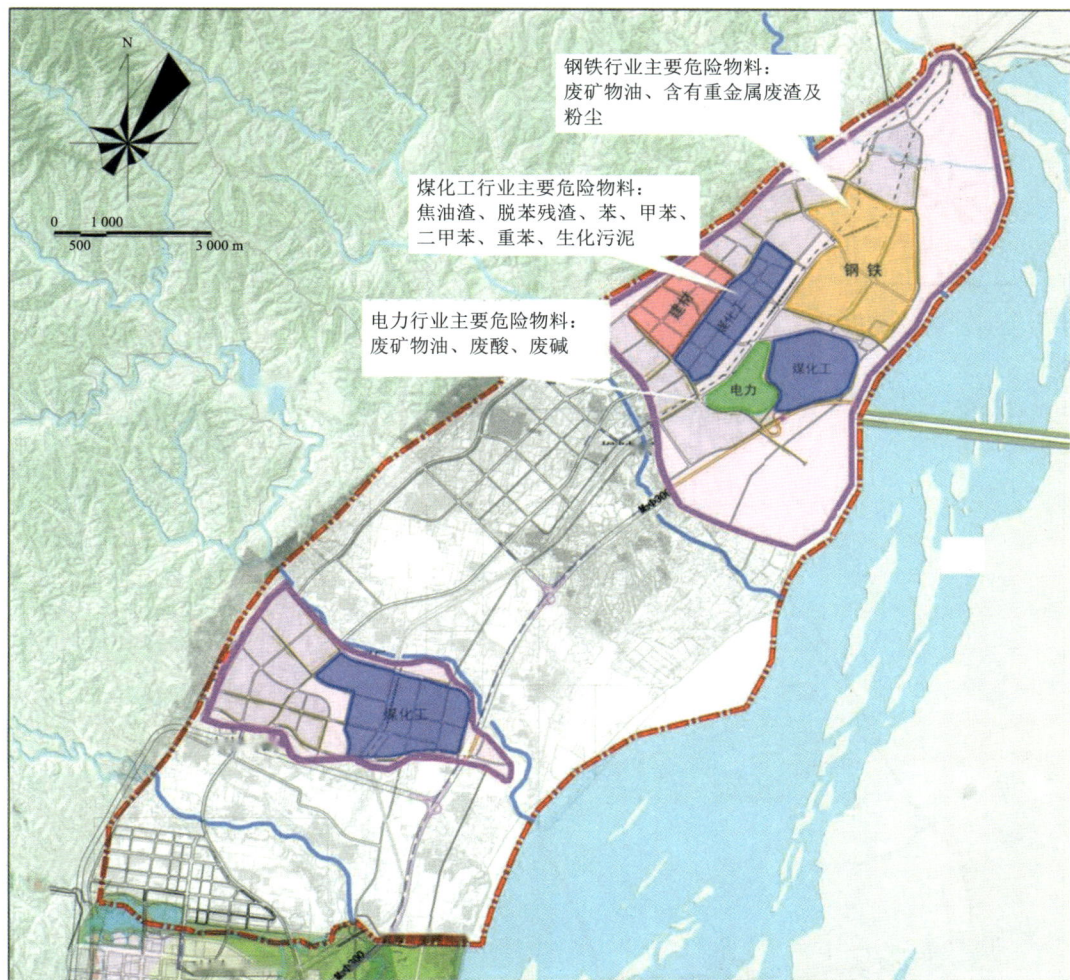

钢铁行业主要危险物料：
废矿物油、含有重金属废渣及
粉尘

煤化工行业主要危险物料：
焦油渣、脱苯残渣、苯、甲苯、
二甲苯、重苯、生化污泥

电力行业主要危险物料：
废矿物油、废酸、废碱

图 6-39　规划区现有危险废物污染源分布情况

目前，规划区危险废物产生单位 16 家，其中重点危险废物产生企业 9 家（焦化 6 家、化工 2 家、钢铁 1 家），其他危险废物产生企业 7 家。危险废物主要为废矿物油、精蒸馏残渣、含酚废物和其他废物四大类。规划区危险废物产生量 6 830 t，其中废矿物油 125 t，精蒸馏残渣 5 232 t，含酚废物 1 450 t，其他废物 20 t。危险废物利用量 6 787 t，无害化处置量 43 t，无害化处置和利用量达 100%。规划区危险废物产生和处置情况见表 6-38。

表 6-38　规划区涉及的主要危险物料

序号	行业	涉及的主要危险物料
1	钢铁	废矿物油、含有重金属废渣及粉尘等
2	煤化工	焦油渣、脱苯残渣、苯、甲苯、二甲苯、重苯、生化污泥等
3	电力	废矿物油、废酸、废碱等

规划区现有企业大气、废水及固体废物污染源分布情况见图 6-40。

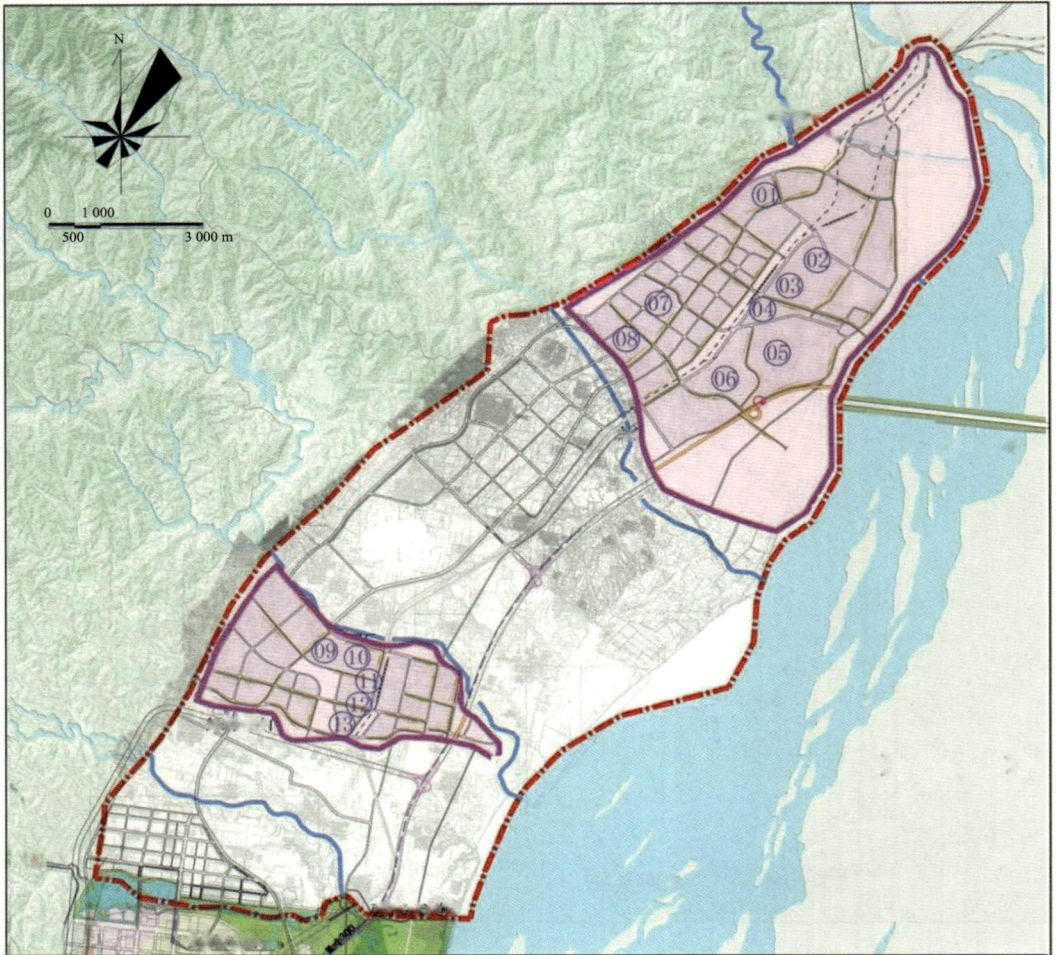

图 6-40 现有企业大气、废水及固体废物污染源分布情况

6.3.3 规划区存在的环境问题及制约因素

（1）工业发展对煤炭的依赖性过高

规划区工业体系主要是以煤炭开采、煤焦化等能源化工为主，对传统煤炭产业的依赖性过大。

（2）产业结构与大气污染防治工作矛盾突出

规划区位于大气污染防治核心区，区内的河谷盆地和沟壑内易生成局部静风或低风速小环流，产生气流阻塞型局地污染，属于大气环境低承载区，规划区内第二产业的比重偏高，占 78%，第二产业的结构中又以焦化、钢铁、电力、化工、水泥、煤炭开采等高耗能、高污染产业为主，高新产业比重低，大气污染治理及保护压力突出。

（3）水资源承载及水污染治理问题突出

规划区水资源承载力有限，主导产业中焦化、钢铁、电力、化工等均耗水量较高，同时区内煤炭开采等对地下水水位会产生一定影响，工业用水对生态用水挤占突出，产业发展与水资源矛盾较大，存在地下水位下降、湿地生态功能退化等次生生态风险。

（4）开发区受环境敏感因素较多

规划区位于城市建成区东北方向，紧邻规划北部城市主城区，且位于主城区常年主导风向的上风向，工业污染源较多、环境质量现状不达标，大气污染物排放对主城区环境影响较大。规划区内分布有文物保护单位、村镇、省级自然保护区、国家级水产种质资源保护区、地表水水源保护区、重要湿地等环境敏感区，后期发展受周边环境敏感目标限制较大。

（5）环保基础设施薄弱

规划区生态环保欠账较多，环保基础设施建设相对滞后，区域内共规划建设 6 座污水处理厂，目前仅有 2 座建成，其余尚未开工建设，且污水管网建设滞后。

6.3.4　评价指标体系

6.3.4.1　环境目标

以改善规划区及周边区域环境质量、维持区域生态环境安全为核心，优化产业布局，合理控制发展规模、提高资源综合利用水平，降低产业发展中的物耗、能耗和污染指标，强化污染治理等，实现工业产业集群与经济、社会和环境的协调发展。

6.3.4.2　评价指标

根据环境影响识别、规划环境目标，并统筹考虑国家和地方等相关文件、规定等，按照可获得性、可量化性和可考核性等原则，通过理论分析、专家咨询及公众参与等方法初步构建本规划评价指标（表 6-39）。

表 6-39　评价指标体系及指标值

类型	序号	指　标	单位	现状值	2020 年规划值	2030 年规划值
经济水平	1	人均 GDP	万元	7.6	13.5	42.8
	2	经济增长率	%	10.4	12.5	12.5
	3	工业总产值	亿元	674	1 330	2 776
经济效率	4	万元 GDP 能耗	t 标煤/万元	2.4	1.6	1.2
	5	万元 GDP 水耗	m³/万元	28.6	28	28
	6	万元工业增加值水耗	m³/万元	18	17	16
	7	工业用水重复利用率	%	73.2	76	80
	8	中水回用率	%	0	20	30
经济结构	9	高技术产业占工业产值比重	%	—	2.5	6.0
	10	科教投入占 GDP 比重	%	3.0	3.5	4.0

类型	序号	指标	单位	现状值	2020 年规划值	2030 年规划值
环境质量	11	大气环境 SO_2 年均浓度	mg/m^3	0.101	0.09	0.06
	12	大气环境 NO_2 年均浓度	mg/m^3	0.044	0.042	0.04
	13	大气环境 PM_{10} 年均浓度	mg/m^3	0.253	0.18	0.07
	14	优良天数比例	%	54	60	80
	15	城市水功能区水质达标率	%	100	100	100
	16	集中式饮用水水源水质达标率	%	91	98	98
	17	区域环境噪声平均值	dB	55.2	57	58
	18	交通干线噪声平均值	dB	60.8	68	65
污染控制	19	烟尘控制区覆盖率	%	20	80	100
	20	环境噪声达标区覆盖率	%	90	95	98
	21	工业废水达标排放率	%	75	90	100
	22	二氧化硫排放强度	kg/万元 GDP	11.77	6.5	4.5
	23	化学需氧量排放强度	kg/万元 GDP	12.68	0.75	0.2
	24	工业固体废弃物综合利用率	%	79.5	80	90
	25	危险废物处置率	%	100	100	100
环境治理	26	工业废水处理率	%	80	95	100
	27	城市生活污水处理率	%	72	80	90
	28	生活垃圾无害化处理率	%	62.5	85	90
	29	城市气化率	%	25	95	100
	30	环保投资占 GDP 比例	%	2.36	3.0	3.5
生态保护与建设	31	森林覆盖率	%	43.98	48	50
	32	建成区人均公共绿地面积	m^2	8	10	15
	33	建成区绿化覆盖率	%	3	8	40
	34	人均水资源量	m^3	528	1 200	800
环境管理	35	环境管理体系	—	未建立	建立环境管理体系	
	36	重点企业清洁生产审核率	%	30	80	100

6.3.5 环境影响预测

6.3.5.1 环境空气影响预测与评价

规划实施后，经开区的环境空气质量主要受工业布局及能源结构等因素的影响。根据规划方案，经开区主导产业为焦化、电力、钢铁和煤化工等。因此，环境空气质量主要受工业生产燃料燃烧所排放的废气及工艺过程中排放的工艺废气影响，主要污染物为 SO_2、NO_2、PM_{10} 等。

（1）规划情景下大气污染源强预测

经开区大气污染源包括工业污染源与生活污染源，其中工业污染源来自新型装备制造产业集群、新材料发展集群、物流产业集群。

工业污染源中污染物排放量=污染物排放系数×能源消耗量=污染物排放系数×

[1–控制措施削减效率（%）] ×能源消耗量

工业污染源主要大气污染物排放量估算见表6-40。

表6-40　近期和远期工业污染源主要大气污染物排放量估算

片区	规划年限	标煤量/（万 t/a）	规划水平污染物排放/（t/a）		
			SO₂	NO₂	PM₁₀
新型装备制造产业集群	近期规划（2018—2020 年）	200	2 803	1 737	3 549
	远期规划（2021—2030 年）	168	2 396	1 485	3 035
新材料发展集群	近期规划（2018—2020 年）	64	2 976	2 016	930
	远期规划（2021—2030 年）	53	2 645	1 670	770
物流产业集群	近期规划（2018—2020 年）	55	2 558	1 733	799
	远期规划（2021—2030 年）	—	—	—	—

经开区生活源排放大气污染物主要来自生活用天然气燃烧废气。区内总用气量约87.4万 m^3/d，年消耗天然气31 901 万 m^3。根据《第一次全国污染源普查城镇生活源排污系数手册》计算得到，区内生活用天然气设施排放污染物为：烟气量40.83 亿 m^3/a，烟尘0.319 t/a，SO_2 1.078 t/a，NO_x 319.1 t/a。

本次评价分析比较经开区各规划年污染物排放情况，预测情景分为一般清洁生产水平、国内先进清洁生产水平和国际先进清洁生产水平3 种方案。为保证入园企业的清洁生产水平，入园企业要在入园前进行清洁生产水平评价，项目建成后要及时开展清洁生产审核工作，确保入园企业的清洁生产水平达到国内先进水平或国际水平。近期和远期经开区主要大气污染物排放量汇总见表6-41。

表6-41　近期和远期经开区主要大气污染物排放量汇总

方案	预测年限	各水平年污染物排放/（t/a）		
		SO₂	NO₂	PM₁₀
方案1（一般清洁生产水平）	近期（2020 年）	8 337	5 486	5 278
	远期（2030 年）	5 041	3 125	3 805
方案2（国内先进清洁生产水平）	近期（2020 年）	6 253	3 621	4 222
	远期（2030 年）	3 781	2 063	3 044
方案3（国际先进清洁生产水平）	近期（2020 年）	4 169	2 743	3 167
	远期（2030 年）	2 521	1 563	2 283

（2）环境空气质量影响预测与评价

表6-42　经开区大气污染物浓度变化　　　　　　　单位：μg/m³

方案	预测年限	污染物	现状年均浓度	污染物年均浓度	污染物年均浓度变化量
方案1	近期（2020年）	SO_2	73.5	72.6（56.5）	0.9
		NO_2	40	36.5	3.5
		PM_{10}	146	133.8	12.2
	远期（2030年）	SO_2	73.5	43.9	29.6
		NO_2	40	20.8	19.2
		PM_{10}	146	96.4	49.6
方案2	近期（2020年）	SO_2	73.5	54.5	19.0
		NO_2	40	24.1	15.9
		PM_{10}	146	100.7	45.3
	远期（2030年）	SO_2	73.5	32.9	40.6
		NO_2	40	13.7	26.3
		PM_{10}	146	77.1	68.9
方案3	近期（2020年）	SO_2	73.5	36.3	37.2
		NO_2	40	18.2	21.8
		PM_{10}	146	60.3	85.7
	远期（2030年）	SO_2	73.5	22.0	51.5
		NO_2	40	10.4	29.6
		PM_{10}	146	50.9	95.1

由表6-42可知，规划实施至2020年，开发区3种主要污染物（SO_2、NO_2、PM_{10}）均可实现达标排放。

方案1规划情景下，近期SO_2年排放量减少，年均浓度较现状降低0.9 μg/m³，NO_2年排放量减少，年均浓度较现状降低3.5 μg/m³，PM_{10}排放量减少，年均浓度较现状降低12.2 μg/m³；远期SO_2年排放量大幅减少，年均浓度较现状降低29.6 μg/m³，NO_2年排放量大幅减少，年均浓度较现状降低19.2 μg/m³，PM_{10}排放量大幅减少，年均浓度较现状降低49.6 μg/m³。

方案2规划情景下，近期SO_2年排放量大幅减少，年均浓度较现状降低19.0 μg/m³，NO_2年排放量大幅减少，年均浓度较现状降低15.9 μg/m³，PM_{10}排放量减少，年均浓度较现状降低45.3 μg/m³；远期SO_2年排放量大幅减少，年均浓度较现状降低40.6 μg/m³，NO_2年排放量大幅减少，年均浓度较现状降低26.3 μg/m³，PM_{10}排放量大幅减少，年均浓度较现状降低68.9 μg/m³。

方案3规划情景下，近期SO_2年排放量大幅减少，年均浓度较现状降低37.2 μg/m³，NO_2年排放量大幅减少，年均浓度较现状降低21.8 μg/m³，PM_{10}排放量减少，年均浓度较现状降低65.7 μg/m³；远期SO_2年排放量大幅减少，年均浓度较现状降低51.5 μg/m³，NO_2年排放量大幅减少，年均浓度较现状降低29.6 μg/m³，PM_{10}排放量大幅减少，年均浓度较现状降低95.1 μg/m³。

6.3.5.2　地表水影响预测与评价

（1）规划情景下水污染源强预测

园区规划实施后产生的废水主要包括生活污水、工业废水。建成区污染源排放情况采用已建企业现状实际产生量和环评资料进行统计；未建区域通过类比建成区同类项目排污系数估算水污染物排放量。

规划区内已建成 40 家企业，其中有废水排污统计数据的企业为 18 家。基准情景以 18 家有废水排污情况统计数据企业 2017 年排污情况为基准。目前园区内现有人口约 7.3 万人，生活污水经现状污水处理厂处理后 COD 排放浓度 50 mg/L，COD 排放量 106.58 t/a；NH_3-N 排放浓度 5 mg/L，NH_3-N 排放量 10.66 t/a。

基准情景下规划区水污染物排放情况汇总见表 6-43。

表 6-43　基准情景废水污染物排放情况汇总

规划年限		污水量（万 t/a）	污染物排放/（t/a）	
			COD	氨氮
基准年 2017	工业废水	483.2	663.76	14.35
	生活污水	213.1	106.58	10.66
合计		696.3	770.34	25.01

依据经开区规划给排水规划，园区污水处理效率达 100%。至 2020 年用水量为 11.713 万 m^3/d，远期 2030 年将达 15.967 万 m^3/d；2017 年经开区废水排放量为 288.83 万 m^3，废水回用率为 91.64%，现状工业用水重复利用率达 90% 以上，规划实施后工业用水重复利用率达 95%，工业污水排放量大幅减少，工业废水排放系数可采用按工业需水量的 5% 计算。

预测计算的废水排放总量为：2020 年 1.17 万 m^3/d，2030 年 1.51 万 m^3/d。废水排放执行《黄河流域（陕西段）污水综合排放标准》一级标准。估算得废水污染物 2020 年，COD 排放总量为 213.5 t/a，氨氮的排放量为 51.25 t/a；2030 年，COD 排放总量为 275.6 t/a，氨氮的排放量为 66.14 t/a。

（2）污水排放方案

经开区内已建集中式污水处理厂 2 座，LM 污水处理厂一期处理能力 0.4 万 m^3/d，XZ 污水处理厂处理能力为 0.6 万 m^3/d。两处现状污水处理厂合计处理能力为 1 万 m^3/d，现有管网沿主路铺设。区域内村庄分散独立，污水多以散排的方式为主，就近排入农田、渗渠或水体；企业污水部分重复利用，剩余不可重复利用的则就近直接排入黄河。

规划期内随着工业用水重复利用率的提高，工业废水排放量大幅减少。工业废水经预处理后可重复利用的回用于生产、绿化，不可重复利用的进入所在片区污水处理站。生活污水经过预处理后进入园区综合污水处理厂。规划保留 2 座现状污水处理厂，即 LM 污水处理厂和 XZ1# 污水处理厂，规划新建 3 座现状污水厂，包括 XY 污水处理厂、规划 1# 污水处理厂和规划 XZ2# 污水处理厂。排水采用雨、污分流制。2020 年经开区污水处理能力达 2.8 万 m^3/d，2030 年污水处理能力达 8 万 m^3/d。根据《黄河流域（陕西段）污水综合排放标准》（DB 61/224—2011）、《城镇污水处理厂污染物排放标准》（GB 18918—2002）等要求，确定经开区区域内的所有污水处理厂出水必须要达到一级 A 标准的要求。

（3）水环境影响预测评价

HH 属于大河，评价采用完全混合模式进行预测计算。经计算，至 2020 年 COD 质量浓度为 41.99 mg/L，NH_3-N 质量浓度为 0.125 mg/L；至 2030 年黄河中 COD 质量浓度为 41.9 mg/L，NH_3-N 质量浓度为 0.124 8 mg/L。由于 HH 水中 COD、NH_3-N 背景质量浓度超标，规划实施后 2020 年、2030 年黄河中 COD、NH_3-N 质量浓度不满足《地表水环境质量标准》Ⅲ类标准。

6.3.5.3 地下水影响预测与评价

（1）地下水补给影响分析

规划范围内原有土地利用类型多为农田，对降水的入渗量大，对地下水资源补给能力强。规划实施后，大面积的农田将转变为建设用地，地面硬化将大大地降低入渗量，地面降水无法有效下渗补充地下水。

由于地下水循环是在一个较为广阔的区域内进行水力交换和平衡的，小范围的补给减少所带来的地下水资源量的减少将会由于区域地下水交换和平衡而得到部分削减，小范围内的降水入渗减少不会造成地下水资源量发生非常明显的变化。加上规划实施后，硬化地面可采取铺设渗水砖以减少地面硬化对地下水补给的影响，同时用水水源相对目前则采用地表水源且水量有保障，可有效减少该地区现状对地下水的开采量，因此本规划不会对该地区地下水资源储量和埋深造成较大影响。

（2）污水管网对地下水的影响分析

在正常情况下，经开区内污水通过密闭管道收集、输送、污水处理厂处理后排放，不会污染地下水。如出现污水管网发生腐蚀导致破裂、污水处理厂事故、生产装置等"跑冒滴漏"等事故时，基地排放的污水会通过土壤入渗等形式进入地下水循环，污染地下水水质。

经开区企业生产运行过程中难免出现设备的无组织泄漏，以及其他方式的无组织排放，甚至存在由于自然灾害及人为因素引起的事故性排放的可能性，事故情况下产生有毒有害物料可通过渗漏作用对规划区域地下水产生污染。

根据类比调查，无组织泄漏潜在区通常主要集中在管网接口等处。一般厂区事故排放分为大量排放及长期少量排放两类。短期大量排放（如突发性事故引起的管线破裂或管线阻塞而造成溢流，发生火灾爆炸等事故产生的消防污水以及地面清洗水排放），一般能及时发现，并可通过一定方法加以控制，因此，一般短期排放不会造成地下水污染；而长期较少量排放（如废水处理设施无组织泄漏等），一般较难发现，长期泄漏可对地下水产生一定影响。

管线工程是较易产生泄漏的装置，主要为生产过程输送管线、污水管网，如果建设期施工质量差或建成投产后管理不善，就会增加泄漏概率，造成地下水的污染。若长期泄漏，未经处理的污水仍有可能因缓慢下渗而污染地下水体，因此长期泄漏可能会对地下水产生一定影响，据有关资料介绍，当发生持续的下渗，环境容量达到饱和后，其污染物会进入地下水，对地下水产生污染。

规划区所在区域的包气带岩性结构以黄土为主，防污性能相对一般。规划区域地下水埋深浅，一旦出现液体物料泄漏等，如果不采取防渗措施或采取的防渗措施不完善，泄漏物就极有可能进入地下水环境，从而影响周边的水井、地表水等。反之，如果对各企业厂内可能泄漏污染物的污染区域地面进行防渗处理，及时地将泄漏和渗漏的污染物收集起来进行处理，则可有效防止撒落地面的污染物进入地下。为减小非正常情况下管线工程对地下水环境影响，污水管线应采取管廊方式，并加强观测，发现问题后及时采取相应措施，减少"跑冒滴漏"。

综上所述，在采取了有效的地下水保护措施的前提下，规划区运行期对地下水环境的影响较小。

6.3.5.4　声环境影响预测与评价

经开区噪声污染源分为工业噪声源、交通噪声源及建筑施工噪声。根据该区域人口密度的变化，预测区域噪声总体水平的变化，各区域规划水平年区域噪声预测值见表 6-44。

表 6-44　各规划水平年区域噪声预测值

地区	项目	现状值	2020 年	2030 年	标准值
经开区	平均人口密度/（人/km²）	975	1 596	1 649	
	昼间/dB（A）	55.2	57.3	57.5	65
	夜间/dB（A）	49.5	51.6	51.8	55

从区域噪声预测结果可以看出，园区噪声水平随着人口密度的增大而升高。经开区区域噪声在 2020 年预测年份昼夜噪声值比基准年提高了 2.1 dB（A），2030 年预测年份昼夜噪声值比基准年提高了 2.3 dB（A），经开区昼夜噪声值基本满足 3 类标准适用区的要求。

6.3.5.5　固体废物影响预测与评价

经开区产生的固体废物，主要包括生活垃圾和工业固体废物。其中工业固体废物多为铁矿渣、脱硫渣、洗煤矸石及石灰石矿渣。经开区内是以焦化、水泥、钢铁为主的企业，生活垃圾的产生量比较小。

随着工业总产值的总量持续增长，固体废物产生量仍然会持续增加。到 2020 年 HC 经济技术经开区固体废物产生量达 720 万 t，2030 年将达 1 260 万 t。

表 6-45　经开区工业固体废物产生总量预测结果

年份	工业固体废物产生量/万 t	危险废物产生量/万 t
2017	715.4	1.85
2020	720	1.6
2030	1 260	2.7

目前 HC 市经开区引进了危险废物处置企业，已取得环评批复的 HC 市宇辉能源科技有限公司废机油综合利用项目、HC 福源实业有限公司年处理 5 万 t 危险废物资源再生循

环利用项目，可以完全消纳园区企业产生的危险废物。

园区固体废物处置符合"减量化、资源化、无害化"的处置原则。固体废物得到安全合理处置，措施可行，处置方向明确，固体废物不会对外环境造成大的影响。

6.3.5.6　环境风险影响预测与评价

（1）风险识别

① 物质危险性识别。园区内涉及的风险物质包括氨、甲醇、氢气、硫黄、H_2S、一氧化碳、丙烯、乙烯、乙烷、甲烷、丁烯、甲醛、燃料油、苯、甲苯、二甲苯、天然气等。

② 生产过程危险性识别。区内危险化学品系统风险主要考虑运输过程、贮存过程、使用过程和扩散过程。

经开区中的许多化工物料（包括原料、产品及其各种剂类）属于易燃易爆物质，企业生产过程中易发生火灾、爆炸事故。生产中的原料可能会有毒物质，如因设备缺陷或操作失误而引起泄漏会对环境造成严重污染。

③ 贮运设施危险性识别。园区内企业生产所需原辅材料、成品以及产生的危险废物大多需经公路、铁路进行运输。区内各类危险品在装卸、运输中可能由于碰撞、振动、挤压等，同时由于操作不当、重装重卸、容器多次回收利用，强度下降，垫圈失落没有拧紧等，均易造成物品泄漏、固体散落，甚至引起火灾、爆炸或污染环境等事故。同时在运输途中，由于意外各种原因，可能发生汽车翻车等，造成危险品抛至水体、大气，造成较大事故，因此危险品在运输过程中对上述陆域及水域存在一定环境风险。

经开区内的煤化工、化工企业内部设有物流仓储区，其中危险品有毒、易燃、易爆等物质。因此，区内潜在的事故原因为危险化学品包装物的破损、裂缝而造成的泄漏，潜在事故主要是火灾、爆炸和有毒有害物质的泄漏所造成的环境污染，对周边居民区和邻近企业具有环境风险隐患。

（2）事故概率和事故类型

根据上述识别结果，经开区主要危险因素来自化工贮罐、化工反应装置以及运输过程中产生的泄漏。风险类型主要有泄漏、火灾和爆炸 3 种。

（3）环境风险影响分析

① 对公路、办公楼等影响分析。根据前面对化学物质泄漏后产生的影响分析可知，在化学物质发生泄漏后引起事故时，在一定范围内的设施和人员会受到不同程度的伤害。按照相关规定其必须与建设的各生产装置之间规划一定的保护距离，只要保证化学物质储罐距离居民点、办公楼、宿舍的距离大于化学物质泄漏引起事故时影响的距离，化学物质泄漏引起的危害基本不会对居民点、办公楼、宿舍带来影响。

② 地表水的影响分析。若发生泄漏、火灾事故后，如对污染物处理不当，可通过大气、地表或地下水层污染园区内河流进而污染黄河；若因事故原因对地表水造成污染，会影响下游水体的水质功能。因此，建议在黄河及其支流两侧设置 200 m 左右的生态隔离带。同时，如发生较大事故，应加大对地表水的监测频率。

③ 地下水的影响。进区项目在建设前应对建设区进行详细的水文地质勘查工作后，结

合水文地质条件对厂区设备布置进行调整，并采取完善的防治措施后，正常情况下，建设项目对地下水的影响较小。但建设项目的生产是一个长期的过程，如在生产过程中发生风险事故或防渗设施出现问题，将会对地下水产生影响。

园区内具体企业应加强管理，防止风险事故的发生。同时，园区应设置地下水监测点，定期对地下水进行监测。如在局部出现污染，应采取打帷幕等措施割断园区与周边地下水联系，控制污染扩散。

④ 运输过程的影响。园区内公路上运输车辆中可能会有一定数量的危险化学品运输车辆，在发生较大火灾情况下，可能会对车辆带来一定的危险隐患。因此在发生火灾的情况下，必须立即启动应急程序并通知道路管理部门，及时采取措施，尽量疏散车辆使其延期通过或避开火灾高峰期通过。

园区的应急预案应与 HC 市的突发事件应急预案、公路部门、铁路部门的突发事件应急预案建立联动机制。如出现重大泄漏、爆炸等事故，可迅速与 HC 市相关部门、公路部门、铁路部门建立联系，采取措施保证道路运营的安全。

6.3.6 规划方案优化调整建议

6.3.6.1 优化规划产业类型

环评提出，结合《现代煤化工产业创新发展布局方案》《现代煤化工建设项目环境准入条件（试行）》《关中地区降霾重点行业项目建设指导目录（2017 年本）》《陕西省水污染防治工作方案》等相关要求，总规实施单位要立足规划区区位实际，对经开区高耗能、高污染产业发展规模进行限制和控制，促进经济高质量发展和生态环境高水平保护。

6.3.6.2 加快搬迁安置工作

目前，规划区范围内涉及主要村庄 33 个，由于历史的原因这些村庄分布零散，对规划区工业组团的发展构成一定程度的限制，要结合规划区发展，应尽快落实搬迁安置计划，建设基础设施完备、环境优美的安置小区，保证搬迁居民的生活水平不降低。

6.3.6.3 加快现有基础设施建设及企业整改工作

加快基础设施建设步伐，结合大气污染治理相关工作，对现有 21 家企业存在的环境问题进行整改，加快钢铁产能置换和焦化淘汰步伐，实现区域大气环境质量达标，为区域发展提供良好的环境基础。

6.3.7 生态空间管控要求

鉴于规划编制时，尚未开展"三线一单"生态环境分区管控划定工作，为此编者结合 2021 年 HC 市人民政府发布实施的《HC 市"三线一单"生态环境分区管控方案》（以下简称《方案》），对经开区与《方案》进行重新比对分析，比对发现，经开区与优先保护单元重叠 2.96 km^2，同时涉及大气重点管控单元和水重点管控单元，经开区与环境管控单元对照分析见图 6-41，经开区规划范围涉及的生态环境管控单元见表 6-46。

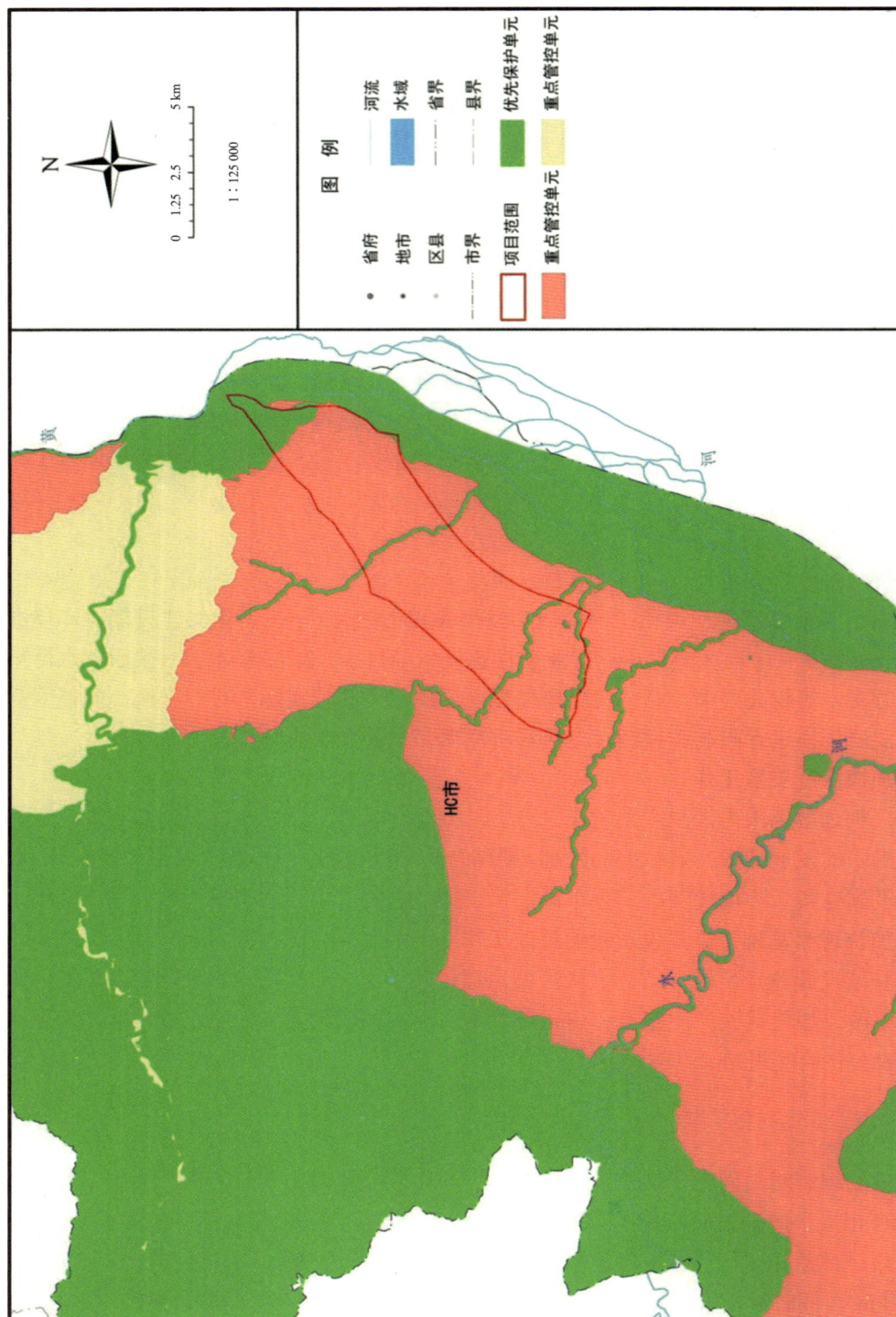

图 6-41　经开区与环境管控单元对照分析

表 6-46　HC 经济技术开发区规划范围涉及的生态环境管控单元

序号	环境管控单元名称	单元要素属性	管控单元分类	管控要求	面积/km²
1	HHLM—SMQ 祠墓风景名胜区	风景名胜区	优先保护单元	**空间布局约束：** ①区域执行 1. 总体要求中的相关要求。 ②同时执行 2.3 生物多样性维护生态保护红线的相关要求。 ③同时执行 3.6 风景名胜区的相关要求	2.96
2	HC 经济技术开发区	工业园区、水环境城镇生活污染重点管控区、大气环境高排放重点管控区	重点管控单元	**空间布局约束：** ①执行 1. 总体要求中的相关要求。 ②执行 4.4 水环境城镇生活污染重点管控区的相关要求。 ③执行 4.2 大气环境高排放区的相关要求。 **污染物排放管控：** ①执行 1. 总体要求中关于工业园区的污染控制相关要求。 ②执行 4.4 水环境城镇生活污染重点管控区的污染控制相关要求。 ③执行 4.2 大气环境高排放区的污染控制相关要求。 **环境风险防控：**加强环境应急预案管理和风险预警。企业应建立健全环境应急预案体系，加强环境应急预案演练、评估与修订。 **资源开发效率要求：** ①执行 1. 总体要求中关于工业园区的资源综合利用的相关要求。 ②执行 4.4 水环境城镇生活污染重点管控区的资源综合利用的相关要求。 ③执行 4.2 大气环境高排放区的资源综合利用的相关要求	50.96
3	陕西省 HC 市重点管控单元 2	水环境城镇生活污染重点管控区	重点管控单元	**空间布局约束：** ①执行 1. 总体要求中空间布局的相关要求。 ②执行 4.4 水环境城镇生活污染重点管控区的相关要求。 **污染物排放管控：** ①执行 1. 总体要求中污染排放管控的相关要求。 ②执行 4.4 水环境城镇生活污染重点管控区的污染控制相关要求。 **环境风险防控：**加强环境应急预案管理和风险预警。企业应建立健全环境应急预案体系，加强环境应急预案演练、评估与修订。 **资源开发效率要求：** ①执行 1. 总体要求中资源综合利用的相关要求。 ②执行 4.4 水环境城镇生活重点管控区的资源综合利用要求	0.52

建议在经开区后续发展中应严格控制风景名胜区内建设活动，各类建设必须按照相关法规履行程序，采取有效措施，确保风景名胜区不受经开区发展产生的环境影响。同时项目建设需满足大气、水重点管控单元相关要求。

6.3.8　笔者点评

目前，碳减排已经成为全球可持续发展的高度共识，2020年9月，我国政府也庄严承诺："二氧化碳力争于2030年前达到碳达峰，努力争取2060年前实现碳中和。"2023年中央经济工作会议指出：优化产业政策实施方式，狠抓传统产业改造升级和战略性新兴产业培育壮大，着力补强产业链薄弱环节，在落实"碳达峰、碳中和"目标任务过程中锻造新的产业竞争优势。推动"科技产业—金融"良性循环。中国工程院发布的《我国碳达峰碳中和战略及路径》指出：有序推进我国"碳达峰、碳中和"工作，应坚持八大战略。其中包括：节约优先战略，秉持节能是第一能源理念，不断提升全社会用能效率；资源循环利用战略，加快传统产业升级改造和业务流程再造，实现资源多级循环利用；固碳战略，坚持生态吸碳与人工用碳相结合，增强生态系统固碳能力，推进碳移除技术研发；数字化战略，全面推动数字化降碳和碳管理，助力生产生活绿色变革；国际合作战略，构建人类命运共同体的大国责任担当，更大力度深化国际合作。

HC市是一个以钢铁、煤化工、电力、建材为主导产业的重工业城市。HC市位于属于汾渭平原核心区，大气扩散条件不好，工业排放和环境保护的问题一直很突出，大气环境质量较差。近年来，虽然国家把汾渭平原作为蓝天保卫战的重要内容，把HC市也纳入汾渭平原大气污染综合治理攻坚行动方案，但时至今日大气环境质量还没有得到根本改善，大气环境功能还不能持续稳定达标。生态环境保护和产业转型已经成为HC经济技术经开区建设发展乃至HC市经济发展绕不开的主题。随着供给侧结构性改革深入推进和"碳达峰、碳中和"目标的提出，推动经开区内现有产业转型升级已经迫在眉睫。

HC经济技术开发区依托现有钢铁、焦化、电力、建材、化工等产业，坚持"全产业链谋划、集群化发展、园区化承载、循环化升级、板块化推进"的思路，围绕"煤—电—钢"资源循环利用产业链，通过"企业内部、企业之间、产业之间"的循环发展探索，实施资源型产业转型升级和新兴产业培育，构建以循环经济为主体方式的发展模式，符合区域发展实际。

虽然规划范围进行了重新调整，并对规划区现有产业发展、规模、结构等提出了优化、调整、整改和淘汰等建议，但经开区周边仍然分布有省级自然保护区、国家级水产种质资源保护区、国家级水产种质资源自然保护区、地表水水源保护区、重要湿地等生态环境敏感区，区域生态环境较敏感。且处于大气污染防治核心区，大气污染防治工作压力仍然突出。区域水污染防治基础设施及管网建设不完善，水资源的规划存在一定的不确定性，地下水的开采造成区域地下水水位下降较明显，钢铁、煤化工、建材等重污染项目处于规划区主导风向的上风向，且项目周边多有居民分布，也限制了区域的发展。

因此，笔者认为，经开区建设和规划、管理要深刻吸取近年来黄河流域生态环境破坏的沉痛教训，尤其是中央生态环境保护督察发现的突出问题，坚持问题导向，严格落实《黄河保护法》《黄河流域高质量发展和生态保护纲要》，加强对黄河流域生态系统和水环境的保护，着眼于多还生态欠账，严守环境质量底线，落实污染物总量管控要求。根据国家和陕西省有关大气、水、土壤污染防治行动计划相关要求，明确经开区环境质量改善阶段目标，制订区域污染减排方案及污染物总量管控要求，采取有效措施减少主要污染物和挥发性有机物（VOCs）、重金属、挥发酚、氯化氢等特征污染物的排放总量，确保实现区域环境质量改善目标。在严格控制现有焦化、钢铁等产能基础上，实施产业链的进一步延伸，提升清洁能源使用率，探索实施"绿岛"，在钢铁、煤化工区域边界与居住区之间合理设置缓冲隔离带，建立健全区域风险防范体系和生态安全保障体系，加强区内重要风险源的管控。组织制订生态环境保护规划，统筹考虑区内污染物排放、生态恢复与建设、环境风险防范、环境管理等事宜。强化化工原料、危险化学品等储运的环境风险管理，强化应急响应联动机制，防范对饮用水水源地的影响，保障区域水环境安全。

6.4　陕西省 FX 高新技术产业开发区总体规划（修编）环境影响评价案例

6.4.1　规划概况

FX 高新技术产业开发区（以下简称高新区）是 2015 年 8 月由陕西省政府批准设立的省级高新区。2019 年，高新区管理委员会组织实施了《FX 高新技术产业开发区总体规划（2019—2035）（修编）》编制，同时编制了《FX 高新技术产业开发区总体规划（2019—2035）（修编）环境影响报告书》。

规划修编后，高新区以建设国家循环经济示范园区为目标，以白酒及食品加工产业、新材料产业和先进制造业为主导，以文化旅游业、现代服务业和电力能源产业为辅助，构建 FX 高新区"三主三辅"的产业体系，包括 KJST 新城、LL 工业园、CQ 工业园 3 个片区。

KJST 新城片区规划面积为 3.64 km²，总体空间结构分为高新产业发展区、生活配套区、科教文化区、文化创意研发区 4 个板块。其中，高新产业发展区主要发展中高端机床工具、汽车零部件、钛金属新材料等产业；生活配套区以居住、商业、商务、办公、科教为主要功能；科教文化区以金融商贸、科教文化为主要功能；文化创意研发区主要承担文化产业、企业孵化、科创研发等功能。

LL 工业园片区规划面积为 8.48 km²，总体空间结构分为白酒生产核心区、白酒产业配套区、食品产业区、生活服务区 4 个板块。白酒生产核心区以现状西凤酒厂为基础，主要进行白酒生产酿造，兼顾白酒工业旅游；白酒产业配套区为白酒生产核心区提供品牌灌装、印刷包装、白酒创新、物流仓储等配套产业；食品产业区位于片区东南角，主要发展粮食、果蔬、乳制品、肉制品等食品加工产业；生活服务区主要提供居住以及教育、医疗、商业等生活服务功能。

　　CQ 工业园片区规划面积为 16.45 km^2，总体空间结构分为热电能源区、新材料产业区、创意研发区、生活服务区。其中，热电能源区主要为电厂；新材料产业区包括金属新材料产业区和循环经济产业区，金属新材料区重点发展铅、锌金属新材料产业，循环经济产业区重点发展 C1 化工、甲醇相关下游产品、专用化学品、高附加值精细化工及新材料、无机化工、医药化工，以及相关的节能环保、资源利用等配套产业；创意研发区以研发、孵化功能为重点引进创新创业企业；生活服务区主要为居住、行政、文化和生活生产配套服务等。

　　高新区规划范围见图 6-42，各片区规划布局见图 6-43～图 6-45。

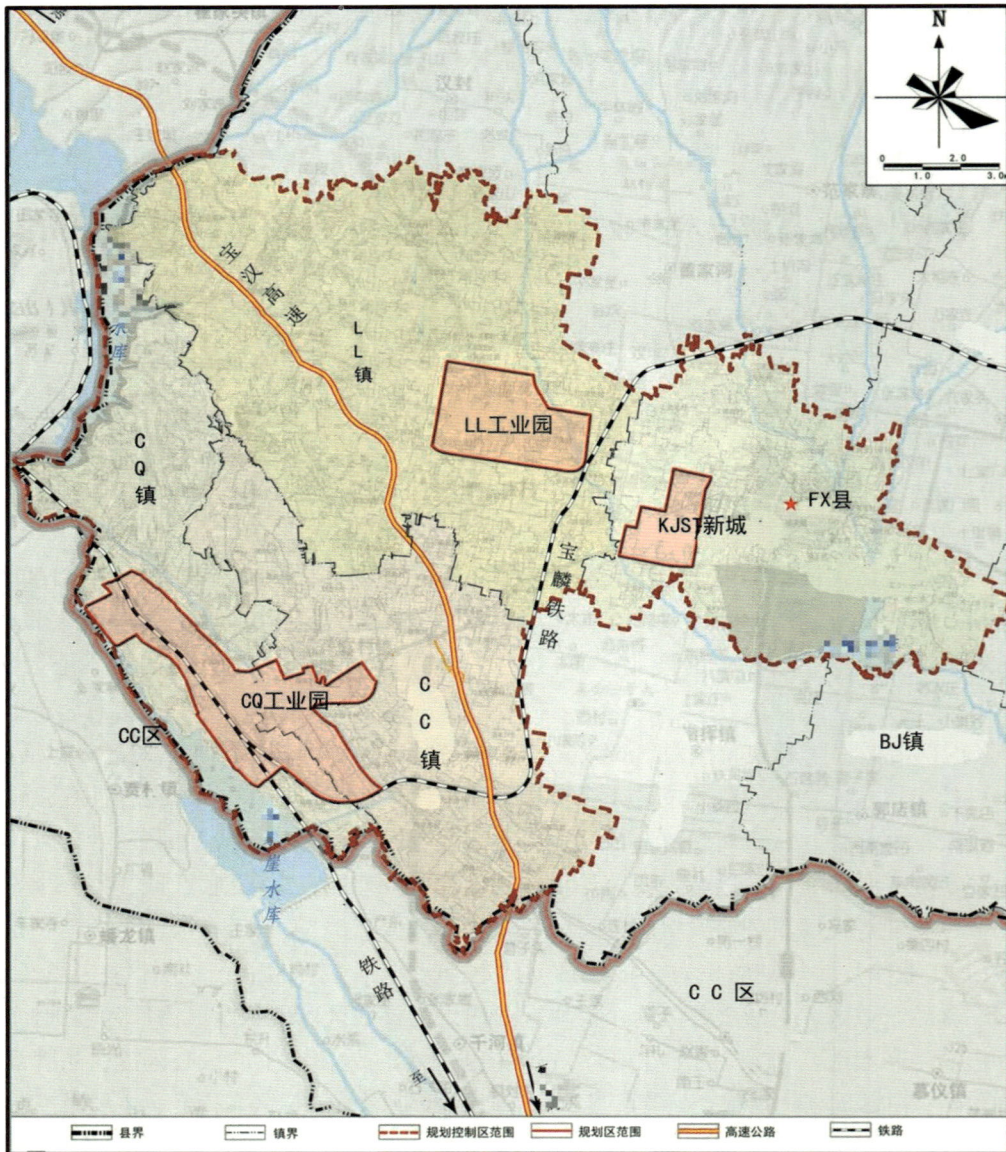

图 6-42　FX 高新技术产业开发区规划范围

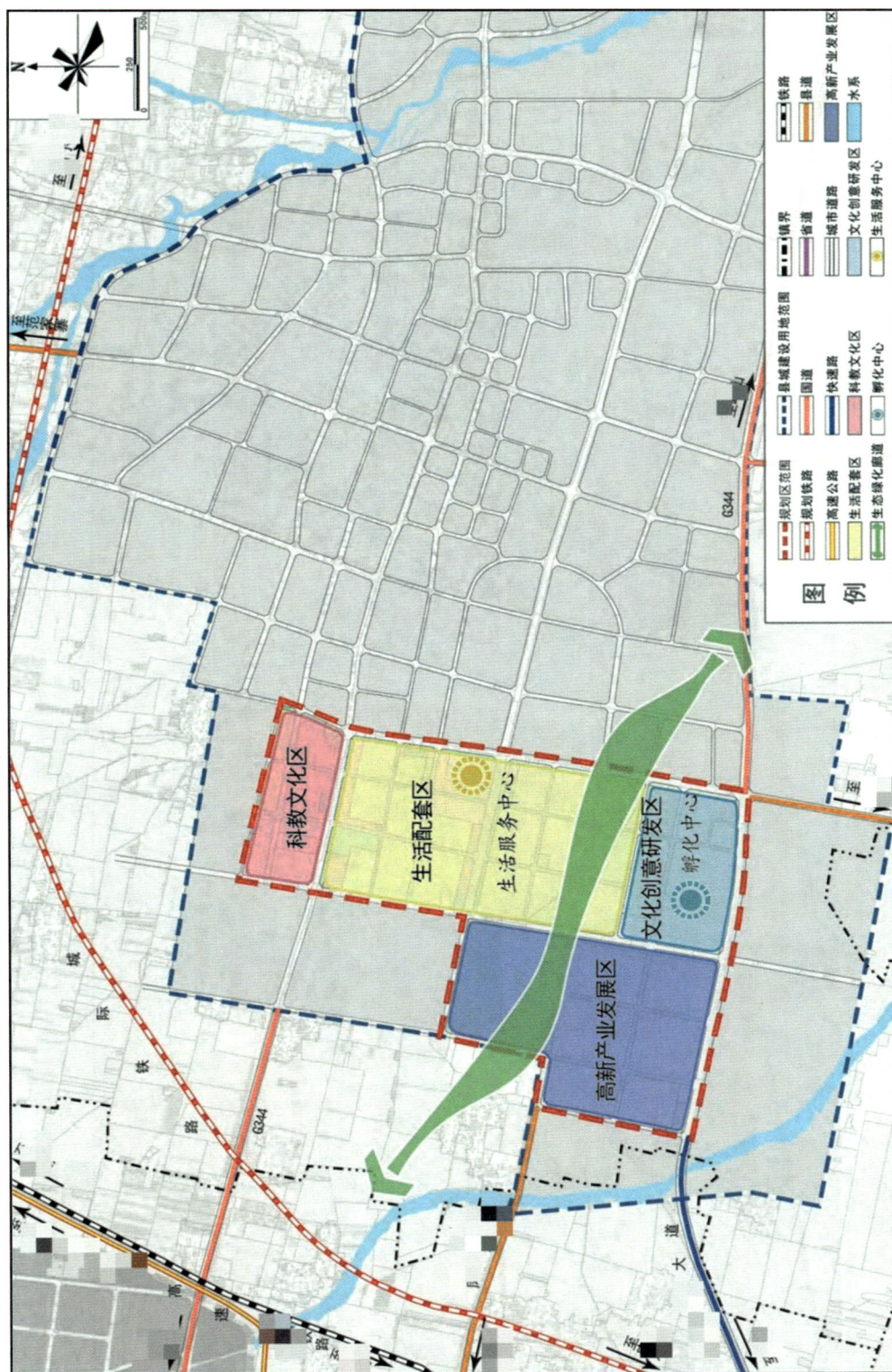

图 6-43　KJST 新城片区规划布局

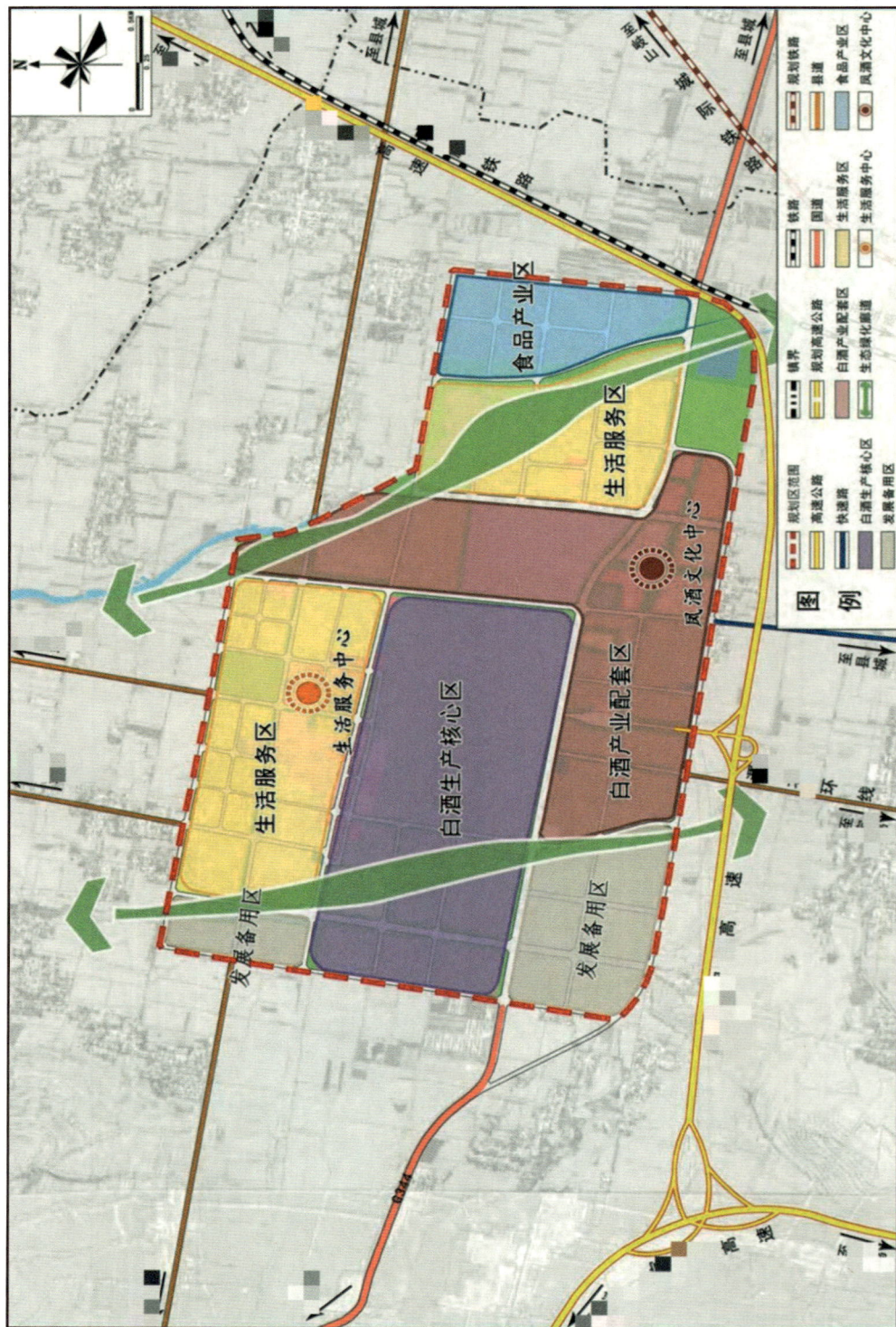

图 6-44 LL 工业园片区规划布局

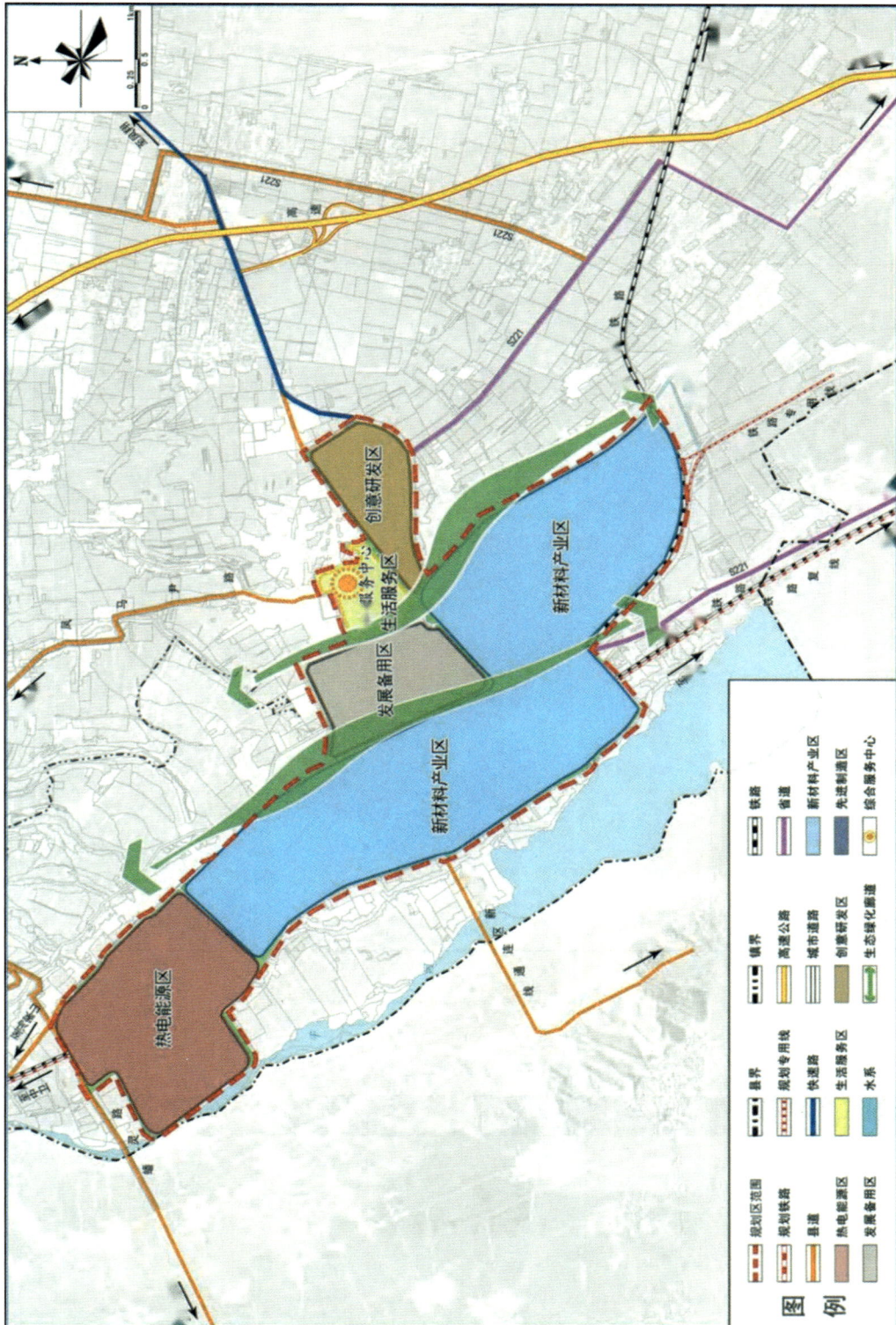

图 6-45　CQ 工业园片区规划布局

6.4.2　回顾分析

6.4.2.1　园区历次规划情况

（1）CQ 工业园

CQ 工业园上轮规划规划年限为 2008—2025 年，总面积为 25 km^2，是以电力能源、冶金化工、煤化和新型建材项目工业为主导的综合性工业区。规划范围见图 6-46，总体规划目标见表 6-47，规划环评落实情况见表 6-48。

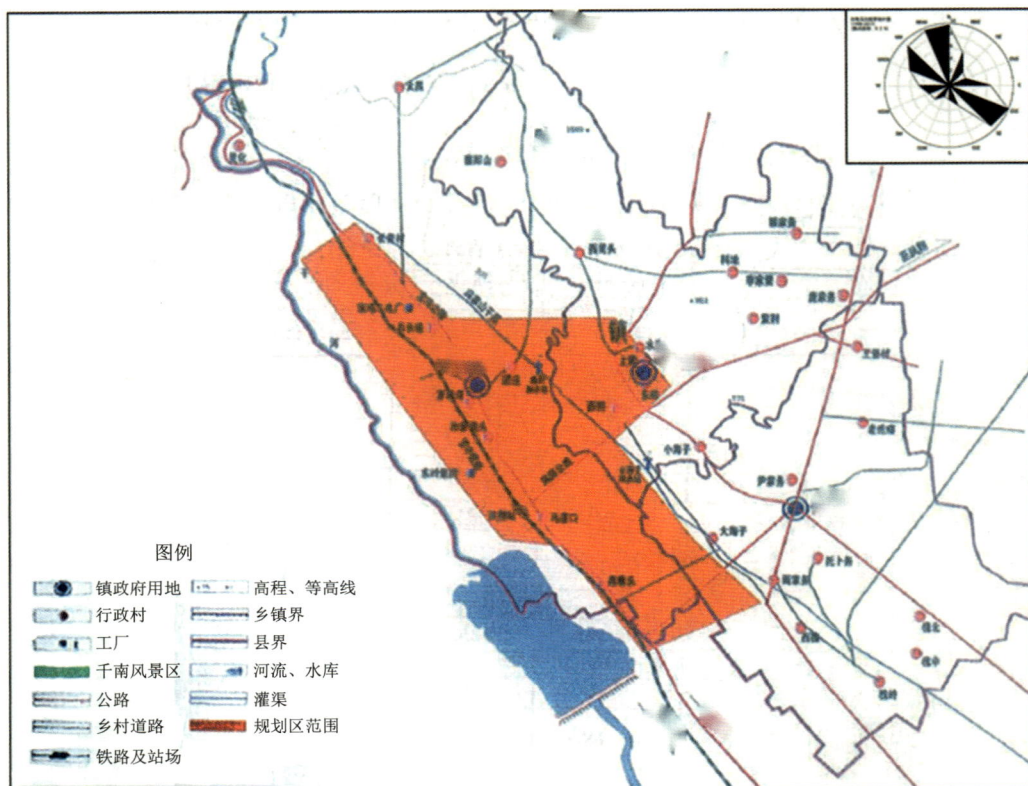

图 6-46　CQ 工业园规划范围（2008—2025 年）

表 6-47　总体规划目标

指标内容	近期	远期	2018 年
1. 资源开发加工能力	—	—	—
（1）电力能源发电装机容量/MW	2×600	2×1 000	2×660
（2）冶金化工/万 t	—	—	—
① 铅锌冶炼	15	—	0
② 冶金焦	100	—	0
③ 碳化硅	1	—	0

指标内容	近期	远期	2018 年
（3）煤化工/万 t	—	—	—
① 甲醇及下游产品	150	357	85.5（包括 60 万 t 甲醇）
② 煤基合成油	—	300	0
（4）新型建材/万 t	—	—	—
① 石灰石粉	40	—	0
② 粉煤灰水泥	50	—	0
2. 资源利用率/%	—	—	—
（1）煤灰渣综合利用率	100	100	96
（2）水循环利用率	96	96	90
3. 生态与环境指标	—	—	—
（1）环境绿化/%	20	20	0.15
（2）环境质量	—	—	—
① 环境空气质量	二级	二级	不达标
② 地表水环境质量	Ⅲ类	Ⅲ类	不达标
③ 区域环境噪声	3 类	3 类	达标
4. 产出效益/亿元	—	—	—
主导产业产值	109.23	354.9	116

表 6-48　规划环评落实情况

序号	环评优化调整建议及批复主要内容	执行情况
	FXCQ 工业区总体规划环境影响报告书	
1	建设规模应满足产业政策	冶金化工、煤基合成油、新型建材项目不符合国家产业政策，未实施
2	现有电厂脱硫效率不低于 95%，采取低氮燃烧器、烟尘达标，可置换出工业区发展所需 SO$_2$ 环境容量及部分 NO$_2$ 环境容量，但远期规划项目电厂实施后，NO$_2$ 环境容量仍存在困难，规划环评建议远期规划项目实施时，对现有电厂进一步采取脱氮措施	现有电厂废气排放满足超低排放要求，能够稳定达标，脱硫效率大于 99.5%
3	工业区的危险处置可依托社会上有资质单位处置，工业区建设临时贮存设施，建立健全转移联单制度	工业区的危险处置依托社会上有资质单位处置，工业区未建设临时贮存设施，产废单位执行转移联单制度
4	工业规划的垃圾卫生填埋场和生活污水处理厂应与近期实施项目同步建设，同时考虑中水回用管道的建设	未建设垃圾卫生填埋场和生活污水处理厂、中水回用管道
5	设置 1 个污水排放总口：各工业区根据污水特点设置污水处理站和利用方案；冶金焦化工业区废水零排放，通过企业内部或工业区之间综合利用；煤化工区含氨氮废水单独处理综合利用；考虑各工业区之间废水的综合利用性，生活排水统一排入污水处理厂，规划污水处理厂出水可作绿化、农灌用水，减少排放千河废水量	现有电厂及冶金焦化企业废水自行处理回用，零排放；工业区其他企业废水排入 CQ 工业园区污水处理厂处理，达标后排入千河

序号	环评优化调整建议及批复主要内容	执行情况
6	规划布局调整综合服务区西部规划Ⅱ类居住用地，建议对居住用地向 FJS 干渠东北方向进行调整	近期、中期搬迁计划已实施
7	提高冶金化工区烧结机尾气排气筒高度至 70 m	未落实，目前冶金化工区烧结机尾气排气筒高度为 60 m
8	污水处理厂近期规模达到 1 400 t/d、远期达到 2 800 t/d	污水处理厂规模为 5 000 t/d
9	规划区环境容量 SO$_2$ 为 1.26 万 t/a，NO$_2$ 为 1.68 万 t/a，烟尘为 2.1 万 t/a，COD 为 32.9 t/a。	2018 年 SO$_2$ 排放量为 584.62 t/a，NO$_2$ 排放量为 1 778.41 t/a，烟尘排放量为 253.66 t/a，COD 为 21.26 t/a，在环境容量范围内
FXCQ 工业园区规划环境影响跟踪评价报告书		
10	合理安排项目建设时序，确保工业区环保基础设施的按期建设、运行	2014 年 1 月建成工业园污水处理厂，处理规模 5 000 t/d
11	工业区管委会应和地方环境保护管理部门协商，制定区域"节能减排"和总量控制计划，使工业区 SO$_2$ 和 COD 污染物排放控制在区域总量范围内	根据 2018 年污染物排放总量来看，在区域总量范围内
12	工业区管委会应和地方政府协调，编制工业区搬迁方案，使工业区的搬迁工作科学、有序、合理进行，并按期完成	近期、中期搬迁计划已实施，远期（2021—2025 年）搬迁未实施
13	建议工业区编制循环经济方案，指导工业区项目建设，固体废物的综合利用率 95%。按照批准后的规划，严格控制工业区项目建设用地	一般工业固体废物综合利用率为 75%
14	建议工业区委托编制水资源论证报告，便于工业区建设项目的用水问题得到落实	园区未编制水资源论证，自备水源企业自行办理取水证
15	粉煤灰水泥规模可扩大到 100 万 t/a，有利于灰渣的综合利用	未建设水泥行业。粉煤灰副产品第三方综合利用
16	加强对现有冶炼厂粉尘治理，降低 Pb 排放量，满足环境空气质量	冶炼厂各环节废气达标排放

（2）FX 高新区规划

FX 高新区上轮规划规划年限为 2015—2030 年，规划区范围包括 CQ 工业园、LL 工业园及 KJST 新城规划的城镇建设用地范围，总面积为 28.57 km^2。高新区重点发展工业机器人、新材料、新型能化和白酒产业、文化产业等五大产业，总体规划实施情况见表 6-49。

表 6-49　FX 高新区总体规划（2015—2030 年）实施情况

	规划内容		园区现状	规划符合性
产业布局	CQ 工业园	集高端煤化产业、清洁热电产业、电子商务及新材料产业于一体的综合型工业园区	以热电能源、有色金属冶炼、煤化工为主	主要产业符合产业布局要求
	LL 工业园	以白酒生产加工为核心，以生物技术为延伸，以文化旅游为潜力的工业园区	以白酒生产加工为主	主要产业符合产业布局要求
	KJST 新城	集科研孵化、商务办公、综合服务于一体的新城组团	以居住区为主，未形成规模企业	未达到产业布局要求

		规划内容	园区现状	规划符合性
建设规模	CQ 工业园	规划近期（2020 年）开发建设 932.19 hm²	2018 年土地利用 899.05 hm²	未达到规划规模
	LL 工业园	规划近期（2020 年）开发建设 442.30 hm²	2018 年土地利用 300.45 hm²	未达到规划规模
	KJST 新城	规划近期（2020 年）开发建设 283.35 hm²	2018 年土地利用 115.6 hm²	未达到规划规模
环境保护目标	大气环境	达到《环境空气质量标准》（GB 3095）二级标准	PM$_{10}$、PM$_{2.5}$超标，其他因子达到《环境空气质量标准》（GB 3095）二级标准	未到达规划环境目标
	水环境	达到《地表水环境质量标准》（GB 3838—2002）Ⅲ类标准	总氮超标，其他因子达到《地表水环境质量标准》（GB 3838—2002）Ⅲ类标准	未到达规划环境目标

6.4.2.2 资源利用现状回顾

（1）水资源利用

2018 年 FX 高新区用水量为 3 810 万 m³，占 FX 县用水量的 34%，其中地表水用量为 2 360 万 m³，地下水用量为 1 450 万 m³，地下水源主要来自浅层水。其中农业用水 910 万 m³，占高新区全年用水量的 23.88%；工业用水量为 2 436 万 m³，占高新区全年用水量的 63.94%；生活用水 382 万 m³，占高新区全年用水量的 10.03%；生态环境补水 82 万 m³，占高新区全年用水量的 2.15%。

（2）工业能源利用

2018 年 FX 高新区天然气消耗量约 50 万 m³（标态），工业用燃料及工艺原料煤炭消耗量为 490.12 万 t 标煤。

（3）生活能源利用

高新区生活能源主要为煤、生物质燃料、管道燃气及液化石油气等，各类能源使用量见表 6-50。

表 6-50 生活能源利用 单位：t/a

能源	CQ 工业园	LL 工业园	KJST 新城	总计
燃煤	1 196	188	310	1 694
生物质燃料	336	618	56	1 010
管道燃气	5 350	0	0	5 350
灌装液化石油气/m³	10	11.84	233	254.84

6.4.2.3 产业发展现状

截至 2018 年年底，高新区入驻企业数量 286 家，其中规模以上工业企业 23 家，现有产业见表 6-51。

表 6-51　高新区现有企业统计

序号	所属行业类别	2018 年产品及规模	2018 年企业产值/亿元
1	电力、热力生产和供应业	年发电 487 021.38 万 kW·h、年发热 83.84 万 GJ	14.62
2		年发电 496 399.2 万 kW·h、年发热 50.91 万 GJ	14.63
3	金属制品业	年产硅铬合金 1.6 万 t、低硅低碳铬铁 0.8 万 t	2.64
4	专用设备制造业	年产化成箔 630 万 t	2.46
5	化学原料和化学制品制造业	空分规模为 84 000 m³/h×8 400 h/a	4.55
6	石油、煤炭及其他燃料加工业	一期工程年产 60 万 t 甲醇、0.7 万 t 硫黄	19.20
7		年产 10 万 t 轻芳烃	1.06
8		年产 10 万 t 减水剂、年产 5 万 t 甲醛	0.36
9	化学原料和化学制品制造业	年产 8 万 t 甲醛、5 万 t 甲缩醛、1 万 t 氨基模塑料	7.34
10		一期工程年产 10 万 t 高纯二氧化碳，年产 100 万 m³（标态）高纯氧、氮、氩氦气	1.2
11	非金属矿物制品业	年产 2.4 亿块蒸压粉煤灰砖	4.19
12	有色金属冶炼和压延加工业	年产精铅 3 万 t（Pb 99.994%）、精锌 6.7 万 t（Zn 99.995%）、70 万 t 冶金焦	41.24
13	专用设备制造业	年产半导体 3 亿只	1.65
14		年产白酒 238 万 L	0.40
15	白酒制造	年产白酒 400 万 L	0.70
16		年产白酒 280 万 L	0.49
17	电气机械和器材制造业	年产电力电容器 529 kW	0.22
18		年产白酒 206 万 L	0.29
19	白酒制造	年产原酒 3.5 万 t、成品酒 8.2 万 t	52.3
20		年产白酒 200 万 L	0.23
21		包装材料	0.21
22	印刷和记录媒介复制业	2 亿个酒盒	0.20
23		塑料包装材料	0.26

6.4.2.4　环境管理概况

高新区管委会内部设置有安全环保部，负责高新区环境管理工作，组织实施高新区环境保护规划，制定高新区各类环境要素、污染防治制度，建立环境保护管理体系，安排部署具体安全生产和环境保护工作。

截至 2019 年，高新区内 23 家规模以上工业企业均履行了建设项目环境影响评价制度，完成了竣工环保验收，11 家企业取得了排污许可证，6 家企业安装了在线监测装置并与市生态环境局联网，4 家较大规模企业按规定完成了清洁生产审核（均为国内先进水平），14 家企业完成了突发环境事件应急预案编制及备案。高新区内企业环保意识总体较高，环境污染防治措施落实较好。

6.4.2.5　环保设施建设运营现状

（1）污水处理设施

高新区现有 CQ 工业园污水处理厂及 LL 工业园污水处理厂 2 座，KJST 新城污水处理厂正在建设，目前依托县污水处理厂。

KJST 新城片区污水处理达标后排入东风水库；LL 工业园的工业废水处理达标后排入西干河；CQ 工业园片区内冶炼有限公司、电厂均自建有独立的污水处理系统，生活污水及工业废水处理后回用不外排；片区内其他企业废水排入园区污水处理厂，处理达标后排入千河。

（2）固体废物处置情况

高新区内生活垃圾依托 FX 县生活垃圾填埋场。电厂、能化公司自建有灰场（不在园区规划范围内），其他企业一般固体废物分类暂存后均妥善处置，各企业危险废物均自行暂存后定期交由有资质单位进行处置。无集中的一般工业固体废物处置场所和危险废物处置场所。

6.4.2.6　工业污染源统计

（1）大气污染源

鉴于 KJST 新城规模上工业企业，因此本次只对 CQ 工业园、LL 工业园的大气常规污染物和特征污染物进行了统计。

CQ 工业园常规污染物烟粉尘、SO_2、NO_x 的排放量分别为 253.18 t/a、584.62 t/a、1 778.41 t/a。电厂一排放的污染物的量分别占园区总量的 11.87%、28.26%、28.31%。电厂二排放的污染物的量分别占园区总量的 59.75%、37.62%、30.55%；特征污染因子来源主要为有色金属新材料产业及化工新材料产业。有色金属新材料产业主要为汞及其化合物、铅及其化合物；化工新材料产业主要为硫化氢、非甲烷总烃、甲醇、甲醛、硫酸雾。CQ 工业园工业废气污染物排放量见表 6-52。

LL 工业园大气污染物主要为常规污染物，烟粉尘、SO_2、NO_x 的排放量分别为 51.05 t/a、111.52 t/a、79.37 t/a，排放源主要为白酒产业，占总排放量的 81.94%、83.92%、89.29%。LL 工业园工业废气污染物排放量见表 6-53。

2018 年各产业单位产值工业废气污染物排放量见表 6-54。

（2）水污染源

鉴于 KJST 新城规模上工业企业，本次仅统计 CQ 工业园和 LL 工业园废水排放量。CQ 工业园废水污染物排放量见表 6-55。LL 工业园废水污染物排放量见 6-56。2018 年各产业单位产值废水污染物排放量见表 6-57。

（3）固体废物

鉴于 KJST 新城规模上工业企业，本次仅统计 CQ 工业园和 LL 工业园固体废物排放量。CQ 工业园固体废物排放量见表 6-58。LL 工业园固体废物排放量见 6-59。2018 年各产业单位产值固体废物排放量见表 6-60。

表6-52　CQ工业园区大气污染物（2018年）排放现状

单位：t

序号	产业类别	企业名称	颗粒物	二氧化硫	氮氧化物	硫化氢	非甲烷总烃	甲醇	甲醛	硫酸雾	汞及其化合物	铅及其化合物	废气处理措施	落实情况
1	金属新材料产业	DL冶炼	17.16	33.51	361.03	—	—	—	—	0.30	0.009	0.55	干燥窑废气经文丘里+水膜尘收器处理；烧结烟气经沉降室+电除尘器处理；鼓风炉废气经洗涤塔+端球塔处理；制酸尾气经半封闭烯洗涤净化+两转两吸制酸+氨吸收处理；锌精馏烟气、电解铅、反射炉、备料收尘、转运站收尘、烧结机通风废气经袋式除尘器；分级及中碎冷却及反粉细碎经文丘里除尘器处理；焦化烟气SCR法脱硝+脱硫处理	已落实
2		HD耐磨材料	0.12	—	—	—	—	—	—	—	—	—	经布袋除尘器处理后通过25 m排气筒排放	已落实
3	热电能源产业	BRD电司	183.91	219.94	543.23	—	—	—	—	—	—	—	2016年进行了超低排放改造工程，每台机组原脱硫吸收塔第三层上部增加一层喷淋层，第一层喷淋塔下部加装一层喷淋层、原两级屋脊式除雾器拆除更换为三级高效除雾器；脱硝系统催化剂备用层加装催化剂比进行流场优化。脱硫率大于99.5%	已落实
4		BD发电司	59.61	165.23	503.53	—	—	—	—	—	—	—		已落实
5	化工新材料产业	CQ能化	26.16	30.67	128.94	0.74	129.80	74.40	—	—	—	—	可燃气体送至锅炉燃烧；含硫化氢气体送至超级克劳斯脱硫回收装置回收硫黄；锅炉烟气除尘脱硫150 m烟囱排放	已落实

序号	产业类别	企业名称	颗粒物	二氧化硫	氮氧化物	硫化氢	非甲烷总烃	甲醇	甲醛	硫酸雾	汞及其化合物	铅及其化合物	废气处理措施	落实情况
6	化工新材料产业	BD化工	8.56	67.71	77.48	—	52.70	120.00	—	—	—	—	芳烃合成工段产生的弛放尾气经燃料气管网回收集后，作为催化剂再生加热炉的燃料使用；催化剂再生产生的烧炭废气用芳烃合成工段产生的驰放气作为燃料，其余采用液化石油气作为燃料；锅炉废气经电除尘器和石灰石/石灰石法烟气脱硫以及脱硝设施处理后通过50 m烟囱排放	已落实
7		JY科技	0.66	—	2.21	—	1.48	1.48	0.21	2.69	—	—	萘系减水剂生成废气经碱洗—水洗+活性炭吸附处理后通过15 m排气筒排放；聚羧酸减水剂产生废气进入吸附塔处理	已落实
8		ZY化工	—	—	—	—	3.81	1.54	0.71	—	—	—	甲醛生产过程产生废气，经1台尾气焚烧炉后，由15 m高排气筒排放	已落实
9		BG气体	—	—	—	—	—	—	—	—	—	—	—	—
10		YL气体产品	—	—	—	—	—	—	—	—	—	—	—	—
11	非金属矿物制品业	QZ新型建材	8.4	13	—	—	—	—	—	—	—	—	锅炉废气经XL型旋流式水膜脱硫除尘后通过40 m烟囱排放；生产车间粉尘经脉冲单机袋收尘器处理	已落实
12	电子元器件产业	QL电子	0.44	—	—	—	—	—	—	—	—	—	原料破碎粉尘经粉尘收集口收集后进入布袋除尘器处理后通过15 m高P1排气筒排放；熔结废气经隧道炉上方集气口尾气通过15 m高排气筒P2排放	已落实
13		HY储能材料	—	—	—	—	—	—	—	—	—	—	车间设置抽排风装置	已落实
合计			305.02	530.06	1616.42	0.74	187.79	197.42	0.92	2.99	0.01	0.55	—	—
园区总计（未统计企业按现状统计10%计）			335.926	581.21	1777.99	0.81	206.57	217.16	1.01	3.29	0.01	0.61	—	—

表6-53 LL工业园大气污染物（2018年）排放现状 单位：t

序号	产业类别	企业名称	颗粒物	二氧化硫	氮氧化物	非甲烷总烃	废气处理措施	落实情况
1	白酒产业	XF酒股份有限公司	42.96	97.22	71.18	—	生产车间粉碎机配备带式除尘器，由15 m排气筒排放；粮食装卸粉尘经高压脉冲布袋收尘	已落实
2		SF酒业有限公司	2.7	4.00	0.81	—	粉碎工序安装布袋除尘器经15 m排气筒排放；锅炉废气经陶瓷多管除尘处理后排放	已落实
3		LL酒业有限公司	0.75	0.16	0.16	—	粉碎工序安装布袋除尘器经15 m排气筒排放；锅炉使用低氮燃烧	已落实
4	包装印刷产业	XFAT特包装有限公司	—	—	—	0.23	胶印废气活性炭吸附处理后经15 m排气筒排放	已落实
5		XF包装有限公司	—	—	—	0.13	胶印废气活性炭吸附处理后经15 m排气筒排放	已落实
6		YF包装科技有限公司	—	—	—	0.1	胶印废气活性炭吸附处理后经15 m排气筒排放	已落实
合计			46.41	101.38	72.15	0.47	—	
总计（未统计企业按现统计10%计）			51.05	111.52	79.37	0.52	—	

表6-54 2018年各产业单位产值工业废气污染物排放量 单位：t/亿元

序号	产业类别	颗粒物	二氧化硫	氮氧化物	硫化氢	非甲烷总烃	甲醇	甲醛	硫酸雾	汞及其化合物	铅及其化合物
1	有色金属新材料产业	0.393 8	0.763 7	8.227 7	—	—	—	—	0.006 8	0.000 2	0.012 5
2	热电能源产业	6.210 6	13.168 2	35.786 7	—	—	—	—	—	—	—
3	化工新材料产业	0.663 9	2.960 2	6.198 5	0.022	5.570 8	5.856 4	0.027 3	0.079 8	—	—
4	电子元器件产业	0.098 2	—	—	—	—	—	—	—	—	—
5	白酒产业	0.890 7	1.968 2	1.354 3	—	—	—	—	—	—	—
6	包装印刷产业	—	—	—	—	0.691 2	—	—	—	—	—
7	非金属矿物制品	1.964 3	2.901 8	—	—	—	—	—	—	—	—

表 6-55　CQ 工业园水污染物（2018 年）排放现状　　　　　单位：t

序号	产业类别	企业名称	废水量/m³	COD	氨氮	废水处理措施	废水去向	落实情况
1	金属新材料产业	DL 冶炼	0	0	0	生产废水主要为冷却水，循环使用；生活污水采用一体化污水处理设施处理后作公司内循环系统补充水利用	回用，不外排	已落实
2		HD 耐磨材料	0	0	0	生产废水回收至冲渣池，作为冲渣水使用；生活污水经污水处理设施处理后用于绿化	回用，不外排	已落实
3	热电能源产业	BRD 电司	0	0	0	生产废水经厂区内废水处理系统处理后，加压送至综合污水处理系统处理后回用；生活污水经延迟曝气法两级处理后，加压送至综合污水处理系统处理后回用	回用，不外排	已落实
4		BD 发电司	0	0	0	生产废水经厂区内废水处理系统处理后回用；生活污水经生活污水处理设施处理后回用	回用，不外排	已落实
5		CQ 能化	765 600	17.63	1.43	经污水处理站处理后部分至回用水处理站深度处理后回用，其余废水排入园区污水处理厂	CQ 工业园污水处理厂	已落实
6		BD 化工	0	0	0	生产废水及生活污水均排入自建污水处理站进行生化处理，处理后作为循环水池补充水以及绿化用水	回用，不外排	已落实
7	化工新材料产业	JY 科技	4 000	0.24	0.032	生产废水沉淀后回用；生活污水经一体化污水处理设备处理后进入园区污水处理厂	CQ 工业园污水处理厂	已落实
8		ZY 化工	2 100	0.6	0.050	初期雨水、车间清洗水、储罐喷淋水、洗罐废水等间歇性排水与化粪池处理后的生活污水一并排入园区污水管网	CQ 工业园污水处理厂	已落实
9		BG 气体	1 423	0.28	0.063	生活污水经厂区化粪池处理后进入 CQ 能源化工有限公司污水管网，CQ 能源污水处理站处理后排放	CQ 工业园污水处理厂	已落实
10		YL 气体产品	1 923	0.58	0.048	生活污水经厂区化粪池处理后进入园区污水管网	CQ 工业园污水处理厂	已落实
11	非金属矿物制品业	QZ 新型建材	0	0	0	生活污水用于泼洒降尘，不外排	回用，不外排	已落实

序号	产业类别	企业名称	废水量/m³	COD	氨氮	废水处理措施	废水去向	落实情况
12	电子元器件产业	QL 电子	0	0	0	本项目无生产废水产生，生活污水排入厂区化粪池处理后，由附近村民定期清掏用于肥田	回用，不外排	已落实
13		HY 储能材料	281 546	8.19	2.283	生活污水及生产废水依托二电厂废水处理设施进行处理，处理后二电厂回用	宝二电处理回用，不外排	已落实
合计			773 876	19.28	1.62	—	—	—
园区总计（未统计企业按现统计 10%计）			851 381	21.21	1.79	—	—	—

表 6-56　LL 工业园水污染物（2018 年）排放现状　　　　单位：t

序号	产业类别	企业名称	废水量/m³	COD	氨氮	废水处理措施	废水去向	落实情况
1	白酒产业	XF 酒股份有限公司	474 140	13.27	1.90	生产废水及生活污水经排污管网进入 LL 工业园污水处理厂	LL 工业园污水处理厂	已落实
2		SF 酒业有限公司	4 544	1.93	0.005	生产废水回用不外排；生活污水经化粪池处理后进入 LL 工业园污水处理厂	LL 工业园污水处理厂	已落实
3		LL 酒业有限公司	11 917	0.88	0.11	生活污水经隔油池、化粪池处理后与锅底废水、地面和设备冲洗废水经污水管网收集排入自建污水处理厂集中处理，处理达标后排入市政污水管网	LL 工业园污水处理厂	已落实
4	包装印刷产业	XFAT 特包装有限公司	8 160	2.1	0.15	生活污水经化粪池处理后排入 LL 工业园污水处理厂	LL 工业园污水处理厂	已落实
5		XF 包装有限公司	4 180	1.0	0.08	生活污水经化粪池处理后排入 LL 工业园污水处理厂	LL 工业园污水处理厂	已落实
6		YF 包装科技有限公司	3 980	0.9	0.07	生活污水经化粪池处理后排入 LL 工业园污水处理厂	LL 工业园污水处理厂	已落实
合计			506 921	20.08	2.32	—	—	—
园区总计（未统计企业按现统计 10%计）			557 613	22.09	2.55	—	—	—

表 6-57　2018 年各产业单位产值废水污染物排放量　　　　单位：t/亿元

序号	产业类别	废水量/（m³/亿元）	COD	氨氮
1	有色金属新材料产业	0	0	0
2	热电能源产业	0	0	0
3	化工新材料产业	22 991.575 2	0.573 4	0.048 1

序号	产业类别	废水量/（m³/亿元）	COD	氨氮
4	电子元器件产业	57 815.132 9	1.685 1	0.468 3
5	白酒产业	9 168.405 9	0.300 5	0.037 7
6	包装印刷产业	24 000	5.882 4	0.441 2
7	非金属矿物制品	0	0	0

表 6-58　CQ 工业园固体废物（2018 年）处置现状　　　　　单位：t

序号	产业类别	企业名称	生活垃圾	一般固体废物	危险废物	固体废物处置措施	落实情况
1	金属新材料产业	DL 冶炼	328.5	冶炼废渣 39 635.36、水处理一次石膏渣 5 500 共计 45 135.36	粗铅精炼渣 1 621.59、阳极泥 255.64 共计 1 877.23	生活垃圾由环卫部门清运；一般固体废物外售 BJ 市飞宏物资有限公司、BJ 市旭峰工贸有限公司处理；危险废物委托郴州雄风环保科技有限公司、济源市万洋冶炼有限公司处理	已落实
2	金属新材料产业	HD 耐磨材料	42	废钢渣 799.37 废金属模块 36 块 共计 850	废机油 0.1	生活垃圾由环卫部门清运；一般固体废物回收利用；危险废物由有资质的单位处理	已落实
3	热电能源产业	BRD 电司	315.01	灰渣 70 万、脱硫石膏 18.55 万 共计 88.55 万	废催化剂 490 m³、废机油 20 共计 461	生活垃圾由环卫部门清运；现有总库容 1 336 万 m³ 灰场，粉煤灰及炉渣由陕西众喜凤凰山水泥有限责任公司收购利用，脱硫石膏由陕西乾创科工贸有限公司收购利用；危险废物由有资质单位处理	已落实
4	热电能源产业	BD 发电司	175.2	灰渣 30 万、脱硫石膏 1 056 共计 3 156	废催化剂 127 m³ 废机油 10 共计 124	生活垃圾由环卫部门清运；一般固体废物出售建材企业；危险废物原厂家回收	已落实
5	化工新材料产业	CQ 能化	60	粉煤灰 5.9 万；气化渣 24.17 万 共计 30.07 万	废催化剂 46.63	生活垃圾由环卫部门清运；废分子筛及废氧化铝厂家回收；气化炉粗渣、沉降槽洗渣及锅炉灰渣出售；危险废物由有资质单位处理	已落实
6	化工新材料产业	BD 化工	21.3	废干燥剂 40、锅炉炉渣 4 320、锅炉除尘灰 847、脱硫石膏 1 310、污水站污泥 570 共计 7 078	废催化剂 48、清罐泥渣 8、废水处理油泥 5 共计 61	生活垃圾由环卫部门清运；一般固体废物由 BJ 汇德三废开发利用有限公司综合利用；危险废物由有资质单位处理	已落实

序号	产业类别	企业名称	生活垃圾	一般固体废物	危险废物	固体废物处置措施	落实情况
7		JY 科技	20.8	—	废活性炭 91.03、废催化剂 5、废原料桶 106 共计 202.03	生活垃圾由环卫部门清运；危险废物由有资质的单位处理	已落实
8		ZY 化工	9	废滤芯 0.24	废催化剂 0.52	生活垃圾由环卫部门清运；一般固体废物由厂家回收；危险废物由有资质的单位处理	已落实
9		BG 气体	7	—	—	生活垃圾由环卫部门清运	—
10		YL 气体产品	2.8		废脱硫 13.04		
11	非金属矿物制品产业	QZ 新型建材	9.6	沉渣 15、粉煤灰 259、炉渣 896 共计 1 170	—	生活垃圾由环卫部门清运；沉渣及粉煤灰收集再利用；炉渣外运铺路	已落实
12	电子元器件产业	QL 电子	4.5	一般废包装 0.1	粉碎机除尘灰 4.39、危险化学品废包装 0.04、废机油 0.02 共计 4.45	生活垃圾由环卫部门清运；一般固体废物收集后由物资回收单位回收利用合理处置；危险废物暂存于危废暂存间，委托有资质单位统一处理	已落实
13		HY 储能材料	21.9	—	废树脂 0.1	生活垃圾由环卫部门清运；危险废物由有资质单位处理	已落实
合计			1 017.61	1 243 203.29	2 790.1	—	—
园区总计（未统计企业按现统计10%计）			1 123.11	1 369 455.42	3 069.11	—	—

表 6-59　LL 工业园固体废物（2018 年）处置现状　　　　单位：t

序号	产业类别	企业名称	生活垃圾	一般固体废物	危险废物	固体废物处理措施	落实情况
1		XF 酒股份有限公司	299	酒糟 13 000；废包装 3 352.56；废活性炭 20.02；锅炉炉渣 2 937 共计 19 309.58	—	生活垃圾由环卫部门清运；废活性炭在锅炉房掺煤进行燃烧；其他一般固体废物外售	已落实
2	白酒产业	SF 酒业有限公司	16.8	酒糟 3 000；废包装 0.55 共计 3 000.55	—	生活垃圾由环卫部门清运；一般固体废物外售	已落实
3		LL 酒业有限公司	52.5	酒糟 7 416、废包装 0.62、窖泥 40.17 共计 7 456.79	废油桶 0.05、废润滑油 0.08、废活性炭 0.89 共计 1.02	生活垃圾由环卫部门清运；废包装由供应商回收，其他一般固体废物外售；危险废物由有资质单位处理	已落实

序号	产业类别	企业名称	生活垃圾	一般固体废物	危险废物	固体废物处理措施	落实情况
4		XFAT 特包装有限公司	51	边角料 48	废润滑油 1.5、废油墨桶 5 共计 7.0	生活垃圾由环卫部门清运；一般固体废物外售；危险废物由有资质单位处理	已落实
5	包装印刷产业	XF 包装有限公司	31	边角料 43	废润滑油 1.0、废油墨桶 4 共计 5.0	生活垃圾由环卫部门清运；一般固体废物外售；危险废物由有资质单位处理	已落实
6		YF 包装科技有限公司	29	边角料 40	废润滑油 0.8、废油墨桶 4 共计 4.8	生活垃圾由环卫部门清运；一般固体废物外售；危险废物由有资质单位处理	已落实
		合计	479.3	29 897.92	17.32	—	—
		园区总计（未统计企业按现统计 10%计）	527.23	32 887.712	19.052	—	—

表 6-60　2018 年各产业单位产值固体废物污染物处置量　　单位：t/亿元

序号	产业类别	生活垃圾	一般固体废物	危险废物
1	有色金属新材料产业	8.443 5	1 045.121 8	42.666 6
2	热电能源产业	18.037 9	30 381.401 7	20
3	化工新材料产业	3.586 5	9 130.176 2	9.588 3
4	电子元器件产业	6.380 4	0.055	0.838 5
5	白酒产业	7.196 8	633.388 5	0.019 1
6	包装印刷产业	163.235 3	192.647 1	23.970 6
7	非金属矿物制品	6.160 7	262.053 6	0

6.4.2.7　园区现状存在的问题及改进建议

根据对 FX 高新区环境质量状况、园区开发现状、资源能源利用和污染物排放强度、环境风险防范及环境管理状况的回顾性分析，区域目前存在的主要问题及整改方案汇总见表 6-61。

表 6-61　主要环境问题及整改方案

序号	类别	主要问题	整改建议/解决方案	预期效果
1	产业结构	产业布局较为分散，部分企业符合产业发展规划，但不符合上轮规划布局，且与本次规划产业功能组团用地规划不符	不符合本次功能组团规划的企业，禁止原地改、扩建，制订搬迁计划向相应功能组团聚集	按照规划产业发展方向，形成产业专业片区

序号	类别	主要问题	整改建议/解决方案	预期效果
2	用地类型	居住用地占比大且较分散，目前已实施区域存在工业企业与居住区混杂的情况；工业用地占比较低且未形成产业集群式，绿地与广场用地占比极低	建议园区按照规划用地布局进行建设，加快实施规划工业区内现有居民搬迁，及规划生活服务区内现有企业搬迁	按照规划形成"一轴、一环、两片、多区"的国土空间开发格局
3	环保设施	依托的县城生活垃圾处理场即将到设计服务年限	建议加快推进 FX 县生活垃圾场扩建项目	满足生活垃圾处置需求
		依托的县污水处理厂已超负荷运行	建议加快第二污水处理厂及配套管网建设	满足科技生态新城排水需求
		园区污水收集管网不完善，农村生活污水集中处理率较低	建议加快园区污水收集管网建设	实现园区污水集中处理
		CQ 工业园内电厂、冶炼及能化企业的煤场未封闭，粉尘无组织排放	建议加快煤场全封闭改造	加强工业粉尘污染防，削减粉尘排放
4	环境质量	PM_{10}、$PM_{2.5}$ 超标，大气环境承载力不足	加强工业烟粉尘、交通及施工扬尘排放控制	改善环境质量,确保各类环境要素达到相应功能区
		千河、西干河表水总氮超标，地表水环境承载力不足	建议加快规划污水处理系统建设	
5	环境管理	部分企业未提供环保竣工验收资料	完善园区环保档案，对于未进行环评工作和环保竣工验收的企业应督促其尽快开展相应的工作	规范环境管理
6	文物保护	DL 冶炼有限公司西侧部分用地位于孙家南头仓储遗址建设控制地带内	建议对孙家南头仓储遗址建设控制地带内现有不符合文物保护要求的构筑物，进行改造或者拆除、搬迁，并按照国家有关规定给予补助或者安置补偿；建议规划将该部分调整为文物古迹用地	规划用地满足孙家南头仓储遗址保护规划要求
7	风险防范	园区未编制环境风险应急预案，未成立环境风险应急小组；部分企业未定期进行突发环境事件应急演练	完善园区环境风险防范措施，成立环境风险应急小组；企业及园区定期进行突发环境事件应急演练	强化环境风险防范

6.4.3 区域环境质量

6.4.3.1 环境质量现状

（1）环境空气

根据监测结果，高新区规划区内环境空气中氨、硫化氢、非甲烷总烃、苯、甲苯、二甲苯、甲醇、甲醛、硫酸雾、TVOC、铅、汞、苯并[a]芘监测数据均达标，TSP 监测数据超标，最大超标倍数为 0.18。经分析，TSP 监测数据超标原因主要受规划区汽车尾气、施工场地扬尘以及现有工业企业的影响。

由 2014—2018 年 FX 县环境空气的监测数据（SO_2、NO_2、PM_{10}）趋势分析来看，区域 SO_2、PM_{10} 浓度下降趋势明显，NO_2 浓度基本稳定，总体上看，区域环境空气质量呈变好趋势。

（2）地表水环境

高新区涉及的地表水体主要有王家崖水库、千河、西干河及东风水库，根据监测结果：千河总氮超标，最大超标倍数为 0.83；西干河总氮超标，最大超标倍数为 4.17；东风水库总氮超标，最大超标倍数为 0.97。地表水体总氮超标与面源污染有关。从 2014—2017 年千河地表水的监测数据趋势分析来看，千河水质总体变好。

（3）地下水环境

根据地下水现状监测结果，区域地下水水质符合《地下水质量标准》（GB/T 14848—2017）Ⅲ类要求，水质良好。

（4）土壤环境

根据土壤环境现状监测结果，同时结合区内企业自行监测数据，高新区及周边监测点位土壤环境质量均符合《土壤环境质量　建设用地土壤污染风险管控标准（试行）》（GB 36600—2018）中第二类用地筛选值和《土壤环境质量　农用地土壤污染风险管控标准（试行）》（GB 15168—2018）中 pH＞5 的农用地土壤污染风险筛选值要求，土壤环境质量良好。

（5）环境敏感目标

①环境敏感区。高新区内环境敏感目标主要包括居民集中居住区、千河（FX 段）、西干河、东风水库以及区内分散式、集中式饮用水水源地。

②文物保护区。高新区内有国家级文物保护单位 1 处、省级文物保护单位 1 处，均位于 CQ 工业园建设用地范围内。规划环评中要求规划在实施过程中，按照其建设控制地带范围划定保护范围，保护范围内不得开展相关建设活动。

③生态环境保护目标。高新区涉及的生态环境保护目标有 QHZH 国家湿地公园、陕西 FX 雍城湖国家湿地公园、QH 湿地省级自然保护区。高新区距陕西 QHZH 国家湿地公园最近距离为 100 m；规划区与陕西 QH 湿地省级自然保护区的最近距离为 3 km。

6.4.3.2　区域污染综合治理

针对区域环境质量部分因子不达标的问题，FX 县人民政府积极推进区域环境质量持续改善主要措施有：

（1）提出在 2018 年 10 月底，完成全县 33 台 35 蒸吨以下工业燃煤锅炉和燃煤设施拆改，完成全县 85 台生活源燃煤锅炉设施 60% 的淘汰任务。据调查，2018 年年底，FX 高新区 35 蒸吨以下工业燃煤锅炉和燃煤设施已全部完成拆改。

（2）严格落实取水许可制度，强化计划用水管理，建立健全以总量控制、计划用水、定额管理为核心的水资源管理体系。

（3）督促 FX 高新区重点企业签订《土壤污染修复责任书》，完成了重点行业污染地块名录建立。2018 年土壤环境监测信息见表 6-62。

表 6-62　重点企业土壤自行监测信息

企业名称	土壤监测点位	监测因子
陕西东岭冶炼有限公司	厂门口东南侧（背景参照点）；5#、10# 路路口；熔炼焦炭地面仓西北角；1#路北侧；焦化化验室西侧；生化池南侧	铅、镉、汞、砷、铜、锌、镍、总铬、锰、硒、锑、铍、钼、氰化物、氟化物、苯、甲苯、二甲苯、苯乙烯、三甲苯、二氯苯、三氯苯、苯酚、2-硝基酚、2,4 二甲基苯、2,4 二氯酚、石油烃、土壤 pH
陕西 CQ 能源化工有限公司	厂区西北角（背景参照点）；污水处理站事故池南侧；污水总排口东侧；净化装置南侧；气化 15 渣池东侧；装车区东侧；罐区南侧	镉、铅、铬、铜、锌、镍、汞、砷、六价铬、氰化物、氟化物、苯酚、硝基酚、二甲基酚、二氯酚、石油烃

6.4.4　生态空间管控要求

根据 2021 年 11 月，BJ 市人民政府发布实施的《BJ 市"三线一单"生态环境分区管控方案》（以下简称《方案》），笔者对高新区与《BJ 市"三线一单"生态环境分区管控方案》进行了重新比对，明确核实了高新区不涉及优先保护单元，具体比对结果见图 6-47 及表 6-63。

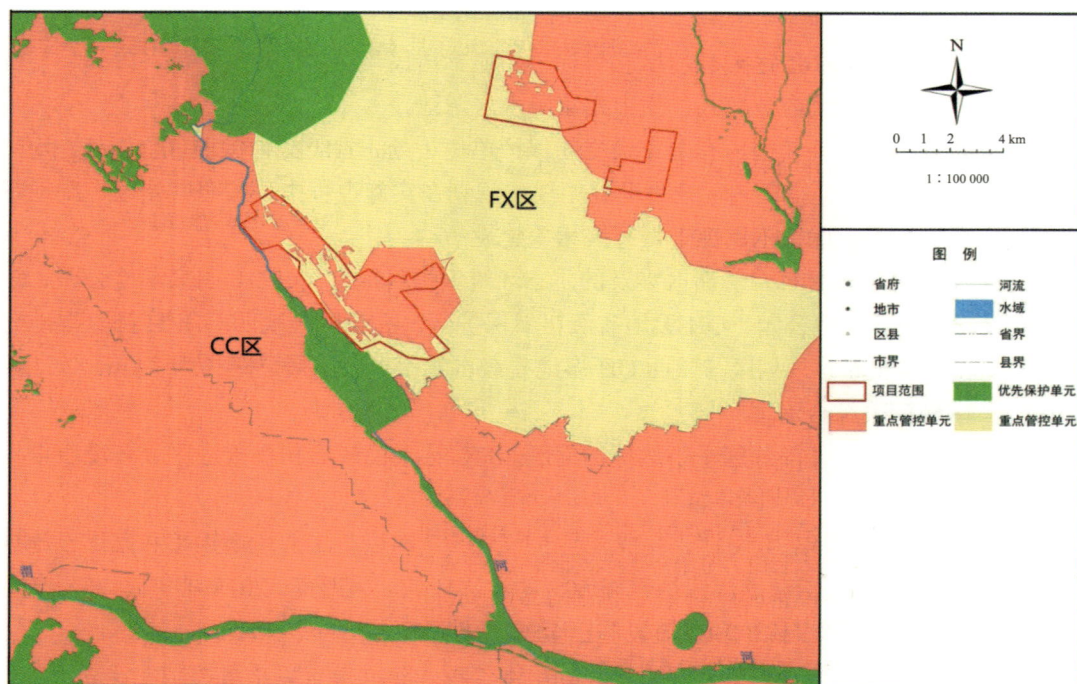

图 6-47　FX 高新技术产业开发区与环境管控单元对照分析

表 6-63　FX 高新区规划范围涉及的生态环境管控单元

序号	环境管控单元名称	单元要素属性	管控单元分类	管控要求	面积/km^2
1	陕西省 FX 高新技术产业开发区	大气环境高排放重点管控区、大气环境受体敏感重点管控区、土地资源重点管控区、水环境工业污染重点管控区、生态用水补给区、高污染燃料禁燃区	重点管控单元	**空间布局约束:** ① 严格按照园区规划的各功能区发展方向和要求,对区内项目进行把关。禁止建设区包括基本农田保护区、水源保护区、自然保护区的核心区、风景名胜区及森林公园的核心区、山林绿化区坡度大的地区以及高新区范围内的交通运输通道控制带。限制建设区包括风景名胜区、森林公园的控制区;自然保护区外围的控制区;一般农田地区、山林绿化区坡度较小的地区、重要生态廊道区等。 ② 区域内水环境工业污染重点管控区执行 BJ 市生态环境分区管控准入清单中"7.2 空间布局约束"的准入要求。 ③ 区域内大气环境高排放重点管控区内执行 BJ 市生态环境分区管控准入清单中"8.1 空间布局约束"的准入要求。 ④ 区域内大气环境受体敏感重点管控区内执行 BJ 市生态环境分区管控准入清单中"8.4 空间布局约束"的准入要求。 ⑤ 区域内高污染燃料禁燃区执行 BJ 市生态环境分区管控准入清单中"10.3 空间布局约束"的准入要求。 ⑥ 区域内生态用水补给管控区执行 BJ 市生态环境分区管控准入清单中"10.2 空间布局约束"的准入要求。 **污染物排放管控:** ① 工业废水处理达标率为 100%;园区污水处理率≥85%;固体废物处理率为 100%;酿酒废水产生量≤24 m^3/kl;建立高新区喷雾压尘系统,使高新区大气中的总悬浮颗粒物浓度有所下降。 ② 区域内水环境工业污染重点管控区执行 BJ 市生态环境分区管控准入清单中"7.2 污染物排放管控"的准入要求。 ③ 区域内大气环境高排放重点管控区内执行 BJ 市生态环境分区管控准入清单中"8.1 污染物排放管控"的准入要求。 ④ 区域内大气环境受体敏感重点管控区内执行 BJ 市生态环境分区管控准入清单中"8.4 污染物排放管控"的准入要求。 ⑤ 区域内高污染燃料禁燃区执行 BJ 市生态环境分区管控准入清单中"10.3 污染物排放管控"的准入要求。	12.52

序号	环境管控单元名称	单元要素属性	管控单元分类	管控要求	面积/km²
1	陕西省 FX 高新技术产业开发区	大气环境高排放重点管控区、大气环境受体敏感重点管控区、土地资源重点管控区、水环境工业污染重点管控区、生态用水补给区、高污染燃料禁燃区	重点管控单元	**环境风险防控：** ① 建议 FX 区环保局、环境监测站与 FX 高新区共同组建 FX 高新区环境事故应急领导和监测小组，同时建立环境污染事故应急专家咨询系统，广泛聘请科研、消防、工矿部门专家参加。监测站应配备各种应急监测仪器及设备。 ② 区域内水环境工业污染重点管控区执行 BJ 市生态环境分区管控准入清单中"7.2 环境风险防控"的准入要求。 ③ 区域内高污染燃料禁燃区执行 BJ 市生态环境分区管控准入清单中"10.3 环境风险防控"的准入要求。 ④ 区域内土地资源重点管控区执行 BJ 市生态环境分区管控准入清单中"10.4 环境风险防控"的准入要求。 **资源开发效率要求：** ① 酿酒地下水取水量≤30 t/kL；天然气普及率≥80%，集中供热比例≥80%；在规划区中部配套建设污水处理及中水回用设施；固体废物综合利用率≥90%。 ② 区域内水环境工业污染重点管控区执行 BJ 市生态环境分区管控准入清单中"7.2 资源利用效率要求"的准入要求。 ③ 区域内生态用水补给管控区执行 BJ 市生态环境分区管控准入清单中"10.2 资源利用效率要求"的准入要求。 ④ 区域内高污染燃料禁燃区执行 BJ 市生态环境分区管控准入清单中"10.3 资源利用效率要求"的准入要求。 ⑤ 执行 BJ 市生态环境分区管控准入清单中土地资源重点管控区"10.4 资源利用效率要求"的准入要求	
2	FX 区重点管控单元 1	大气环境布局敏感重点管控区、水环境工业污染重点管控区	重点管控单元	**空间布局约束：** ① 执行 BJ 市生态环境分区管控准入清单中"7.2 空间布局约束"的准入要求。 ② 执行 BJ 市生态环境分区管控准入清单中"8.2 空间布局约束"的准入要求。 **污染物排放管控：** ① 执行 BJ 市生态环境分区管控准入清单中"7.2 污染物排放管控"的准入要求。 ② 执行 BJ 市生态环境分区管控准入清单中"8.2 污染物排放管控"的准入要求。 **环境风险防控：** 执行 BJ 市生态环境分区管控准入清单中"7.2 环境风险防控"的准入要求。 **资源开发效率要求：** 执行 BJ 市生态环境分区管控准入清单中"7.2 资源利用效率要求"的准入要求	0.11

序号	环境管控单元名称	单元要素属性	管控单元分类	管控要求	面积/km²
3	FX 区重点管控单元 3	大气环境高排放重点管控区、生态用水补给区	重点管控单元	**空间布局约束：** ① 区域内生态用水补给管控区执行 BJ 市生态环境分区管控准入清单中"10.2 空间布局约束"的准入要求。 ② 区域内大气环境高排放重点管控区内执行 BJ 市生态环境分区管控准入清单中"8.1 空间布局约束"的准入要求。 **污染物排放管控：** 区域内大气环境高排放重点管控区内执行 BJ 市生态环境分区管控准入清单中"8.1 污染物排放管控"的准入要求。 **资源开发效率要求：** 区域内生态用水补给管控区执行 BJ 市生态环境分区管控准入清单中"10.2 资源利用效率要求"的准入要求	0.63
4	FX 区重点管控单元 4	大气环境高排放重点管控区	重点管控单元	**空间布局约束：** ① 执行 BJ 市生态环境分区管控准入清单中"8.1 空间布局约束"的准入要求。 ② 区域内大气环境高排放重点管控区内执行 BJ 市生态环境分区管控准入清单中"8.1 空间布局约束"的准入要求。 **污染物排放管控：** ① 执行 BJ 市生态环境分区管控准入清单中"8.1 污染物排放管控"的准入要求。 ② 区域内大气环境高排放重点管控区内执行 BJ 市生态环境分区管控准入清单中"8.1 污染物排放管控"的准入要求	4.93
5	FX 区重点管控单元 5	大气环境布局敏感重点管控区	重点管控单元	**空间布局约束：** 区域内大气环境布局敏感重点管控区内执行 BJ 市生态环境分区管控准入清单中"8.2 空间布局约束"的准入要求。 **污染物排放管控：** 区域内大气环境布局敏感重点管控区内执行 BJ 市生态环境分区管控准入清单中"8.2 污染物排放管控"的准入要求	2.09
6	FX 区重点管控单元 8	大气环境布局敏感重点管控区、水环境工业污染重点管控区、高污染燃料禁燃区	重点管控单元	**空间布局约束：** ① 区域内大气环境布局敏感重点管控区内执行 BJ 市生态环境分区管控准入清单中"8.2 空间布局约束"的准入要求。 ② 区域内高污染燃料禁燃区执行 BJ 市生态环境分区管控准入清单中"10.3 空间布局约束"的准入要求。 ③ 区域内水环境工业污染重点管控区执行 BJ 市生态环境分区管控准入清单中"7.2 空间布局约束"的准入要求。	1.31

序号	环境管控单元名称	单元要素属性	管控单元分类	管控要求	面积/km²
6	FX区重点管控单元8	大气环境布局敏感重点管控区、水环境工业污染重点管控区、高污染燃料禁燃区	重点管控单元	**污染物排放管控：** ① 区域内大气环境布局敏感重点管控区内执行 BJ 市生态环境分区管控准入清单中"8.2 污染物排放管控"的准入要求。 ② 区域内高污染燃料禁燃区执行 BJ 市生态环境分区管控准入清单中"10.3 污染物排放管控"的准入要求。 ③ 区域内水环境工业污染重点管控区执行 BJ 市生态环境分区管控准入清单中"7.2 污染物排放管控"的准入要求。 **环境风险防控：** ① 区域内高污染燃料禁燃区执行 BJ 市生态环境分区管控准入清单中"10.3 环境风险防控"的准入要求。 ② 区域内水环境工业污染重点管控区执行 BJ 市生态环境分区管控准入清单中"7.2 环境风险防控"的准入要求。 **资源开发效率要求：** ① 区域内高污染燃料禁燃区执行 BJ 市生态环境分区管控准入清单中"10.3 资源利用效率要求"的准入要求。 ② 区域内水环境工业污染重点管控区执行 BJ 市生态环境分区管控准入清单中"7.2 资源利用效率要求"的准入要求	1.31
7	FX区重点管控单元10	大气环境受体敏感重点管控区、水环境工业污染重点管控区、高污染燃料禁燃区	重点管控单元	**空间布局约束：** ① 区域内大气环境受体敏感重点管控区内执行 BJ 市生态环境分区管控准入清单中"8.2 空间布局约束"的准入要求。 ② 区域内高污染燃料禁燃区执行 BJ 市生态环境分区管控准入清单中"10.3 空间布局约束"的准入要求。 ③ 区域内水环境工业污染重点管控区执行 BJ 市生态环境分区管控准入清单中"7.2 空间布局约束"的准入要求。 **污染物排放管控：** ① 区域内大气环境受体敏感重点管控区内执行 BJ 市生态环境分区管控准入清单中"8.2 污染物排放管控"的准入要求。 ② 区域内高污染燃料禁燃区执行 BJ 市生态环境分区管控准入清单中"10.3 污染物排放管控"的准入要求。 ③ 区域内水环境工业污染重点管控区执行 BJ 市生态环境分区管控准入清单中"7.2 污染物排放管控"的准入要求。	0.16

序号	环境管控单元名称	单元要素属性	管控单元分类	管控要求	面积/km²
7	FX区重点管控单元10	大气环境受体敏感重点管控区、水环境工业污染重点管控区、高污染燃料禁燃区	重点管控单元	**环境风险防控：** ①区域内高污染燃料禁燃区执行BJ市生态环境分区管控准入清单中"10.3 环境风险防控"的准入要求。 ②区域内水环境工业污染重点管控区执行BJ市生态环境分区管控准入清单中"7.2 环境风险防控"的准入要求。 **资源开发效率要求：** ①区域内高污染燃料禁燃区执行BJ市生态环境分区管控准入清单中"10.3 资源利用效率要求"的准入要求。 ②区域内水环境工业污染重点管控区执行BJ市生态环境分区管控准入清单中"7.2 资源利用效率要求"的准入要求	0.16
8	FX区一般管控单元	—	一般管控单元	**空间布局约束：** 执行BJ市生态环境分区管控准入清单中"1. 总体要求　空间布局约束"相关要求。 **污染物排放管控：** ①执行BJ市生态环境分区管控准入清单中"1. 总体要求　污染物排放管控"相关要求。 ②加强农村生活污水和生活垃圾收集治理力度，控制农业面源污染。 **环境风险防控：** 执行BJ市生态环境分区管控准入清单中"1. 总体要求　环境风险防控"相关要求	7.50

6.4.5　资源与环境承载力评估

6.4.5.1　水资源环境承载力分析

（1）需水量预测

根据《FX 高新技术产业开发区总体规划（2019—2035）（修编）》预测，规划期末高新区用水量为 11.70 万 m³/d，其中市政供水用水量为 5.68 万 m³/d（新鲜水 4.39 万 m³/d 和中水 1.29 万 m³/d），园区内企业自备水井供水 6.02 万 m³/d。

（2）可利用水资源量

FX 县境内有大小河流 21 条，水库 9 座，控制流域面积为 707.8 km²，占全县面积的 60%，总库容 3 838 万 m³，地表水资源总量为 8 618.5 万 m³，地下水资源总量为 14 070.7 万 m³。人均占有径流量为 169.2 m³；FJS 水库总库容 4.27 亿 m³，有效库容 2.86 亿 m³。根据《FX 县实行最严格水资源管理制度实施意见》，到 2020 年，全县用水总量控制在 14 300 万 m³ 以内；到 2030 年，全县用水总量控制在 14 750 万 m³ 以内。

（3）供水水源

根据规划，FX 高新区供水水源为 FJS 水库、BDG 水库及地下水水源。

①FJS 水库。根据《BJ 市"十三五"水利发展规划》，石头河水进入 BJ 市区供水后，FJS 水库逐渐退出市区供水，FJS 水库可供水量将出现富余，规划将 FJS 水库水引至渭北城镇。FJS 向渭北城镇供水工程建成后供水能力 8 万 m^3/d。

②BDG 水库。BDG 水库位于 FX 高新区外的姚家沟镇铁王村，总库容 1 465 万 m^3，有效库容 567 万 m^3。该水库 1964 年建成投用，2009 年县城工程建成投用，设计供水规模 1.5 万 m^3/d，目前供水规模 0.6 万 m^3/d。

③地下水。FX 县水地下水资源总量为 14 070.7 万 m^3，2018 年地下水供水量为 8 469 万 m^3，其中 FX 高新区地下水可供水量约为 1 450 万 m^3。

④再生水。规划依托 LL 工业园污水处理厂建设再生水厂 1 座，依托 CQ 工业园区污水处理厂、长陈污水处理厂及陈村污水处理厂建设再生水厂 1 座。通过物理处理方法、生物处理技术和膜分离技术，为 FX 高新区和 FX 县城提供中水，2 座再生水厂中水供应能力分别为 1.6 万 m^3/d、1.8 万 m^3/d。

（4）区域供水能力分析

结合 FX 高新区规划用水量、2018 年用水现状及规划供水源信息，本规划水资源适宜性分析见表 6-64。

表 6-64　规划水资源承载力分析　　　　　　　　　　　　　　　　　　单位：万 m^3/d

供水源	可供水量	2018 年供水量	剩余可供水量	规划新增需水量
FJS 水库	8	3	5	
BDG 水库	1.5	0.6	0.9	
FX 高新区地下水	0.90	0.145	0.755	3.98
再生水	3.4	0	3.4	

根据以上分析，规划水资源满足 FX 高新区用水需求。目前，FX 县尚未制订水资源开发利用规划，建议 FX 县制定水资源开发利用规划应考虑 FX 高新区规划用水需求，合理分配水量。

6.4.5.2　土地资源承载力分析

（1）规划实施后对区域土地资源的影响分析

规划区总用地面积约为 2 857.16 hm^2，其中，城镇建设用地面积为 2 271.27 hm^2。园区现状建设用地面积为 1 186.71 hm^2，其中居住用地占比 41.27%，工业用地占比 38.43%。现状土地闲置率比较高，居住用地率比较高，土地利用率比较低，基本无城市绿化。

规划实施后，园区将充分利用现状的闲置用地和空地。工业用地、绿化用地分别增加至 47.88%、15.20%，土地利用率和绿地面积大幅增加，工业用地布局更加合理，居住用地减少至 11.12%，居住用地分散现状将明显改善。

2018 年 FX 高新区工业总产值为 233 亿元，工业用地产出强度为 51.10 亿元/km²，高于自然资源部调查统计的国家经济技术开发区工业用地产生工业产值平均水平（47.14 亿元/km²）。预测 2035 年工业总产值约为 800 亿元，工业用地面积为 10.87 km²，工业用地产出强度将达到 73.60 亿元/km²。

通过对比分析，园区远期规划定位工业用地产出强度提高，空间较大。据调查，目前现状用地还存在用地类型与规划用地不符的问题，规划实施后鼓励企业向相应的功能组团汇集，逐步形成科技生态新城"两心、四区、一绿廊"、LL 工业园"两心、四区、两绿廊"、CQ 工业园"两心、五区、两绿廊"的空间结构。

（2）土地利用适宜度分析

通过对规划范围内工业园片区各个指标所占权重打分加权平均、评价类别划分、评价实际值，规划区工业用地生态适宜度总分为 74.6，属于"适宜"级，说明规划区的工业用地规划合理，与规划区以工业为主线的定位是相符的。

（3）土地资源承载力分析

通过对 FX 高新区土地利用规划合理性进行分析可知，区域土地承载能力满足规划实施要求，规划实施后工业区的土地利用价值将会有大幅的提高。

6.4.5.3　能源承载力分析

（1）电力

FX 高新区规划期末用电负荷共计 33.77 万 kW，其中 CQ 工业园片区 22.79 万 kW、柳林工业园片区 7.88 万 kW、科技生态新城 3.10 万 kW，用电时间按 6 000 h/a 计算，则规划末期园区电用量为 20.262 亿 kW·h。

FX 高新区内现有发电厂 1 座，即 BJ 二电厂，一期装机容量 4×30 万 kW，二期装机容量 2×66 万 kW。目前总装机容量 252 万 kW，2018 年发电量约 99 亿 kW·h。能够满足 FX 高新区远期规划用电需求。

（2）天然气

规划区实现双气源供气，气源为陕西美能清洁能源集团股份有限公司虢凤线及陕西省天然气股份有限公司眉陇线管道，陕西美能清洁能源集团股份有限公司年输气能力达 19.51 亿 m³，陕西省天然气股份有限公司年输气能力达 40 亿 m³。供气规模可以提供足够的天然气供应量，满足园区远期用气量。

6.4.5.4　大气环境承载力分析

本次评价采用线性规划法确定区域大气环境容量。环境容量计算结果见表 6-65。

表 6-65　环境容量计算结果

规划片区	污染物种类	环境容量/（t/a）
CQ 工业园	颗粒物	无环境容量
	SO_2	261 541.4
	NO_x	8 376.48
	VOCs	20 865.6

规划片区	污染物种类	环境容量/（t/a）
LL 工业园	颗粒物	无环境容量
	SO$_2$	161 369.3
	NO$_x$	51 754.46
	VOCs	26 082
KJST 新城	颗粒物	无环境容量
	SO$_2$	139 112.6
	NO$_x$	45 184.61
	VOCs	31 298

（1）高新区规划排放污染物分析

高新区规划排放污染物统计结果见表 6-66。

表 6-66　园区规划排放污染物统计结果　　　　　　单位：t/a

规划片区	污染物种类	环境容量	近期入驻项目污染物排放量	近期新增污染物排放量	远期新增污染物排放量
CQ 工业园	颗粒物	无环境容量	64.991 0	89.813 5	153.678 5
	SO$_2$	261 541.4	238.279 0	261.461 2	318.471 4
	NO$_x$	8 376.48	282.480 0	345.766 8	471.766 9
	VOCs	20 865.6	245.597 0	286.024 1	391.854 1
LL 工业园	颗粒物	无环境容量	1.956 0	2.187 0	2.452 0
	SO$_2$	161 369.3	—	—	—
	NO$_x$	51 754.46	—	—	—
	VOCs	26 082	—	1.067 8	1.601 7
KJST 新城	颗粒物	无环境容量	—	1.269 1	6.179 1
	SO$_2$	139 112.6	—	—	—
	NO$_x$	45 184.61	—	—	—
	VOCs	31 298	—	—	—

由表 6-66 可知，CQ 工业园、LL 工业园及 KJST 新城 SO$_2$、NO$_x$、VOCs 环境容量充足，可满足近期拟入驻项目、近期规划、远期规划建设需要；CQ 工业园、LL 工业园、KJST 新城颗粒物无环境容量。

（2）区域污染物削减计划

区域污染物削减计划见表 6-67。

表 6-67　污染物削减情况

项目	削减污染物名称	削减量/（t/a）	完成年份
BJ 发电公司封闭项目	颗粒物	29.5	2020
BED 公司煤场封闭项目	颗粒物	36.4	2020
CQ 能化有限公司煤场封闭改造	颗粒物	13	2020
集中供热	颗粒物	28.74	2025
集中供热	SO_2	5.33	2025
集中供热	NO_x	3.78	2025
规划铁路建设	颗粒物	57.4	2025
规划铁路建设	NO_x	12.62	2025
合计	颗粒物	165.04	
合计	SO_2	5.33	
合计	NO_x	16.4	

据分析，CQ 工业园、柳林工业园及科技生态新城 SO_2、NO_x、VOCs 环境容量充足，可满足规划近远期产业发展需求，颗粒物无环境容量，根据区域污染物削减计划，颗粒物削减量大于规划近远期排放需求。因此在实施区域削减前提下，大气环境能够承载园区规划的实施。同时规划环评要求 FX 高新区电力能源产业、新材料产业进一步提升清洁生产水平，争取达到一级、二级要求，实现绿色经济"双赢"。

6.4.6　规划环评优化调整建议及审查意见

6.4.6.1　规划编制互动

根据规划分析、规划实施的环境影响、清洁生产和循环经济等评价内容，针对《FX 高新技术产业开发区总体规划（2019—2035）（修编）》存在的不足，在该规划环评编制过程中通过视频讨论会、征求意见等形式与规划单位互动，互动情况见表 6-68。

表 6-68　规划互动情况

时间	规划内容	优化调整建议	规划单位采纳情况
2020 年 4 月 14 日	污水处理厂出水需满足《陕西省黄河流域污水综合排放标准》（DB 61/224—2018）排放标准要求。生活污水需进行预处理，达到执行标准	规划区内 CQ 工业园污水处理厂、陈村污水处理厂及长陈污水处理厂处理规模小于 20 000 m^3/d，建议提高以上污水处理厂出水标准，出水水质执行《陕西省黄河流域污水综合排放标准》（DB 61/224—2018）A 级标准	规划区污水处理厂执行《陕西省黄河流域污水综合排放标准》（DB 61/224—2018）A 级标准
2020 年 4 月 14 日	规划区无危险废物处置场所	FX 高新区拟建、年处置 10 万 t 废矿物油、油泥项目，用于生产 10 万 t SBS（R）改性沥青生产。建议规划单位明确恒兴石化科技有限公司危险废物来源，优先处置 FX 高新区内废矿物油、油泥	恒兴石化科技有限公司项目优先处置 FX 高新区内废矿物油、油泥

时间	规划内容	优化调整建议	规划单位采纳情况
2020 年 5 月 9 日	水厂生产区外围不小于 10 m 范围内不得设置生活居住区和修建禽畜饲养场、渗水厕所、渗水坑，不得堆放垃圾、粪便、废渣或铺设污水管道，应保护良好的卫生状况和绿化	规划区现有集中式饮用水水源，建议明确规划区范围内集中式饮用水水源地保护区范围	规划远期规划水厂集中供水，逐步取代农村地区现有供水工程。规划区范围内集中式饮用水水源地保护区按照《BJ 市 FX 县城区集中式饮用水备用水源保护区划分技术报告》《BJ 市 FX 县农村集中式饮用水水源保护区划分技术报告》执行
	孙家南头西汉仓储遗址保护区划定范围为遗址外延 50 m，孙家南头宫殿遗址保护区划定范围为周边 3.6 hm²	按照遗址保护管理规划划定历史遗产保护线。DL 冶炼有限公司西侧部分用地位于遗址建设控制地带内，建议调整该部分用地布局，满足遗址保护规划要求	按照孙家南头西汉仓储遗址保护管理规划、孙家南头宫殿遗址保护管理规划划定历史遗产保护线，用地布局处理好与遗址保护的关系
2020 年 5 月 26 日	利用白酒加工副产品生产饲料、有机肥及保健药品等，提高白酒加工副产品的利用率	考虑有机肥异味对周边人群影响，建议白酒加工副产品重点发展饲料及保健药品等，不发展有机肥产业	利用白酒加工副产品生产饲料及保健药品等，提高白酒加工副产品的利用率

6.4.6.2 优化调整建议

（1）用地布局

①DL 冶炼有限公司西侧部分用地位于孙家南头仓储遗址建设控制地带内范围。建议对孙家南头仓储遗址建设控制地带内现有不符合文物保护要求的构筑物，进行改造或者拆除、搬迁，并按照国家有关规定给予补助或者安置补偿并将该部分调整为文物古迹用地。

②根据环境风险预测分析，CQ 工业园作为承载危险化学品生产企业搬迁化工园区，区内企业发生有毒有害物质泄漏、火灾爆炸等环境风险事故的可能性较大，但周围生活服务区分布较集中，因此，建议 CQ 工业园生活服务依托 FX 县城区或 BJ 市区，区内不设置生活服务区。

（2）产业规划

根据规划产业发展目标，规划远期 FX 高新区产业发展目标为 800 亿元，但金属新材料仅 60 亿元，占总体的 7.5%，且较 2018 年基准年仅增长 16.12 亿元，金属新材料产业发展空间较小。建议优化金属新材料产业，向铅锌深加工方向延伸现有铅锌冶炼产业，实现经济增长和绿色低碳"双赢"。

（3）基础设施

①规划未明确排水工程建设时间，建议排水工程（污水处理厂、再生水厂及相关管网）优先建设，在现有污水处理厂满负荷运行前完善规划排水工程，保障 FX 高新区废水的有效收集处理。

②CQ 工业园规划 3 座污水处理厂，其中，CQ 工业园污水处理厂处理规模 1.35 万 m³/d，

长陈及陈村 2 座污水处理厂规模均为 0.5 万 m³/d。规划的 3 座污水处理厂位置较分散且处理规模不大，建议结合收水范围、管网敷设及水处理规模效应等，对规划污水处理厂进行优化整合。

③FX 高新区规划建设再生水厂 2 座，中水供应能力分别为 1.6 万 m³/d、1.8 万 m³/d。根据规划用水量预测，FX 高新区仅道路用地、公用设施用地及绿地与广场用地使用中水，中水用量为 1.29 万 m³/d。建议规划以"四水四定、节水增效"原则，与 FX 县城区联动并在工业、商业及生活中的推广中水的安全使用，同时，优化中水管网及应用。

（4）资源规划

LL 工业园重点发展白酒产业，由于制酒工艺对水质有特殊要求，酿酒用水必须使用原产地地下水，但该区域地下水资源有限，建议制订白酒产业节水方案；在确保白酒产业用水水质及水量的前提下划定规划地下水保护区，限制其他工业、农业、生活取水，有效保护地下水资源。

6.4.6.3　规划环评审查意见

陕西省生态环境厅于 2020 年 8 月《关于 FX 高新技术产业开发区总体规划（2019—2035）（修编）环境影响报告书审查意见的函》中提出"规划优化和实施过程中应重点做好以下工作：

（1）优化产业布局，细化准入要求

严格落实《国务院关于促进国家高新技术产业开发区高质量发展的若干意见》（国发〔2020〕7 号）的相关要求，牢牢把握"高"和"新"，优化产业定位，合理布局，按照"减量化、再利用、资源化"的原则，发展循环经济。落实"治污降霾"行动方案相关要求，结合区域发展定位、开发布局以及生态环境保护目标，制定高新区鼓励发展的、禁止或限制的产业准入清单，并落实《FX 高新技术产业开发区总体规划（2019—2035）（修编）环境影响报告书》提出的环境准入和保护要求。高新区现有煤化工、铅锌冶炼项目禁止新增产能，同时禁止引入燃煤发电、燃煤热电联产、燃煤集中供热、石油化工、煤化工、焦化、铅锌冶炼等项目，禁止新建、扩建使用高 VOCs 含量物料的印刷项目；入园企业应符合国家及地方相关政策要求；严禁对已划定的禁止开发区进行开发。

（2）落实生态空间管控要求，强化减排措施

结合目前高新区发展煤化工、白酒酿造、电力能源等产业带来的区域环境问题，以及现状环境空气、地表水超标问题，按照汾渭平原大气污染防治重点区域的相关要求，优化产业结构，提高治理和管理水平，夯实减排责任，细化减排措施，确保区域环境指标达标。

（3）坚持以改善环境质量为核心，优先环境基础设施建设

落实现有生活污水收集管网建设，强化高新区内企业废水预处理，加快中水处理设施和回用管网等建设，对依托污水处理厂实施提标改造，提高处理效率和回用效率，减缓因发展而带来的水环境压力。

（4）加强环境影响跟踪监测，适时对《总体规划》进行调整

根据高新区功能分区、产业布局、重点企业分布、特征污染物的排放种类和工况、环

境敏感目标分布等情况，统筹建设高新区环境监测监控网络，大气、水、土壤等环境质量和污染源在线监测结果应与当地生态环境部门联网，根据监测结果并结合环境影响、区域污染物削减措施实施的进度和效果等适时优化、调整。

（5）建立健全区域风险防范、生态安全保障和人群健康体系，加强区内重要风险源的管控

组织制订生态环境保护规划，统筹考虑区内污染物排放、生态恢复与建设、环境风险防范、人群健康、环境管理等事宜。加强高新区内企业危险化学品等储运的环境风险管理，强化应急响应联动机制。

拟入区建设项目，应结合《报告书》提出的指导意见做好环境影响评价工作，落实《报告书》提出的要求，重点开展工程分析、环境影响评价和环保措施的可行性论证，强化环境监测和环境保护相关措施的落实。《报告书》中规划协调性分析、环境现状、污染源调查等资料可供建设项目环评共享，相应评价内容可结合更新情况予以简化。

6.4.7　笔者点评

FX 高新技术产业开发区主导产业涉及煤化工、白酒酿造、电力能源产业，开发区周边分布有 QHZH 湿地公园、QH 湿地省级自然保护区等生态环境敏感目标，湿地和水生态系统、水环境保护任务艰巨；开发区所在区域属于大气环境布局敏感重点管控区，现状环境空气质量 TSP、PM_{10}、$PM_{2.5}$ 等因子超标；现有工业企业 SO_2、NO_x、颗粒物的排放量较大。规划实施对区域水环境、大气环境以及人居环境质量改善的压力较大。因此开发区应积极推进产业转型升级，实现产业发展与生态环境协调共进。开发区在规划实施过程中应做到以下几点：

一是严守生态保护红线，加强空间管控。制订并落实开发区内居民搬迁安置计划，优化高新区的空间布局。加快区域环境基础设施建设。加快推进废污水收集处理、中水回用等工程的规划建设，确保废污水达标排放，逐步提高中水回用率；加强工业固体废物的收集处理（置），确保全部妥善处理处置。

二是严格入区项目的环境准入管理。引进项目的生产工艺、设备、污染治理技术，以及单位产品能耗、物耗、污染物排放和资源利用率等均须达到国内同行业先进水平。以确保区域环境质量达标为目标，合理设定铅锌冶炼、煤化工的产业规模，进一步削减污染物排放量。

三是加强土地资源的集约节约利用，提高土地使用效率。加快推进高新区产业集聚和转型升级。禁止新建火电、铅锌冶炼、煤化工项目，严格控制现有火电、铅锌冶炼、煤化工项目规模并推进技术升级改造；涉重金属项目必须实施重金属排放等量或倍量替代。逐步淘汰现有不符合高新区发展定位和环境保护要求的企业。

四是结合区域大气环境质量改善目标要求，进一步优化区内能源结构，提升清洁能源使用率。高新区内大唐 BJ（第二）发电有限公司可与园区内其他项目实现资源共用，促进"电、气、热、渣、水"的循环利用。推进技术研发型、创新型产业发展，提升产业的技

术水平和开发区产业的循环化水平。

6.5　HL 高新技术产业开发区总体规划环境影响评价案例

6.5.1　规划概况

6.5.1.1　规划范围及布局

　　HL 高新技术产业开发区依托 HL 县科技产业园建设，规划分 3 个片区，构建"一核两翼多点"的产业格局，即以 GT 新城片区为核心，以 KJ 园片区为"东翼"，以 DT 服务片区为"西翼"。规划区总面积为 497.22 hm²，其中 GT 新城片区 221.08 hm²，重点布置科研创新板块、高铁商务综合服务板块、文化创意产业研发及生产板块（以创新研发、绿色轻工为主导）；KJ 园片区 76.20 hm²，布局智能装备制造板块、物流仓储板块及绿色建材制造板块；DT 服务片区 199.94 hm²，重点发展公共服务功能及物流仓储产业规划以文化+、新材料、智能制造装备为主导产业。规划区范围见图 6-48。功能区布局见图 6-49。

图 6-48　规划区范围

图 6-49　规划布局

6.5.1.2　产业结构

HL 高新区产业发展立足本地文化、生态及煤矿资源基础，坚持产业"融合化、智能化、绿色化"发展方向，特色培育"文化+"跨界融合新业态，转型发展智能制造装备、新材料两大产业，构建"1+2"绿色低碳产业体系。规划建设项目包括数字化景区建设工程、新区文化综合服务中心、黄帝文化产品开发平台、中华文化研究院建设项目、"药旅联动"产业、智能机器人关键系统及部件试验检测平台等。

6.5.1.3　环境保护规划

（1）环境功能分区

1）陆域环境功能区

① 城市生态调节区。提升规划区生态环境质量，避免过度开发建设，通过绿色隔离区、生态廊道和绿地斑块建设，形成美观高效的城市园林绿化体系，绿化覆盖率为 70%。

② 一般保护区。该区建设应立足于有计划的开发，保护性的利用，防止乱占乱建的现象。在建设中应注重规划区的庭院绿化，提倡居民的养花种草及屋顶绿化，使之成为高新区生态环境质量的有机组成部分。与此同时，在居民当中提倡绿色环保的生活方式和消费方式。

③ 工业污染控制区。高新区工业项目当中要积极推行清洁生产，并提倡相邻企业的同类工业废水及固体废物等相对集中处理处置的原则，以提高环境保护投资的规模效益及环境治理设施的运行效率。

④ 主要交通干线。要求通过道路体系建设、有效的交通组织管理以及行道树的绿化，

有效控制交通噪声对经开区声环境质量的影响。

2）水域环境功能区

根据水体的规划主导功能，规划区地表水环境功能为Ⅲ类。

（2）环境综合治理措施

1）水污染治理

① 进一步加强污水处理基础设施建设，积极推动配套管网、污泥处理处置等相关设施建设。

② 加强工业生废水处理，全面提升工业水污染治理水平。高新区要求工业企业的生产废水必须自行处理、循环利用不外排，生活污水处理放至市政污水管网。

③ 加强地下水污染防治工作。优化地下水污染监测和水污染预警应急体系建设，全面提升地下水污染防治和管理水平。

2）固体废物无害化处理

立足于资源化、无害化、减量化，全面加强工业固体废物的处理处置能力和综合利用水平，并有效提升城市生活垃圾清运率和处理率。

6.5.2　环境制约因素

（1）土地资源投资强度偏高，土地资源紧缺

规划区总用地面积为 497.22 hm²，区内已建成城镇建设用地 41.4%，未建成城镇建设用地 58.6%。根据规划方案，规划远期实现工业总产值 1 000 亿元，用地产出强度约 2 亿元/hm²，超过 2018 年东部地区国家级开发区工业用地投资强度 9 670 万元/hm²。规划设定的用地产出强度较高。

（2）规划区及评价范围内存在环境敏感区

规划区评价范围内涉及 HL 县 ZWL-HLS 水源涵养生态保护红线、HDL 国家级风景名胜区、3 处国家级文物（古葬墓——HDL、SL 石窟——SKS、古遗址——HL 县秦直道遗址）及 6 处省级文物（HL 银洞沟石窟、HL 紫娥寺石窟、HL 战国长城、七丰村八路军办事处旧址、上畛子革命旧址、香坊石窟），环境敏感目标较多。

① 生态保护红线。HL 县 ZWL-HLS 水源涵养生态保护红线位于开发区 GT 新城片区东侧约 40 m 处。生态保护红线内，自然保护地核心保护区原则上禁止人为活动，其他区域严格禁止开发性、生产性建设活动，在符合现行法律法规前提下，除国家重大战略项目以外，仅允许对生态功能不造成破坏的有限人为活动。

② 风景名胜区。HDL 风景名胜区距规划区 GT 新城片区最近距离为 100 m 处。HDL 风景名胜区位于陕西省 YA 市的 HL 县，是连接关中与陕北的交通要道，南距西安 165 km，北距 YA 120 km。风景名胜区内共有古柏树 83 000 余株，景区海拔为 1 021 m。2002 年，HDL 风景名胜区被国务院审定为第四批国家重点风景名胜区；2007 年，HDL 风景名胜区被国家旅游局授予 5A 级景区。根据国务院《关于发布第四批国家风景名胜区名单的通知》（国函〔2002〕40 号）及建设部《关于请审定第四批国家重点风景名胜区的请示》（城建〔2002〕

52 号），HDL 风景名胜区由"HDL、子午岭、黄土风貌"3 个景区组成，面积 24 km²。经调查由西安建大城市规划设计研究院编制的《HDL 风景名胜区总体规划》未进行行政审批，因此本次规划以国务院对 HDL 风景名胜区面积（24 km²）为作为依据。HDL 景区核心区24 km²（不包括县城建成区及县城西部，轩辕庙以东、原 210 国道以东建设控制地带），保护级别为国家级。保护范围为核心区 24 km²。

③ 文物保护单位。规划区周边文物保护单位情况见表 6-69。

表 6-69　规划区周边文物保护单位情况

级别	文物保护单位名称	位置	保护范围（A 区）	控制地带（B 区）	规划范围是否占用保护范围或控制地带	与规划区最近距离/km
国家级——古葬墓	HDL	HL 县城附近	东至山陵湾西包公路、南至印台山底、西至山根公路、北至孟家塬桥山古柏生长地	东至呼家湾西包公路、南至印台山南坡底、西至西湾地区、北至桥山古柏生长地	否	2.4
国家级——石窟寺	SL 石窟	HL 县双龙乡峪村	石窟所在地	东接峪村、南邻沮河、北靠大山、西为山梁	否	11.77
国家级——古遗址	HL 县秦直道遗址	HL 县上畛子农场	由旬邑县入 HL 境内艾高店、延子午岭至兴隆关入富县防火门，全长约 60 km，宽 15 m	A 区外延 30 m	否	31.31
省级	HL 银洞沟石窟	双龙镇杜洛尾村	石窟本体	A 区四周外扩 100 m	否	19.54
省级	HL 紫娥寺石窟	DT 镇潮塔村	石窟本体	A 区四周外扩 100 m	否	16.34
省级	HL 战国长城	QS 镇周家湾村	城墙本体外延 50 m	—	否	2.98
省级	七丰村八路军办事处旧址	DT 镇七丰村	旧址院落	A 区四周外扩 100 m	位于规划区范围内	—
省级	上畛子革命旧址	SL 镇林湾村	①高窑子革命旧址：旧址本体；②小石崖革命旧址：旧址本体；③大石崖革命旧址：旧址本体	①高窑子革命旧址：旧址本体四周外扩 100 m；②小石崖革命旧址：旧址本体四周外扩 100 m；③大石崖革命旧址：旧址本体四周外扩 100 m	否	24.37
省级	香坊石窟	SL 镇香坊村	以石窟及摩崖造像为中心，东至油房沟，西至大平山坡，南至黄畛公路，北至陈家崖崖壁	—	否	18.05

6.5.3　规划定位

规划区围绕全县"民族圣地·绿色 HL"定位，确立产业绿色发展标杆区、XY 协同创新门户区、文化标识创新示范区、体制机制改革先行区四大发展定位。

（1）产业绿色发展标杆区

按照高质量发展要求，推进煤炭产业、现代煤化工等产业绿色转型，推进产业向高端领域、高附加值方向发展，加大生态文化资源价值转化力度，重点培育文化+产业新业态等零碳产业，为陕北产业绿色转型提供经验示范。

（2）XY 协同创新门户区

发挥"YA 南大门、西安后花园"区位优势，以融入西安为切入点，围绕本地文化、工业、农业等产业创新需求，统筹集聚先进地区创新资源要素，承接科技成果转化项目，引育一批创新主体，着力提升高新区创新实力。

（3）文化标识创新示范区

高举"HDL 是中华文明的精神标识"旗帜，坚持保护优先、科技赋能，加大数字技术在文化资源开发中的创新应用，加大文化与旅游、研学、康养等的融合创新，激发文化创新创意创造活力，以文化创新赋能产业发展、城市品牌建设。

（4）体制机制改革先行区

围绕新时代高质量发展需求，坚持以"市场化、专业化、服务化"改革为导向，推行"管委会+公司"管理模式，争取县级经济管理权限，重点深化金融、土地等要素市场化改革，有效激发市场主体发展活力，为全省高新区改革创新发展作出示范。

6.5.4　环境影响评价主要内容

6.5.4.1　大气环境影响预测结果

HL 高新技术产业开发区废气污染源主要为生产企业粉尘、工艺废气（NMHC 等）、居民供热取暖燃烧废气。近期规划情景下，KJ 园片区各污染因子中占标率最大的为 NO_x 2.74%，DT 服务片区污染因子中占标率最大的为 NO_x 1.77%。远期规划情景下，GT 新城片区各污染因子中占标率最大的为 NO_x 7.77%；KJ 园片区各污染因子中占标率最大的为 NO_x 6.09%；DT 服务片区各污染因子中占标率最大的为 NO_x 2.74%。

规划区距离 HL 县风景名胜区较近，大气环境功能区划属于一类区，因此规划环评采用进一步预测模式对一类区环境空气进行预测。

（1）SO_2

根据表 6-70 计算结果可知，规划近期，规划新增污染物对一类区年均质量浓度贡献值的最大占标率为 0.05%，一类区最大网格点叠加背景值后 SO_2 1 h 质量浓度为 47.453 4 μg/m³，占标率为 31.64%；24 h 质量浓度为 38.022 4 μg/m³，占标率为 76.04%；最大年均质量浓度为 0.009 μg/m³，占标率为 0.05%。规划实施后近期的新增 SO_2 污染物对一类区环境的影响可接受，网格浓度分布见图 6-50 和图 6-51。

规划远期，规划新增污染物对一类区年均质量浓度贡献值的最大占标率为 0.86%（＜10%），一类区最大网格点叠加背景值后 SO_2 1 h 质量浓度为 80.328 9 μg/m³，占标率为 53.55%；24 h 质量浓度为 44.457 3 μg/m³，占标率为 88.91%；最大年均质量浓度为 0.171 3 μg/m³，占标率为 0.86%。规划实施后远期的新增 SO_2 污染物对一类区环境的影响可接受，网格浓度分布见图 6-52 和图 6-53。

表 6-70　SO_2 叠加背景值后最大质量浓度预测结果　　　　　单位：μg/m³

序号	点名称	浓度类型	浓度增量	出现时间/h	背景浓度	叠加背景后的浓度	评价标准	最大占标率/%	占标率/%（叠加背景以后）	是否超标
近期										
1	一类评价区	小时值	2.453 4	21 092 006	45	47.453 4	150	1.64	31.64	达标
		日平均	0.022 4	210 103	38	38.022 4	50	0.36	76.04	达标
		年平均	0.009	平均值	0	0.009	20	0.05	0.05	达标
远期										
1	一类评价区	小时值	35.328 9	21 011 907	45	80.328 9	150	23.55	53.55	达标
		日平均	2.457 3	210 120	42	44.457 3	50	6.4	88.91	达标
		年平均	0.171 3	平均值	0	0.171 3	20	0.86	0.86	达标

图 6-50　规划近期 SO_2 叠加背景值日均质量浓度等值线

图 6-51 规划近期 SO_2 年均质量浓度等值线

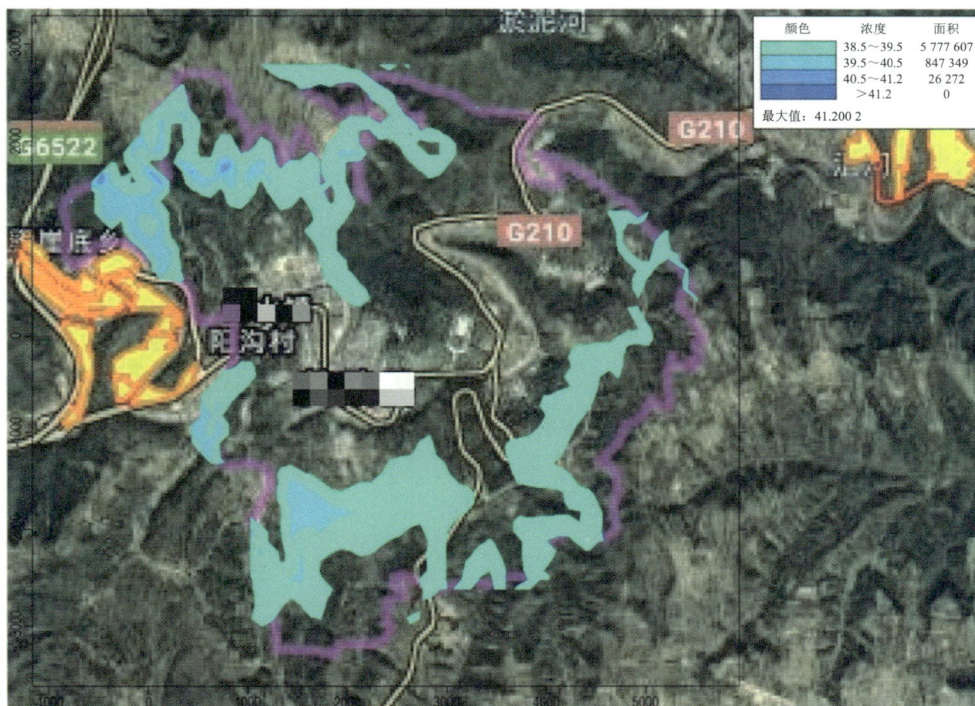

图 6-52 规划远期 SO_2 叠加背景值日均质量浓度等值线

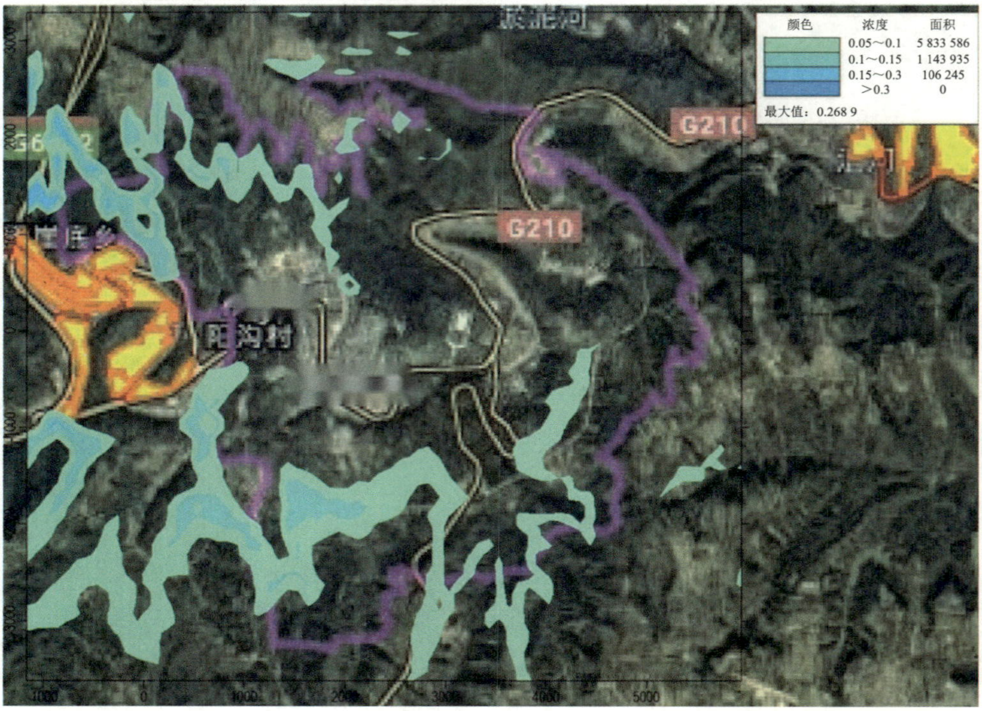

图 6-53　规划远期 SO_2 年均质量浓度等值线

（2）NO_2

根据表 6-71 计算结果可知，规划近期，规划新增污染物对一类区年均质量浓度贡献值的最大占标率为 0.06%，一类区最大网格点叠加背景值后 NO_2 1 h 质量浓度为 32.122 7 μg/m³，占标率为 16.06%；24 h 质量浓度为 26.456 6 μg/m³，占标率为 33.07%；最大年均质量浓度为 0.024 8 μg/m³，占标率为 0.06%。规划实施后近期的新增 NO_2 污染物对一类区环境的影响可接受，网格浓度分布见图 6-54 和图 6-55。

规划远期，规划新增污染物对一类区年均质量浓度贡献值的最大占标率为 1.16%（<10%），一类区最大网格点叠加背景值后 NO_2 1 h 质量浓度为 114.350 7 μg/m³，占标率为 57.18%；24 h 质量浓度为 34.102 7 μg/m³，占标率为 42.63%；最大年均质量浓度为 0.463 1 μg/m³，占标率为 1.16%。规划实施后远期的新增 NO_2 污染物对一类区环境的影响可接受，网格质量浓度分布见图 6-56 和图 6-57。

表 6-71　NO₂ 叠加背景值后最大质量浓度预测结果　　　　　　　　单位：μg/m³

序号	点名称	浓度类型	浓度增量	出现时间/h	背景浓度	叠加背景后的浓度	评价标准	最大占标率/%	占标率/%（叠加背景以后）	是否超标
				近期						
1	一类评价区	小时值	6.122 7	21 092 006	26	32.122 7	200	3.06	16.06	达标
		日平均	0.456 6	211 219	26	26.456 6	80	0.57	33.07	达标
		年平均	0.024 8	平均值	0	0.024 8	40	0.06	0.06	达标
				远期						
1	一类评价区	小时值	88.350 7	21 011 907	26	114.350 7	200	44.18	57.18	达标
		日平均	8.102 7	210 211	26	34.102 7	80	10.13	42.63	达标
		年平均	0.463 1	平均值	0	0.463 1	40	1.16	1.16	达标

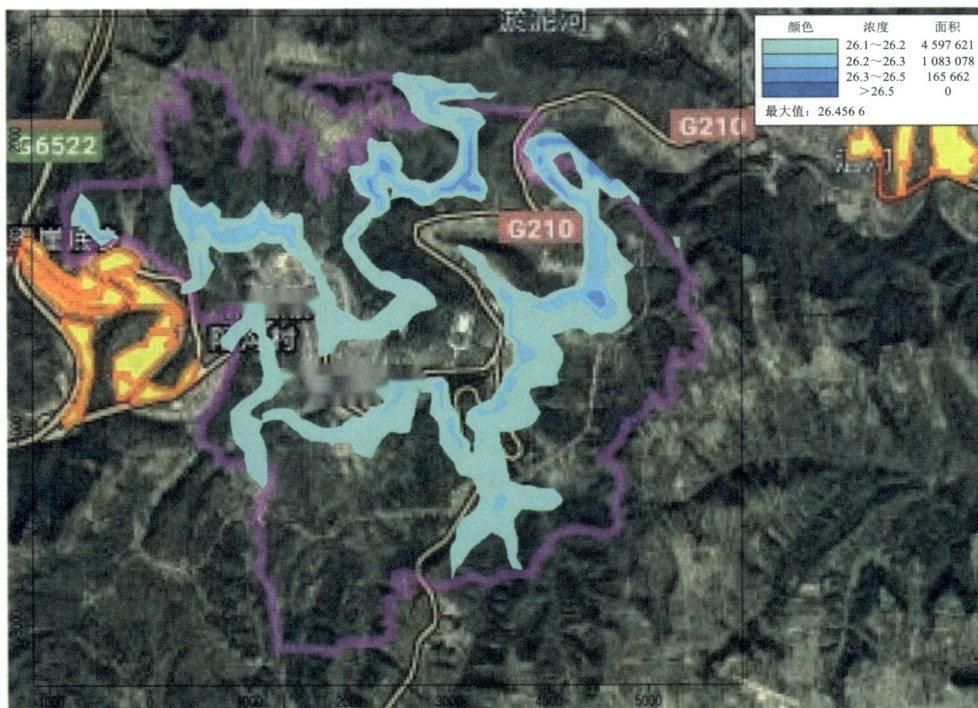

图 6-54　规划近期 NO₂ 叠加背景值日均质量浓度等值线

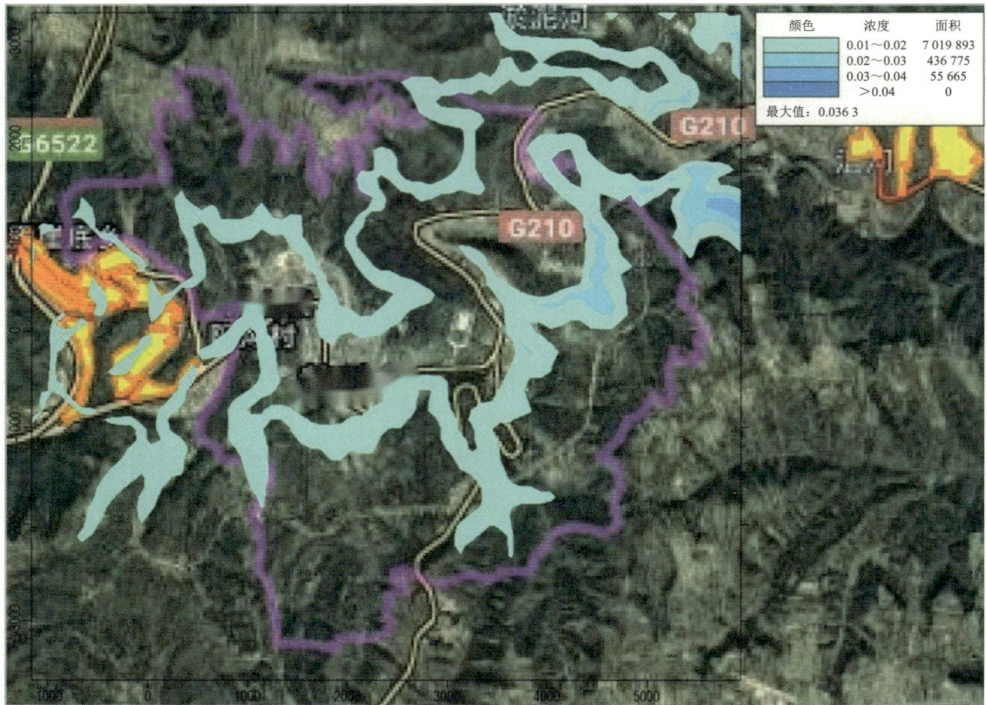

图 6-55　规划近期 NO_2 年均质量浓度等值线

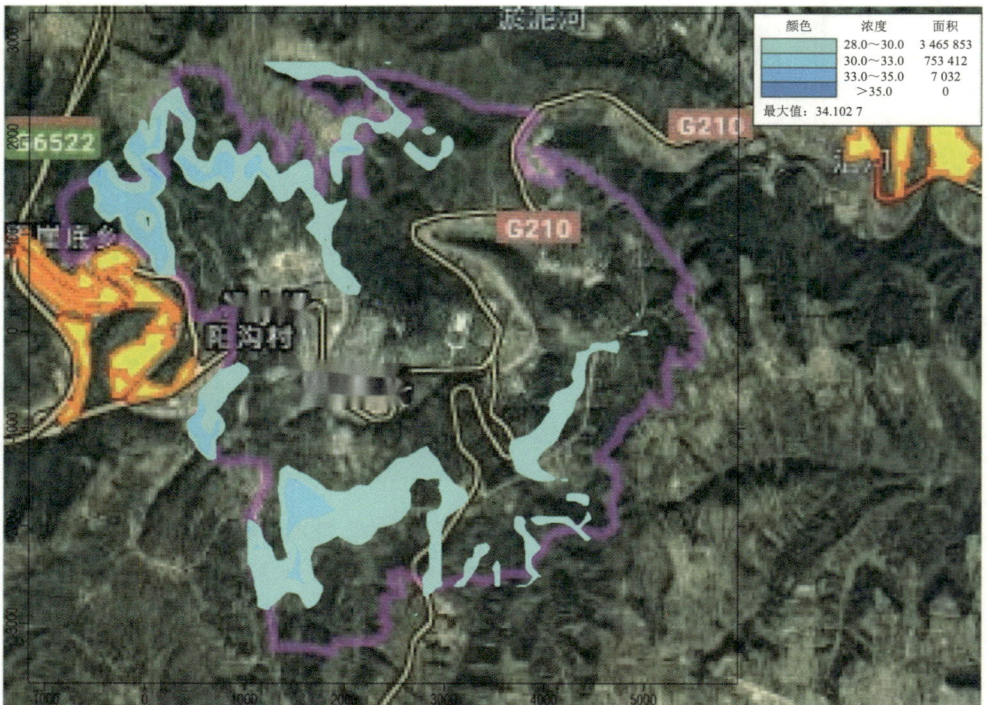

图 6-56　规划远期 NO_2 叠加背景值日均质量浓度等值线

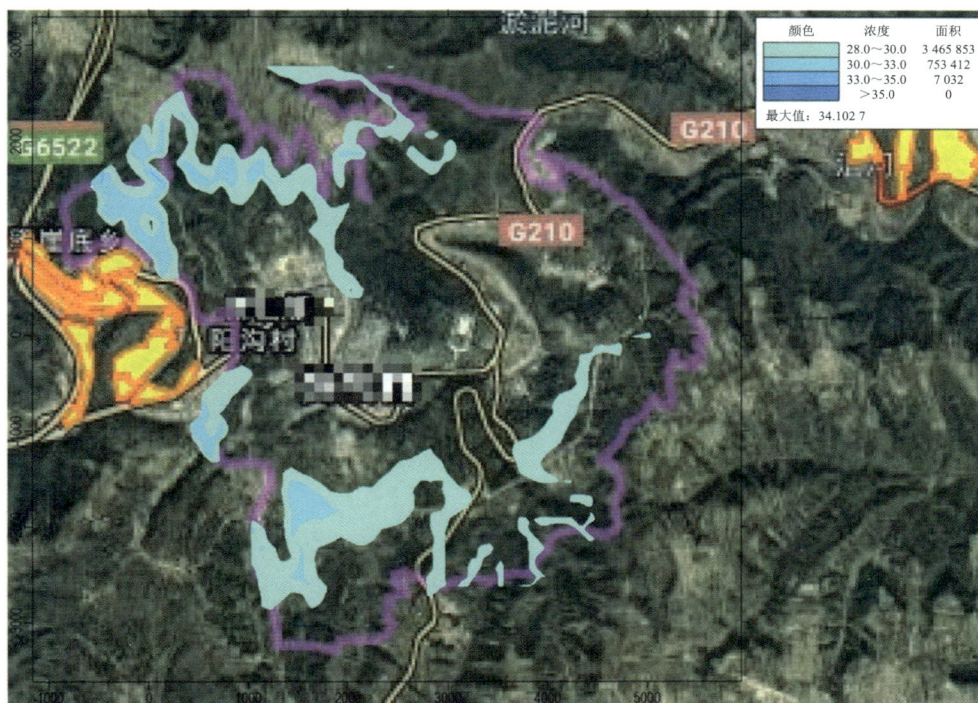

图 6-57　规划远期 NO_2 年均质量浓度等值线

（3）PM_{10}

根据表 6-72 计算结果可知，规划近期，规划新增污染物对一类区年均质量浓度贡献值的最大占标率为 0.01%，一类区最大网格点叠加背景值后 PM_{10} 24 h 质量浓度为 49.045 5 μg/m³，占标率为 98.09%；最大年均质量浓度为 0.002 3 μg/m³，占标率为 0.01%。规划实施后近期的新增 PM_{10} 污染物对一类区环境的影响可接受，网格质量浓度分布见图 6-58 和图 6-59。

规划远期，规划新增污染物对一类区年均质量浓度贡献值的最大占标率为 0.14%，一类区最大网格点叠加背景值后 PM_{10} 24 h 质量浓度为 49.837 3 μg/m³，占标率为 99.67%；最大年均质量浓度为 0.055 3 μg/m³，占标率为 0.14%。规划实施后远期的新增 PM_{10} 污染物对一类区环境的影响可接受，网格浓度分布见图 6-60 和图 6-61。

表 6-72　PM_{10} 叠加背景值后最大质量浓度预测结果　　　　　　单位：μg/m³

序号	点名称	浓度类型	浓度增量	出现时间/h	背景浓度	叠加背景后的浓度	评价标准	最大占标率/%	占标率/%（叠加背景以后）	是否超标
					近期					
1	一类评价区	日平均	0.045 5	211 219	49	49.045 5	50	0.09	98.09	达标
		年平均	0.002 3	平均值	0	0.002 3	40	0.01	0.01	达标
					远期					
1	一类评价区	日平均	0.837 3	210 211	49	49.837 3	50	1.67	99.67	达标
		年平均	0.055 3	平均值	0	0.055 3	40	0.14	0.14	达标

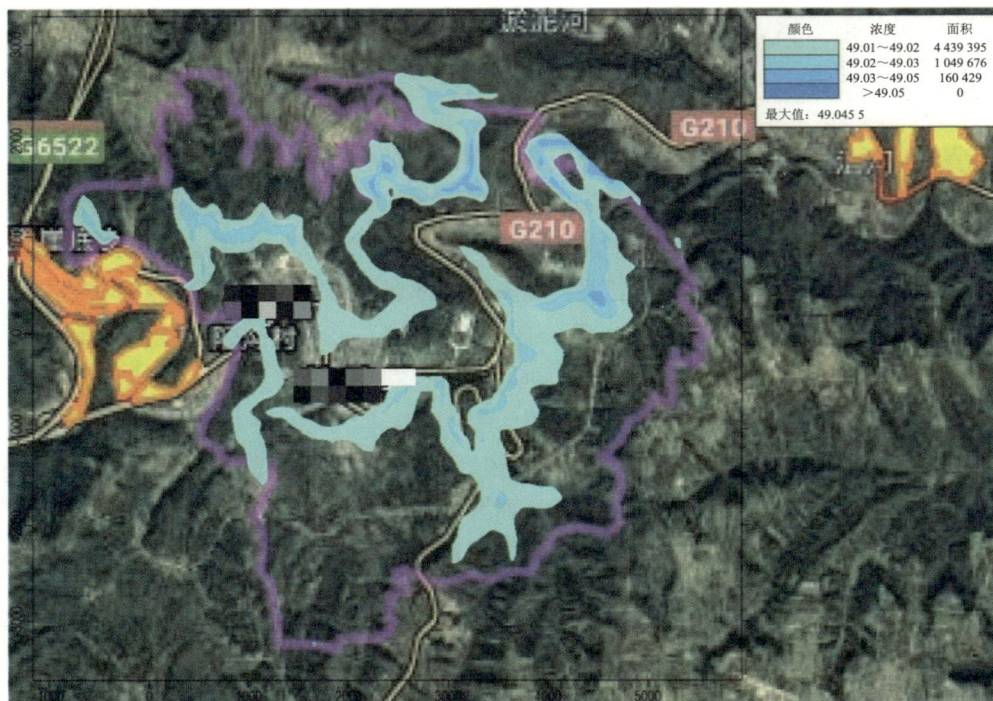

图 6-58 规划近期 PM_{10} 叠加背景值日均质量浓度等值线

图 6-59 规划近期 PM_{10} 年均质量浓度等值线

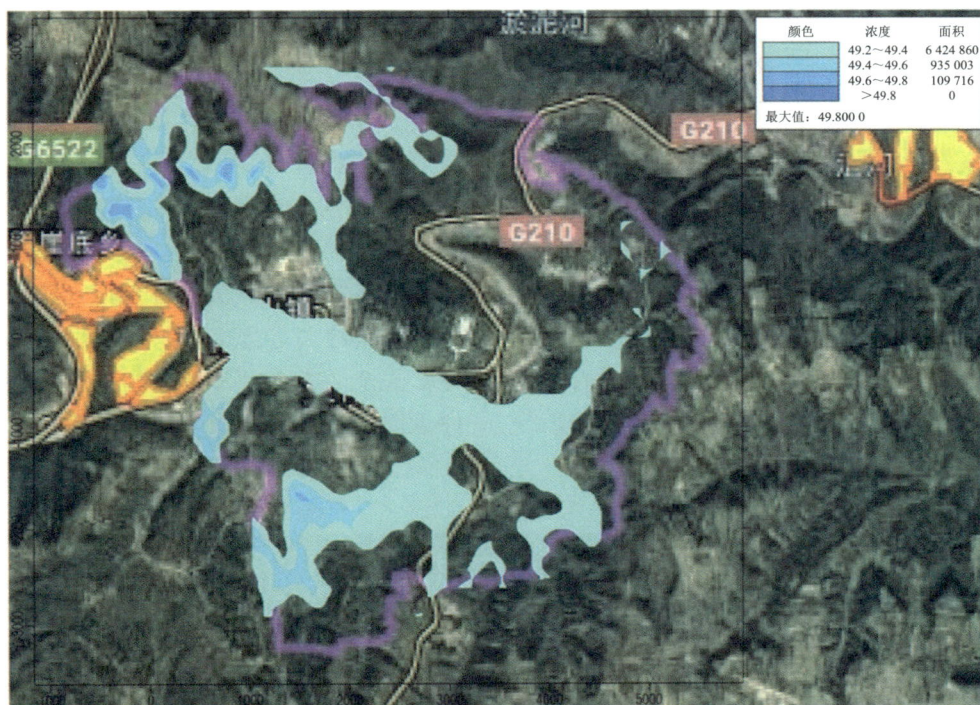

图 6-60　规划远期 PM_{10} 叠加背景值日均质量浓度等值线

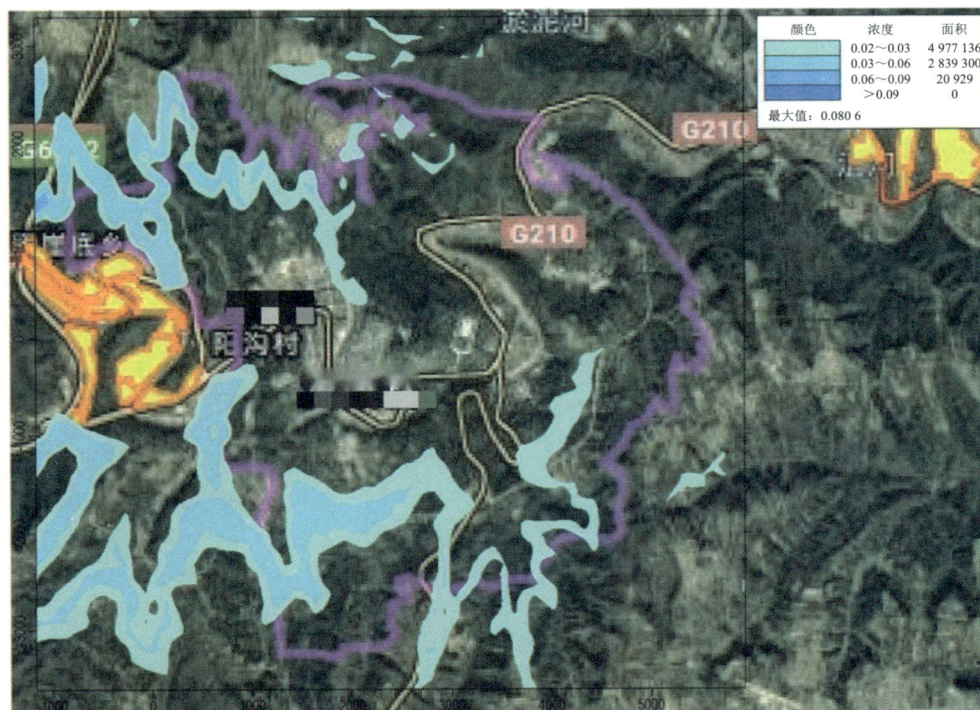

图 6-61　规划远期 PM_{10} 年均质量浓度等值线

（4）PM$_{2.5}$

根据表 6-73 的计算结果可知，规划近期，规划新增污染物对一类区年均质量浓度贡献值的最大占标率为 0.01%，一类区最大网格点叠加背景值后 PM$_{2.5}$ 24 h 质量浓度为 34.022 7 μg/m^3，占标率为 97.21%；最大年均质量浓度为 0.001 1 μg/m^3，占标率为 0.01%。规划实施后近期的新增 PM$_{2.5}$ 污染物对一类区环境的影响可接受，网格质量浓度分布见图 6-62 和图 6-63。

规划远期，规划新增污染物对一类区年均质量浓度贡献值的最大占标率为 0.17%，一类区最大网格点叠加背景值后 PM$_{2.5}$ 24 h 质量浓度为 34.411 7 μg/m^3，占标率为 98.32%；最大年均质量浓度 0.025 3 μg/m^3，占标率为 0.17%。规划实施后远期的新增 PM$_{2.5}$ 污染物对一类区环境的影响可接受，网格质量浓度分布见图 6-64 和图 6-65。

表 6-73　近期 PM$_{2.5}$ 叠加背景值后保证率最大质量浓度预测结果　　　　单位：μg/m^3

序号	点名称	浓度类型	浓度增量	出现时间/h	背景浓度	叠加背景后的质量浓度	评价标准	最大占标率/%	占标率/%（叠加背景以后）	是否超标
近期										
1	一类评价区	日平均	0.022 7	211 219	34	34.022 7	35	0.06	97.21	达标
		年平均	0.001 1	平均值	0	0.001 1	15	0.01	0.01	达标
远期										
1	一类评价区	日平均	0.411 7	210 211	34	34.411 7	35	1.18	98.32	达标
		年平均	0.025 3	平均值	0	0.025 3	15	0.17	0.17	达标

图 6-62　规划近期 PM$_{2.5}$ 叠加背景值日均质量浓度等值线

图 6-63 规划近期 PM$_{2.5}$ 年均质量浓度等值线

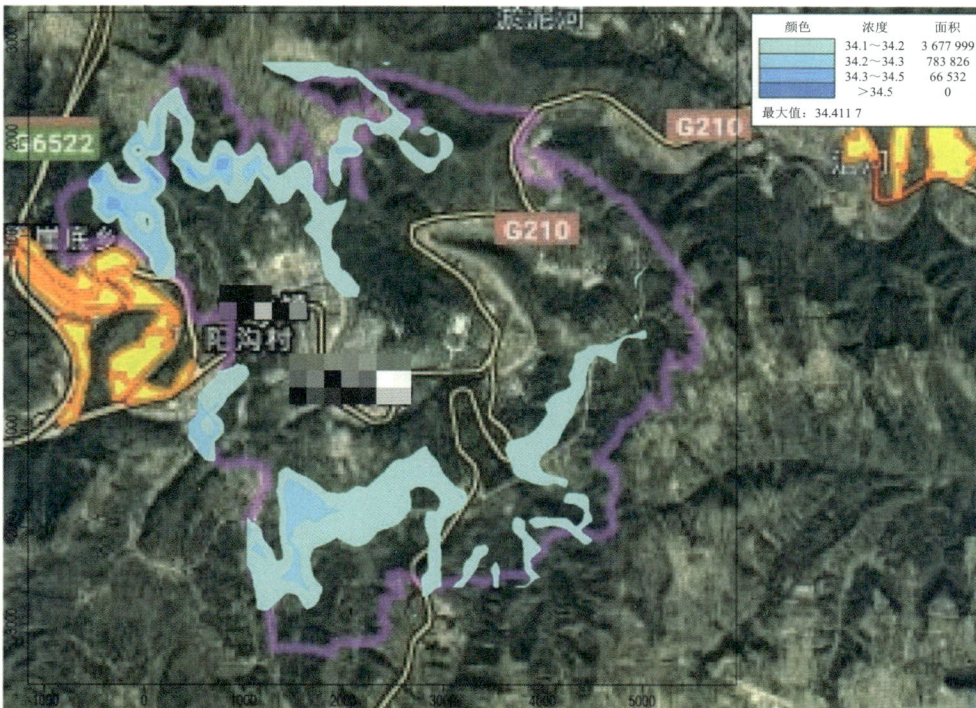

图 6-64 规划远期 PM$_{2.5}$ 叠加背景值日均质量浓度等值线

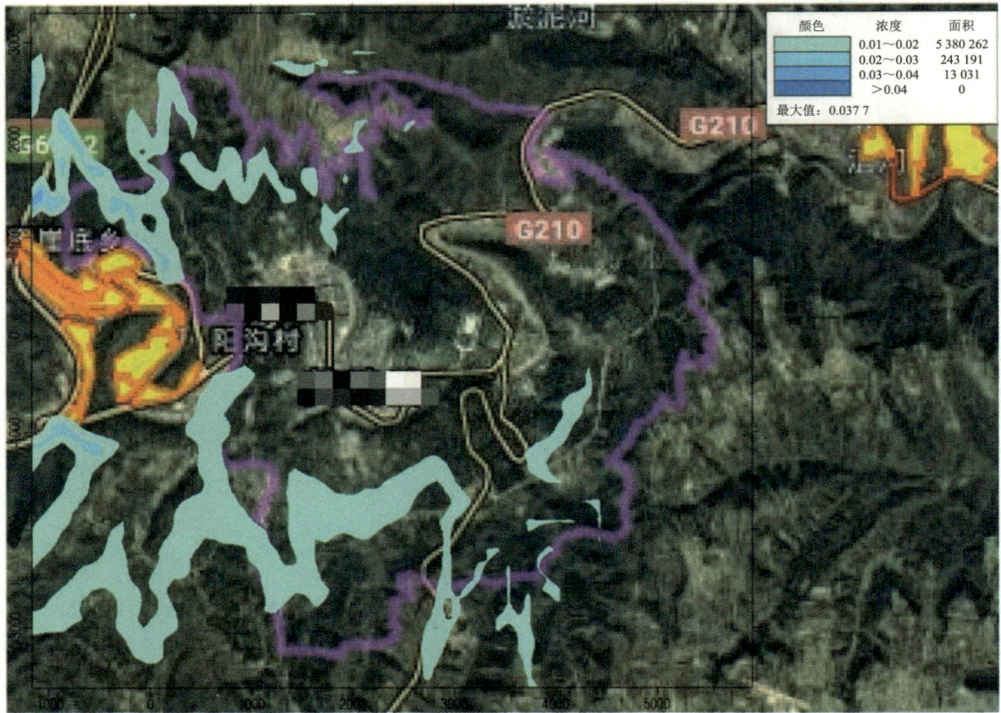

图 6-65　规划远期 PM$_{2.5}$ 年均质量浓度等值线

（5）NMHC

根据表 6-74 的计算结果可知，规划近期一类区最大网格点 NMHC 1 h 平均质量浓度为 0.206 3 mg/m³，占标率为 0.01%，规划远期一类区最大网格点 NMHC 1 h 平均质量浓度为 2.892 1 mg/m³，占标率为 0.14%，规划实施后的新增 NMHC 对一类区环境的影响可接受。网格质量浓度分布见图 6-66、图 6-67。

表 6-74　NMHC 小时值最大质量浓度预测结果　　　　　　　　　单位：μg/m³

序号	点名称	浓度类型	浓度增量	出现时间/h	评价标准	最大占标率/%	是否超标
近期							
1	一类评价区	小时值	0.206 3	21 092 006	2 000	0.01	达标
远期							
1	一类评价区	小时值	2.892 1	21 011 907	2 000	0.14	达标

图 6-66 规划近期 NMHC 小时质量浓度等值线

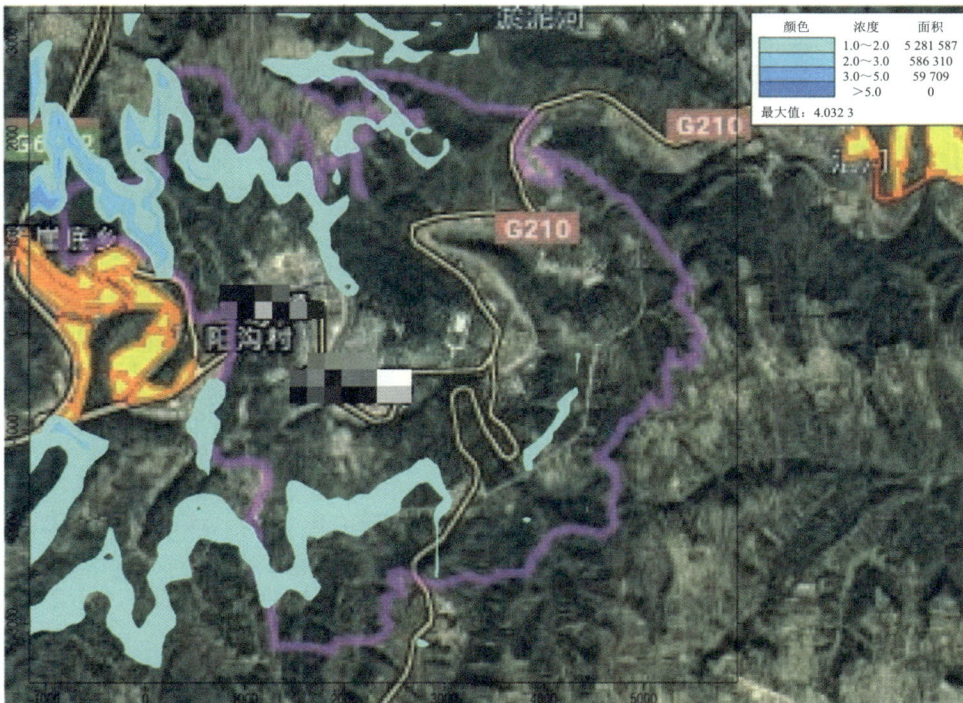

图 6-67 规划远期 NMHC 小时质量浓度等值线

（6）H₂S

根据表 6-75 规划远期一类区最大网格点叠加现状 H₂S 1 h 平均质量浓度为 1.300 3 mg/m³，占标率为 13.00%，规划实施后的新增 H₂S 对一类区环境的影响可接受。网格质量浓度分布见图 6-68。

表 6-75　远期 H₂S 叠加背景值后最大质量浓度预测结果　　　　单位：μg/m³

序号	点名称	浓度类型	浓度增量	出现时间/h	背景浓度	叠加背景后的质量浓度	评价标准	最大占标率/%	占标率/%（叠加背景以后）	是否超标
1	一类评价区	小时值	1.200 3	21 072 722	0.1	1.300 3	10	12.00	13.00	达标

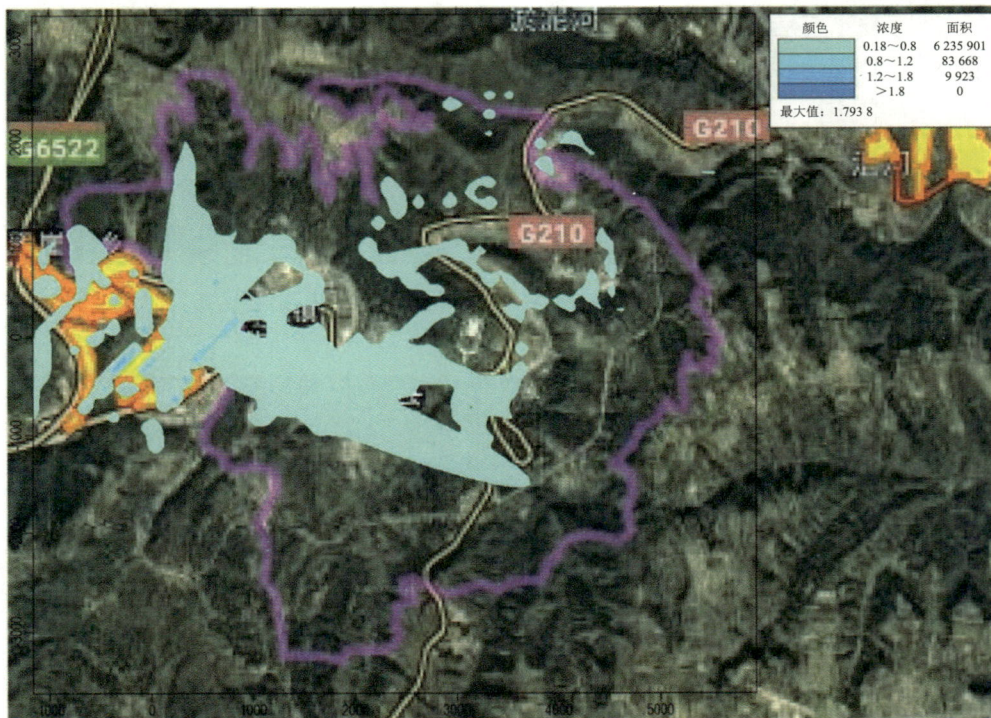

图 6-68　规划远期 H₂S 叠加现状小时质量浓度等值线

（7）NH₃

根据表 6-76 规划远期一类区最大网格点叠加现状 NH₃ 1 h 平均质量浓度为 35.002 mg/m³，占标率为 17.50%，规划实施后的新增 NH₃ 对一类区环境的影响可接受。网格质量浓度分布见图 6-69。

表 6-76　远期 NH_3 叠加背景值后最大质量浓度预测结果　　　　　　　　单位：$\mu g/m^3$

序号	点名称	浓度类型	浓度增量	出现时间	背景质量浓度	叠加背景后的质量浓度	评价标准	最大占标率/%	占标率/%（叠加背景以后）	是否超标
1	一类评价区	小时值	8.002	21 072 722	27	35.002	200	4.00	17.50	达标

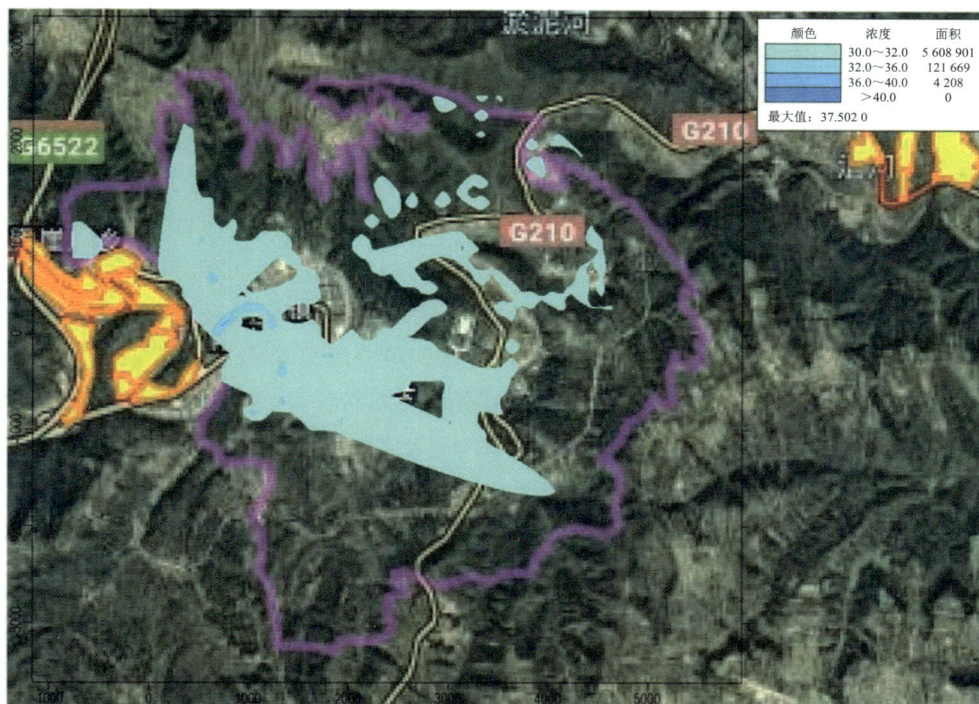

图 6-69　规划远期 NH_3 叠加现状小时质量浓度等值线

6.5.4.2　地表水环境影响分析

（1）水资源承载力分析

规划区内规划工业用水按工业用地面积核算，生活用水按照规划人口核算，其他用地类型按照各自用地面积核算（表 6-77）。

表 6-77　规划区水资源消耗量汇总

规划期	用地面积/hm²	新鲜水用水量/（m³/d）	中水用量/（m³/d）
近期 2025 年	DT 服务片区	3 986.70	757.60
	GT 新城片区	2 195.50	360.00
	KJ 园片区	757.90	123.10
	合计	6 940.10	1 240.70

规划期	用地面积/hm²	新鲜水用水量/（m³/d）	中水用量/（m³/d）
远期 2035 年	DT 服务片区	5 384.70	1 467.20
	GT 新城片区	5 196.45	1 377.40
	KJ 园片区	2 112.95	558.50
	合计	12 694.10	3 403.10

① GT 新城片区。GT 新城片区用水主要来自 ZJ 河水库—WZ 河应急水源工程。ZJ 河水库多年平均可供水量为 246 万 m³，其中向 HL 县城多年平均可供水量为 154 万 m³，WZ 河水库总库容 13 万 m³。ZJ 河水库供水工程输水管道及净水厂均已建成。GT 新城片区 2035 年规划用水量为 5 196.45 m³/d，规划建设供水规模为 6 000 m³/d 的供水厂。因此，供水水源可满足规划需求。

② KJ 园片区。KJ 园片区用水主要来自 NGM 水库，NGM 水库控制流域多年平均年径流量为 1.29 亿 m³，总库容 2 006 亿 m³；引洛入葫工程每年可从洛河向 NGM 水库调水 4 657 万 m³。根据 YA 市水务部门文件，NGM 水库可分配总量为 12 005 万 m³，向 KJ 园片区总分配量为 77 万 m³。因此，供水水源可满足规划需求。

③ DT 服务片区。DT 镇区水源来自 HL 矿业集团公司上畛子深井水，供水能力为 10 000 m³/d，其中 HL 矿业集团公司用水量为 8 000 m³/d，DT 镇区用水量为 2 000 m³/d，目前供水量可满足规划区用水需求。上畛子水源地井群开采含水层为洛河组砂岩含水层（组），允许开采量 2.05 万～2.72 万 m³/d，设计总取水能力 2.46 万 m³/d。自 2000 年以来历年上畛子水源地实际供水量最大值不足 1.8 万 m³/d。远期 DT 服务片区用水量为 5 384.70 m³/d，水源可供水量为 346 万 m³，年均取水量为 196.54 万 m³，占可供水量的 56.8%。同时将闫庄水库作为园区备用水源。

（2）地表水环境影响预测结果

① 地表水环境容量。规划情景下废水排放的污染物满足水环境容量，通过规划的实施工业废水和生活污水集中处理，可减少污染物排放量，保护水环境的同时也提高了水资源利用率，因此，规划实施对沮河水质具有一定的改善作用。本规划环评优化情景中近期中水回用率提高至 20%，远期中水回用率为 30%。

② 地表水影响预测。本次规划环评预测情景对 3 个片区上游来水及下游各污水排放口水环境影响进行了叠加，利用完全混合后的污染物排入判断对规划实施沮河水质的影响。考虑到 DT 镇及 HL 县城的发展，考虑规划发展对沮河的最不利影响，本次预测包含了未来 DT 镇及 HL 县城所有污水的排放情况，且采用各污水处理站设计处理量作为污水排放量进行预测。从预测结果可以看出，规划情景和优化情景下沮河水质均能达标，说明规划实施对地表水环境影响较小。

6.5.4.3　对风景名胜区的保护措施

规划区范围不涉及 HDL 风景名胜区范围，为减少规划实施对 HDL 风景名胜区的影响，提出进一步生态环境保护措施如下：

① 加强规划管控力度，严禁超出规划范围发展。

② 在风景名胜区周边 100 m 范围内严禁设置取弃土（渣）场、料场、预制场，废弃土石采坑回填或综合利用，禁止在风景名胜区保护范围内堆放。

③ 严格保护风景名胜区内的景观和自然环境，不得破坏或者随意改变。对于邻近风景名胜区的区域，在规划实施过程中建议合理设计景观布局，使其与风景名胜区景观具有协调性。

④ 加强规划区内工业企业的大气污染治理工作，考虑到风景名胜区的大气环境功能区划较高，建议区内现有企业及后期引入企业在达标排放的基础上进一步削减污染物排放量，最大限度降低规划实施对风景名胜区的影响。

由于风景名胜区距 GT 新城片区较近，规划方案中已考虑规划区山水景观布局，环评建议加强对 HDL 风景名胜区景观的保护与建设，并注意与周围景观的协调性，积极打造规划区的景观特色。通过特色景观区、景观轴线、景观节点及景观界面的控制，营造优美的自然生态景观和人工景观，展现文化旅游区生态性、人文性、开放性的景观特色，形成一个空间景观层次分明、亮点突出的圣地轩辕创意文化产业区。

6.5.5　规划方案的合理性分析

6.5.5.1　规划目标与发展定位的环境合理性

HL 县高新区围绕全县"民族圣地·绿色 HL"定位，具体确立产业绿色发展标杆区、XY 协同创新门户区、文化标识创新示范区、体制机制改革先行区四大发展定位。

按照高质量发展要求，推进特色等产业绿色转型，推进产业向高端领域、高附加值方向发展，加大生态文化资源价值转化力度，重点培育文化+产业新业态等零碳产业，为陕北产业绿色转型提供经验示范。围绕本地文化、工业、农业等产业创新需求，统筹集聚先进地区创新资源要素，承接科技成果转化项目，引育一批创新主体，着力提升高新区创新实力。坚持保护优先、科技赋能，加大数字技术在文化资源开发中的创新应用，加大文化与旅游、研学、康养等的融合创新，激发文化创新创意创造活力，以文化创新赋能产业发展、城市品牌建设。

本次规划的发展目标和规划定位符合《陕甘宁革命老区振兴规划》《"十四五"循环经济发展规划》《"十四五"工业绿色发展规划》《关于"十四五"大宗固体废弃物综合利用的指导意见》《"十四五"文化发展规划》《关于促进开发区改革和创新发展的若干意见》《陕西省国民经济和社会发展第十四个五年规划和二〇三五年远景目标纲要》《YA 市国民经济和社会发展第十四个五年规划和二〇三五年远景目标纲要》《HL 县国民经济和社会发展第十四个五年规划纲要》《陕西省"十四五"制造业高质量发展规划》等相关规划，规划定位合理及产业发展方向合理。

根据《陕西省省级高新技术产业开发区认定管理办法》，突出以航空航天、集成电路及光电芯片、新材料、智能制造、人工智能为代表的硬科技创新，加快高新技术产业和战略性新兴产业快速发展，发展壮大特色产业。本次规划目标以文化创意、智能装备制造和新材料三大主导产业向园区集聚，推进主导产业集群发展。通过推进清洁生产、再生循环利用、生态绿化隔离等措施，加强开发区建设过程中的生态环境保护，落实"三线一单"要求，以改善环境质量为抓手，实现经济发展与生态环境保护协同发展。规划的环境目标均保证区域大气环境和地表水环境质量达标，符合"三线一单"的相关要求，满足《大气污染防治法（修订）》《国务院关于印发大气污染防治行动计划的通知》（国发〔2013〕37号）、《水污染防治法（修正）》《国务院关于印发水污染防治行动计划的通知》（国发〔2015〕17号）、《土壤污染防治法》《国务院关于印发土壤污染防治行动计划的通知》（国发〔2016〕31号）、《固体废物污染环境防治法（修订）》《陕西省大气污染防治条例（2019修正）》等法律、法规、政策及相关规划的环境保护要求，因此，规划目标与发展定位满足环境保护要求，从环境保护角度分析，规划目标与发展的定位合理。

6.5.5.2 规划布局的环境合理性

（1）规划区布局

以 G210 国道为轴线，串接店头循环产业、GT 新城和科技产业园三大片区，构建"一核两翼多点"的产业格局，即以 GT 新城片区为核心，以科技产业园片区为"东翼"，以 DT 服务片区为"西翼"，以各具特色的产业板块为支点，按照"一核引领，两翼齐飞，多点开花"的空间发展思路，通过空间优化、功能提升和辐射拓展形成功能明晰、优势互补、梯度分布的产业空间格局。

① GT 新城片区。高新技术产业开发区路网在注重整体系统性的基础上，加强与县城各板块的有机衔接。新规划的工业用地与县城居住板块、科技研发板块、各层级商业公共中心及绿地中心紧密联系，形成合理的布局关系，减小高新技术产业开发区交通对城市交通的压力。结合沮河、XY 高速、黄五路、秦七铁路两侧绿地及高新技术产业开发区主要道路防护绿地构建绿地系统，保证使生产片区与生活片区之间适当隔离，减少相互之间的影响，同时提升规划区的绿化及生态环境质量。根据居住生活需求集中配置公共服务设施、绿地等。根据居住生活需求集中配置公共服务设施、绿地等。

② 科技产业园片区。考虑到 J 河水量较大，涵洞易塌方，存在安全隐患，科技产业园片区规划预留公园绿地，保证园区安全的同时依托 J 河河道可以更好地塑造城市自然风貌，在秦七铁路两侧布局绿地隔离带，作为园区发展的底线要求。选择闲置地作为高新技术产业开发区的发展用地，以满足工业发展的需要。

③ DT 服务片区。在 J 河及铁路两侧、地质条件不良区域两侧预留防护绿地，在此前提下布局其他建设用地。选择闲置地和废弃地作为高新技术产业开发区的发展用地，以满足工业发展的需要。

从区域环境影响来说，规划区居住区主要在现有用地的基础上进行布设，部分居民区位于主导风向的下风向，根据 HL 县气象站近 20 年的气象统计，主导风向为 W，规划空间布局未针对具体的产业组团进行细分，居住等用地可能受工业外排大气污染物影响，环评要求同类型污染企业集中布置并且与居民区保持合适的防护距离，企业应设置严格的废气处理措施，减少污染物的排放量，最大限度降低废气排放对居民区的影响，满足环境空气质量标准。

（2）规划区与敏感区位置关系及影响

规划区范围与 YA 市"三线一单"范围对比，本规划范围不涉及优先保护区。规划范围内不涉及国家级自然保护区、世界文化自然遗产、国家级风景名胜区、国家森林公园和国家地质公园等国家禁止开发区域。规划区产业分布布局合理。衔接后的规划范围未占用永久基本农田，未突破生态保护红线，且全部位于国土空间规划"三区三线"城镇开发边界的集中建设区范围内符合国土空间规划管制要求。

6.5.5.3 规划规模环境合理性

（1）土地资源合理性分析

本次规划范围内用地面积为 4.97 km²，其发展规模充分考虑了园区的功能定位，兼顾了工业发展和居住相对平衡的要求，并考虑了园区环境保护的要求，与城市发展规模相适应。区域各项资源和环境条件满足开发需要，园区带来的环境影响在可接受范围内。本轮规划不占用基本农田，为了加强农林地保护，规划园区应按照"占补平衡"的土地使用制度对占用的耕地进行补偿，以缓解工业建设和土地利用之间的矛盾，使占用耕地对当地农业土地利用的影响降到最低。

本次规划建设用地规模明显增大，规划用地中工业用地、公共设施用地、仓储用地和道路广场用地增加较多，使规划范围内土地利用率和产出率可得到较大提高，有利于提升区域土地集约化利用程度，提升土地利用效率、优化产业结构等方式优化土地资源的开发利用。因此，本轮规划的用地规模合理。

（2）水资源合理性分析

各片区供水水源可满足规划发展用水需求。环评要求园区提高中水回用率，进一步减少水资源消耗。按照黄河流域生态保护和高质量发展的要求，要推进水资源节约集约利用。

（3）能源规模合理性分析

规划近期用气量为 242.02 万 m³（标态）/a，远期用气量为 687.55 万 m³（标态）/a，HL 县天然气气化工程气源为陕甘宁大气田。"靖—西"长输管线途经 HL 县城，气源充足、可靠，在 HL 新区康崖底现有 1 座供气能力为 35 000 m³/h 的天然气门站，向 GT 新城片区供天然气；KJ 园片区依托 HL 城区在暖泉沟的天然气门站，供气能力为 35 000 m³/h；店头张湾新区设有 1 座，供气能力为 6 000 m³/h，现有天然气门站可满足规划区供气要求。

（4）环境容量对规划规模的合理性分析

规划实施后，远期大气污染物的排放量均在环境可接纳的范围内，水环境容量也可满足集中区规划期发展需求。

综上所述，从规划规模环境合理性分析论证，规划规模可行。

6.5.5.4 规划产业结构的环境合理性

HL 高新区产业发展立足本地文化、生态及煤矿资源基础，坚持产业"融合化、智能化、绿色化"发展方向，特色培育"文化+"跨界融合新业态，转型发展智能制造装备、新材料两大产业，构建"1+2"绿色低碳产业体系。

根据《YA 市生态环境准入清单》的要求，坚决遏制高耗能、高排放项目盲目发展，严控"两高"行业产能。新建"两高"项目必须严格落实国家《产业结构调整指导目录》《环境保护综合名录（2021 年版）》要求，本次规划产业不涉及《陕西省"两高"项目管理暂行目录（2022 年版）》中规定的"两高"项目，规划产业布局符合。

本园区规划的产业结构依托 HL 文化+、装备制造及新型绿色建筑材料等特色产业资源，着力聚焦和大力促进文化+、装备制造、新材料三大特色主导产业发展。加强科技创新和政策扶持，推进关键性高新技术的自主研发和引进，加快公共服务平台、行业技术与产业开发平台和企业孵化器等建设，不断推动产业发展向高附加值环节延伸，打造形成特色鲜明的高端产业集群。

突出对陕北区域经济社会与生态保护协调发展的示范引领作用，始终以坚持资源高效利用和循环利用理念，鼓励使用低碳清洁能源，淘汰落后产能和设备工艺，将各类资源的深度利用、重复利用和全流程利用结合起来，提高资源利用率和加工转化率，建立健全工业循环发展长效机制，促使产业循环发展的同时保护好"绿水青山"。规划的新材料产业中坚持产业链条生态化理念，立足本地煤电资源及产业基础，强化煤矸石、煤泥、煤灰等煤基固体废物综合利用，重点发展绿色建材，打造新材料创新型特色产业集群，体现了园区循环化发展。

6.5.5.5　规划环保措施合理性分析

（1）污水处理设施合理性分析

本园区共规划污水处理站 3 处，DT 服务片区依托现有 DT 镇污水处理站（位于规划区外），GT 新城片区依托 HL 县污水处理厂，科技产业园片区已建成污水处理厂 1 座。同时规划中再生水统一输送至水厂，供园区内部分工业用水及道路广场、绿化用水。

KJ 园片区规划近期污水处理厂排水量大于规划处理规模，无法依托现有污水处理站，因此本次评价提出建议调整排水规划，建议科技产业园片区污水处理厂近期扩建至700 m³/d。且根据《国家生态工业示范园区标准》（HJ 274—2015）、《陕西省水污染防治工作方案》（陕政发〔2015〕60 号）、《YA 市水污染防治工作方案》要求，将其他用水包括公共管理与服务设施用地、道路与交通设施用地、绿地与广场用地、公共设施用地等用水全部采用再生水，规划近期再生水利用率达 20%，规划远期再生水利用率在 30%以上。

（2）集中供热设施合理性分析

由于规划区各片区地缘独立，因此采取分片区独立集中供热。HL 县新区集中供热中心位于陕西省 HL 县新区中组团王村沟内，主要服务对象为 HL 县新区范围，一期增设2×58 MW 燃气热水锅炉设备，主要供热范围覆盖 HL 县新区中组团，二期增设 3×58 MW燃气热水锅炉设备，HL 县新区供热范围 HL 新区东组团和西组团范围，GT 新城片区属于该项目供热范围，项目一期已在施工中，供热方案满足园区规划要求。科技产业园片区规划建设 21 MW 热水锅炉。

（3）固体废物处置合理性分析

① 一般工业固体废物。根据规划中工业项目类型，规划区产生的一般工业固体废物主要为生产生态水泥、空心玻璃微珠、煤矸石陶粒等过程中产生的炉渣，炉渣为一般固体废

物可综合利用。装备制造产业过程中产生的废边角料、废包材、废金属焊渣、废塑料包装袋、不合格品等，可回收利用或填埋处置。另外，本规划区内规划产业包含固体废物综合利用项目，遵循"减量化、资源化和无害化"的原则，对煤矸石、粉煤灰等进行资源化利用。

② 危险废物。规划区内各企业均设有危险废物专用收集设施，暂存后委托有资质的单位代为处置。危险废物严格按照《危险废物贮存污染控制标准》（GB 18597—2001）、《危险废物转移管理办法》（生态环境部、公安部、交通运输部令　第 23 号）及《危险废物收集、贮存、运输技术规范》（HJ 2025—2012）等规定。

③ 生活垃圾。规划区近期生活垃圾依托 HL 县生活垃圾处理场处理。根据调查 HL 县生活垃圾处理场剩余库容约 6 万 m^3，规划远期生活垃圾产生量为 18 250 t/a（50 t/d），无法满足远期生活垃圾贮存量，因此环评提出规划远期生活垃圾依托 HL 县生活垃圾焚烧处理工程处理，目前该项目已完成 HL 县行政审批局对可行性报告的批复（HL 审投资发〔2022〕186 号）。

6.5.6　规划区环境管控分区及管控要求

6.5.6.1　"三线一单"符合性分析

根据 YA 市"三线一单"生态环境分区管控划分结果，规划区范围属于 HL 县重点管控单元 2 及重点管控单元 4。HL 高新技术产业开发区与环境管控单元对照分析示意见图 6-70，评价对比分析规划内容与 YA 市生态环境准入清单的符合性见表 6-78。

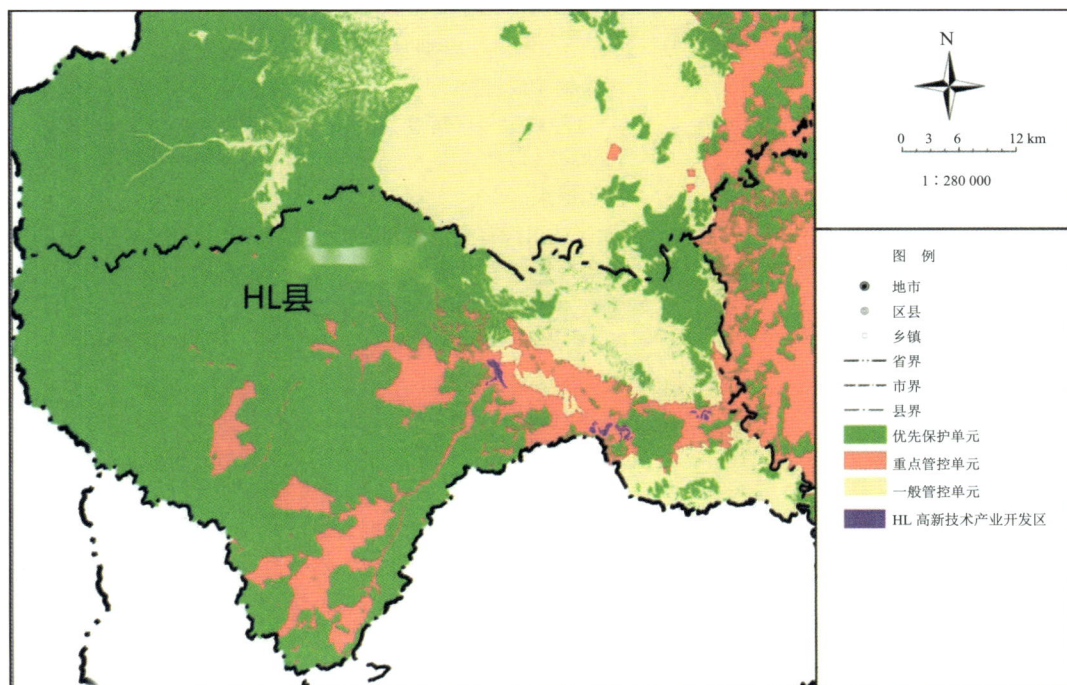

图 6-70　HL 高新技术产业开发区与环境管控单元对照分析示意图

表 6-78　HL 高新区规划范围涉及的生态环境管控单元

序号	环境管控单元名称	单元要素属性	管控单元分类	管控要求	面积/km²
1	HL 县重点管控单元 2	大气环境受体敏感重点管控、水环境工业污染重点管控、高污染燃料禁燃区	重点管控单元	**空间布局约束：** ① 区域内大气环境受体敏感重点管控区内执行 YA 市生态环境要素准入清单中"空间布局约束"的准入要求。 ② 加快城市建成区重污染企业搬迁改造或关闭退出。 ③ 区域内水环境工业污染重点管控区内执行 YA 市生态环境要素准入清单中"空间布局约束"的准入要求。 ④ 严格限制增加氮磷污染物排放的工业项目，合理控制火电、兰炭、煤化工等行业规模。 ⑤ 区域内高污染燃料禁燃区执行 YA 市生态环境要素准入清单中"空间布局约束"的准入要求。 ⑥ 禁燃区内禁止销售、燃用高污染燃料，禁止新建、扩建燃用高污染燃料的设施，已建成的应当改用天然气、页岩气、液化石油气、电或者其他清洁能源。根据大气环境质量改善要求逐步扩大高污染燃料禁燃区范围。 ⑦ 新增供暖全部使用天然气、电、可再生能源供暖，优先采取分布式清洁能源集中供暖。鼓励使用天然气、电、地热、生物质等清洁能源取暖措施。 **污染物排放管控：** ① 区域内大气环境受体敏感重点管控区内执行 YA 市生态环境要素准入清单中"污染物排放管控"的准入要求。 ② 区域内现有企业采用先进生产工艺、严格落实污染治理设施。 ③ 受体敏感区全部纳入"禁煤区"。 ④ 淘汰老旧车辆，优先选择新能源汽车、替代能源汽车等清洁能源汽车。 ⑤ 区域内水环境工业污染重点管控区内执行 YA 市生态环境要素准入清单中"污染物排放管控"的准入要求。强化工业集聚区收集处理系统建设与提标改造，强化在线监控和智能化监管；加快推进工业园区污水处理设施新建和提标改造以及污水管网建设等；稳步推进工业污染防治，加快推进城镇污水收集处理设施建设与污水处理差别化精准提标。 ⑥ 区域内高污染燃料禁燃区执行 YA 市生态环境要素准入清单中"污染物排放管控"的准入要求。	0.000 4

序号	环境管控单元名称	单元要素属性	管控单元分类	管控要求	面积/km²
1	HL 县重点管控单元 2	大气环境受体敏感重点管控、水环境工业污染重点管控、高污染燃料禁燃区	重点管控单元	全市不再新建 35 蒸 t/h 以下燃煤锅炉，35 蒸 t/h 以下燃煤锅炉、燃煤设施和工业煤气发生炉、热风炉、导热油炉全部拆除或实行清洁能源改造。供热供气管网覆盖的区域，应全部实施煤改气或煤改热；供热供气管网不能覆盖的区域采取以电代煤、以气代煤等清洁能源替代。开展燃气锅炉低氮燃烧改造。 **资源利用效率要求：** ① 区域内高污染燃料禁燃区执行清单 YA 市生态环境要素准入清单中"资源开发效率"的准入要求。 ② 加快火电企业改造力度，对火电企业进行优化布局，现有火电机组逐步实行热电联产改造，释放全部供热能力	0.000 4
2	HL 县重点管控单元 4	水环境工业污染重点管控	重点管控单元	**空间布局约束：** ① 区域内水环境工业污染重点管控区内执行 YA 市生态环境要素准入清单中"空间布局约束"的准入要求。 ② 严格限制增加氮磷污染物排放的工业项目，合理控制火电、兰炭、煤化工等行业规模 **污染物排放管控：** ① 区域内水环境工业污染重点管控区内执行 YA 市生态环境要素准入清单中"污染物排放管控"的准入要求。 ② 强化工业集聚区收集处理系统建设与提标改造，强化在线监控和智能化监管；加快推进工业园区污水处理设施新建和提标改造以及污水管网建设等；稳步推进工业污染防治，加快推进城镇污水收集处理设施建设与污水处理差别化精准提标。 **环境风险防控：** 区域内水环境工业污染重点管控区内执行 YA 市生态环境要素准入清单中"环境风险防控"的准入要求。 完善厂矿企业环境风险防范和应急能力建设，降低特定环境风险隐患	4.97

6.5.6.2　环境管控分区细化及管控要求

根据《规划环境影响评价技术导则　产业园区》要求："将产业园区与区域优先保护单元重叠地块，产业园区内其他具有重要生态功能的河流水系、湿地、潮间带、山体、绿地等及评价确定需保护的其他环境敏感区，划为保护区域。"

规划范围内不涉及基本农田、HDL 风景名胜区、饮用水水源地，本次将公园绿地、教育、医疗、科研、行政办公区用地范围划定为保护区；将保护区外的其他区域划为重点管控区。HL 高新技术产业开发区环境管控分区划分结果见表 6-79。HL 高新技术产业开发区分区环境管控要求见表 6-80。

表 6-79　高新技术产业开发区环境管控分区划分结果

类别	序号	管控对象	面积/hm²	所在片区
保护区	1	公园、防护绿地	11.97	GT 新城片区
			9.13	KJ 园片区
			19.05	DT 服务片区
	2	教育、医疗、科研、行政办公区	21.57	GT 新城片区
			2.85	KJ 园片区
			20.67	DT 服务片区
重点管控区	1	保护区外的各区域	—	GT 新城片区、KJ 园片区、DT 循环产业服务片区

表 6-80　HL 高新技术产业开发区分区环境管控要求

保护区	
保护对象	保护要求
公园、防护绿地	原则上禁止任何与生态保护无关的开发性建设，以生态维护为主。通过生物措施和工程措施，加强生态环境的治理保护
居住区、教育、医疗、科研、行政办公区	环境空气、声环境须满足相应功能区划要求，周边紧邻研发工业用地应设置隔离带，不得引进对居民健康产生危害的企业
重点管控区	
环境准入分类	管控要求
空间布局约束	提高土地节约集约利用水平。规划区开发建设活动应采取生态恢复等措施减轻对生态环境的破坏
	在居民区、学校、医院和养老机构等周边新建、扩建工业企业，必须划定合适的距离
	规划区范围内允许建设区和有条件建设区作为一般管控单元进行管理
污染物排放管控	各类项目建设排放的污染物达标排放，保证区域 SO_2、NO_x、PM_{10}、$PM_{2.5}$、CO、O_3 及特征因子满足环境质量相关标准
	规划区内工业废水、生活污水必须经预处理达到污水处理厂进水要求后进入污水集中处理设施进行处理，处理率达 100%。确保 J 河水质满足Ⅲ类标准要求
环境风险管控	严格限制使用剧毒、高毒化学品的企业进入；危险化学品运输道路远离 J 河
资源开发利用要求	水资源利用上限：规划实施后近期用水总量253.31万 m^3/a；远期用水总量为463万 m^3/a；土地资源利用上限：规划实施后用地总面积为 4.97 km^2；能源结构调整：采用天然气等洁净能源，规划区内禁止使用高污染燃料

6.5.7　规划方案优化调整建议

根据规划区域的环境制约因素、产业排污特点、区域环境承载力，从产业定位、结构、产业规模、内外布局和开发时序的角度，结合土地利用适宜性评价和污染预测结果，对本次规划提出如下调整建议：

（1）调整 KJ 园片区污水处理厂规模

KJ 园片区远期规划将现有 200 m³/d 污水处理厂扩建至 2 500 m³/d，未给出具体的扩建时间，根据 KJ 园片区污水排放情况，随着规划的实施，近期 KJ 园片区现有污水处理厂不能满足该片区污水排放的要求，建议规划近期按照 2 500 m³/d 的规模进行扩建。

（2）提高再生水利用率

根据《国家生态工业示范园区标准》、《陕西省水污染防治工作方案》（陕政发〔2015〕60 号）和《YA 市水污染防治工作方案》要求，规划近期再生水利用率应达到 20%，规划远期再生水利用率应在 30%以上。规划中回用水设计规模偏小，建议按照相关要求提高回用水率，并中水利用拓展至公共管理与服务设施用地、道路与交通设施用地、绿地与广场用地、公共设施用地等。

（3）合理规划交通干线与居住区

HL 高新区 3 个片区均有高铁线路及 G210 公路穿过，建议在布局居住区时，应与交通干线保持合理的距离，并通过营造道路防护林等方式有效降低交通噪声对居住区的影响。

（4）科学设置用地产出强度目标

根据规划给出的实现总产值 1 000 亿元，规划园区总用地面积为 497.22 hm²，因此规划区内的用地产出强度为 201.21 亿元/km²，无论是从单位面积的工业生产总值，还是从生产总值增速来看均偏高，建议规划根据目前园区的生产总值，以及土地承载力，进一步核定规划近期和远期目标的可达性。

6.5.8　笔者点评

HL 县是"中国黄帝祭祀文化之乡"和陕西省旅游强县，人文资源浓厚，人文始祖轩辕 HDL 位于境内桥山之巅，是全国重点文物保护单位，有"天下第一陵"之盛誉。HL 县境内煤炭资源丰富，已探明地质储藏量 27.3 亿 t，是中国 33 个重点产煤县和陕西省四大煤田之一，煤炭具有低灰、低硫、高发热量的特点，是优质化工、动力与生产用煤。HL 县是世界苹果最佳产区之一，全县苹果种植面积达 20 万亩，年产 23 万 t 以上，是陕西省苹果出口基地之一。近年来 HL 县基础设施不断健全，TH 高速、XY 高铁相继建设，区位条件不断改善。

如何进一步发挥 HL 县区域人文资源、煤炭资源禀赋、气候康养和地理区位的优势，做强旅游康养、工业和果业，实施产业升级发展，加大科技提升一直是近年来区域经济社会发展的重中之重。建设规划 HL 高新技术产业开发区势在必行。

HL 高新技术产业开发区产业包括"文化+"产业、新材料产业、智能制造装备产业，其中"文化+"产业包括新 HL 文化 IP、动漫游戏、周边衍生品、中华文化研究院、非遗文化产业园、中医药养生；新材料产业包括绿色混凝土材料、空心玻璃微珠材料、装配式建筑及与文化艺术产业相关的新材料、节能环保建筑材料等；智能制造装备包括智能采掘、智能洗选与运输机器人、智能应急装备、新能源科技装备等。

　　HL 高新技术产业开发区规划区 3 个片区均位于河川内，其中，DT 片区位于 JS 河川内，主要为冲积阶地，两侧均为河谷地貌，KJ 园区位于川道河谷地区，河谷中部为冲积阶地，两侧为沟谷地貌。在土地资源利用方面，具有一定的局限性，同时，沿河而建，更需要考虑对河道、交通的影响，同时对环保基础设施的实施保障要求更高。在对河道影响方面，规划区 3 个片区均考虑设置了"两带"，即在河道两岸根据用地情况设置了滨河景观带、铁路防护生态带及工业及居住空间的生态隔离带，在预留该类防护用地的前提下，布局其他建设用地，在满足工业发展的同时，最大限度保障生态防护和居住区的生活品质；在环保基础设施方面，规划在实施过程中，要更加关注各环保基础设施建设或扩建时序和规划实施的衔接。另外，规划的 3 个区块从基础设施如供水、供热、排水、中水回用、固体废物处置方面均为独立设置，3 个片区通过不同的排污口排放，工业企业的固体废物规划各自集中收集处理利用，园区集约化程度较低，在中水回用和固体废物综合利用上，还有进一步提升的空间。

　　本次规划环境影响评价在规划分析的基础上，还识别出规划区评价范围内涉及的环境敏感目标较多，其中，HDL 风景名胜区位于 GT 新城片区东侧，最近距离 100 m，KJ 园片区西侧，最近距离 1 700 m。HDL 风景名胜区由"HDL、子午岭、黄土风貌"3 个景区组成，面积为 24 km^2，位于 DT 服务片区和 GT 新城片区主导风向下风向，为了解规划实施废气对 HDL 风景名胜区的影响，本次环评采用 AREMOD 模型对 HDL 风景名胜区的环境空气进行了预测，在规划近期、远期，各项污染因子的影响均可接受，对其影响较小。另外，规划区评价范围内还涉及 HL 县子午岭—黄龙山水源涵养生态保护红线、3 处国家级文物及 6 处省级文物，规划环评均提出了相应的保护措施和要求。

　　从与"三线一单"生态环境分区管控的对照情况来看，规划区位于重点管控区的管控要求也主要集中在要求供暖煤改气，燃气锅炉底单燃烧改造，提高资源能源利用效率，加快推进园区污水处理设施完善和建设等方面，本次规划整体也是符合重点管控区要求，另外在环境准入上，规划环评也提出了具体的管控要求。

第7章

产业园区规划环境影响评价
管理建议

7.1 完善法律体系及管理制度

7.1.1 健全产业园区规划环评法律体系建设

完善现行规划环评管理法律体系，强化产业园区规划环评的法律地位，充分考虑产业园区规划环评的特殊性，在现行国土空间规划、区域规划和专项规划环评管理之外，加快《环境影响评价法》《规划环境影响评价条例》修订，推进产业园区规划环评管理纳入上述法律的步伐，应明确产业园区规划环评审查机关及规划环评执行和落实的责任主体，增强生态环境部门在产业园区管理中的话语权和执法权，同时结合规划体系发展现状，修订《关于印发〈编制环境影响报告书的规划的具体范围（试行）〉和〈编制环境影响篇章或说明的规划的具体范围（试行）〉的通知》（环发〔2004〕98 号），细化分类管理目标，合理确定需要开展产业园区规划环评的类型和范围。

7.1.2 建立规划环评日常监管体系

加快推进建立规划环境影响评价监管体系，提高规划环评编制人员技术水平，加大对规划环评从业人员、规划环评审查机关、规划审批机关、规划环评责任主体的监管和责任追究制度的建立，参照《建设项目环境影响报告书（表）编制监督管理办法》，出台规划环评监督管理办法，将规划环评从业人员纳入信用平台，实行失信扣分及黑白名单制度，同时将规划环评纳入日常执法、督察及环境保护责任考核中，督促规划编制部门落实主体责任。

7.2　完善产业园区规划环评与国土空间规划衔接

结合国土空间规划体系，进一步完善产业园区与国土空间规划的衔接工作，厘清国土空间开发与产业园区发展的关系，国土空间规划主要解决一定区域内的国土空间开发与保护问题，产业园区总体规划要解决发展定位、区域性产业布局、区域性污染物减排等问题，产业园区总体规划环境影响评价报告编制完成后，其控制性详细规划、产业规划可不再开展规划环评。

7.3　强化规划环评与"三线一单"生态环境分区管控衔接

进一步细化"三线一单"生态环境分区管控中产业园区的管控要求，将产业园区作为独立的环境管控单位，结合区域生态环境保护政策、要求等，动态更新产业园区环境准入要求，强化规划环评宏观作用，服务指导建设项目的建设实施。

7.4　强化规划环评与建设项目环评管理

以产业园区规划环评为突破点，充分承接省（市）"三线一单"生态环境分区管控要求，细化和完善"三线一单"生态环境准入内容，开展大气网格化、水环境单元化、园区主要污染物许可化的精细化管理，积极推动产业园区与建设项目简化环评管理的联动试点工作，对符合产业园区规划环评结论及审查意见的入园建设项目政策规划符合性分析、选址的环境合理性和可行性论证；引用符合时效性要求的区域生态环境现状调查评价（区域环境质量呈下降趋势或项目新增特征污染物的除外）内容；入园建设项目依托的集中供热、污水处理、固体废物处理处置、交通运输等基础设施已按产业园区规划环评要求建设并运行的简化相关评价内容。

7.5　建立产业园区考核体系和奖励机制

联合相关管理部门，将产业园区生态环境保护水平纳入产业园区考核评价体系中，建立产业园区环境管理信用档案，利用生态环境保护资金进行"反哺"奖励，激励产业园区落实主体责任。鼓励产业园区在以生态环境高质量保护为前提的，加快区域产业发展，通过延链补链、循环经济等推动区域经济高质量发展。

7.6　建立产业园区生态环境管理大数据平台

依托产业园区智慧管理平台、生态环境部门在线监测平台、排污许可证信息管理平台等，建立生态环境智慧管理大数据平台，通过产业园区监测网络和视频监管、数据分析、数据溯源、环保设施运行状况监督系统、危险废物贮存转移监管系统等平台，及时全面掌握园区环境质量状况，指导监督园区内企业依法依规落实生态环境保护责任。

7.7　构建产业园区低碳循环化发展体制

实施产业园区与区域环境协调治理体制，以产业园区为重点，开展减污降碳工作研究，以现有行业温室气体排放核算办法和产业园区规划环评中开展碳排放试点成果为基础，推动制定不同类型产业园区温室气体排放核算办法，探索以产业园区为单元的减污降碳路径，制定《陕西省产业园区规划环境影响报告书编制技术指南》，明确评价内容和评价重点，分析减碳途径。

参考文献

赵风杰，赵东风，卢磊，2017．产业园区规划环境影响评价的技术要点研究[C]．2017 中国环境科学学会科学与技术年会论文集，3475-3478．

刘瀚斌，包存宽，2020．充分发挥园区规划环评作用[N]．中国环境报．07-30．

吴维海，葛占雷，2015．产业园规划[M]．北京：中国金融出版社．

罗玉池，李朝晖，陈瑜，等，2017．规划环境影响评价：理论、方法、机制与广东实践[M]．北京：科学出版社．

姚懿函，赵玉婷，董林艳，等，2020．关于加强产业园区规划环评全链条管理的建议[J]．环境保护，48（19）：67-70．

规划环境影响评价技术导则 总纲：HJ 130—2019[S]．2019．

规划环境影响评价技术导则 产业园区：HJ 131—2021[S]．2021．

规划环境影响评价技术导则 煤炭工业矿区总体规划：HJ 463—2009[S]．2009．

孟伟庆，李洪远，鞠美庭，等，2009．规划环境影响评价的案例研究[J]．环境与可持续发展，（2）：18-21．

马蔚纯，赵海君，李莉，等，2015．区域规划环境评价的空间尺度效应——对上海高桥镇和浦东新区的案例研究[J]．地理科学进展，（6）：739-748．

李巍，杨志峰，刘东霞，1998．面向可持续发展的战略环境影响评价[J]．中国环境科学，（S1）：67-70．

朱坦，鞠美庭，2003．战略环境评价的发展趋势及在中国实施的管理程序和技术路线研究[J]．中国发展，（1）：25-30．

毛文锋，张淑娟，2004．可持续发展与战略环境评价[J]．上海环境科学，（3）：118-121．

潘岳，2005．战略环境影响评价与可持续发展[J]．环境保护，33（9）：12-16．

朱坦，吴婧，2005．当前规划环境影响评价遇到的问题和几点建议[J]．环境保护，33（4）：50-54．

王亚男，赵永革，2006．空间规划战略环境评价的理论、实践及影响[J]．城市规划，（3）：20-25．

舒廷飞，霍莉，蒋丙南，等，2006．城市规划与规划环评融合的思考与实践[J]．城市规划学刊，（4）：29-34．

蔡春玲，2008．规划环评与建设项目环评之比较[J]．青海环境，（2）：62-65，75．

郑子航，彭荔红，2010．规划环评与建设项目环评关系的探讨[C]．2010 中国环境科学学会学术年会论文集（第二卷）：525-528．

李明光，游江峰，郑武，2003．战略环境评价在中国的发展及方法学探讨[J]．中国人口·资源与环境，（2）：23-27．

蒋宏国，林朝阳，2004．规划环评中的替代方案研究[J]．环境科学动态，（1）：11-13．

张静，钱瑜，张玉超，2010．基于 GIS 的景观生态功能指标分析[J]．长江流域资源与环境，（3）：299-304．

聂新艳，王文杰，秦建新，等，2012．规划环评中区域生态风险评价框架研究[J]．环境工程技术学报，（2）：154-161．

张秀红，王琦，贺达观，等，2012．生态承载力分析在城市总体规划环境影响评价中的应用——以江苏省宿迁市城市总体规划为例[J]．江西农业学报，（2）：150-152，157．

何璇，包存宽，2013．情景分析法在城市环境规划中的应用——以《太仓市城市环境规划》为例[J]．四川环境，（1）：118-123．

王海伟，王波，2013．环境累积影响评价方法及在水利工程中的应用[J]．中国农村水利水电，（11）：20-23．

张小平，王兆雨，赵飞，等，2014．高铁区域生态环境累积影响评价方法研究[J]．石家庄铁道大学学报（社会科学版），（4）：23-27．

李珀松，朱坦，2014．融入能源"脱钩"理论的城市规划战略环境影响评价研究[J]．生态经济，（1）：16-19．

王灿发，2004．"战略环评"法律问题研究[J]．法学论坛，（3）：13-19．

邓正来，2004．法理学：法律哲学与法律方法[M]．北京：中国政法大学出版社．

闫高丽，2011．我国规划环境影响评价法律制度的问题研究[D]．上海：上海交通大学．

Frank P. Grad，1980. Treatise on Environmental Law[M]. New York：Matthew Bender and Company，Inc.，9-153.

Partidario M R，2003. Legal，Institutional and Procedural Models-A Global View[C]. Presentation at the International Workshop on Strategic Environmental Assessment，（11）b：18-20.

Environment Canada，2000. Strategic Environmental Assessment at Environment Canada[M]. CANADA：Environment Canada. 1.

European Commission，1998. DGXI，Environment，Nuclear Safety and Civil Protection.A handbook on Environmental Assessment of Regional Development Plans and EU Structural Funds Programmes[M]. London：Environmental Resources Management. 8.

Bond A J，Brooks D J，1997. A Strategic Framework to Determine the Best Practicable Environmental Option（BPEO）for Proposed Transport Schemes[J]. Journal of Environmental Management，51（3）：305-321.

Carson J E，1992. On the Preparation of Environmental Impact States in the United States of America[J]. Atmosphere Environment，26A（15）：2759-2768.

Nuriye Peker Say，Muzaffer Yucel，2006. Strategic environmental assessment and national development plans in Turkey：Towards legal framework and operational procedure[J]. Environmental Impact Assessment Review，（26）：301-316.

Kuo Nae-Wen，Chen Pei-Hun，2009. Quantifying energy use，carbon dioxide emission，and other environmental loads from island tourism based on a life cycle assessment app roach[J]. Journal of Cleaner Production，17：1324-1330.

潘岳，2004．环境保护与公众参与[J]．理论前沿，（13）：12-13．

包存宽，陆雍森，尚金城，2004．规划环境影响评价方法及实例[M]．北京：科学出版社．

汪劲，2007．欧美战略环评法律制度中的主体比较研究[J]．环境保护，（Z1）：86-89．

李天威，周卫峰，谢慧，等，2007．规划环境影响评价管理若干问题探析[J]．环境保护，（22）：22-25．

宋国军，2008．环境政策分析[M]．北京：化学工业出版社．

朱香娥，2008．"三位一体"的环境治理模式探索——基于市场、公众、政府三方协作的视角[J]．价值工程，（11）：9-11．

徐美玲，包存宽，2010．中国规划环境影响评价管理制度剖析[J]．中国地质大学学报（社会科学版），（6）：45-48．

黄爱兵，包存宽，蒋大和，等，2010．环境影响跟踪评价实践与理论研究进展[J]．四川环境，（1）：91-96．

徐鹤，2012．规划环境影响技术方法研究[M]．北京：科学出版社．

生态环境部环评司有关负责人就《关于进一步加强产业园区规划环境影响评价工作的意见》有关问题答

记者问[J]．资源再生，2020（11）：53-54.

黄丽华，2021．产业园区环评管理改革面临的突出问题及建议[N]．中国环境报，1-26.

广东省生态环境厅，2020．提升环评管理效能　促进广东经济高质量发展[N]．中国环境报，1-22.

Therivel R，2010. Strategic environmental assessment in action. 2nd ed. London[M]. UK：Earthscan Publications Ltd.

Pope J，Bond A，Morrison-Saunder A，et al.，2013. Advancing the theory and practice of impact assessment：Setting the research agenda[J].Environment Impact Assessment Review，（41）：1-9.

Lobos V，Partidario M R，2014. Theory versus practice in strategic environmental assessment（SEA）[J]. Environment Impact Assessment Review，（48）：34-46.

徐鹤，朱坦，贾纯荣．战略环境影响评价（SEA）在中国的开展——区域环境评价（REA）[J]．城市环境与城市生态，13（3）：4-10.

李天威，周卫峰，谢慧，等，2007．规划环境影响管理若干问题探讨[J]．环境保护，（118）：22-25.

王华东，姚应山，1991．区域环境影响评价有关问题的探讨[J]．中国环境科学，（5）：392-395.

李云涛，朱丽敏，马联，2019．我国规划环评现状与问题及对策建议[J]．资源节约与环保，（5）：117-128.

徐祥民，2019．地方政府环境质量责任的法理与制度完善[J]．现代法学，（3）：69-82.

李元实，姜昀，韩力强，2020．"三线一单"与环境影响评价衔接研析[J]．环境影响评价，（5）：21-25.

王建安，贾亚娟，黄哲，2014．我国规划环评制度完善研究[J]．环境与发展，（26）：148-150.

任景明，耿海清，2013．环评制度需要一场全面革新——制约我国环境影响评价有效性的主要障碍及对策[J]．环境保护，（17）：27-29.

任亚龙，2013．论我国环境影响评价制度[J]．广西师范大学，8（6）：145-150.

焦彦欣，王敦球，江成，2008．对我国规划环境影响评价的几点思考[J]．资源环境与发展，（4）：46-48.

蔡守秋，2011．善用环境法学实现善治[J]．人民论坛，（5）：75-77.

赵艳博，林逢春，2008．中国规划环境影响评价发展现状与存在问题分析[J]．能源与环境，14（5）：10-12.

李禾，2015．规划环评频出重拳，效果待考[N]．科技日报，11-01（3）.

余富基，2006．对长江流域规划生态问题的法律思考[J]．水利规划与设计，（5）：265-268.

李艳芳，2000．关于环境影响评价制度建设的思考[J]．南京社会科学，（6）：274-279.

赵绘宇，姜琴琴，2010．美国环境影响评价制度年纵览及评价[J]．当代法学，（5）：134-143.

耿海清，2016．美国规划环评我们哪些启示[N]．中国环境报，01-07.

耿海清，2016．基于法规要求的中美规划环评关键问题对比分析[C]．中国环境科学学会学术年会论文集，1367-1371.

美国《国家环境政策法》第二节第 4341～4344 条：环境质量委员会的设立、组成、责任与职能：26-30.

汪劲，2006．中外环境影响评价制度比较研究——环境与开发决策的正当法律程序[M]．北京：北京大学出版社.

万俊，章玲，2004．中美环境影响评价的权力机制研究[J]．北方环境，（4）：68-70.

蔡玉梅，张晓玲，张文新，2006．英国战略环境影响评价进展与启示[J]．广东土地科学，（6）：26-30.

杨常青，宣昊，2015．浅谈我国规划环评现状与问题及对策建议[J]．环境与可持续发展，（6）：176-178.

高水生，2004．中国瑞典环境影响评价和战略环境影响评价比较分析[J]．国际合作与交流，（14）：56-58.

贾生元，2015．我国规划环评问题分析及完善建议[J]．环境影响评价，（5）：18-23.

夏光，2014．环境权益的时代[J]．环境与可持续发展，（2）：1.

林宗浩，2011．环境影响评价法制研究：与韩国相关法制的比较分析为视角[M]．北京：中国法制出版社.

贾西津，2008．中国公民参与——案例与模式[M]．北京：社会科学文献出版社．

牛文元，2012．可持续发展理论的内涵认知——纪念联合国里约环发大会 20 周年[J]．中国人口·资源与环境（5）：9-14．

牛文元，2012．中国可持续发展的理论与实践[J]．中国科学院院刊，（27）：280-289．

叶岱夫，2002．最低环境代价生存是人类可持续发展的原动力[J]．自然辩证法通讯，（4）：79-83．

张嘉兴，刘瑞芳，崔东阁，等，2016．北京市循环经济发展现状、问题及对策分析[J]．工程研究——跨学科视野中的工程，（4）：374-382．

沈镭，2005．资源的循环特征与循环经济政策[J]．资源科学，（1）：32-38．

曹彩虹，2014．现代循环经济研究理论述评[J]．管理世界，（12）：176-177．

胡鞍钢，2012．中国创新绿色发展[M]．北京：中国人民大学出版社．

习近平，2021．论把握新发展阶段、贯彻新发展理念、构建新发展格局[M]．北京：中央文献出版社．

侯伟丽，2004．21 世纪中国绿色发展问题研究[J]．南都学坛，（3），106-110．

黄志斌，姚灿，王新，2015．绿色发展理论基本概念及其相互关系辨析[J]．自然辩证法研究，（8）：108-113．

潘慧明，李必强，2007．基于生态学理论的产业集群理论研究[J]．合肥工业大学学报（社会科学版），（3）：37-40．

于贵瑞，徐兴良，王秋凤，等，2017．全球变化对生态脆弱区资源环境承载力的影响研究[J]．中国基础科学，（6）：19-23．

黎祖交，2013．关于资源、环境、生态关系的探讨——基于十八大报告的相关表述[J]．林业经济，（2）：11-15．

李博，2000．生态学[M]．北京：高等教育出版社．

李玉强，陈云，曹雯婕，等，2022．全球变化对资源环境及生态系统影响的生态学理论基础[J]．应用生态学报，（3）：603-612．

JORGENSEN SVEN ERIK，2013．系统生态学导论[M]．陆健健，译．北京：高等教育出版社．

王胜利，2009．对推进我国规划环境影响评价工作的几点建议[J]．生态经济，（9）：177-180．

汪劲，2006．中外环境影响评价制度比较研究[M]．北京：北京大学出版社．

王胜利，2009．从战略的高度认识和推进规划环境影响评价[J]．学术论坛，（5）：128-131．

朱坦，2005．战略环境影响评价[M]．天津：南开大学出版社．

李强标，张丽虹，2010．规划环境影响评价范围界定及建议[J]．《规划师》论丛，（01）：174-177．

陈华，田珺，黄夏银，等，2019．江苏省"三线一单"编制及成果应用[J]．环境影响评价，（4）：1-5．

黄润秋，2017．黄润秋副部长在"三线一单"试点工作启动会上的讲话[J]．环保工作资料选，（8）：4-6．

李王锋，吕春英，汪自书，等，2018．地级市战略环境评价中"三线一单"理论研究与应用[J]．环境影响评价，（3）：14-18．

环境保护部，2017．"生态保护红线、环境质量底线、资源利用上线和环境准入负面清单"编制技术指南（试行）[Z]．

万军，秦昌波，于雷，等，2017．关于加快建立"三线一单"的构想与建议[J]．环境保护，45（20）：7-9．

王亚楠，王占朝，2019．"三线一单"的制度定位、功能及如何建立长效机制[J]．环境保护，47（19）：24-27．

汪自书，李王锋，刘毅，2020．"三线一单"生态环境分区管控的技术方法体系[J]．环境影响评价，（5）：5-10．

秦昌波，张培培，于雷，等，2021．"三线一单"生态环境分区管控体系：历程与展望[J]．中国环境管理，

（5）：151-158.

石建平，2005．复合生态系统良性循环及其调控机制研究[D]．福州：福建师范大学．

欧阳志云，2017．开创复合生态系统生态学，奠基生态文明建设——纪念著名生态学家王如松院士诞辰七十周年[J]．生态学报，（9）：5579-5583.

曾维华，杨月梅，陈荣昌，等，2007．环境承载力理论在区域规划环境影响评价中的应用[J]．中国人口·资源与环境，17（6）：27-31.

韩冬梅，戴铁军，2009．基于耗散结构理论的生态工业园发展研究[J]．中国市场，（45）：44-47.

王云，2007．基于耗散结构理论的我国循环工业发展研究[D]．西安：西安理工大学．

李昕，2007．区域循环经济理论基础和发展实践研究——以吉林省为例[D]．长春：吉林大学．

李子峰，2015．新循环经济理论在宝清煤电化项目工业园区的应用研究[D]．北京：华北电力大学．

朱坦，汲奕君，2006．以规划环境影响评价促进落实循环经济理念[J]．环境保护，34（23）：23-26.

吕红迪，万军，秦昌波，等，2018．"三线一单"划定的基本思路与建议[J]．环境影响评价，（3）：1-4.

李滨，高勤，赵智亮，等，2019．"三线一单"进展概述及技术要点[J]．节能与环保，（6）：45-46.

曾维华，薛英岚，贾紫牧，2017．水环境承载力评价技术方法体系建设与实证研究[J]．环境保护，（24）：17-24.

陈钊，2014．城市规划环评过程中评价土地资源承载力的方法研究[J]．环境与生活，（81）：60-61.

舒廷飞，霍莉，蒋丙南，等，2006．城市规划与规划环评融合的思考与实践[J]．城市规划学刊，（4）：29-34.

纪学朋，白永平，杜海波，等，2017．甘肃省生态承载力空间定量评价及耦合协调性[J]．生态学报，（17）：5861-5870.

赵雪雁，2006．甘肃省生态承载力评价[J]．干旱区研究，（3）：506-512.

王娜，2019．工业集中区规划环评实例分析[D]．兰州：西北师范大学．

杨芳，2007．工业区规划环境影响评价指标体系的构建研究[J]．海峡科学，（6）：28-35.

黄姗姗，2016．工业园区规划环境影响评价技术方法理论与实证研究[D]．南宁：广西大学．

徐琳瑜，康鹏，2013．工业园区规划环境影响评价中的环境承载力方法研究[J]．环境科学学报，（3）：918-930.

刘瀚斌，包存宽，2021．工业园区环境管理政策的有效性评价体系应用——以莘庄工业区为例[J]．环境保护科学[J]．环境保护科学，（6）：47-54.

马慧玲，2017．工业园区环境影响评价技术要点和案例分析[D]．唐山：华北理工大学．

黄丽华，王亚男，2007．工业园区生态适宜性评价实例研究——以新疆石河子北工业园区为例[C]．2007中国环境科学学会学术年会优秀论文集（上卷），157-161.

胡巍，2012．构建循环经济理念的区域环境影响评价体系研究[D]．兰州：西北师范大学．

孙宇红，白宏涛，王会芝，2020．规划环境影响评价方法学研究现状及对策探讨[J]．环境科学导刊，（4）：84-87.

肖强，2021．规划环境影响评价指标体系及评价策略[J]．黑龙江环境通报，（3）：57-59.

贺楠，2008．规划环评环境影响界定及评价指标确立的方法研究[D]．北京：北京化工大学．

侯雅楠，2010．规划环评思想对区域环境影响评价方法的改进研究[D]．兰州：兰州大学．

莫云，2020．规划环评中资源环境承载力评价存在的问题与对策[J]．中国资源综合利用，（8）：146-147，156.

欧阳振宇，耿春香，赵朝成，2008．化工、石化行业规划环评指标体系建立的研究[J]．油气田环境保护，（1）：40-42，61-62.

于文涛，2012．化工园区规划环评大气环境影响评价研究[D]．呼和浩特：内蒙古大学．

孙苏，庄怡琳，陈帆，等，2007．化学工业园区规划环评指标体系初探[J]．四川环境，（5）：65-69.

翟新月，2017．环境承载力分析在光伏产业园区规划环评中的应用研究[D]．哈尔滨：黑龙江大学.

常春芝，2007．环境承载力分析在规划环境影响评价中的应用[J]．气象与环境学报，（2）：38-41.

王雪岩，2019．环境影响评价视角下产业园区总体规划方法研究[D]．大连：大连理工大学.

范顺利，郭苏，武朋飞，2017．基于 AHP-模糊综合评价法的规划环境影响评价有效性研究[J]．环境科学与管理，（7）：176-179.

张豇浜，2019．基于 AHP-模糊综合评价法的规划环评有效性的研究[D]．重庆：重庆大学.

庞彩萍，黄继鲜，姚增响，2021．基于 LCC 模型的南宁市人口与土地资源承载力关系分析研究[J]．绿色科技，（16）：200-202.

赵雪雁，刘霜，赵海莉，2011．基于能值分析理论的生态足迹在区域可持续发展评价中的应用——以甘肃省为例[J]．干旱区研究，（3）：524-531.

陈文姬，杨涛，雷波，等，2017．江西弋阳工业园土地资源承载力分析[J]．能源研究与管理，（3）：34-36.

傅盈盈，2012．控制性详细规划环境影响评价指标体系及案例应用[D]．杭州：浙江大学.

徐鹏，徐千淇，包存宽，2021．论国土空间规划的规划环评与"双评价"的整合——基于规划环评技术导则和"双评价"指南的制度文本分析[J]．环境保护，49（Z1）：82-88.

陈已云，2014．农业园区规划环境影响评价指标体系研究[D]．南京：南京农业大学.

朱铭鑫，2017．皮革工业园区规划地下水环境影响评价研究[D]．哈尔滨：黑龙江大学.

迟妍妍，许开鹏，王夏晖，等，2013．区域规划环评中生态系统服务功能影响评价方法初探研究[J]．环境科学与管理，（12）：21-26.

张乃丽，刘磊，张明璐，2010．山东经济园区与省外经济园区比较研究[J]．天津商业大学学报，（2）：16-21.

王希庆，李晓研，2010．生态承载力的理论研究及实际应用——以青岛市为例[J]．科技信息，（32）：762-763.

徐慧文，谢强，杨渺，等，2013．生态系统主要服务功能及评价方法研究述评[C]．四川省环境科学学会 2013 年学术年会论文集，21-26.

李朝辉，魏贵臣，2005．生态环境承载力评价方法研究及实例[J]．环境科学与技术，（1）：75-76.

全国生态状况调查评估技术规范——生态系统服务功能评估：HJ 1173—2021[S]．2009.

王一星，谢志成，梅雪，等，2021．产业园区规划环境影响跟踪评价实施现状、问题与对策研究[C]．中国环境科学学会 2021 年科学技术年会论文集（三），296-299.

陈丹丹，张艳霞，2021．产业园区规划环境影响跟踪评价研究[J]．中国资源综合利用，（3）：143-145.

刘磊，张敏，周鹏，等，2019．产业园区规划环境影响跟踪评价重点问题研究[J]．环境污染与防治，41（10）：1256-1260.

侯秀杰，2017．我国规划环评制度完善研究[D]．烟台：烟台大学.

曹菁，2017．循环经济产业园区发展法律问题研究[D]．兰州：甘肃政法学院.

刘磊，祝秀莲，仇昕昕，等，2021．关于重构我国规划环境影响评价体系的设想[J]．环境保护，49（12）：17-21.

韩学馨，高森，郭秋卯，2016．浅析工业园区规划环评中主要问题及对策[J]．资源节约与环保，（2）：114.

耿海清，仇昕昕，刘磊，等，2007．煤炭矿区规划环评中的主要问题及其对策[J]．中国煤炭，（10）：16-19.

贾生元，2015．我国规划环评问题分析及完善建议[J]．环境影响评价，（5）：18-23.

赵静，肖洁，曹洪涛，等，2012．现代农业科技园区环境影响评价研究[J]．农业环境与发展，（5）：54-58.

闫函，2014．循环经济工业园区规划环评研究[J]．中国环境管理，（3）：9-13．

黄丽华，2021．"十四五"发展新趋势与产业园区规划环评工作应对建议[J]．四川环境，（4）：234-237．

刘磊，韩力强，周鹏，等，2021．关于产业园区规划环评与项目环评联动的研究[J]．福建师范大学学报（自然科学版），（1）：62-67．

刘磊，祝秀莲，仇昕昕，等，2021．关于重构我国规划环境影响评价体系的设想[J]．环境保护，（12）：17-21．

王亚男，时进钢，李冬，等，2015．规划环评要加强多方联动[J]．环境经济，（ZC）：10．

刘小胜，2015．规划环评与建设环评联动机制的问题及对策[C]．2015年中国环境科学学会学术年会论文集（第一卷）．中国环境科学学会，924-926．

何彦芳，梁晓华，冯媛，2019．实现规划环评和建设项目环评有效联动探析[J]．环境影响评价，（6）：29-32．

时进钢，张明博，赵一玮，等．2020．我国规划环评制度的进展、面临的挑战及对策建议[J]．中国环境管理，（6）：43-46．

李月寒，包存宽 2016．升级规划环境影响评价制度　响应规划制度改革——基于《生态文明体制改革总体方案》的思考[J]．中国环境管理，（5）：70-74．

田园春，2014．推进规划环评工作存在的问题及建议对策研究[J]．广东化工，（15）：175-176．

龙铁宏，2012．园区规划环评编制中存在的问题及解决途径[J]．技术与市场，（7）：186-187．

刘磊，沈祥信，丁昱皓，等，2020．长江经济带涉化园区主要环境问题剖析及对策建议[J]．安徽师范大学学报（自然科学版），（5）：446-451．

刘磊，张永，王永红，等，2019．长三角地区产业园区环境管理存在的主要问题及对策建议[J]．安徽师范大学学报（自然科学版），（2）：135-140．

许杰玉，吕春英，谢志成，等，2021．产业园区尺度的规划环境影响跟踪评价研究[J]．环境科学与管理，（8）：185-189．

耿秀华，2020．产业园区规划环境影响跟踪评价研究——以响水沿海造纸产业园为例[J]．中国资源综合利用，（11）：167-169．

郑绍君，2021．产业园区规划环境影响跟踪评价重点问题研究[J]．IT经理世界，（8）：30-31．

董二凤，2020．产业园区规划环境影响评价若干问题探讨[J]．江西建材，（11）：195-196．

王灵丹，2018．产业园区规划环评的关注重点及对比分析[J]．中国资源综合利用，（7）：159-161．

刘磊，张敏，韩力强，等，2020．产业园区规划环评工作亟须解决的若干问题及对策建议[J]．中国环境管理，（6）：47-51．

刘磊，张敏，赵瑞霞，2022．产业园区规划环评在现行规划环评体系中的定位研究[J]．环境影响评价，（5）：37-42．

张志峰，2018．当前规划环境影响评价遇到的问题和几点建议[J]．环境与发展，（6）：17，19．

姚懿函，赵玉婷，董林艳，等，2020．关于加强产业园区规划环评全链条管理的建议[J]．环境保护，（19）：67-70．

于东升，2022．化工园区规划环境影响评价存在的问题和措施[J]．化工管理，（18）：54-57．

王琛，赵慈，陈忱，等，2021．生态环境分区管控体系下规划环评重点——以产业园区规划环评为例[J]．环境影响评价，（3）：27-30，44．

王晓华，2018．我国环境影响评价的发展历程及其发展方向[J]．魅力中国，（36）：88．

胥鹏海，2018．我国规划环评立法立规历程和趋势分析[J]．新丝路，（20）：76-77．

胥鹏海，2018．工业园区规划环评"三线一单"的制订与应用[J]．大东方，（11）：360．